浙大学术精品文丛

美 的 张 力

——科学与艺术的审美创造

陈大柔 著

商务印书馆

2009年·北京

图书在版编目(CIP)数据

美的张力/陈大柔著. —北京:商务印书馆,2009
(浙大学术精品文丛)
ISBN 978 - 7 - 100 - 06572 - 6

I. 美… II. 陈… III. 审美分析 IV. B83—0

中国版本图书馆 CIP 数据核字(2009)第 019759 号

浙大学术精品文丛
美 的 张 力
陈大柔 著

商 务 印 书 馆 出 版
(北京王府井大街36号 邮政编码 100710)
商 务 印 书 馆 发 行
北 京 瑞 古 冠 中 印 刷 厂 印 刷
ISBN 978 - 7 - 100 - 06572 - 6

2009 年 7 月第 1 版　　　开本 880 × 1230　1/32
2009 年 7 月北京第 1 次印刷　印张 17⅛
定价: 35.00 元

《浙大学术精品文丛》总序

近代以降,西学东渐,接受西方先进科学技术成为开明人士的共识。杭州知府林启(1839—1900)会同浙江巡抚和地方士绅,积极筹备开设一所以西方科学体系为主要课程的新型学堂。经清廷批复,求是书院于1897年3月在杭州设立(1901年改为浙江大学堂)。这是近代中国最早的几所新型高等学府之一。

求是书院几经变迁,到1928年,成为国立浙江大学。1936年,杰出的气象学家和教育家竺可桢(1890—1974)出任校长,广揽英才,锐意改革,很快使浙江大学实力大增,名满东南。抗日战争期间,全校师生在竺可桢校长的率领下,艰苦跋涉,举校西迁,在贵州遵义、湄潭办学,一时名师云集,被英国著名科技史家李约瑟誉为"东方剑桥"。

浙江大学的人文社会科学研究历史悠久,底蕴深厚,名家辈出。1928年,浙大正式设立文理学院,开设中国语文、外国语文、哲学、心理学、史学与政治学等学科。1936年增设史地学系,1939年,文理学院分为文学院、理学院,1945年成立法学院,后又陆续增加哲学系、人类学系、经济学系等系科和一批文科类研究所。与求是书院同年创建的杭州育英书院,1914年成为之江大学。陈独秀、蔡元培、陈望道、胡适、蒋梦麟、马叙伦、马一浮、郁达夫、夏衍、吴晗、胡乔木、施蛰存、郭绍虞、林汉达、经亨颐、汤用彤、谭其骧、劳乃宣、邵裴子、宋恕、蒋方震、许寿裳、沈尹默、邵飘萍、梅光迪、钱穆、马寅初、张荫麟、张其昀、贺昌群、钱基博、张相、夏承焘、姜亮夫、朱生豪、王季思、严群、许国璋、王佐良、薄冰、方重、裘克安、戚叔含、李浩培、孟宪承、郑晓沧等著名学者曾在这两所学校学习或任教。

1952 年全国院系调整,浙江大学一度变为以工科为主的高等学府。它的文学院和理学院的一部分,与之江大学文学院、理学院合并成为浙江师范学院,后演变为杭州大学。它的农学院和医学院则分别发展为浙江农业大学和浙江医科大学。1998 年 9 月,同根同源的原浙江大学、杭州大学、浙江农业大学、浙江医科大学合并成为新的浙江大学,这是新时期中国高校改革的一项重要措施,新浙大是目前国内学科门类最齐全、规模最大的研究型综合性大学之一。

新浙江大学成立后,人文社会科学得到了更大、更好的发展机遇。目前,浙江大学拥有文学、哲学、历史学、语言学、政治学、艺术学、教育学、法学、经济学、管理学等人文社会科学的全部一级学科,门类齐全,实力雄厚。而在人文社会科学与自然科学、技术科学的学科交叉和相互渗透方面,浙江大学更具有明显优势。为了有力推动浙江大学的人文社会科学研究,新世纪之初,学校确立了"强所、精品、名师"的文科发展战略,从机构、成果、队伍三方面加强建设,齐头并进。《浙大学术精品文丛》就是这一发展战略的重要组成部分。

自然科学、人文科学和社会科学共同构成了人类的知识系统,是人类文明的结晶。历史与未来,社会与人生,中国与世界,旧学与新知,继承与创新……时代前进和社会发展为人文社会科学的研究提供了广阔的空间。在经济全球化与文化多元化的时代趋势下，人文社会科学的地位和重要性正日益凸现，每一个有责任感的学者，必将以独立的思考，来回应社会、时代提出的问题。编辑这套《浙大学术精品文丛》，正是为了记录探索的轨迹，采撷思想的花朵。

浙江素称文化之邦，人文荟萃，学脉绵长。自东汉以来，先后出现过王充、王羲之、沈括、陈亮、叶适、王守仁、黄宗羲、章学诚、龚自珍、章太炎、鲁迅等著名思想家、文学家、史学家、科学家，南宋后更形成了"浙江学派"，具有富于批判精神、实事求是、敢于创新的鲜明学术传统。浙江大学得地灵人杰之利，在百年发展史上集聚和培育了大量优秀人才，也形成了自己"求是创新"的优良学风。《浙大学术精品文丛》将以探索真理、关注社会历史人生为宗旨，继承优良传统，倡导开拓创新的精神，力求新知趋邃密，旧学转深沉。既推崇具有前瞻性的理论创新之作，也欢迎沉潜精严的专题研究著作，鼓励不同领域、不同学派、不同风格的学术研究工作的同生共存，融会交叉，以推进人文社会科学的健康发展。

《浙大学术精品文丛》是一套开放式的丛书，主要收纳浙江大学学者独立或为主撰写的人文社会科学领域的学术著作。为了反映浙大优良的学术传统，做好学术积累，本丛书出版之初将适当收入一些早年出版、在学界已有定评的优秀著作，但更多的位置将留给研究新著。为保证学术质量，凡收入本丛书者，都经过校内外同行专家的匿名评审。"精品"是我们倡导的方针和努力的目标，是否名实相符，真诚期待学界的检阅和评判。

同样诞生于1897年的商务印书馆向以文化积累和学术建设为己任，盛期曾步入世界出版业的前列，而今仍是在海内外享有盛誉的学术出版重镇。浙江大学和商务印书馆的合作有着悠久的历史。早在1934年,商务印书馆就出版过《国立浙江大学丛书》。值得一提的是,浙大历史上有两位重要人物曾在商务印书馆任职。一是高梦旦(1870—1936),他1901年任刚刚更名的浙江大学堂总教习,次年以留学监督身份率留学生赴日本考察学习。1903年冬他应张元济之邀到商务,与商务共命运达三十余年,曾任编译所国文部部长、编译所所长,主持编写《最新教科书》,倡议成立辞典部,创意编纂《新词典》和《辞源》,为商务印书馆的发展做出了重要贡献。一是老校长竺可桢,他1925—1926年在商务印书馆编译所史地部主持工作,参加了百科词典的编写。在浙江大学努力建设世界一流大学的今天,百年浙大和百年商务二度携手,再续前缘,合作出版《浙大学术精品文丛》,集中展示浙大学人的研究成果。薪火相继,学林重光,愿这套"文丛"伴随新世纪的脚步,不断迈向新的高度!

序

　　科学与艺术相互渗透、交叉与融合，是当今科学的重要发展趋势。科学与艺术的交融、整合与创新，不仅是当前科学与艺术界的热点，而且也是哲学，特别是科学哲学及艺术哲学前沿的重大课题。世界著名的科学家、诺贝尔物理奖获得者、浙江大学杰出校友李政道博士就大力提倡科学与艺术的联姻，认为科学与艺术的终极指向是一致的，二者殊途同归。正如他在《科学与艺术》一书中所指出的那样：二者"就像一枚硬币的两面。它们共同的基础是人类的创造力，它们追求的目标都是真理的普遍性"。

　　其实，在科学与艺术的互补、互促关系问题上，早在上个世纪初的中国文化艺术界就受到了关注。蔡元培先生曾在《北京大学日刊》上发表了"美术与科学的关系"一文，从知、情、意的关系上论述了艺术与科学的不可偏废。鲁迅先生不仅大力提倡文理互补，而且还指出了科学与艺术在发展曲折前进的规律性上有一致之处。我国的许多大科学家如浙大老校长竺可桢先生、老校友苏步青先生则身体力行地明示了科学与艺术互补、互促的可贵之处。直到 20 世纪末，以著名科学家李政道博士与著名艺术家吴冠中教授为核心的中外科学家和艺术家联袂举办了"艺术与科学国际作品展"，国内外数百幅优秀作品以绘画、雕塑、艺术设计、书法或综合艺术等形式，出色地表达了科学发现和科学精神。

　　然而，我们也不无遗憾地看到，在科学与艺术互动与交融这一国际性热点问题上,与许多大科学家、大艺术家优异的实践相较而言,其理论方面的研究则明显地滞后了。尽管国内外都有过零星研究成果,但缺乏系统性和深入性,因而没有多大的影响力。有鉴于此,陈大柔同志的《美的张力》新著,从科学与艺术审美创造交融与协同的角度,开拓了这片理论研究的处女地,在某种程度上填补了此类系统性研究的不足。

《美的张力》一书是作者长期研究科学美的心血结晶,全国哲学社会科学规划办网站上首批选介了这一成果内容。在此,我想对该著作的特色谈一点自己的看法。首先,该著作充分借鉴和整合了美学、心理学、科学学及文艺理论等多门学科的理论成果,具有明显的跨学科领域性和文理交叉性,其研究是难能可贵的学术积累性工作。其次,专著中的不少见解新颖独到,在许多方面突破了传统美学等理论的框架,提出了一系列新的概念、范畴和理论命题。如所提出的"艺术科学连续统"概念,不仅揭示了科学与艺术作为人类精神活动两极的内在统一性,而且为当代科学与艺术走向融合、科学文化与人文文化走向互补的大趋势提供了重要的理论依据。并且,作者以人类科学和艺术活动的当代实践为基础和依据,尝试对传统"美"的概念作出新的解读,提出了自己全新的定义。作为该书的一个基本点,什么是美是作者必须回答的一个学术问题。可贵的是作者并没有回避,而是勇于探索这一重大而艰难的学术问题,足见研究者的学术态度是认真的,作风是严谨的。当然,由于该专著是开拓创新的研究,其中提出的一系列的新的概念和范畴有待进一步研究完善,并很可能会引起不同的看法和争鸣。但这对学术界而言是正常的也是有益的,它将深化人们对"美"的内涵的认识,并促进科学与艺术的整合、交融向深刻化方向发展。再者,该著在结构形式上也较其他著作有其明显的特色。它不是按章节面面俱到地论述科学审美创造与艺术审美创作以及二者的关系,而是在开篇中先开宗明义地给出了关于美的自定义,并论证了科学美与科学审美创造的存在,然后在上、中、下三篇中探讨了科学与艺术审美创造相关的重要问题。另外,该著作还有一个鲜明的特色,就是作者在书中多处引用了自己的文艺作品。作者自身的审美创造实践及其深刻的体验,既增添了论述的信度和效度,又使得通篇著述极富个性和魅力。

　　总之,《美的张力》一书是一部既具理论创新深度、又具可读性的优秀学术专著,其被评选入《浙大学术精品文丛》也是当然之事。我作为一名对艺术有所爱好的科学研究工作者,非常乐意为这部著作的出版写序,并借此机会大力提倡科学与艺术乃至哲学的整合和交融,大力提倡不同学科间的和谐与互动,以利中华民族的创新精神焕发出更大的生机和活力。

2005 年 7 月 18 日

目　　录

开篇…………………………………………………………………… 1

上篇：审美创造的心理形式……………………………………… 35

§1 审美注意 ……………………………………………………… 36

   1.1 科学审美注意与艺术审美注意…………………………… 37

   1.2 审美注意与艺术创造 ……………………………………… 44

   1.3 审美注意与科学创造 ……………………………………… 52

§2 审美情感 ……………………………………………………… 58

   2.1 科学审美情感与艺术审美情感 …………………………… 61

   2.2 审美情感与艺术创造 ……………………………………… 74

   2.3 审美情感与科学创造 ……………………………………… 93

§3 审美想象 ……………………………………………………… 100

   3.1 想象与艺术审美想象……………………………………… 101

   3.2 科学与艺术审美想象的区别 ……………………………… 112

   3.3 审美想象与艺术创造……………………………………… 121

   3.4 审美想象与科学创造……………………………………… 133

§4 审美直觉 ……………………………………………………… 141

   4.1 直觉与科学审美直觉……………………………………… 144

   4.2 科学与艺术审美直觉的区别 ……………………………… 155

　　4.3 审美直觉与艺术创造 ……………………………… 163

　　4.4 审美直觉与科学创造 ……………………………… 176

§5 审美灵感 ………………………………………………… 188

　　5.1 审美灵感与审美直觉的区别 ……………………… 189

　　5.2 科学与艺术审美灵感的特征 ……………………… 202

　　5.3 科学和艺术审美灵感的功能 ……………………… 219

　　5.4 艺术审美灵感的获得 ……………………………… 240

中篇：审美创造的形式美法则 …………………………… 253

§1 形式美的形成与性能 …………………………………… 254

　　1.1 形式美的形成与特性 ……………………………… 258

　　1.2 形式美法则与艺术创造 …………………………… 272

　　1.3 科学与艺术形式美的异同 ………………………… 288

§2 对称性形式美法则 ……………………………………… 296

　　2.1 科学对称性形式美法则与创造 …………………… 301

　　2.2 对称性形式美法则与艺术创造 …………………… 314

　　2.3 科学和艺术的对称性破缺与创造 ………………… 326

§3 简单性形式美法则 ……………………………………… 337

　　3.1 科学简单性形式美法则的主客观基础 …………… 343

　　3.2 简单性形式美法则与科学创造 …………………… 352

　　3.3 简单性形式美法则与艺术创造 …………………… 360

§4 和谐统一形式美法则 …………………………………… 380

　　4.1 科学审美创造的统一性 …………………………… 383

　　4.2 科学审美创造的和谐性 …………………………… 389

　　4.3 和谐统一形式美法则与艺术创造 ………………… 397

下篇:科学与艺术审美创造的交融 ……………………… 413

§1科学与艺术关系的嬗变 ……………………………… 414

§2艺术之于科学审美创造 ……………………………… 423

   2.1艺术审美素养对科学家的影响 ……………… 425

   2.2艺术审美活动对科学的促进 ………………… 434

   2.3艺术对科学的预见和反映 …………………… 448

§3科学之于艺术审美创造 ……………………………… 465

   3.1科学对各类艺术的影响 ……………………… 469

   3.2数学化与艺术 ………………………………… 482

   3.3计算机、网络化与艺术 ……………………… 494

§4大趋势:科学与艺术的联姻 ………………………… 504

   4.1科学与艺术整合的依据 ……………………… 506

   4.2科学与艺术联姻的中介 ……………………… 516

参考文献 …………………………………………………… 524

后记 ………………………………………………………… 529

开　篇

美是什么？自柏拉图在其文艺对话录中从理论上提出这一问题，2000 多年来一直困扰着中西方文艺理论界和美学家们。从毕达哥拉斯的美是和谐，到克莱夫·贝尔的美是"有意味的形式"；从柏拉图的美是理念的形式，到黑格尔的美是"理念的感性显现"；从弗兰西斯·培根的美是自然的客观属性，到席勒的美是现象上的自由，人们给出了许许多多各种各样的解答，可以说每一个哲学流派乃至每一个心理学流派都从自己的视角来加以定义，但至今未有一个公认的美的定义。一个实在的精神现象，人们却难以做出解释。也许，人们永远给不出一个公认的关于美的精确的和最终的定义；也许，正如苏格拉底和著名智者希庇亚对话论美时所感叹的那样：美是难的！而这，也许正是"美"与日月同辉的魅力所在。

在此，我要开宗明义地给出一个关于美的自定义：美是实在动心的有意义的张力形式。鉴于本书不是一部关于什么是美的哲学著作，只是对科学美与审美创造及艺术美与审美创作进行思考和探索，因此，下面我就围绕科学与艺术这一人类精神活动的两极，对美的自定义作一简要的阐释。

所谓"实在"，其本意是指"东西"、"物件"。2500 多年来，西方思想界一直认为"实在"是由"东西"即"物件"组成，而这些"东西"则存在于空间之中、时间之内。总之，"实在"就是在时空里的客观存在。美作为一个"实在"的精神现象，是有其客观基础的。所谓

"动心",是指感美主体受美的触动而引起的心理活动,包括"动情"和"动智"两个方面。"动情"不用多言,至于"动智",我想引用如下一段《袖珍牛津辞典》中对美的界说也就可以了:"向感觉,尤其是向视觉提供快感的一种特性或各种特性的组合,它使理智的或道德的官能感到愉快。"①这样,我们可以明白,美是在"实在动心"的基础上产生的,实在客体与感美主体的统一是美产生的基础。

那么,客体实在是如何使感美主体"动心"的呢?这主要是因为客体实在具备"有意义的形式"。这里的"意义"包括"意味"和"真义"两个方面。"真义"指的是客观规律,"意味"指的是情感意义。"真义"是客观实在,是精确的、唯一的、可量化的、不以人的意志为转移而存在,它主要在科学审美领域中令人动智;"意味"则是在审美主客体统一基础上产生的,是不确定的、模糊的和定性的,因人因时因地而异,它主要在艺术审美领域中令人动情。当然,美的"实在""意义"不是直接作用于感美主体使其"动心",而是通过"意义的形式",在审美主体感知其形式的意义后而动情动智的。这里的"形式"包括形式质料和形式规律两个方面。形式质料在艺术审美领域就是感性符号,在科学审美领域则是抽象符号;形式规律是指科学和艺术各自不同的形式质料的组合规律,如比例、对称、调和、节奏、和谐等等。在艺术审美活动中,有意味的形式即是艺术典型;在科学审美活动中,有真义的形式即是科学范式。② 换句话说:艺术的内容即是形式意味,科学的内容即是形式真义。于

---

① 见瓦伦汀:《实验审美心理学》,三环出版社 1989 年版,第 4 页。
② 范式是人类对于实在的存在方式达到了统一的定见形式,其可信性看上去确定到不再需要任何人给予证明的程度,如凡是圆都是 360 度,凡是直角一概相等,3 加 3 永远等于 6 等等。

是,我们可以这样初步认为:艺术美即是令人动情的有意味的形式,科学美即是令人动智的有真义的形式。于是,我们进一步可以这样初步认为:所谓艺术审美,即是审视实在之有意味的形式是否令人动情;所谓科学审美,即是审视实在之有真义的形式是否令人动智。当然,我这里只是就实在动情、动智的侧重不同的角度而言的,因为我知道无论科学审美还是艺术审美皆会令审美主体动情、动智的。

　　现在,我们要进一步问:有意义的形式之客观实在,是通过什么与感美主体相作用而引发审美主体动心的呢? 换言之,审美客体是如何拨动审美主体心弦的呢? 我的回答是:通过张力作用。"张力"(tension)本是物理学中的一个术语,是"新批评派"理论家阿仑·退特将这一概念引入了文学艺术领域,原意是指出诗歌语言中的内涵与外延的统一性。现在,一般认为,"凡是存在着对立而又相互联系的力量,冲动或有意义的地方,都存在着张力"。①从本质上说,张力是两种以上的力量的既互相依存又互相制约而形成某种动态平衡。实际上,我发现,在退特之前,就有人在物理学领域之外以不同方式来探讨张力作用了。比如,弗洛伊德在其《超越快乐原则》(1920)一书中就曾提出一个理论说,生命的过程是两种相反的力达成严峻的平衡的结果。这两种力就是:热爱生命的力厄洛斯和倾向死亡的力泰纳托斯。在人的一生的生命历程中,主要就是代表爱神的厄洛斯与代表死神的泰纳托斯这两种张力始终靠其力度的增减而角斗着。审美动心的过程也是两种相互

---

　　① 《现代西方文学批评述语词典》,第281页。见骆寒超主编:《现代诗学》,浙江大学出版社1990年版,第123页。

依存又相互制约的张力作用的过程,这两种力即主体的审美张力与客体的审美属性的张力,只不过它们不是达成严峻的平衡,而是达成契合与和谐。

这一来,我们似乎又是遇到了几个问题:审美主体具有审美张力吗? 客体实在的审美属性具有张力吗? 这两种力能达成契合而产生美感令人动心吗?

鲁道夫·阿恩海姆(Arnheim Rudolf)在其《视觉思维》一书中,明确地指出了审美对象具有张力:"在艺术中……任何视觉表象都象征了一种有意味的力的样式。"[①]"我们必须清楚地看到,在科学中使用的种种视觉模型的'意义',也同艺术中形式的'意义'一样,都存在于在它们的结构内活跃着的'力'的作用之中。……可以肯定,在一幅油画中,明暗变化要比单纯的轮廓线更为有效地产生出这种'力',而在舞蹈、戏剧或电影中,由于形象有了动作,会使得这种'力'的作用更加活跃。"[②]"如果绘画和雕塑不传达能动的张力,它们就无法描绘生活。"[③]在西方抽象派画家中,有一位在伦纳德·史莱因看来"最富创新精神"的画家波洛克(Jackson Pollock),其绘画的"视界就有如物理学中的场那样,是一种看不见的'张力'","在波洛克的最有名气的作品中根本没有画任何'东西',只是表现出能量与张力"。[④] 美国《纽约时代》杂志首席音乐评论家爱德华·罗特斯坦,在《心灵的标符——音乐与数学的内在生

---

① 鲁道夫·阿恩海姆:《视觉思维》,光明日报出版社 1986 年版,第 432 页。

② 同上,第 408 页。

③ 鲁道夫·阿恩海姆:《艺术与视知觉》,中国社会科学出版社 1984 年版,第 640页。

④ 伦纳德·史莱因:《艺术与物理学》,吉林人民出版社 2001 年版,第 288、289页。

命》一书中曾多处精辟地论述到音乐艺术的"张力"。他认为"旋律是一种音乐的状态,在这个状态中这些关系被套上了缰绳,创造了一个张与弛、期待与惊喜的天地。"①"听古典奏鸣曲,我们能够听到陈述和反陈述、张力和缓解。"②"我们唱的任何一个音调的旋律都发挥了一些这种张力,并暗示了从中产生的其他张力。"③"巴洛克赋格曲使这类旋律的重复和张力特别清晰。"④"这些音乐层面的创造依靠类似捧住一捧泡沫或一滴水的感觉——一种音乐层面的张力。"⑤"我们不仅在一个调子——即在一个由特殊主音决定的领域——内理解张力,而且在这个领域与另一个由不同调子决定的领域之间理解张力。"⑥另外,我们不难从诗歌中感受到声韵和节奏的表达的张力,不难从小说中感受到虚与实、有序与无序、主观性与客观化对立统一的叙述张力。

那么,主体的审美心理具有张力吗?鲁道夫·阿恩海姆同样给予了肯定的回答。他借助于某些格式塔心理学试验证实,人的情感生活实际上是一种兴奋,是各种心理要素——意志、思想、想象——充分活动起来之后达到的一种兴奋状态,这种兴奋状态本质上也是一种力的结构,各种不同的情感生活都有各自不同的力的结构。鲁道夫·阿恩海姆在指出科学和艺术的有意义的形式结构内活跃着"张力"作用的同时,又着重指出:"这些'力'是不能直

---

①　爱德华·罗特斯坦,《心灵的音符——音乐与数学的内在生命》吉林人民出版社2001年版,第92页。

②　同上,第86页。

③　同上,第94页。

④　同上,第95页。

⑤　同上,第96页。

⑥　同上,第101页。

接通过'画'或其他物理对象再现出来的——它们充其量也是把它们'召唤'出来。在一个圆和它的圆心中并不包含着它在观看者经验中所唤起的那种'力'(或者说,这种力只存在于观看者的经验或意象中)。……产生这些力的源泉都是一致的;它们不是存在于外部世界的某一观察对象中,而是来自于大脑神经系统。这就是说,任何一种认识模型,它的最本质的东西都只能存在于知觉对象或心理意象之中。"①这段话明确地告诉我们,主体审美心理的张力是与客体的审美属性的张力对应依存着的,没有主体审美心理的张力,则客体的审美属性的张力亦不复存在。客体的审美属性的张力是无形的,看不见摸不着,我们只有通过主体审美心理张力的敏锐触角才能感受到它。

现在,让我们来看审美主客体间的张力是如何达成契合与和谐的。在这方面,我非常乐意借鉴格式塔心理学派的理论。在格式塔学派看来,外在世界的力(物理的)和内在世界的力(心理的)在形式结构上"同形同构",尽管这两种结构的质料不同,但由于它们本质上都是力的结构,因而会在大脑生理电力场中达到合拍、一致或融合,当这两种结构在大脑力场中达到融合和契合时,外部事物(艺术形式)与人类情感之间的界限就模糊了,正是由于精神与物质之间的界限的消失,才使外部事物看上去有了人的情感性质。阿恩海姆作为格式塔心理学代表人物也指出,"那推动我们自己的情感活动起来的力,与那些作用于整个宇宙的普遍性的力,实际上是同一种力"。② 当某一特定的外部事物在大脑电力场中造成的

---

① 鲁道夫·阿恩海姆:《视觉思维》,第 408 页。
② 鲁道夫·阿恩海姆:《艺术与视知觉》,第 625 页。

结构与伴随某种情感生活的力的结构达到同形时，这种外部事物看上去就具有了这种情感性质。① 借助格式塔心理学派的上述"同形同构"或异质同构理论，我们可以认为，客体的审美属性的张力与主体审美心理的张力在形式结构上有着同形同构或异质同构的关系，这两种张力结构之间质料虽然不同，但由于它们本质上都是审美力的结构，所以会在审美主体大脑生理电力场达到合拍、一致或融合，当二者一旦达成契合和谐时，美感就产生了，或者，审美创造就开始了。

至此，我可以总结一下关于美的自定义了：美不仅是有意义的形式，而且是有意义的张力形式，其张力形式包括实在的审美属性的张力形式和可使主体"动心"的审美张力形式两个方面。当审美主客体这两个张力达成同形同构时，审美客体就拨动了审美主体的心弦而令人动心。就艺术审美活动而言，当有意味的张力形式与主体的心理张力形式同形同构时，审美主体就有了动情的美感，或产生出美的意象；就科学审美活动而言，当有真义的张力形式与主体的审美心理张力形式同形同构时，审美主体就有了动智的美感，就有可能把握到了实在美的本质并产生出科学美的概念和符号体系。从某种意义上说，艺术美即是实在动情的张力映射，科学美即是实在动智的张力发现；审美创造即是审美张力的映射和发现。

写到这时里，肯定会有人对我的上述自定义提出各种质疑，其中一个最大的疑问可能是：科学有美吗？科学美存在吗？科学家

---

① 滕守尧：《审美心理描述》，中国社会科学出版社1985年版，第70页。

可能进行审美创造吗？是的，我承认这个问题提得好，因为这也正是我所思考并必须直面和回答的问题。

如果我们谈论艺术美与艺术美感，我想肯定不会有人提出异议，因为中外几千年文艺理论史和美学史都主要是围绕艺术在探讨美与审美。考察艺术（art）一词可以很好地说明这一点。该词的本义是"to fit（合适）"。在 articulate（接合）、article（文章）、artisan（手艺人）、artifact（人为事物）等词中尚残留有此义。在现代，art（艺术）一词当然已变为主要指"to fit，in aesthetic and emotional sense"，即是指"在审美和情感意义上的合适"。自艺术诞生起，人类不断地在艺术中发现自身，追问自身，在艺术审美活动中实现着对自身灵与肉局限的超越并体验到发现生命真谛的情感愉悦。亚里士多德称它"是一种最愉快的东西"，它所引起的美感"的确使人心畅神怡"。狄德罗也指出，对艺术的欣赏使人"产生一种心怡神悦的感受，它会使我们心花怒放"。我国清代焦循描述人们看《赛琵琶》时的内心感受，如"久病顿苏，奇痒得搔，心融意畅，莫可名言"。罗曼·罗兰在《歌德与贝多芬》一书中记叙说，贝蒂娜突然决定要去拜见贝多芬，是因为当时刚听完贝多芬的《月光奏鸣曲》，便受到强烈感动，以至"她整个儿颠倒了"。艺术的审美愉快不仅在艺术美的欣赏中产生，在艺术审美创造过程中同样也会出现。柴可夫斯基回想写《奥涅金》时说到："当我写这篇音乐时，由于难以借笔墨表示的欣赏，我甚至完全都融化了，身体都在颤抖着。"果戈里在谈到写作《剃掉的胡子》时说："我感觉到，我底脑里的思想活动，好像被叫起的蜂群；我底想象变成奇异的了。啊，如果你知道，这是怎样的快乐呀！——简直在我底整个的身体里感觉到甜蜜的战栗，于是我忘记了一切，倏然地转入我很久不曾去过的那个世界里了。"①

　　但是,科学活动中能产生这样强烈的美感体验吗? 或者干脆说:科学美与美感存在吗? 有这样的疑问并不奇怪,自 18 世纪德国哲学家和美学家鲍姆嘉通提出美学学科起,很多美学家就坚持不承认自然科学中也有美和审美问题,不承认科学活动能产生美感,以至发展到美学集大成者黑格尔对科学美的轻视。不仅是哲学家和美学家,便是在艺术家和文艺理论家中也多有存此疑问者。譬如著名生物学家道金斯在《解析彩虹》一书中,提到诗人济慈认为牛顿用三棱镜将太阳光分解成七色光谱,使彩虹的诗意丧失殆尽;因此,科学不仅不美,还会破坏美感。

　　果真如此吗? 我们不妨先来鉴赏一下印度天才数学家塞尼凡萨·雷迈努金如下的一个数学恒等式:

$$\int_0^\infty e^{-3\pi x^2} \frac{\sinh \pi x}{\sinh 3\pi x} dx = \frac{1}{e^{2\pi/3}\sqrt{3}} \sum_{n=0}^\infty e^{-2n(n+1)\pi} \cdot (1+e^{-\pi})^{-2} \cdot (1+$$

$$e^{-3\pi})^{-2} \cdot \ldots \cdot [1+e^{-(2n+1)\pi}]^{-2}$$

　　如果你是一个缺乏数学知识甚至讨厌数学的人,你感觉到什么美来了吗? 很可能没有;如果你是一位数学修养较高的人,你则可能感到这一公式具有严整、平衡、有序的奇妙之处,但你也许不会把它与科学美与审美联系起来。然而,对这一恒等式花费了几年功夫、孜孜不倦地进行研究并加以证实的数学家 G. N. 华特森(G. N. Watson)来说,这一数学公式却给了他一种震颤般的美感:"这样一个公式给我一个深入心窍感觉,这种感觉与我进入开普莱·梅迪奇的圣器室并见到米开朗基罗装饰在朱里安诺·梅迪奇

―――――――――

　　① 彭立勋:《美感心理研究》,湖南人民出版社 1985 年版,第 203—204 页。

和劳伦左·梅迪奇墓前的'白昼'、'黑夜'、'早晨'、和'黄昏'的质朴的美时所感到的震颤没有什么两样。"[1]确实,雷迈努金不愧为数学奇才,他一生给出了许多相当漂亮、为科学家们所赞美不已的数学公式,如下面的拉盖尔(Laguere)公式是又一个典型的数学公式美的范例:

$$\frac{(X+1)^n-(X-1)^n}{(X+1)^n(X-1)^n}=\frac{nn^2-1n^2-2^2}{X+3X+3X+L}$$

华特森在观赏雷迈努金科学公式时的美感,已然与观赏艺术品所激发起的美感相似,这已经让人有点不可思议了,但更为令人惊奇的是,19 世纪伟大的物理学家路德维希·玻尔兹曼(Ludwig Boltzmann)在鉴赏比他更伟大的同事 J. 克拉克·麦克斯韦(J. Clark Maxwell,1831—1879)关于气体动力学的论文时,竟仿佛聆听了一场精彩美妙的交响乐,并绘声绘色地将这首"交响乐"从头至尾描写了出来。[2] 研究玻尔兹曼的艾伦菲斯特在描述其从力学模型中得到的审美满足时写到:"玻尔兹曼让自己的想象驰骋在尚处于一片混乱之中的相互纠缠着的运动、力和反作用之上,直到能够实际把握这些运动、力和反作用。显然他从这中间得到了强烈的审美愉悦。这一点可以从他所做的有关力学、气体理论,特别是有关电磁理论的讲演的许多要点中觉察到。"[3]

关于在科学活动中会产生强烈的美感体验的例子是不胜枚举的。这里不妨再举几例。德国物理学家海森堡(Heisenberg)在回

---

① S. 钱德拉萨克:《美与科学对美的追求》,《见科学与哲学研究资料》1980 年第 4 期,第 72 页。

② 同上,第 73 页。

③ 詹姆斯·W. 麦卡里斯特:《美与科学革命》,吉林人民出版社 2000 年版,第 106 页。

忆自己建立矩阵力学时说,当他通过原子现象的表面"窥测到一个异常美丽的内部",当想到现在必须探明白自然界如此慷慨地展示在他面前的数学结构这一宝藏时,他"几乎晕眩了"。① 伯特兰·罗素(Bertrand Russell)曾强调:实际上数学不仅蕴涵着真理,同时也拥有至高的美感——像雕塑一样冷峻的美……快乐、兴奋以及超出人类所能体味的卓越非凡的感觉,

这些在诗中能体会到的感觉在数学中同样能找到。19 世纪数学家查尔斯·赫米特(Charles Hermite)的一个学生写到:"那些有幸成为伟大数学家的学生的人不能忘记他教学时几乎是宗教般的音调,不能忘记他传给听众的美的震颤或神秘,讲述一些可敬的发现或未知世界。"②数学家奈维尔·莫特则记述到:"一个以前的研究生课后告诉我的,令我最感美妙的就是,直到上了我的一节课以后他才知道在数学中有美的东西。我深感震撼。"③迪昂在谈到从科学理论中获得审美愉悦时说:"跟从一个伟大的物理理论行进,看到它从初始假设出发的威严地展开的规则的演绎,看到它表现在从实验定律到细枝末节的那些推断,不可能不为这样一个结构的美着迷,不可能不热切地感到人类心智的这样一个创造物的确是一件艺术作品。"④18 世纪最有造诣的探讨智力美的理论家之一哈奇森(Francis Hutcheson),对牛顿(Isaas Newton)的天体力学理论有着深刻的印象,他指出:"这些就是令天文学家神往的

---

① 《科学与哲学研究资料》,1980 年第 4 期,第 74 页。
② 爱德华·罗特斯坦:《心灵的标符——音乐与数学的内在生命》,吉林人民出版社 2001 年版,第 125 页。
③ 詹姆斯·W.麦卡里斯特:《美与科学革命》,第 24 页。
④ 同上,第 61 页。

美,并且就是这些美使得天文学家的冗长沉闷的计算带来的是愉悦。"①格鲁伯尔曾谈到达尔文(Charles R. Darwin)在自然界中观察以维特生物间的错综复杂的关系网络的场面时,会感到美的愉悦。② 事实上,达尔文在谈到一草一木时,都会把它们当成活的、有人格的、使他产生美感的东西。

《艺术与物理学》(我在写本书的全过程都会反复翻阅这本富有创新、令人激动、又使人愉悦的思想史)的作者伦纳德·史莱因指出:"爱因斯坦从他的广义相对论及其推论所得到的结果——恒星的死亡、弯曲的时空和黑洞——实在是对现实世界的美得叫人痛苦而又极其重要的描述。科普作家卡尔德(Nigel Calder)曾经这样写道:'如果你在对他的想法进行深思时还没有感到地面在你的脚下颤动,那么,你就错过了本世纪最令人动心的战栗。'"③爱因斯坦在其传记中也写道,所有这些关系在他的头脑中联合在一起的那个瞬间"是我一生中最为幸福而愉快的时刻"。爱因斯坦的一位传记作者派斯,曾对爱因斯坦科学活动的审美风格做了归纳,派斯写道:"如果说他 1905 年的工作具有莫扎特的品位,那么,他在 1907—1915 年的工作则令人想起了贝多芬。"④无独有偶,玻尔兹曼也认为可以从科学美感出发对科学家的风格进行归纳,他说:"甚至就像一个音乐家能在前几个小节就能听出是莫扎特、贝多芬还是舒伯特一样,一个数学家能在看过几页后就知道是柯西、高斯、雅可比(Jacobi)还是基尔霍夫(Kirchoff)。法国作者以极其优

---

① 詹姆斯·W.麦卡里斯特:《美与科学革命》,第 19 页。
② 同上。
③ 伦纳德·史莱因:《艺术与物理学》,第 382—383 页。
④ 同上,第 384—385 页。

美的笔触来表达自己，而英国作者，尤其是麦克斯韦，则用戏剧化的形式来阐释。"①

　　够了！我想读者已经不难感觉到，在科学活动中不只动用严谨的理智，也须激发丰富的审美情感和想象，不只历经艰辛与枯燥，也充满了愉悦和欢欣。正如彭加勒所言，科学家研究自然的活动并不仅仅为了达到具体的科学成果和社会效益。"他所以研究自然是因为这能给他带来愉快，因为它美。如果自然不美，那它就与认识它所花费的劳动不相称，而且生活也与那种为了过活需要付出的劳动不相称。"②优雅的科学美感不仅不妨碍科学研究和对假说的评价，而且，如果能够正确地遵循和利用它，还可以看作为积极促成知识获得实在真义的重要心理因素。"美的态度对待世界不仅有助于艺术的创造，也有助于科学的创造。"③

　　那么，黑格尔等美学大师们为何要排斥科学美？为什么至今还有不少人心存疑窦甚至极力否定？我想，除了由于科学美理论的形成时间短暂而使科学美看上去是那么不突出、有限和不普遍，使科学审美的形态和信息成分看上去不那么充分和完全外，最主要的原因有以下两点：一是人们的审美视点高度不够，二是受到自身动智的审美张力的限制。

　　为了生存和发展，人类从天人合一走向条分缕析地去认识和体察自然的细节，这就导致了劳动的分工和学科的分化。分工和

---

　　①　爱德华·罗特斯坦：《心灵的标符——音乐与数学的内在生命长春》，第124页。

　　②　米·赫拉普钦科：《艺术创作，现实，人》，上海译文出版社1999年版，第441页。

　　③　Π. В. 柯普宁：《马克思主义认识导论》，求实出版社1982年版，第255—256页。

分化既分化了人类的心智,也分化了求知和审美,使科学和艺术异径而走。于是,科学在追求真义的途中遮蔽了审美,艺术在追求审美的道上疏远了规律。到了近现代,随着科学与艺术间鸿沟的日益扩大,人们终于意识到二者的分化其实不利于人类生命的延续和发展,于是,便有诸如英国著名博物学家赫胥黎及英国学者 C. P. 斯诺等许多有识之士力图在科学与艺术之间架设沟通的桥梁。这种弥合两种文化分裂的努力在斯诺之后日见其盛,人们提出种种观点来试图说明科学与艺术其实并非是风马牛而是可以达到统一的。其中,科学史的奠基人萨顿将分别对应于"真"、"善"、"美"的科学、宗教与艺术形象地址比喻为一个三棱锥塔的三个面,并认为:"当人们站在塔的不同侧面的底部时,他们之间相距很远,但当他们爬到塔的高处时,他们之间的距离就近多了。"① 以此顺理成章地推论,真、善、美将随着高度的不断上升而不断接近,并在最高的理想之点达成统一。由此可见,之所以有人认为科学与艺术相距甚远,之所以将科学与审美相分离,是由于他们所站的位置高度不够,或者说审美视点缺少高度。如若我们都能站上狄德罗的视点高度,我们就会明了:"真、善、美是些十分相近的品质。在前面的两种品质之上加以一些难得而出色的情状,真就显得美,善也显得美。"②

　　为什么说不承认有科学美的人受到自身动智的审美张力限制呢? 让我们先来欣赏一段英国哲学家斯宾塞的精彩论述:"你多多思考吧! 一滴水对普通人来讲不过是一个小水滴而已,可是物理

---

①　参见刘兵主编:《大美译丛》,吉林人民出版社 2000 年版,总序。
②　狄德罗:《绘画论》,《见文艺理论译丛》1958 年第 4 期,第 70—71 页。

学家了解它里面所包含的分子数目达数万万,隐藏在物质中的分子释放开来宛如电闪雷鸣! 两者相较,普通人的损失真难以估计! ……仔细地想想,一块石头上平行的刻痕固然能激起一般人的遐思冥想,但他怎能了解这是一百万年前的冰川侵蚀的遗迹呢! 所以,一个从未从事过科学研究的人,永远难以了解日常他所生活的环境里,处处存在着奇情丽景,宛如诗般的节奏和韵律。"①黑格尔等所注重的艺术美是人们用各种感性要素反映第一自然美的产物,而科学美则是用理性要素(公式、符号、图表、概念、规律等)来反映第一自然美的产物。彭加勒将科学的理性之美称作"深奥的美",这种美只有"纯粹的理智能够把握它"。② 由于科学理性美是一种抽象的美,是外界事物信息所引起的一系列反应经过同构变换并被理性加工后所形成的美,这种美只有懂得科学并长期从事科学审美创造实践活动的人才能领略至深。也就是说,要体验到科学深奥的理性美,不仅要有渴望美、欣赏美的激情,不仅要有一定的审美视点高度,而且还要有一种透视对象内涵的理智力,要有一种直入事物本质的能力,即对自然万物内在联系及其规律性的理解力和直觉判断的能力。如果审美主体缺乏动智的审美张力,则理性的美就拨动不了他的心弦,科学对象的审美属性的张力就不能与他审美心理的张力达成契合和谐,其科学美感也就无由产生。这时,最美的科学乐章对他来说也没有意义,正如"对于不辩音律的耳朵来说,最美的音乐也毫无意义"③一样。我相信,那些不承认有科学美的人,一旦能在科学的领域接受过训练,一旦能突

---

①　夏禹龙等:《科学学基础》,科学出版社 1983 年版,第 279 页。
②　彭加勒:《事实的选择》,见《科学与哲学研究资料》1983 年第 1 期,第 186 页。
③　马克思:《1844 年经济学—哲学手稿》,人民出版社 1979 年版,第 79 页。

破自身动智的审美张力的限制,他们就能像一位具有艺术鉴赏家能力的钢琴家一样在科学审美的键盘上敏捷地自由跳跃。

当然,我想读者通过上面的阐述不仅能认可科学美与美感的存在,而且能认识到科学美与艺术美、科学美感与艺术美感二者其实是既相通又不同的。虽然科学与艺术的最高审美理想都是真善美的统一,但艺术更偏重于人类社会的存在领域,强调善与美的统一,而科学则更注重宇宙自然的存在领域,强调真与美的统一。构成艺术美感特征的审美矛盾运动的特殊规律,在于艺术审美是在自然人化中建构自身的主体性,自然与人的对立统一的关系历史地积淀在审美心理中,把社会的、理性的、逻辑的东西渗透、凝冻在个体的、感性的、直觉的东西之中。而科学美感则由于处在更高级的地位,它建筑在一般美感的基础之上,其审美对象是宇宙自然,其审美最终指向是事物的最一般规律性,因此,科学的美感特征与艺术美感的特征不同,它是在人化自然中建构自己的主体性,使特殊的、感性的、直觉的东西渗透、凝冻在普遍的、理性的、逻辑的东西中。

爱因斯坦曾以他科学家的视角和敏锐区分了科学审美活动与艺术审美活动的区别,他说:"如果我们用逻辑的语言来勾画我们所见所经历的事情,我们从所事的就是科学;如果所见所经历的是经过直观的方式确认其存在的意义,而非通过意识的头脑认识其各个形态之间的相互联系,我们所从事的就是艺术……"①在我看来,艺术审美活动中存在着非逻辑判断的情感逻辑,科学审美活

①　海伦·杜卡斯、巴纳什·霍夫曼:《爱因斯坦短简缀编》,百花文艺出版社 2000年版,第 48 页。

动则以理智性逻辑为主导。艺术审美中理智是潜伏的逻辑，理不是直接地、外在地以概念逻辑取代审美中的情感逻辑，而是"理之在诗，如水中盐，蜜中花，体匿性存，无痕有味"。（钱钟书《谈艺录》）。艺术的情感逻辑是以情感为中介，在艺术典型性和个性化充分发展的同时，其向善的合目的性的本质化也日益加深；它同时调动各种心理功能，使想象张开翅膀，趋向理解，化为感知。如贝多芬的"命运"交响曲，正是依循着情感逻辑线索展开的：第一乐章的奏鸣曲式，一开始就出现了命运敲门式的动机，发展出令人惊惶不安的第一主题，接着，由圆号吹出命运动机变化而来的号角音调，引出明朗抒情的第二主题；第二乐章，是双重主题的变奏，两个主题的发展变化，准确地表现出抗击命运的崇高感情在徘徊；第三乐章，展示着决战前夕各种力量的对比，在对比中命运丧失了元气，抗击命运的力量却向高处发展，而这恰是乐曲所表现的崇高情感在对立中壮大、升华的部分；第四乐章表现出胜利的喜悦与狂欢，崇高之情在欢乐的气氛中达到高潮；当辉煌的第一主题再次响起时，一片灿烂，崇高化入了伟大，抗争迎来了光明……跌宕起伏的艺术美的内容在情感逻辑中显得是何等的变化有序！

由于科学审美活动有着明显的功利目的性，而艺术审美活动往往与功利目的并不直接相关，所以，科学美是一种偏重于有真义的动智的内容美，而艺术美则是一种偏向于有意味的动情的形式美。应当指出的是，我们说科学审美活动有明显的功利目的性，不等于说科学美感时时处处与功利目的相关。撒弗特斯伯尔（Lord Shaftesbury）指出，一个人能在科学活动中"得到一种超感官快乐的愉悦和欣喜。当我们仔细深究这种沉思快乐的本性时，我们会发现它毫不涉及任何个人功利,其目的也不在于对个人人身的自利或者有益"。他把审美知觉活动看成是那种不理会背后的利益的知觉方式。哈奇森同意撒弗特斯伯尔的看法:审美判断不理会功利方面的考虑。并且,哈奇森同样把对科学知识的审美沉思与对科学知识的功利的意识作了区分。① 另一方面,我们并不认为艺术审美活动与功利目的没有关系。艺术审美既不为实用、功利(外在目的)服务,又具有服务于人类的伟大的目的性,负有将人类引向尽善尽美境地的神圣职责。其实,科学审美活动与艺术审美活动有着共同的为人类带来福祉的伟大的目的性。正如爱因斯坦1921 年在给一家德文现代艺术杂志的编辑的信中所说:"当世界不再被个人的愿望所主宰,当我们作为自由的人去面对世界,去赞美它,探索它,观察它,我们就进入了艺术和科学的王国。……两者的共同点,是对超越个人好恶的客观事物所做的爱的奉献。"②对此,车尔尼雪夫斯基也有过精彩的表述:

> 科学并不羞于宣称,它的目的是理解和说明现实,然后应用它的说明以造福人;让艺术也不羞于承认,它的目的是在人没有机会享受现实所给予的完全的美感的快乐的时候,尽力去再现这个珍贵的现实作为补偿,并且去说明它以造福于人吧。③

在我们明确了艺术和科学领域都存在美与审美活动后,让我

---

① 见詹姆斯·W. 麦卡里斯特:《美与科学革命》,第 72—73 页。
② 海伦·杜卡斯,巴纳什·霍夫曼:《爱因斯坦短简缀编》,第 47—48 页。
③ 转引自周昌忠编译:《创造心理学》,中国青年出版社 1983 年版,第 184 页。

们来考察一下审美与科学创造和艺术创造的关系。我们经常看到有人引用马克思的那句名言："人也按照美的规律来建造"（美学家朱光潜把它翻译成"人还按照美的规律来创造"）。人们在理论探讨中把美看成是人的本质力量的感性显现，而人的本质力量又主要是体现在各种实践活动及其创造上，如科学创造和艺术创造等。其实，"创造"这一概念很早就被哲学家们提出来了。亚里士多德在论及事物的成因时，便将其中一个成因称为"创造因"；他还把人类的活动区分为三大类，而其中的一类也名之为"创造"。后来的贺拉斯则把"创造"这一概念直接运用到艺术创作中去，自此，历代论及文艺的著述便几乎没有不涉及这个字眼的。然而，尽管"创造"的概念被运用得非常广泛，却很少有人将它提升到美学意义上去认识，很少有人研究过创造的审美心理机制，更少有人探讨审美对科学创造的重要意义和作用。

前面我们说过，当主体审美张力与客体的审美属性的张力在大脑生理电力场中达成契合和谐时，审美创造就急剧地展开了。从这个意义上来说，主体的审美张力是创造力的一种表现，主体审美张力的大小及其与客体的审美属性的张力契合的可能性大小与创造性成正比关系。阿恩海姆在其重要著作《艺术与视知觉》的结尾时特别指出：艺术的"表现性是所有知觉范畴中最有意思的一个范畴，而所有其它的知觉范畴最终也都是通过唤起视觉张力来增加作品的表现性。……在较为局限的知觉意义上来说，表现性的唯一基础就是张力。"[①]彭加勒则从科学的角度来论述审美张力与创造的关系，只是他把审美张力看作是"情感的感受力"，这种"情

---

① 　鲁道夫·阿恩海姆：《艺术与视知觉》，第 640 页。

感的感受力"与数学研究中的洞察力、创造力密切相关。他说:"可能令大家奇怪的是,情感的感受力能唤起相关的数学推理,而后者似乎只能对智力发生作用。这就会使人忘记数学的美,数字与公式之间的和谐以及几何图形的美。这是每位真正的数学家都清楚的审美感觉,而它也确实属于情感的感受力。"①彭加勒进而指出:科学研究与创造过程,实际上就是对客体不断审美的过程,是主体的审美张力对客体的审美属性的"一种美的感受"的过程,而"缺乏这种审美感受的人永远不会成为真正创造者"。②

确实,审美感受在科学和艺术创造中有着极为重要的作用。关于审美对艺术创造的意义和作用我想不用在此赘述了,因为集德国古典美学之大成的黑格尔的煌煌百余万言的美学巨著,就是围绕着艺术美与审美创造为中心而展示的。在黑格尔看来,艺术应该美,人类需要文学艺术,就是为了欣赏美和创造美。我想,把黑格尔老人的这一思想适当地用于科学也同样成立,尽管这位美学大师不承认科学有美,更谈不上承认科学能进行审美创造。事实上,现代科学最引人注目的特征之一,就是许多科学家(包括杰出的科学巨匠)重视美感在科学创造中的作用并不亚于一些艺术家对美感的重视,他们都相信他们的审美感觉能引导自己达到真理。海森堡在《跨越界限》一书中曾引用了一句拉丁格言:"美是真理的光焰"(Pulchritudo Splendor Veritatis)。海森堡将其含义解释为:探索者最初是借助于这种光焰,借助于它的照耀来认识真理的。对于这一真与美相伴的看法我要再加上一句:真是美的内蕴。

---

① 爱德华·罗特斯坦:《心灵的标符——音乐与数学的内在生命》,第123页。
② 彭加勒:《科学的价值》,光明时报出版社1988年版,第383—384页。

如果说科学的美是其真的令人动智的典型形式,那么,真就是科学的令人动心的美的灵魂。科学活动中美与真的这种统一的关系,就使得人们在科学审美创造中的"以美启真"和"以真促美"成为可能。科学美感使科学家们在创造过程中思路有巨大的开放性和扩展性,在审美启迪下运用想象力举一反三,大胆提出各种新的概念和思想,或者改变思想通路,顺利进行科学创造。杨振宁在《美与理论物理学》一文中写道:"令人惊讶的是,有时候,如果你遵循你的本能提供的通向美的向导而前进,你会获得深刻的真理,即使这真理与实验是相矛盾的。狄拉克本人就是沿着这条路得到了关于反物质的理论。"

科学美感不仅能让科学家"以美启真",而且能让科学家以美取真。狄拉克曾对审美因素在自己科学活动中的作用作了许多思考。他曾强调,审美因素的影响既表现在作为启发性的向导也表现在作为理论估价的基础。首先,他承认自己利用审美标准来确定自己研究工作的重点。他举例说爱因斯坦也是这样的:"当爱因斯坦着手建立他的引力理论的时候,他并非去尝试解释某些观测结果。相反,他的整个程序是去寻找一个美的理论。……他惟一遵循的就是要考虑这些方程的美。"其次,狄拉克在估价理论时也依仗审美标准,他认为:"让方程体现美比让这些方程符合实验更为重要。……如果一个人的研究工作是从要在自己的方程中得到美这样的观点出发,并且如果他真的有了一个绝佳的洞见,那么他就已步入了正轨。"这样,狄拉克对不同科学理论的选择就由他的"科学上美感所支配"。比如,他支持广义相对论正是基于对美的选择:"我相信,这一理论的基础比人们仅仅从试验证据支持中能够取得的要深厚。真正的基础来自于这个理论的伟大的美。……

我认为,正是这一理论的本质上的美是人们相信这一理论的真正的原因。"①相反,狄拉克还以审美为根据,否定了一些他认为不美因而与真理相距遥远的经验上成功的理论。譬如他曾否定了海森堡的非线性旋量理论:"我对你的工作的否定主要在于,我认为你的基本(非线性场)方程不具有作为物理学基本方程应具有的足够的数学美。"1950 年,当戴森(Freeman J. Dyson)询问狄拉克对量子电动力学最新进展的看法时,狄拉克毫不含糊地告之:"如果这些新观念看上去不是如此丑陋,我原本会认为它正确。"②

关于科学活动以美取真,狄拉克也许是表述最坚定、最全面的一个,但决不是唯一的一个科学家。数学家罗杰·彭罗斯(Roger Penrose)在其《皇帝的新思想》这样一部关于宇宙和数学的不平凡的书中指出,一种理论的美学特征一定与其确实性紧密相关。他相信,在美丽与真实之间一定有一种紧密的联系。③ 数学家赫尔曼·韦尔(Hermann Weyl)曾写道:"我总是尽力将我的工作,将真同美连接起来;但当我不得不取其一时,我常常选择美。"20 世纪上半叶英格兰的著名数学家哈代(G. H. Hardly)是众多著有精美自传的数学家之一,他断言"丑陋的数学在世界上没有永久的地位。"④爱因斯坦对理论的审美性质给予了极大关注,他留给许多同时代人的最主要的印象就是他对理论美的敏感性。他的同样是物理学家的儿子汉斯·A.爱因斯坦认为其父亲"与其说是我们通常认为的科学家的性格,还不如说更像是一个艺术家的性格。例

---

① 詹姆斯·W.麦卡里斯特:《美与科学革命》,第 12—13 页。
② 同上,第 114—115 页。
③ 爱德华·罗特斯坦:《心灵的音符——音乐与数学的内在生命》,第 136 页。
④ 同上,第 125 页。

如,对于一个好的理论或者一项好的工作的最高赞赏不是它是正确的,或者它是精确的而是它是美的。"①据说审美因素在令某些科学家相信华生(James D. Watson)和克里克(Franeis Crick)的DNA结构理论正确方面发挥作用,如富兰克林(Rosalind Franklin)"接受这一事实:这个结构太漂亮了,以致不能不是真的"。洛奇(Oliver Lodge)似乎觉得汤姆生(Thomson)的关于原子的涡旋理论在审美上如此悦人以致认为它只有是真的才恰当。他写道:"还没有证明它是真的,但是它不是非常美的吗?这是一个人们或许几乎敢说它命定该是真的理论。"②

库恩(Kuhn)在研究科学史上常规科学与科学革命的交替现象时指出:一个革命的理论多半不是依据经验说服科学家,典型情况是依据审美标准吸引他们。他相信,哥白尼的理论尽管不能表明经验上比托勒密(Ptolemaic)理论优越,但它是以它的审美性质赢得追随者的。③ 因为,在新的理论的建立和选择中,"美的考虑的重要性有时可以是决定性的。虽然,美的考虑往往只是把少数科学家吸引到一种新理论方面来,它的最后胜利也许就依赖于那些科学家。"④另外,量子物理学家和科学思想家戴维·玻姆(David Bohm)也指出:在可预见的未来,无法对两宇宙学理论作基于事实的判别性实验检验,因此我们不得不根据以下两点对它们做出抉择:一是美,二是哪种理论更有助于理解一般的科学事实,并

---

① 詹姆斯·W.麦卡里斯特:《美与科学革命》,第 116 页。
② 同上,第 110 页。
③ 同上,第 212—213 页。
④ T.S.库恩:《科学革命的结构》,上海科学技术出版社 1980 年版,第 129 页。

把科学经验同化到自洽的总体中去。① 比如,大约跟爱因斯坦的工作同期,洛伦兹提出了有关所谓"以太"的物质媒体的若干假说,通过这一设想得以做出的某些数学预言与依据爱因斯坦理论所能作出的基本相同。但洛伦兹的理论还是被抛弃了,因为人们从审美的角度看去,感到洛伦兹的以太理论所需的全套假说是复杂的、武断的、不自然的和丑陋的。②

许多科学史实一再证明:"一个由具有非常强的美学敏感性科学家发展的理论最后可能是真的,即使它在公布时看起来不那么真。"本世纪初,韦尔在《空间—时间—物质》一书中提出了他的引力规范理论,他承认这个理论作为引力理论是不真的,但为了美的缘故他坚持了下来。多年以后,当规范不变的形式被加进了量子电动力学时,韦尔的美的选择就成了"真"的选择了。他在另一项关于中微子两分量相对论波动方程的研究中,也是为了美的缘故而破坏了举世公认是科学真理的宇称守恒定律。30 年后,杨振宁、李政道证实了韦尔美的选择的科学真实性。当然,我想应当指出两点:第一,科学活动中依据审美做出的选择并不都是真的,很多精美的物理理论最后发现是不正确的。以托勒密宇宙观为例,它是建立在优美而朴素的科学设想基础上的:所有天体都按照自然界中最美丽的形式——圆形轨道运行,但这一理论因为后来的观测发现了更复杂并且相互联系的轨道而动摇瓦解了。第二,狄拉克等科学大师在科学活动中面临真与美的选择选取美,并非不要真,而是为了求得本质意义上的真而选择了本质意义上的美,舍

---

① 戴维·玻姆:《论创造力》,上海科学技术出版社 2001 年版,第 35 页。
② 同上,第 55 页。

弃了那些有时空局限性的"真"，因而他们在更高或更深层次上获得了成功。

由于审美对于艺术创造的意义是不言自明的，也是毫无争议的，因此，我花费了许多的笔墨来阐明和实证审美对于科学创造的意义和作用。大体来说，审美在科学和艺术的创造活动中的重要意义和作用可以从创造心理、创造方法及创造性互补互促三个方面充分体现出来。

我们先来看审美心理对艺术和科学创造的作用。这里首先应当明确的是，审美心理不仅仅是通常的审美接受的心理，而是一种富于创造性的心理，它在感知审美对象、获得审美情感的同时，能够根据一定的审美理想，通过联想、想象幻想，以及诸如通感、直觉和灵感等心理形式，进行创造或再创造的活动。艺术和科学审美创造的共同规律是，在创造的起始阶段，由审美的兴趣、爱好、需要和愿望引导起审美注意和观察；在创造的关键阶段，即构思和领悟阶段，起主要作用的则是审美想象、审美直觉和灵感。在艺术活动中，无论是艺术创作心理还是艺术鉴赏心理，都是审美创造心理。任何作品在接受美学看来都具有两极：一极是艺术的，即创造主体生产的本文；一极是审美的，即接受主体对本文的创造性实现。这就是说，艺术鉴赏心理对艺术作品有着审美再造的功能。在科学活动中，其审美心理是人类审美意识达到较高发展阶段的产物，科学家的审美想象、审美直觉等心理形式往往在科学中发挥着特殊的乃至神奇的功用。

关于审美注意、想象、直觉和灵感等审美心理对艺术和科学创造的作用，我将在本书上篇中详尽地展开论述，这里先就审美动机心理对艺术和科学创造的强大的动力作用着重阐明一下。心理学指出,人的需要在目标出现的时候便会转化为行动的动机。因而,艺术创造的深层动机来源于艺术家的审美需要,这种审美需要又通过艺术家的表达愿望、创作欲望体现出来,从而使得艺术家的表现为审美表现、创造为审美创造。生活中的美(客体美的属性的审美张力)触动了艺术家的心弦(主体的审美心理张力),激发了艺术家表现美、赞颂美的动情的强烈愿望;又是人类特有的对美的追求和向往鼓舞着、支持着艺术家常常在孤寂中去从事那艰苦而又愉快的审美创造,并在审美的追求和创造中扩张了和增强了自身的审美心理张力,从而创造出惊天地、泣鬼神的传世杰作来。读过泰戈尔散文诗的人,大约都会仿佛进入一个神奇的、至美的境界,并在这充满大自然的芳香、色彩、韵律,散发着爱的温馨,映射着哲理光辉的艺术意境中流连忘返。正是大自然的美、生活中的美激荡了泰戈尔审美情感的涟漪,触动了他的审美张力,引发了他审美创作的动机和意兴。泰戈尔曾在《我的回忆》中,深情地描绘在乔拉圣科的一间小屋里所看到晚霞和暮色的美:"落日的余晖伴和着一种暗淡的暮色,似乎要使这正在降临的夜晚对我产生一种特别美妙的魅力……"[1]在诗人看来,人与自然的精神统一,是欢乐的源泉,是美的源泉,当然也是审美创造的源泉。"尽善尽美地表现生活的丰富",这是泰戈尔给自己艺术创作定下的一个"宗旨"。可见,热爱美、追求美、创造美是人类的本性(马斯洛在需要层次理论中将之看作是人的高层次需要),更是艺术家的最为突出的本质力量。这种源于人的本性的艺术创作的内在驱动力,往往会支持着诸如曹雪芹那样的文学艺术巨匠去"披阅十载"、呕心沥血地创造

---

[1] S.C.圣笈多:《泰戈尔评传》,湖南人民出版社1984年版,第10页。

出流芳百世的艺术巨作。

　　科学创造与艺术创造一样,也是人的一种自由、自觉、有目的的创造性活动。古往今来,无数科学家废寝忘食、刻苦钻研地投身其间,不仅是出于对真的追求、对善的献身,还出于对美的热爱,并从中体现人自身本质力量的巨大和高贵。爱因斯坦直言道:"照亮我的道路,并且不断地给我新的勇气去愉快正视生活的理想,是善、美和真。"[①]这不仅仅是爱因斯坦,也是一大批为人类做出巨大贡献的科学家的心声。海森堡就说,正是由于自然界美的魅力才吸引他去寻求真理。彭加勒也说过,科学家并不是出于其价值原因才对自然界进行研究,促使他们研究的真正动力是他们可以从这些美好的事物中得到乐趣。[②] 在普朗克60岁生日庆祝会上,爱因斯坦专门讲了科学探索的动机:

　　　　在科学的庙堂里有许多房舍,住在里面的人真是各式各样,而引导他们到那里去的动机实在也各不相同。有许多人所以爱好科学,是因为科学给他们超乎常人的智力上的快感,科学是他们自己的特殊娱乐,他们在这种娱乐中寻求生动活泼的经验和雄心壮志的满足……[③]

　　深厚的科学美感,能够时时处处激起科学家在科学领域里的好奇心和创造欲,形成对科学研究对象浓厚的兴趣,以及对科学理

[①] 钱德拉萨克:《美与科学对美的追求》,见《科学与哲学资料》1980年第4期,第79页。

[②] 爱德华·罗特斯坦:《心灵的标符——音乐与数学的内在生命》,第135页。

[③] 《爱因斯坦文集》(第1卷),商务印书馆1976年版,第100页。

论美的追求。有时候,科学家心中对美的渴望,对科学审美快感的追求,对和谐的自然实在图景认识上的期待,会产生出一种如同宗教情感一般的情怀,并积淀为一种深厚的科学哲学的信念。爱因斯坦说过:"要是不相信我们的理论构造能够掌握实在,要是不相信我们世界的内在和谐,那就不可能有科学。这种信念是,并且永远是一切科学创造的根本动力。"①他又说:"如果这种信念不是一种有强烈感情的信念,……那么他们就很难会有那种不屈不挠的精神,而只有这种精神才能使人达到他的最高的成就。"作为爱因斯坦科学思想的伟大继承人,狄拉克一生都在提倡和追求数学美,这种追求也是他一生科学活动的内驱力之一,并解决了一个又一个理论物理难题。如果离开了对数学美的执着追求,没有对科学美的兴趣,狄拉克就不可能做出那么多科学创造。正如我国教育家蔡元培所指出的那样:科学与审美、知识与情感须并重,如此才能更有助于科学的创造和发展;否则,如果科学工作者出现精神上的"偏枯",对人生、社会及至他所从事的科学失去兴趣,这样"不但对于自己毫无生趣,对于社会毫无爱情;就是对于所治的科学,也不过'依样画葫芦',决没有创造的精神。"②这一深刻的见解,实际上是蔡元培先生提出了审美对科学创造的动力作用。

让我们来探讨一下审美对艺术和科学的创造方法上有什么影响和作用。马克思说"人也按照美的规律来建造",我这里借用库恩的一个术语"范式",将马克思的话表达为:人们也按照美的范式来进行创造的。戴维·玻姆在论科学与艺术的关系时指出:"科学

---

① 《爱因斯坦文集》(第 1 卷),第 379 页。
② 《蔡元培美学文选》,北京大学出版社 1983 年版,第 137 页。

与艺术是如此深刻地相互关联,因为两者确实都主要涉及范式的创造,而非主题事物的单纯反映或描述。"他把科学"范式"看作是"简化了的典型范例。"①我在前面曾说过:在审美活动中,科学范式即是有真义的形式,艺术范式(典型)即是有意味的形式。这样,我再把马克思的原话表述为:人们也是按照美的有意义的形式规律来进行创造的。换句话说,人们也是按照形式美的规律和法则来进行创造的。而形式美的法则和规律,正是科学和艺术进行审美创造应当遵循的准则,也是科学艺术开展审美创造的重要方法。

　　人们在长期的艺术与科学审美活动中,历史地和心理地积淀了审美创造的形式美法则。关于艺术美的形式规律和形式美法则,许多美学家和文艺理论家都给予足够的关注并进行了探讨,现在的问题是:在科学创造活动中有美的形式规律可循、有形式美法则可凭借吗? 回答是肯定的。数学家苏里文(J. W. N. Sullivan)说过:"因为科学理论的主要目的是表达我们所发现的存在于自然中的协调,所以我们能立刻看到这些理论的美所具有的美学价值。衡量一个科学理论是否成功的标准,也是衡量其是否有美学价值的标准。因为它是一个在这个世界产生前就已经存在的一个范围尺度。"进而,"如果一门科学达不到美学标准,它也不能成为一门完整的科学。"②科学家们在长期的科学研究活动中,根据自己的审美偏好和风格给科学美提出了各种各样的标准,如优雅的、适当的、数学化等。许多科学家把他们从理论中得到的审美愉悦归因于他们所谓的这些理论的某种适当性。一些科学家如温伯格

---

①　戴维·玻姆:《论创造力》,第36—37页。
②　爱德华·罗特斯坦:《心灵的标符——音乐与数学的内在生命》,第136页。

(Steven Weinberg)在某些理论中非常强烈地知觉到某种适当性,以致他们把这种适当性描述为达到极致或注定如此的。① 审美标准对薛定谔的理论创造活动有非常大的影响。他对物理理论提出了两项审美要求:理论包含的数学方程应该形式优雅并且它们应该把它们处理的现象形象化。② 海森堡曾承认波动力学对他具有某种审美吸引力是因为其是"优雅的和简单的"。狄拉克对波动力学的嘉许不少文献中都特别提到过,他自认为和薛定谔在数学方程的"优雅"上有同样的审美偏好。"在我见过的所有物理学中间,我认为薛定谔是与我最相似的。……薛定谔和我都有非常敏锐的对数学美的鉴赏力……这种鉴赏对于我们是一种来自如下信念的举动:描述自然的基本规律的方程必须包含伟大的数学美,它对于我们就像宗教。它是一种非常有益的可信奉的宗教,它可以被看作我们大部分成功的基础。"③可见,狄拉克不仅把优雅性和数学化作为科学审美的标准,而且把优雅化和数学化视作科学审美创造的方法。

由于科学与艺术是两个截然不同的审美领域,因而它们的审美标准和美的形式规律也有着很大的不同。在本书中,我在研究科学和艺术的不同审美标准和美的形式规律的基础上,提出了几个二者都存在且在各自的审美创造中都发挥着重要作用的美的形式规律即形式美法则,它们是:对称性形式美法则、简单性形式美法则以及和谐性形式美法则。爱因斯坦提出广义相对论的论文以熟悉的方式开头,它指出了现存理论在描述一个特定物理系统的

---

① 詹姆斯·W. 麦卡里斯特:《美与科学革命》,第 42—43 页。

② 同上,第 213 页。

③ 同上,第 232—233 页。

方式上的不对称,由于不对称导致了某一理论的一个不悦人的特征。因而,有人认为爱因斯坦的对称性形式美标准是"相对论的审美起源"。① 海森堡曾回忆,他在 1926 年向爱因斯坦提出了一个论题,即符合简单性形式美的数学公式"我们就不得不认为这些数学形式是'真的',不得不认为它揭示了自然的真正特性"。② 哥白尼曾经认为他的理论比托勒密理论简单因而更优越;后来在《天体运行论》中他又宣称自己的理论有着更高的内在和谐性。③ 有人认为和谐性也是爱因斯坦审美考虑的一个重要因素,如派斯就曾这样刻画爱因斯坦:"他的目的既不是要诠释未得到解释的东西也不是要解决任何悖谬之处。他的目的纯粹是寻求和谐。"④关于科学和艺术的对称性形式美法则、简单性形式美法则及和谐性形式美法则,以及这些形式美法则在科学和艺术的审美创造中所起到的重要作用,我在本书中篇将详尽加以阐述。

科学与艺术在历史地经历了合分之后,20 世纪末二者融合的呼声渐盛,不少有识之士指出:科学与艺术的整合将是 21 世纪的大趋势。2001 年,中国美术馆举办了"艺术与科学国际作品展",16 个国家近 600 件作品在 11 个展厅里向人们展示着艺术与科学因相互碰撞与融合所焕发出的神奇光彩。这一国际活动得到了李政道、吴冠中等众多科学家和艺术家的关注和参与。但是,我们注意到,不少人在呼吁着科学与艺术的交融,却少有人探讨分道扬镳、彼此陌生的科学与艺术间交融的接合点在哪里、中介是什么?

---

① 詹姆斯・W. 麦卡里斯特:《美与科学革命》,第 226—227 页。
② 同上,第 108—109 页。
③ 同上,第 224 页。
④ 同上,第 228 页。

杨振宁博士指出:"艺术与科学的灵魂同是创新"[1];中科院院长路甬祥认为:"真善美是科学与艺术的共同追求"[2]。但科学和艺术将如何携起手来共同追求、共同创造呢?我认为,审美正是科学与艺术整合的中介,也是科学与艺术共同创造的接合点。戴维·玻姆在论科学与艺术的关系时已经不很明确地指出了这一点。他说:"我们能从这样的事实中得到启发:大多数科学家(尤其像爱因斯坦、彭加勒、狄拉克和其他跟他们一样最具创造力的科学家)非常强烈地感觉到,迄今被科学所揭示的宇宙定律具有极为突出和有意义的美。这意味着他们深深理解,不能把宇宙当真看作一部纯粹的机器。科学与艺术(其中心取向是美)之间的接合点,可能即在于此。"[3]另外,我注意到爱德华·罗特斯坦也有类似的看法。他在其著作中引用了数学家马斯顿·莫尔斯的话:"数学是无人理解的神秘力量的结果,在数学中,美的无意识识别一定扮演一个非常重要的角色。一个数学家正是出于一种设计的无限,为了美而选择一种形式,并把它拉回到地面上来。"随后爱德华·罗特斯坦指出:音乐和数学"两者不是因为它们的清晰的性质,而是因为它们的美和神秘才结合在了一起的。"[4]

意识到科学与艺术是一个硬币的两面,意识到科学与艺术的融合能更有助于创造,这是人类精神文明历程中的一次进步。但我们同样也应看到,二者的结合可以有不同的方式,是牵强地硬拉

---

[1] 杨振宁:《读吴为山真、纯、朴》,《人民日报》2001 年 6 月 10 日。

[2] 路甬祥:《创新是科学与艺术的生命,真善美是科学与艺术的共同追求》,《科技日报》2001 年 6 月 8 日。

[3] 戴维·玻姆:《论创造力》,第 34 页。

[4] 爱德华·罗特斯坦:《心灵的标符——音乐与数学的内在生命》,"引言"。

在一起还是使二者有机地融为一体,其结果是大不一样的。只有在美的接合点上,通过审美中介使科学与艺术整合起来,才会使人们免去徒劳无功的努力而达至一种理想化为本真的境界。以审美为中介,科学与艺术不仅可以互补、互含、互促,而且可以互相转化。通过审美活动,艺术可以逐渐抽象成概念符号趋向科学美,科学可以逐渐稀释成形象符号趋向艺术美。如将雕塑抽象成绘画,绘画再抽象成文字,继而抽象成音乐,这时就与数学相通了。爱德华·罗特斯坦写道:"音乐和数学一同满足一种抽象的欲望,一种部分智慧、部分审美、部分激情、部分情感,甚至部分身体的热望。"历代数学家和物理学家都感受到了音乐与数学纠缠一起的"亲和力",而"音乐家为了描述他们的艺术的整齐有序也常常运用数学手段。"①另一方面,通过审美想象,科学家可以将科学概念用精美的形象图式表达出来。如 DNA(脱氧核糖核酸)分子双螺旋结构模型,就是物理学家克里克和生化学家华生通过审美想象创造出来的用来说明 DNA 分子结构的图式,该图式十分形象和精妙,如同两边有扶手的、沿着同一个垂直的轴绕着转的楼梯,极具美学价值。在本书的下篇中,我们将会看到许多关于艺术与科学在审美中介下互补、互促、互相整合、共同创造的典型事例。

总之,本书的主体部分正是围绕科学与艺术的审美创造心理、审美创造的形式美法则、审美创造的互补和整合三大方面而展开的。可能我所讲述的科学对于科学家来说很是平常,我所涉及的艺术对艺术家来说也没什么新鲜东西。我所做的努力是,将科学和艺术通过审美中介和美的接合点联系在一起,既让科学家看到

---

①　爱德华·罗特斯坦:《心灵的标符——音乐与数学的内在生命》,"引言"。

艺术的审美创造,又让艺术家看到科学的审美创造,并且让所有的人都能明白:在审美活动中科学与艺术是可以携手互补共同创造的。

平心而论,本书说不上高深,但尚可算是一部高雅的著作,需要有审美力的人的来读它;本书也可算是一部较有情趣的著作,等待高雅的心灵来走入。

现在,就请你轻松愉快地进入吧。当你走出来的时候,我无法肯定你能收获到什么;但我相信,只要你付出了理性努力,加上你的审美张力,你就定能收获到你想收获的。

上篇：审美创造的心理形式

常无欲，以观其妙；常有欲，以观其徼。①

——老子

当情感无所归宿的时候，想象便被激发起来……②

——车尔尼雪夫斯基

用片片心灵之镜去拼凑圆融的宇宙，这就是科学。③

---

① 李耳、庄周：《老子·庄子》，时代文艺出版社 2003 年版，第 3 页。
② 车尔尼雪夫斯基：《生活与美学》，人民文学出版社 1957 年版，第 41 页。
③ 陈大柔：《心谭影》，云南人民出版社 1994 年版，第 27 页。

§1 审美注意

　　雨果认为,西方艺术从中世纪到文艺复兴,其基本特征是"从教条过渡到观察"。司汤达闲居巴黎时,有人问他什么职业,他半开玩笑半认真地说是"人类心灵的观察者"。海明威则警告说:"如果一个作家停止观察,那他就完蛋了。"同样地,巴甫洛夫告诫学生:"应当首先学会观察、观察。不学会观察,你就永远当不了科学家。"①并在他的实验大楼的正面上方用大字赫然写着他的科研警句:"观察、观察、再观察。"可见,观察在艺术和科学活动中占据着极其重要的位置。巴尔扎克甚至认为:"文学艺术是由两个截然不同的部分——观察和表现所组成的。"②相应地,我们可以认为,科学创造包括科学观察和理论思维两大基本要素。

　　观察实则是有目的的持久注意。心理学上有一个很著名的实验:42名观察能力很强的心理学家在西德哥廷根开会,突然有两个人破门而入,其中一个黑人持枪追赶一个白人。随后两人厮打起来,只听得一声枪响,一声惨叫,两个人又追逐而去。高速摄影机记录下了这短短20秒惊心动魄的过程。会议主席当即宣布:"先生们不必惊惶,这是一次测验,现在请大家把目睹的情况写下来。"测验结果没有一个全部答对,只有一个人错误在10%以内,

---

　① 王极盛:《科学心理学》,浙江教育出版社1986年版,第10页。
　② 林公翔:《科学艺术创造心理学》,福建人民出版社1990年版,第113页。

13 人错误在 50% 以上,有的简直是一派胡言。这一实验表明,不是心理学家缺少观察力,而是其观察缺少了目的性和持久性。由于事先没有宣布这次观察的具体目的,应该注意之点就被不该注意之点掩藏了;由于事件来得突然而短暂,即使有目的性,也无法在持续的注意中使感知、想象和理解集中起来。可见,有目的的持久注意,是科学家、艺术家有效观察的关键。

美国心理学家克雷奇指出:"注意是对情境中某些部分或方面有选择的集中"。普通心理学认为,注意可使大脑两半球形成优势的兴奋中心。注意之所以成为人们熟悉的心理现象,是因为它是人的一切心理活动的开端,贯穿于心理活动的全过程。从审美角度看,审美注意也是审美活动的开端,出现在审美心理过程的准备阶段,是审美态度进入到审美经验的中间环节,并贯穿审美活动的全过程。由于审美注意具有指向性和集中性,人们可以获得有目的、有组织的审美感知和审美经验,从而进行审美创造或产生审美愉快。

作为审美创造的重要心理形式,审美注意在科学与艺术活动中起着相当大的作用。当然,艺术审美注意与科学审美注意有着明显的区别,其作用不尽相同。

1.1 科学审美注意与艺术审美注意

巴甫洛夫在谈到注意的生理机制时说:"我们在集中思考时,在沉湎于某件事情时,我们看不见,也听不见我们身边发生的事情——这是明显的负诱导。"[1]这就指出了注意的一大特征,即注

---

① 童庆炳:《艺术创作与审美心理》,百花文艺出版社 1992 年版,第 54 页。

意的选择、指向和集中。审美注意也具备这样的特征,所注意的客体的审美属性被选择出来,成为意识所集中指向的目标,客体的非审美属性则成了"背景",在审美注意力高度集中时则可能视而不见、听而不闻,也即审美意识撇开"背景",集中指向了目标。正如荀子在《解蔽》篇中所言:"心不使焉,则白黑在前而目不见,雷鼓在侧而耳不闻"。

与一般注意不同,审美注意还具有无直接功利性特征。马克思在《1844 年经济学—哲学手稿》中精辟地指出:"忧心忡忡的穷人甚至对最美丽的景色都无动于衷;贩卖矿物的商人只看到矿物的商业价值,而看不到矿物的美和特性;他没有矿物学的感觉。"①这是因为当人的注意一旦有了直接的功利性,就成了非审美注意了。要达到审美的境界,借用一位心理学家的提法,需要有"明净的眼睛"。有了"明净的眼睛",则有可能产生马斯洛所描述的一种"特异性的审美感受":"他们对他人的赞许、钦慕和爱很少是由于答谢,而更多的是由于他人客观的内在本质。他人受到称赞是由于他们具有应受赞美的性质,而不是由于他们说了奉承和颂扬的话。"②如果眼里只关注功利,则不可能产生出审美感受。

在艺术和科学审美创造活动中,其审美注意也具有选择、指向和集中的特征,及无直接功利性的特征。中国的"虚静"说及西方的"心理距离"说,都揭示了审美注意这两个基本特征。在继承和发展爱德华·柏克、康德及费歇尔的基础上,英国美学家爱德华·布洛于 1907 年在《作为艺术要素和审美原则的"心理距离"》中明

---

① 马克思:《1844 年经济学—哲学手稿》,人民出版社 1979 年版,第 79—80 页。
② 马斯洛:《自我实现的人》,三联书店 1987 年版,第 246 页。

确提出了一种艺术审美理论的"心理距离"说,并在西方美学界产生了共鸣。

为了说明"心理距离"与实际"空间距离"的不同,布洛通过设想举例说,海上航行中遇到起了大雾,大多数人会感到烦闷及焦虑,并由此产生恐怖感;而大雾对有的人来说则成为浓郁的趣味与欢乐的源泉。这种差异的形成是受人的注意的指向及有无直接功利性影响的。大多数人的注意指向和集中在海雾所造成的航行危险性上面,其大脑皮质的优势兴奋中心集中在对象的非审美属性上,在负诱导规律作用下对审美属性视而不见;但少数人凭着意志力和审美力将注意指向和集中于雾海航行所造成的朦胧飘渺的审美属性上面,负诱导规律则让他们暂时忘记了烦闷和恐怖。在这种审美注意下,人们的审美心理与功利心理之间就拉开了"距离"。

当然,我们说审美注意具备"无直接功利性",并不是说人能完全把安危撇在一边而只注意美,欣赏美。如果海雾的危险性加大,大到比如让船撞上什么东西时,可能产生的生命危险则会紧紧缠绕住每一个人的注意力,使人在求生的欲望中派生出恐惧感,审美注意便荡然无存了。也就是说,人们的注意指向是不可能完全摆脱功利的,在对功利的摆脱程度上有一个"度"的问题。我们将无法想象泰坦尼克号在撞上冰山即将倾覆时,会有人进行审美注意。

现在让我们来考察一下中国的"虚静说"与审美注意的关系。"虚静说"与"距离说"看上去似乎风马牛不相及,但二者在揭示艺术审美注意的基本特征上则表现出了很大的一致性。早在春秋时代《管子·心术》篇便说:"去欲则寡,寡则静,静则精,精则独,独则明,明则神矣。"老子的"涤除玄鉴"说,也可以看作是老庄审美注意说的源头。道家代表庄子首先提出了与审美注意说接近的"虚静说"。庄子把"道"作为万物之本,作为最高层次的美。而要得"道"则要有"虚静"的精神状态。正所谓"淡然无极,而众美从之"(《庄子·刻意》);"以虚静推于天地,通以万物,此之谓天乐"(《庄子·达生》)。在《庄子·达生》篇中,有两则寓言——"佝偻者承蜩"与"梓庆削木为锯"——与布洛的"雾海航行"的喻例有着异曲同工之妙。前一则寓言说明了审美注意的选择性、指向性特征。"佝偻者"粘蝉时的"虚静"状态正是审美注意状态,而"不以万物易蜩之翼",则是佝偻者把蝉翼从万物中分离出来,成为其意识的指向、集中和选择的唯一目标。后一则寓言则着重说明了审美注意的无直接功利性特征。木工庆做锯时怎样做到"用志不分,乃凝于神",即审美注意力高度集中呢?他的办法就是"心斋"。"心斋"的过程就是"去欲"、消灭一切直接功利性的过程。庄子在《人间世》中提出"心斋"这一概念:"气也者,虚而待物者也。唯道集虚。虚者,心斋也。"可见,庄子"虚静说"中"心斋"论,实则是揭示出了审美注意的无直接功利性特征。随后,庄子在《大宗师》中又提出了"坐忘",进一步发挥了"心斋"的概念。"坐忘"之"堕肢体"就是要"离形"、"无我","黜聪明"就是要"去知"。做到"离形去知",就能"同于大通",达到"至美至乐"(《庄子·田子方》)的境界。即能达到如"道"那样自然无为的状态,又可以先凭直觉感知,继而展开想象,以获得一种精神上的愉悦。于是,审美注意便转化成了美感体验。总之,老庄关于虚静说开创了中国文艺心理学史上有关审美注意说的先河,以至其后历代中国美学家、艺术理论家和作家都从不同角度去丰富和发展"虚静说",从而更加深入地揭示审美注意的特性。

审美注意的两个基本特征不仅对艺术审美创造而言成立,对科学审美创造而言也同样成立。科学审美注意是科学主体在科学审美活动中对研究对象本质特性的一种自觉的、有目的性的指向和集中,其选择、指向和集中的特征非常明显。那么,科学审美注意是否具有无直接功利性这一特征呢?在我看来,一般科学活动中的注意都是功利目的性很明确的,但科学审美注意其功利目的性往往并不彰显,如狄拉克、韦尔等科学家甚至在科学面临真与美的选择时,他们宁可选择美。这并不是狄拉克等忘却了科学审美活动的真谛,而是他们认为在美的形式中包含着一种比局部范围或局部时间的真更普遍、更本质的东西。这样,当他们的审美注意选择和指向研究对象的美的属性而不受眼前的直接功利目的诱惑时,他们将可能在审美创造中获行更高层次的真谛。因此,科学审美注意不是无功利性,而是无直接功利性。

在具体的艺术和科学活动中,二者审美注意的心理形式又是有区别的。首先,科学审美注意与艺术审美注意的"指向"对象不同。在科学审美活动中,求真的特性要求其注意指向客观事物而不是主观心理,审美注意力图要透过对象形式直接洞察事物的本质和规律。艺术审美注意所指向和集中的对象既可以是外部世界的具体事物,也可以是内心活动即自身的感情体验、往事回忆和自我的思想活动,也就是说艺术审美注意可以有外部注意和内部注意。巴尔扎克曾说:"就我所知,我的性格最特别,我观察自己像观察别人一样,我这五尺二寸的身躯,包含一切可能的分歧和矛盾。"[1]艺术在外部审美注意时,不是把注意力指向与功利目的相关的东西上,而是把注意力集中在审美对象形式本身,包括形式质料和形式规律如色彩、线条、声音、节奏、对比、调和、和谐等等。在

---

① 孙绍振:《审美形象的创造》,海峡文艺出版社 2000 年版,第 95 页。

艺术审美创造过程中,其审美内部注意和外部注意是一种互补的关系:内部注意的有限性可以由外部注意的无限性得到补充、修正;外部注意的盲点,则由内部注意的体验加以弥补和校正,并在审美创造中彰显艺术家个性色彩,正如王国维在《人间词话》中所言:"以我观物,故物皆著我之色彩。"在科学审美活动中,求真的特性要求其注意指向客观事物而不是主观心理,审美注意力图要透过对象形式直接洞察事物的本质和规律。

科学审美注意与艺术审美注意在心理主导上不同。科学家由于受其求真的终极目的所规定,其注意始终要有理性的向导,要尽可能排除一切可能的主观色彩,甚至要求借助实验仪器等手段排除错觉,避免虚伪的观察成果。文学艺术家则不但像科学家那样要有理性的向导,更重要的是要有感情的诱导。情感是艺术的特质。如果说我们要用主智的眼睛去进行科学审美注意的话,更要学会用主情的眼睛进行艺术审美注意和观察,并把主观方面的各种心理因素也投入其中,以加强审美主体对外在事物特征和形式的感受。审美注意和观察一旦染上个性的、感情的色彩,就会在其后的审美创造中彰显出艺术家的个性色彩。高尔基1930年在《致伊谢·什卡别》中说:"世间万物(每个人、每件事、每种事物)都有它的特点意义和形式,应该使您的特点同您观察到的一切特点紧密地联系起来,并能融为一体,这样,您(和我)就可以对事物、事件和我们熟悉的人,作出新的反应了。"①当艺术家能"以我观物,故物皆着我之色彩"时,"物"便"带着诗意的感情的光辉,对人的全身心发出微笑"了。如"自在飞花轻似梦,无边丝雨细如愁";又如"雾

---

① 孙绍振:《审美形象的创造》,第92页。

来了——蹑着小猫的脚。"

科学审美注意与艺术审美注意在"集中"注意的持续时间上不同。无论是创作还是欣赏,艺术审美注意集中的时间一般不会保持很长。像曹雪芹"批阅"《红楼梦》十载的例子真是十分难得。一个人不可能成年累月地对某一事物都保持着一种非实用、超功利的审美态度。科学审美活动则由于其明确的目的性和自觉求真性,因而审美注意的指向和集中可以持久。许多科学家不仅是成年累月,甚至终生都专注于某一事物或某个方面的观察和研究。科学家在较持久的高度集中的注意中,常会陷入一种沉思冥想状态。有人曾回忆爱因斯坦处于创造性深思中的情景:他常常一言不发,独自凝思,常常两眼发直,来往于室中,像害了一场热病似的,连饮食都要送到研究室中。蒙特索里指出,这种彻底的精神状态是只有伟大人物才能出现的现象,它是内心力量的源泉,这种内心力量与普通人是有区别的,这种彻底的精神状态可以创立出伟大的事业来。

尽管艺术审美注意的集中时间一般来说没有科学审美注意那样持久,但艺术审美注意在高度集中时同样会产生类似"冥想"、"坐忘"和"沉迷"的现象。瓦伦汀在他那部研究实验美学问题的经典著作中写道:"人们可以从罗斯金或者当代的托马斯·波德金等艺术批评家那里推断出,当他们专注于所爱的绘画作品时,他们一定也经常知觉到这种'沉迷'。另一位艺术批评家也提到'纯粹的视觉形式使我的心灵进入到无限崇高的状态中',进入到'纯粹的审美狂喜中'。"①瓦伦汀在书中引用了一位音乐家兼作曲家对自己航行前往澳大利亚时的审美体验的描述:

---

① 瓦伦汀:《实验审美心理学》,第 12—13 页。

　　　　我们已经穿过了赤道，由于季节风的影响，天空已经有好几天是浓云密布了。在我写那本书的当天黄昏，我走在甲板上，看到了我一生中最为奇妙的景象。天空闪烁着群星，南十字星座显得尤为灿烂。它们是如此的明亮，以至于使人觉得几乎伸手可及。海洋下面同样是一片辉煌，磷光闪闪。一眼望去，波浪恰似溶溶的水银。好几个小时，我像被咒符迷住一般。好久才在一片醉然美景中走向卧室，我对周围的一切都感到如在朦胧中。①

这一审美注意的"沉迷"体验，直接导致了这位音乐家兼作曲家在第二天写出了自称为一生中最精细、最和谐的作品。

1.2 审美注意与艺术创造

　　审美注意和观察是审美感知的第一步，是艺术审美创作的基础和前提条件。达·芬奇为了在《最后的晚餐》中生动刻画出叛徒犹大的面目，经常到米兰城内的各种场合去注意观察罪犯、流氓和赌徒。老舍说他的《骆驼祥子》是"积了十几年对洋车夫的生活的观察"才写出来的。契诃夫甚至把审美注意和观察看作为作家的天性。他说："作家务必要把自己铸成一个目光锐敏永不罢休的观察家……要把自己锻炼到让观察简直成为习惯……仿佛变成第二天性了。"②传说贝多芬在维也纳时，每天绕城两周，饱览城郊的田园风光。贝多芬在散步时时而顶烈日，时而冒风雨，经常穿着淋湿

---

① 瓦伦汀:《实验审美心理学》，第12—13页。
② 《契诃夫论文学》，人民文学出版社1958年版，第416页。

的衣服愉快地回家,以致朋友们送给他一个雅号:"濡湿的贝多芬"。

艺术审美注意和观察的最显而易见的作用是能帮助艺术家发现美。罗丹的那句名言我们都耳熟能详:"美是到处都有的。对于我们的眼睛,不是缺少美而是缺少发现。"这是因为现实生活中的美并不是以最符合规范、以最标准的形态显示在创造主体面前的。这就需要艺术家去发现。审美注意和观察使艺术家的大脑皮质形成优势兴奋中心,使意识集中地指向对象的审美属性和审美价值,并在负诱导的作用下将与审美无关的东西排除在外。这样,审美注意就如同一个画框,把画框在里面,把画与"非画"隔开,使艺术家凝神观照框里的画、框里的美。别林斯基称普希金是"第一个偷到维纳斯金腰带的俄国诗人",正是由于普希金有着与众不同的艺术眼光和审美注意和观察敏感性,使他能随时地发现生活的美质。

我国古代美学家刘勰在《文心雕龙·神思》中所谓"人之禀才,迟速异分"、"敏在虑前",即谈到了审美敏感。比如李白对"月亮"的审美敏感,杜甫对浑灏形象的审美敏感,李贺对秾丽的境界、浓郁的色彩的审美敏感等等。这种特殊的审美感知能力起始于审美注意和观察。艺术家一旦具备了敏感的审美注意和观察能力,就不仅能发现美,而且能发现存在于对象之中的特殊的美,在常态中看出非常态的美("异中之同,或同中之异"),并能在对象的信息流中独具慧眼地攫取为别人所不屑一顾的过眼烟云,又能手疾眼快地捕捉稍纵即逝的信息火花,从而表达出"人人心中有,个个笔下无"的独特的东西。如法国印象派大帅莫奈注意到伦敦的雾是红色的,并把它表现在画布上;前苏联诗人西蒙诺夫观察到雨是黄色的,并把它表现在诗行里。他们的审美注意和观察力为许多人所震惊,折服于他们观察的敏感程度。

19 世纪法国著名作家莫泊桑被誉为世界短篇小说之王,他在谈到自己审美注意和观察的敏感性时说道:"对你所要表现的东西,要长时间很注意去观察它,以能发现别人没发现过和没有写过的特点。任何事物里,都有未曾被发现的东西,因为人们用眼看事物的时候,只习惯于回忆起前人对这事物的想法。最细微的事物里也会有一点点未被认识过的东西。让我们去发掘它。为了要描写一堆篝火和平原上的一株树木,我们要面对着这堆火和这株树,一直到我们发现了它们和其它的树其它火不相同的特点的时候。"①莫泊桑在转述他的教师福楼拜对他的指导时说:

……对你所要表现的东西,要长时间很注意去观察它……

并且,他还告诉我这样的真理,全世界上,没有两粒沙、两个苍蝇、两只手或两只鼻子是绝对相同的,所以他一定要我用几句话就把一个人或一件事表现得特点分明……

他说:"当你走过一位坐在他门口的杂货商的面前,一位吸着烟斗的守门人的面前,一个马车夫的面前的时候,请你给我画出的这杂货商和守门人的姿态,用形象化的手法描绘出他们包藏着道德本性的身体外貌,要使得我不会把他们和其他杂货商、其他守门人混同起来,还请你用一句话就让我知道车站有一匹马和它前前后后五十来匹是不一样的。"②

---

① 《文艺理论译丛》(3),人民文学出版社 1958 年版,第 175 页。
② 《西方古典作家谈文艺创作》,第 612—613 页。

巴尔扎克的朋友达文在谈到巴尔扎克敏锐的审美注意和观察力时说道:"巴尔扎克每到一个家庭,到每一个火炉旁去寻找,在那些外表看来千篇一律、平稳安静的人物身上进行挖掘,挖掘出好些既如此复杂又如此自然的性格,以致大家都奇怪这些如此熟悉,如此真实的事,为什么一直没有被人发现。这是因为,在他以前,从来没有小说家像他这样深入地考察细节和琐事,以深刻的观察力把这些东西选择出来,加以表现,以老螺钿工匠的那种耐心和手艺把它们组合起来,使它们构成一个统一独创、新鲜的整体。"①

我们在绘画艺术中也可以看到许多关于艺术审美注意和敏感性论述以及典型范例。达·芬奇在《绘画论》一书中谈到了一种"砥砺发明精神"的方法,他是这样叮嘱艺术家的:"你们最好去盯住观看洇有水迹的墙壁,或是石色不匀的岩块。要想有所发明,先得能够从上述观察物中看出与神妙的大自然景物的相似之处,即能看出形态万千的高山、颓垣、岩石、树木、平川、山丘和溪谷,能看出面部表情,看出衣帽穿着,以及其他无数东西来。"②我国当代画家吴冠中在观察和欣赏自然山水时,总是能与众不同地注意到大自然的线条美和色彩美。他站在黄山清凉台上观照耸立的座座群峰,强烈的感觉是"直指天空的密集的线";而那"高高低低石隙中伸出的虬松"与直插蓝天的群峰的关系,在他的视觉中是"屈曲的铁线嵌入峰峦急流奔泻的直线间,构成了其独特风格的线之乐曲。"③至于船航三峡,一般人感兴趣的是动人的神话传说,将两岸

① 《欧美古典作家论现实主义和浪漫主义》(2),中国社会科学出版社1981年版,第146页。
② 史莱因:《艺术与物理学》,第79—80页。
③ 吴冠中:《风筝不断线》,第197、205页。

奇峰拟人拟物，可作为艺术家的吴冠中，注意的还是线。他在游记中写道，那峭壁上纵横交错、蜿蜒曲折的线纹，"自峰顶缓缓游来，经过无数次挣扎而奔投大江，掺入滚滚江流，摇身一变而呈现波涛之长线！"①

优异的审美注意和观察力不仅使艺术家心理和思维触觉敏感，而且敏锐。敏锐观察的功力往往表现在能发现附着在感性信息上、特别是感性信息外的属于心灵特征的东西，其注意和观察既依靠感官信息又超越感官信息，在那些看不见摸不着的地方，表现出一种超越感官和感性的综合性。据阿·托尔斯泰转述，高尔基、安德烈耶夫、蒲宁三人曾在意大利那不勒斯的一家餐馆里进行观察力比赛。三人对进来的一个人观察三分钟，然后说出各自的看法。安德烈耶夫最先说，但是连衣服的颜色都说不清。高尔基看准了他脸色苍白，长着一双细长的发红的手。蒲宁最细致，他观察了这个人的领带、服装，还看清了他脸上有一个小瘊子，甚至看到他小手指甲有点不正常，最后下结论说，这是个国际骗子。后来三人一起请教餐馆的招待，才知道这个人果然经常在街头闲逛，名声狼藉。② 可见，敏锐的艺术观察力不仅能让艺术家清晰地把握人物外部特征，而且能在人物的眉毛一动之间把握到他的内心世界。

格式塔心理学派认为，外来刺激是无组织的，各自独立的，我们之所以能知觉外界事物的整体特征完全是因为人的高级神经系统有一种组织的作用。借用物理学"场"的概念，格式塔派称之为"场组织作用"。敏感和敏锐的观察正是由于场组织的作用而表现

---

① 吴冠中：《风筝不断线》，第 197、205 页。
② 龙协涛：《艺苑趣谈录》，北京大学出版社 1984 年版，第 116 页。

出了超越感官的综合性。而在诸类型艺术家中,文学家的审美注意和观察更带有综合的特点,因而文学家的高级神经系统的场组织作用更为突出。丹纳在论及巴尔扎克的观察力时写道:"它(指巴尔扎克的大脑)能在一个姿态里窥见一种性格,一个人的整整一生,把它们和时代结合起来,从而预见到它的未来,用画家、医生、哲学家的眼光,渗透他们的底蕴,展开一张无需意志推动的测度的罗网,包举了全部思想和事实。"①丹纳认为,巴尔扎克并不是一下子就闯入人物心灵的,而是先由大到小地描写环境,再细细描述人物的外部特征和社交举止,使这些"纵横交织,繁不可数的情况",综合地"形成而且渲染人性和人生表和里的一切"。②

左拉曾把缺乏观察力或观察力很弱的艺术家形容为患有"视觉瘫痪症"。这种人"甚至在巴黎生活了二十年",也是"眼睛白白地瞧着巴黎,但视而不见"③,他们常常忽略一些具有典型意义的特征,且感情及其他心理因素的"激活率"较低,因而艺术审美创作成功的概率很小。而观察力很强的艺术家,不仅善于识记、保存和再现生活的特征,并且善于让这些特征与他的特殊的情感和其他心理因素化合,其成功的概率就大大提高。这是因为艺术注意和观察是一种复杂的审美心理机制,具有敏感和敏锐观察力的审美主体能在巨大的美的张力的作用下调动一切审美心理功能,并使它们连结和综合起来,得到最大限度的审美自由,去实践真正的艺术审美创造。

我们前面说过,观察实则是有目的的持久注意。因此,艺术家

---

① 孙绍振:《审美形象的创造》,第 74 页。
② 《欧美古典作家论现实主义和浪漫主义》(2),第 187 页。
③ 同上,第 218 页。

欲要具备既有张力又有综合力的审美观察能力,就必须从培养自己审美注意力开始入手。优异的审美注意力的形成当然与多种因素有关,但如从注意心理及审美注意的特征的角度来看,我认为以下两个方面是更应当重视的。

第一,审美注意要有心理"距离",但这个心理距离不可失之偏颇,否则太近和太远都会产生布洛所谓的"距离的内在矛盾",造成"距离的丧失"。所谓"距离太近",是指审美主体的心理没有与功能拉开距离,被名利欲望死死缠牢,想象的翅膀便沉重得再也飞腾不起,更不用谈一切审美心理的调动了。所谓"距离太远",是指审美指向和集中的东西过分朦胧、空疏甚至荒诞,无法引起审美主体的兴趣和情感反应,审美注意就无法形成,调动一切审美心理进行观察也就无从谈起了。布洛认为:"无论是在艺术欣赏的领域,还是在艺术生产之中,最受欢迎的境界乃是把距离最大限度地缩小,而又不至于使其消失的境界。"①这实际上是一种不即不离的距离,使人的审美心理既不会被急功近利所牵绊,又不会因距离太远而采取"事不关己,高高挂起"的态度。也就是说,不即不离的距离能使注意的审美张力达到最大,也最易调动审美主体的一切心理机制,由"静"到"动",由"收视反听"到"精骛八极,心游万仞",由"寂然凝虑"到"思接千载"、"视通万里",进入自由审美创作的境界。

第二,注意心理就其形态而言包括无意注意、有意注意和有意后注意三种。艺术家的审美观察很显然属于有意注意。有意注意是有预定目的、必要时还需作一定意志努力的注意。有意注意受

---

① 童庆炳:《艺术创作与审美心理》,第71页。

第二信号系统支配和调节,因而艺术家就有可能运用艺术符号语言控制对某些事物所发生的有意注意,并使审美注意不断向高级形态发展,为艺术审美创造提供条件。但艺术观察不是仅靠有意注意就万事大吉了,左拉所说的那种患了"视觉瘫痪症"的人,有意注意了巴黎20年却视而不见,视觉瘫痪了。而有的童年生活,乡土情景,即便离开了20年,仍仿佛历历在目。这就是说,无意注意、无目的的观察比有意观察还有效。诚所谓"有意栽花花不发,无心插柳柳成荫"。这是因为,审美注意除受直接功利的干扰外,还受"知觉防御"的干扰,从而造成观察上的"知觉失调"。人都有保护自己已经获得的既定经验的一种意向,这种心理倾向在人的认知活动中形成人的注意中的一种因素,常使人不自觉地带上有色眼镜,受"先入之见"的束缚,从而产生知觉遮蔽和负诱导现象,视觉瘫痪症便由此产生了。而审美的无意注意往往是在功利目的不明显、心情放松、无"知觉防御"下产生的。比如说我们匆匆走在上班的路上,忽然随风送来阵阵花香,蓦回首,看见一枝出墙的红杏,便会一下子驻足观赏,意识突然间从一种目的性的链条中中断,注意力全集中在眼前的美景上。这就是"意识垂直切断"现象,它更能"唤醒"、"振作"或集中人的观察状态。当然,这时也便由无意注意向有意注意转化了。

在艺术审美活动中,从无意注意向有意注意的转化是艺术家审美敏感的一种表现;同时它又使艺术家的审美敏感经受更多的锻炼,使之更为敏锐。所以说,艺术家的审美注意和观察的最佳心理状态不仅要有不即不离的距离,而且要在有意无意之间,并实现从无意向有意的转化。19世纪俄国现实主义画家苏里科夫曾讲到一件事:"我偶然看见雪地上有一只乌鸦。乌鸦站在雪地上,一只翅膀向下垂着，一个黑点停在雪地上。好些年里，我不能忘记这个黑点。后来，我画了《女贵族莫洛卓娃》。"①这委实是从审美无意注意向有意注意转化，并最终服务于艺术审美创造的生动例证。

1.3 审美注意与科学创造

蒙特索里认为："给人类带来进步的伟大发现，不是源于科学家的素养和知识，而是源于科学家保持彻底的精神集中状态的能力，源于完全埋头于工作的科学家的专注力"。② 日本创造心理学家恩田彰在研究了注意力对创造活动的影响后指出："注意力（attention）对提高工作效率有非常重要的作用。持续保持注意力，使之集中于一定对象的专注力（concentration），不仅可以提高工作效率，而且可以促进直观，激发灵感，促使新思想观点的诞生，这对创造活动有重要的意义。"③

恩田彰所谓的"专注力"是指注意力集中的程度，也称为"精神集中力"。恩田彰在阐述科学审美专注力与创造的关系时认为，创造活动分为四个阶段，即准备、酝酿、产生灵感、验证四阶段。在第一阶段，对问题进行彻底的分析研究，确定研究方向和课题，然后开始埋头于对它的探讨之中。这也就是所谓专注或精神集中。第二阶段，是通过研究工作的暂时休息放松，使大脑处于一种冥思状态，也即从有意注意到有意后注意阶段。进入到第三阶段，灵感出现了，新的思想观点产生了，得到了发明创造的启示，创造活动便急剧地展开了。

---

① 金开诚：《文艺心理学概论》，人民文学出版社1987年版，第262—263页。

② 陈大柔：《科学审美创造学》，浙江大学出版社1999年版，第105页。

③ 恩田彰等：《创造性心理学》，河北人民出版社1987年版，第133页。

科学审美"关注力"使许多科学家都曾产生过"高峰体验",即行为主义心理学家马思罗所谓的"最奇妙的经验、出奇的关键时刻或伟大的创造性时刻"[①]。科学家在"高峰体验"中,其审美注意高度定向和集中于某一研究对象,形成一个总焦点或心理的单一针对点,一旦科学审美灵感产生,就会勃发审美创造力。德国物理学家冯·劳厄在1912年春天提出了一个设想:X射线穿过晶体,就像光射入衍射光栅一样,会发生干涉现象。他的助手根据这一设想做了一个实验:让X射线通过硫酸铜晶体,结果在晶体后面的感觉板上产生了规则排列的黑点,即劳厄图。为了给劳厄图找出理论解释,劳厄陷入了沉思冥想之中,正是这种冥想孕育了他的科学审美灵感。劳厄在回忆这一灵感的产生过程时说道:"弗里德里希给我看了这张图以后,我沿着利俄波尔德街回家,一路上陷入沉思之中。我走到离俾斯麦街22号我的公寓不远的地方,恰好在栖格夫里街10号的房子前后,我想到了这种现象进行数学解释的意见。"[②]这个数学解释就是劳厄关于晶体原子和入射电磁波的相互作用的几何学理论。劳厄注意力高度集中的科学冥想沉思,使他获得了科学审美创造灵感,证实了X射线是电磁波,同时又开创了物质晶体结构的研究,因而获得了1914年诺贝尔物理学奖,并被爱因斯坦称赞为是物理学上的最佳发现。

实际上,科学审美注意和观察是科学研究的基本智力因素,是科学审美创造的前提条件和基本手段,起着主导的定向和选择作用。人们常用聪明二字来形容人的智力,而其聪目明实则是指人

[①] 参见陈大柔:《科学审美创造学》,第105页。

[②] 见周昌忠:《创造心理学》,第206页。

的注意观察和感觉的能力。科学审美注意和观察能力强的人，对研究对象的感知完整而准确，头脑中获得的信息丰富而深刻，将为他的科学研究打下坚实的基础。达尔文说："我既没有突出的理解力，也没有过人的机智，只是在觉察那些稍纵即逝的事物并对其进行精细观察的能力上，我可能在众人之上。"苏联著名科学家米丘林在科研中具有明确的注意力和精确的观察力，他善于注意发现对创造新品种植物有利的细节，能够根据他人觉察不到的特点，从数以百计的树苗中选取所需要的标准树苗。丹麦天文学家弟谷的科学审美注意观察的能力非常出色，他创立的注意观察天象的方法，对促进近代天文学的发展起了重要的作用。

　　出色的科学审美注意和观察能力，是科学家建立科学理论的心理基础。巴甫洛夫曾告诫说："事实就是科学家的空气，没有事实，你们永远不能飞腾出来。"①弗兰西斯·培根指出，由思辨所发现的公理是不能用来得到新发现的，因为自然界比思辨本身不知细致微妙多少倍，只要在人的心目中产生的第一个设想是错误的，那就很难被纠正。他认为必须引导人们去研究现实，必须在一段时间内把自己思辨所得的概念放下，而去熟悉事实。培根的这段话，实际上倡导在科学研究中注意观察，这对一千多年来科学审美创造的发展产生过较大的影响；而一千多年来许多科学理论的建立，也正是在对科学注意、观察和感知的材料进行分析研究的基础的上进行的。爱因斯坦曾说：理论之所以能够成立，其根据就在于它同大量的单个观察关联着，而理论的真理性也正在此。达尔文通过对大自然长期的关注和仔细的观察，在丰富的科学事实基础

----

① 林公翔：《科学艺术创造心理学》，第 111 页。

上创立了具有划时代意义的生物进化论。巴甫洛夫从精心地注意观察狗的唾液分泌等现象入手,创造了高级神经活动的学说。我国古代杰出的科学家李时珍走遍祖国名山大川,认真考察了各地特产的药物,采集了很多有价值的标本,并注意向有经验的农民、渔民、樵夫访问调查,为他晚年著就《本草纲目》奠定了基础。竺可桢则将他系统注意观察到的第一手资料,写成了《物候学》和《中国近五千年来气候变迁的初步研究》等重要著作。

科学审美注意和观察不仅是建立科学理论的基础,而且是检查检验科学理论正确与否的重要手段,敏锐而精确的观察力是科学研究中纠正错误理论的重要条件。近代科学的"助产婆"哥白尼在去世前公开发表的《天体运行论》被恩格斯誉为自然科学向宗教神学递交的绝交书。促进哥白尼这一勋业的,正是他创造性的科学审美思想,以及科学审美注意和观察的能力。还在克拉科夫大学学习时,哥白尼就对托勒密的地心说心存质疑。通过对天体长久的注意观察和研究,他终于发现,如果把行星的运动归因于地球的转动,并按每个行星的周期计算这些运动,那么这些行星的排列顺序和天穹所有星球都紧密相联,如若调换任何部分的位置,都将导致宇宙的混乱。在纠正托勒密地心说的错误基础上,哥白尼创立了日心说,显示了地球和其他行星某种程度统一的美。但日心说的宇宙秩序也并非像哥白尼所认为的那样是最完美的宇宙秩序。通过现代天文学的审美注意和观察研究,我们已认识到太阳也不过是宇宙中一颗平凡的恒星,宇宙中有许许多多如同太阳系这样的恒星系存在着。

具有创造性的科学家有一个共同的特点,就是他们都具备科学审美注意的敏感性和观察的敏锐性,能够及时捕获机遇,甚至能够抓住表面上微不中足道的线索而取得显著的科学成果。伦琴发现 X 射线即是敏锐的观察力使机遇及时得到捕捉的生动例证。因而贝弗里奇在强调培养敏锐观察力的重要性时指出:"我们需要训练自己的观察能力,培养那种经常注意预料之外事情的心情,并养成检查机遇提供的每一条线索的习惯。"①L. 巴斯德有句名言:"机遇只偏爱那种有准备的头脑。"②有一天,巴斯德在田野上散步时发现有一块土壤与周围颜色不同,他在向农民请教中知道了前年在这儿掩埋过几只死于炭疽病的羊。一向细心观察事物的巴斯德注意到土壤表层有大量蚯蚓带出的土粒。于是他想到蚯蚓来回不断从土壤深处爬到表层,就把羊体周围有腐殖质的泥土以及泥土中含有的炭疽病芽孢带到表层上来……巴斯德抓住观察得来的机遇立刻进行实验,其结果证实了他的预见:接触了蚯蚓所带泥土的豚鼠得了炭疽病。

英国著名科学家弗莱明,是发现抗菌素的先驱者。1928 年,他开始研究葡萄球菌。为了研究,经常要培养细菌,而培养器通常都是用泥土封口的。可有一次在观察培养的细菌时,忽然出现了奇怪的现象,弗莱明脱口叫起来:"这真是件怪事!"原来,他观察到在远离泥土的地方,细菌繁殖得很多、很好,而接近泥土之处,变成了一滴露水的样子,葡萄球菌被溶化了。经过一次又一次观察,又出现了同样情况,由此弗莱明陷入了沉思。发生溶化? 这一定是什么东西把具有强烈毒性的葡萄球菌消灭了。弗莱明穷追不放,终于在泥土中经过分析和提炼,找到了病菌的克星——青霉素。

---

① 林公翔:《科学艺术创造心理学》,福建人民出版社 1990 年版,第 112 页。
② 同上。

弗莱明也因此于 1945 年获得诺贝尔奖金。当时,他谦虚地说:"我的唯一功劳是没有忽视观察,还有就是作为一个细菌学者,我研究了这个课题。"①

_____

① 林公翔:《科学艺术创造心理学》,第 109 页。

§2 审美情感

　　巴尔扎克在《〈驴皮记〉初版序》中指出:"作家应该熟悉一切现象,一切感情。"①如果说注意观察现象是审美创造起始的话,情感则能把审美活动推向深入。尤其是对艺术审美创造而言,实质上就是艺术家情感的外化。列夫·托尔斯泰把艺术视作体验情感与传达情感的活动。美学家苏珊·朗格则更重情感的表现形式,把情感视为艺术的生命。她指出:"正如亨利·詹姆斯所说的,艺术品就情感生活在空间、时间或诗中的投射,因此,艺术品也就是情感的形式或是能够将内在情感系统地显现出来的以供我们认识的形式。"②譬如音乐,它没有视觉形象和语言中介,内容就是情感,因而在表达的自由度上要远远大于其它艺术。爱德华·罗特斯坦认为:"当音乐反映出听者的心理状态,或当它令人信服地去设法创造一个心态的时候,音乐是最成功的。"③不仅是音乐,任何一门艺术,它越能表达出重要的、丰富的、令人共鸣的情感,就越具有审美的价值,地位也就越高。自称为法国历史书记的巴尔扎克认为他的《人间喜剧》正是"描写人类感情的历史",所以当乔治·桑对福楼拜与巴尔扎克的创作加以对比时,认为巴尔扎克比福楼拜更有感情,更有深度。

---

　　① 转引自何火任:《艺术情感》,长江文艺出版社 1986 年版,第 129 页。
　　② 劳承万:《审美中介论》,上海文艺出版社 2001 年版,第 257 页。
　　③ 爱德华·罗特斯坦:《心灵的标符——音乐与数学的内在生命》,第 74 页。

上面我们数次提到了"感情"与"情感",其实这是两个不同但关系密切的概念。心理学上将情感与情绪统称为感情,是主体对客观现实与主体需要间关系的反映。情绪通常与人的生理需要相联系,具有较大的情景性、短暂性,主要涉及感情的形式方面;情感则是感情中的高级层次,与人的社会性需要相关。审美活动中的感情一般是指情感。审美情感来源于生活情感,又超越于生活情感。正如苏珊·朗格所说:"一个艺术家表现的是情感,但并不是像一个大发牢骚的政治家或是像一个正在大哭或大笑的儿童表现出来的情感","假如有人把这样一个号啕的孩子领进音乐厅,观众就会离场。"①

在审美活动中,审美情感通常表现为情感体验和情感知觉。审美情感体验便是美感体验,来源于主体自我意识在参悟生命之谜的过程中对生命力表现的需要。巴甫洛夫认为情感是在大脑皮层上"动力定型的维持和破坏",如果外界刺激使得原有的一些动力定型得到维持则会产生消极的情绪体验。这一理论有助于我们了解美感体验发生的生理机制。从心理学意义上说,巴甫洛夫所谓的"动力定型"可以理解为对客观现实的认识系统,这一系统的建立、发展和改变与主体自我意识、需要和意向相联系。在审美活动中,当人的内在生命力被激发而产生的生命喜悦感,也即是由于与人追求真善美的观念相适应的动力定型得到维持和发展,所以就会产生愉快的审美情感。正如英国19世纪著名诗人渥兹渥斯所言:"我们不曾描写什么情绪,只要我们自愿地描写,我们的心灵总是在享受的状态中。……只要读者的头脑是健全的,这些热情

---

① 童庆炳:《艺术创作与审美心理》,第123页。

就应当带有极大的愉快。"①

　　审美情感是在感知审美对象的基础上产生的。根据我的定义,美是实在动心的有意义的张力形式,具有形象性特点,因而审美情感在很大程度上是一种感知性情感。感知性情感伴随着感知活动直接产生,而且情感的性质往往与知觉的感受相一致。西方经验派美学家鲍桑葵和桑塔耶纳曾把这种情感称之为知觉对象的第三性质。这是针对洛克(J. Locke)提出的"第二性质"而言的。洛克把知觉对象的大小、数目等客观性质称为"第一性质",把依存于人的感知而存在的性质称为"第二性质",如色彩、音量、咸淡等。"第三性质"的知觉情感,在美学中也被称为表现性(即情感表现性)。当主体怀着审美情感观照对象时,他便能感受到或领悟到与他的动力定型相应的、与他情感活动广狭、深浅直接有关的意义。他将所观察到的为一般人所不注意的、而对他来说很有意义的事物细节表现在他的作品中,这些细节就成为他情感的形式,或者叫情感形象。譬如,马致远通过情感知觉,在他那首著名的《天净沙》中表现出一系列的情感形象,组成一幅深秋夕阳残照图,这画面就是"断肠人在天涯"的情感形式。这种极富审美价值的情感形象深深地打动了读者,美感也就油然而生。

　　审美情感还具有无限包容性和弥散性特点。这一特点正是审美情感与政治情感、伦理情感等其他情感的重大区别。由于审美情感同人的丰富的审美需要、同人的超越社会现实达到理想境界的追求相联系,其产生的前提在于远离对象的直接功利性,并在与对象的实用价值拉开心理距离进行审美观照时产生愉悦之情,因

　　① 童庆炳:《艺术创作与审美心理》,第124页。

而,审美情感与生活情感相比处于更高的境界,能够超越具体的功利性情感而进入到更广阔的领域,更高级的层次。无限包容性和弥散性美感体验内容往往超过了语言所能表达的极限,正所谓"书不尽言,言不尽意"(《周易·系辞》)。

在艺术和科学的审美活动中,艺术家和科学家都有不同程度的审美情感体验和情感知觉,并在其审美创造活动过程中发挥着独特的作用。

2.1 科学审美情感与艺术审美情感

列夫·托尔泰曾说过:"人们用语言互相传达自己的思想,而人们用艺术互相传达自己的感情。"[①]他非常重视审美情感在艺术创作中的作用。一次托尔斯泰对他的一个兄弟说:你具备作为一个作家的全部优点,然而你缺少作为一个作家所必须具备的缺点,那就是偏激。如果我们正确地理解,托尔斯泰是在强调艺术审美创作所不可或缺的特殊强烈的审美情感,即艺术激情。

当然,艺术审美情感不仅有强烈而短促的激情,还有深厚而相对稳定的热情,以及一种相对微弱但能长时间影响主体审美心理的情感状态即心境。艺术审美情感是一种复杂而混合的情感。所谓复杂和混合,不仅指它具有激情、热情及心境的多样性,而且指快感与不快感、愉悦与痛感互含,往往是由痛感向愉悦感、不快感向快感转换。表演艺术家于是之就谈到自己在《茶馆》表演中一方面流泪、一方面自我欣赏的痛感与愉悦感交织在一起的复杂的审

---

① 金开诚:《文艺心理学概论》,第203页。

美情感,他说:"当我演到第三幕与孙女告别时,常常止不住地流泪。但在流泪时,又常有一个念头也止不住地闪出来:'今天演得不错'。可我也注意到,闪出这个按说是不应有的念头的时候,感情好像也并不受到什么损失。一个活人的活的心理就有这么的复杂。"①

艺术家复杂而混合的审美情感,盖是由艺术家的内觉体验形成的。内觉体验是化痛感、不快感、高兴、悲伤等生活情感为审美情感的必要机制。美国当代心理学家 S·阿瑞提把内觉界定为一种"无定形认识(amorphous cognition),一种非表现性认识——也就是不能用形象、语词、思维或任何动作表达出来的认识。由于它是发生在个人的内心之中,我已把这种特殊的机能称做内觉(endocept,从希腊文 endo 而来,'内部'之意),用来把它和概念相区别。"②阿瑞提认为"内觉是对过去的事物与运动所产生的经验、知觉、记忆和意象的一种原始的组织。……它虽然含有情感的成分,但并不能发展为明确的情绪感受。"③然而阿瑞提同时又认为:"内觉也许就停留在内觉水平,但也易于发生各种变化:……(3)转变成更确定的情感;(4)转变成形象……在所有这些情况下它们都会成为通向创造力的出发点。"④这就是说,在艺术审美活动中,艺术家可以通过内觉体验将无定形的生活情感转变为确定的审美情感,因为"内觉过程虽然模糊不定,但也会自然增长。它们自我扩

---

① 童庆炳:《艺术创作与审美心理》,第 204 页。
② S. 阿瑞提:《创造的秘密》,辽宁人民出版社 1987 年版,第 68 页。
③ 同上,第 69 页。
④ 同上,第 76 页。

充、自我丰富,增添新的范围,"①从而使审美主体的原初情感获得新颖的、诗意的、深刻的、独特的品性,转化成审美情感。并且,根据阿瑞提看法,艺术主体的审美情感还可以通过内觉体验的组织、变形、深化和生长的处理,并通过外化机制转化为审美情感形象。因此,内觉体验是艺术审美创作的重要机制,是生活情感步入艺术殿堂的必经之途。

必须指出的是,艺术审美创作需要激情,有时还会出现"偏激",但并不等于说艺术创作可以无需理智而一任情感的宣泄、泛滥。在审美创造活动过程中始终是渗透理性因素的。古罗马文艺理论家郎加纳斯说:"对于创作冲动这匹野马来说,它每每需要鞭子,但也需要缰绳"。他还解释说:"那些巨大的激情,如果没有理智的控制而任其为自己盲目、轻率的冲动所操纵,那就会像一只没有了压舱石而漂流不定的船那样陷入危险。"②列夫·托尔斯泰则在《艺术论》中更直率地指出:"如果一个人在体验某种情感的时刻直接用自己的姿态或自己所发出的声音感染另一个人或另些人,在自己想打呵欠时引得别人也打呵欠,在自己不禁为某一事情而笑或哭时引得别人也笑起来或哭起来,或是在自己受苦时使别人也感到痛苦,这不能算是艺术。"③

艺术史上,古代西方曾在一个相当长的时期内陷入另一个极端,即忽视艺术的审美情感。古希腊柏拉图指责情感是人性中"卑劣的部分",而悲剧"灌溉"和"滋养"了性欲、忿恨,让人产生"感伤癖"和"哀怜癖",因而他主张应当使理智处于绝对统治地位,而把

---

① S. 阿瑞提:《创造的秘密》,第 72 页。
② 林公翔:《科学艺术创造心理学》,第 193 页。
③ 彭立勋:《美感心理研究》,第 200 页。

表现情感的诗人逐出"理想国"。① 柏拉图的情感观虽然遭到他的
弟子亚里士多德的批判,但直到公元 3 世纪,才由朗吉弩斯在《论
崇高》中将目光从理智转向情感,并把艺术情感的效果生动地表现
出来。其后情感又受到千年中世纪的窒息和摧残,直到文艺复兴
之后,西方美学中的情感论才逐渐发展起来,但似乎又有了重情感
轻理性的倾向。然而,纵观古今中外文艺理论,我们仍能看到"情
理结合"的艺术思想一直在发展着。譬如中国古典美学思想中就
有"理以导情"、"情在理中"、"情必依乎理"等等。瑞士心理学家皮
亚杰则从神经生理机制上指出了人的情感与理性认识是彼此影
响、相互交织的。他辩证地指出:"没有一个行为模式(即使是理智
的),不含有情感因素作为动机;但是,反过来讲,如果没有构成行
为模式的认识结构的知觉或理解参与,那就没有情感状态可
言。"②

　　严格说来,突发的激情状态、偏激状态都不是审美情感,审美
情感是积淀有理性的、或经过理智提升的智慧的情感。别林斯基
说:"热情永远是在人的心灵里为思想点燃起来的激情,并且永远
向思想追求。"③鲁迅有过一段精辟的话:"我以为感情正烈的时
候,不宜做诗,否则锋芒太露,能将'诗美'杀掉。"④苏珊·朗格认
为:"一个专门创作悲剧的艺术家,他自己并不一定要陷入绝望或
激烈的骚动之中。事实上,不管是什么人,只要他处于上述情绪状
态之中,就不可能进行创作,只有当他的脑子冷静地思考着引起这

---

① 何火任:《艺术情感》,第 24 页。
② 金开诚:《文艺心理学概论》第 180 页。
③ 彭立勋:《美感心理研究》,第 200 页。
④ 同上。

样一些情感的原因时,才算是处于创作状态中。"①狄德罗在《演员奇谈》中也有一段精妙的议论:"你是否在你的朋友或情人刚死的时候就作诗哀悼呢?不会的。谁在这当儿去发挥诗才,谁就会倒霉!只有当剧烈的痛苦已经过去,感受的极端灵敏程度有所下降,灾祸已经远离,只有到这个时候当事人才能回想他失去的幸福,才能够估量他蒙受的损失,记忆才和想象结合起来,去回味和放大过去的甜蜜的时光,也只有到这个时候他才能控制自己,才能做出好文章。他说他伤心痛哭,其实当他冥思苦想一个强有力的修饰语的时候,他没有功夫痛哭。他说他涕泪交流,其实当他用心安排他的诗句的声韵的时候,他顾不上流泪。如果眼睛还在流泪,笔就会从手里落下,当事人就会受感情驱遣,写不下去了。"②契诃夫甚至认为:"要到你觉得自己像冰一样冷的时候,才可以坐下来写。"③

有人曾批评诸如果戈里、鲁迅、契诃夫等以讽刺、幽默见长的文学大师,认为他们太"冷"。这其实是莫大的曲解。正如郭沫若所说:"鲁迅并不冷。鲁迅的冷,应该解释为不见火焰的白热。他是压抑着他的高度的热情,而不使它表露在表面。"④在那些已然磨炼成的寓热于冷、热得发冷的艺术家的性格里,我们不难感觉到埋藏得很深的理想和激情的潮流。这种潜流涌动澎湃于他们的内心深处,不愿让它们随意地爆发出来,不愿让它们在失控状态下变成浅薄的谩骂,从而违逆了初衷,消解了热度,抹杀了"诗美"。他们不乏生活的情感,伦理的情感,乃至政治的情感,但他们终究是

---

① 彭立勋:《美感心理研究》,第 200 页。
② 童庆炳:《艺术创作与审美心理》,第 129 页。
③ 林建法、管宁:《文学艺术家智能结构》,漓江出版社 1987 年版,第 171 页。
④ 同上,第 177 页。

艺术家,终究是要通过审美情感来表达的。于是,他们采用了"入乎其内"又"出乎其外"的情理结合的方式,通过理性来控制生活情感,并将之引导到审美情感上去,而不至于沉湎在自发的情感之中不能自拔。音乐家莫扎特曾给他的父亲写信说:"我必须不停地写作,我需要一个清醒的头脑和平静的心。"①法国著名演员哥格兰也说过:"演员并不是在生活,而是在表演。他对他所表演的对象保持着冷静的态度,而他的艺术却必须是完美的。"②

王国维在《人间词话》中对"入乎其内"、"出乎其外"作了一番精辟的解说:"诗人对宇宙人生,须入乎其内,又须出乎其外。入乎其内,故能写之。出乎其外,故能观之。入乎其内,故有生气。出乎其外,故有高致。"这就说明了理智不仅可以控制和引导情感,而且可以深化审美情感,使艺术作品更有意义,更令人动心,也更具张力,从而也就更符合我所定义的美的特性。别林斯基就曾指出:"从思想和感情互相消融里才产生高度的艺术性"。③ 巴尔扎克称司汤达"由于感情深沉:它使思想有了生命。"④契诃夫在《致阿维洛娃》的两次信中都谈到巧妙地控制和调节情感,可能使情感更加深入人心。他写道:"您描写苦命人和可怜虫,而又希望引起读者怜悯时,自己要极力冷心肠才行,这会给别人的痛苦一种近似背景的东西,那种痛苦就会在这背景上更鲜明地显露出来。""人可以为自己的小说哭泣、呻吟,可以跟自己的主人公一块儿痛苦,可是我认为这应该做得让读者看不出来才对。态度越是客观,所产生的

---

① 童庆炳:《艺术创作与审美心理》,第 186 页。
② 同上。
③ 何火任:《艺术情感》,第 57 页。
④ 同上。

印象就越有力。"梅里美的名作《马铁奥·法尔哥尼》等都使读者惊心动魄,然而作家对自己笔下的人物既无赞美之词,也不落鞭挞之意,仿佛总是保持一段距离在那里平平静静讲述某个故事,却能够令读者乍喜乍忧,忽惊忽怒。①

当然,正如我们提出在艺术审美活动中融入理性的冷静不等于冷漠一样,我们强调艺术的理智性、思想性特点,并不意味着否认艺术审美情感的含蓄性。加里哀的《母与子》画、齐白笔下的虾以及某些歌咏自然美的诗画这类含蓄甚至朦胧的作品,有着它独特的艺术价值。但审美情感的含蓄和朦胧,并不等于它没有任何审美倾向或审美理想,只是它们有意无意、可解而又不可解地融化在感情活动中,达到情理相生无迹可求的境界。正如钱钟书在《谈艺录》中的一句精彩名言:"理之在诗,如水中无盐,蜜中无花,体匿性存,无痕有味。"②这样,深邃而有韵味的情感张力就会在艺术品中产生了。

在以情感为特质的艺术活动中需要理智,那么,在以理智为主要特性的科学活动中有否情感呢?一些人作了简单的否定性结论,他们认为作为纯粹理性活动的科学与感性活动中表现出来的情感心理形式是根本不相容的。其实,在科学审美创造活动中,科学审美与感知、想象、理解一样,是美感的心理形式之一。科学审美情感是科学主体在观察科研对象和研究过程中,对具有审美属性的自然形式、和具有内在和谐统一性的宇宙规律的一种心理体验和主观态度,它既能让科学家产生那种类似

---

① 见金开诚:《文艺心理学概论》,第 231—232 页。
② 吴功正:《小说美学》,江苏人民出版社 1985 年版,第 142 页。

艺术愉悦的情感体验，又能让科学家通过情感知觉在科学审美创造中发挥作用。美国科学思想家戴维·玻姆在论科学与艺术的关系时就曾指出：

> 必须反对一种世俗的眼光。从那种眼光看来，科学家都是些冷淡无情的家伙，只关心如何精明地扩张人对自然的实际主宰力。……有些最具创造力的科学家（如爱因斯坦和彭加勒等）指出，他们在工作中常常被深深地打动，那种打动是一般公众往往以为只有艺术家和其他投身'人文'追求的人才会有的。科学家远在领悟到新观念的细节之前，就可能'感觉'到观念以难于或无法言传的方式扣动着自己的心弦。这些感受如同极为敏感的探针，达于未知的深处，而理智终将使得更详细地知觉探针所触及之处成为可能。无疑，这里存在着科学与艺术的基本关系。艺术显然也是如此，所不同的是：整个过程是在可加以感官知觉的艺术作品中，而不是在对自然结构过程抽象的理论洞识中，达到高潮。①

仿佛是为了应验玻姆的上段话，爱因斯坦在为纪念 H. A. 洛伦兹(1853—1928)诞生一百周年的祝词里曾充满感情地写道："这位卓越人物讲出来的，总是像优等的艺术作品一样的明晰和美丽，而且表现得那么流畅和平易，那是我从别的任何人那里都从未感受过的。"②像爱因斯坦这样的科学大师不仅在科学的理性创造中

---

① 戴维·玻姆：《论创造力》，第 40 页。
② 《爱因斯坦文集》（第 1 卷），第 577 页。

注入了自己的感情因素，而且这种感情有时强烈得如同宗教情感一般，爱因斯坦称之为"宇宙宗教情感"。这种"宇宙宗教情感"是自然科学家对和谐的世界图景的认识上的追求、对科学美的渴望所产生的一种激情，一种科学快感的创造性冲动。从科学审美的意义上来说，这种"宇宙宗教情感"反映了科学家对自然美的信念和对科学美的憧憬。爱因斯坦在 1930 年发表的《我的世界》一文中进行过阐释："我们认识到有某种为我们所不能洞察的东西存在，感觉到那种只能以其最原始的形式为我们感受到的最深奥的理性和最灿烂的美——正是这种认识和这种情感构成了真正的宗教感情；在这个意义上，而且也只有在这个意义上，我才是一个具有真挚的宗教感情的人。"[①]爱因斯坦在另一篇论述宗教与科学关系的书信中进而指出："那些我们认为在科学上有伟大创造成就的人，全都浸染着真正的宗教和信念，他们相信我们这个宇宙是完美的，并且是能够使追求知识的理性努力有所感受的。如果这种信念不是一种有强烈感情的信念，如果那些寻求知识的人未曾受过斯宾诺莎的对神的理智的爱（Amer Dei Intellectualis）的激励，那么他们就很难会有那种不屈不挠的献身精神，而只有这种精神才能使人达到他的最高的成就。"[②]

这里应当指出的是，爱因斯坦曾不止一次地表示，他的这种在科学审美活动中所产生的"坦诚"的宗教情感与神秘主义是两回事。[③] 1954 年 3 月 22 日，曾有一个自学成才的人寄给住在普林斯

---

① 《爱因斯坦文集》（第 3 卷），第 45、256 页。

② 同上，第 256 页。

③ 海伦·杜卡斯、巴纳什·霍夫曼：《爱因斯坦短简缀编》，百花文艺出版社 2000 年版，第 51 页。

顿的爱因斯坦一封手写的长信,宣称自己是无神论者,并援引了一篇关于讲爱因斯坦的宗教信仰的文章,表示怀疑文章的准确性。3月24日爱因斯坦用英文复信道:"您所谈到的关于我的宗教信仰的那些东西纯属谎言,而且是不断重复的系统化了的谎言。我不相信存在着一个有人格的上帝,我从来没有掩盖过我的观点。如果说在我身上存在着某些可以称之为宗教的东西的话,那就是我对迄今为止科学所揭示的世界结构的无限崇敬。"①另一位芝加哥犹太教士在准备他的演讲"相对论的宗教意义"时写信给爱因斯坦,爱因斯坦回信说:"我不信相对论理论的基本观点与宗教有什么联系。宗教领域一般说来与科学知识领域是两回事。……在对这种深层次的相互关系的逻辑认识过程中所产生的宗教的感情,与人们通常所说的宗教感情似乎是不同的东西。更为确切地说,前者是一种对物质宇宙所展现出来的系统的敬畏之情。这种感情不会导致我们去塑造一个长相和我们一样的上帝……"②

这里我们无意探讨和鉴别爱因斯坦的"宇宙宗教情感"与宗教性有什么关系,我们只要知道爱因斯坦在科学活动中有着非常深厚的情感,并且这种情感对他在科学上作出伟大成就有着重要作用就够了。但有一点我们必须明确的是,类似爱因斯坦这样的科学审美活动中的情感,与我们上述的艺术审美情感是有着很大区别的。首先,科学审美情感与艺术审美情感的复杂性程度不同。如前所述,艺术审美创作活动中的情感心理表现得较为复杂而混合,极具个性化;尤其是当作者的主观情感与表现对象的情感相矛

---

① 海伦·杜卡斯、巴纳什·霍夫曼:《爱因斯坦短简缀编》,第56页。
② 同上,第91页。

盾或交织时,其情感就具有多向性活动的性质,呈现出复杂的混合的情感状态。科学审美创造中的情感心理一般而言较为单纯浅显,且较为一致。这是因为,在艺术审美活动中,审美主体受自身立场、观点以及主体与对象间的利害关系、乃至主体不同的生活经历和审美习惯的影响,其情感心理会显得比较复杂而多样。在科学审美创造活动中,尽管不同科学家对同一研究对象在审美情感体验上会有一定的差异,但只要科研对象确实具有科学价值和审美属性,那么,不同国度、不同社会制度、乃至不同时代的科学家对它的审美情感就一定是肯定而愉悦的。

由情感知觉性可知,审美情感在一定程度上受不同对象的形式的影响。美的形式可分为内在形式和外在形式。美的内在形式指与美的内容直接相关的内容诸要素间的联系和结构;美的外在形式指与美的内容不直接相关的内在形式的感性外观和形态。在艺术审美活动中,引起审美情感的因素主要是对象的外在形式;而在科学审美活动中,引起审美情感的主要是对象的内在形式,即科学审美对象的形式规律和形式法则,简单、对称、守恒、和谐等。休谟在谈论美与美感的时候,似乎更近于论及了科学美感。他说:"美是[对象]各部分之间的这样一种秩序和结构;由于人性的本来的构造,由于习俗,或者由于偶然的心情,这种秩序适宜于使心灵感到快乐和满足,这就是美的特征……"①休谟这里所谓的引起心灵快乐和满足的"秩序和结构",就科学美而言,正是事物的内在秩序和结构,也即是科学审美对象的内在形式。正因为激起科学审美情感的是事物的内在形式,所以科学审美情感较别的审美情感

---

① 朱光潜:《西方美学史》(上卷),人民文学出版社 1979 年版,第 226 页。

要具有浓厚得多的理性色彩。

审美情感具有极大的张力,不过这种张力对科学家和艺术家的作用各不相同。审美情感的张力对于科学研究是外在的,是一种事业的推动力,但它并不直接渗入到科学家的认识中,不构成科学认识的组成部分,也不可能作为一种直接因素渗透到具体的科学研究及其成果中去。人们往往只能通过科学家的审美创造风格间接地感受到极为隐蔽的科学审美情感因素。艺术审美情感则不同,它不仅直接构成了艺术家内在的动力系统,而且审美情感作为形象的染色素而直接渗透到具体的表现对象中去,审美主体的情感与对象始终是胶着在一起的。审美艺术品中的情感是形式化了的情感,形象是情感化了的形式。别林斯基说:"一切感情和一切思想都必须形象地表现出来,才能够是富有诗意的。"[1]通过情感化了的形式,我们可以感受到艺术家的丰富的深厚的情感律动在那些富有个性特征的、有深刻内蕴的感性形象之中。譬如,在抒情写意的书法艺术中,那线条的疾徐,笔力的顿挫,墨色的润涩,无不是书法家某种情感的外化。正如我国当代著名书画家吕凤子所说:"在造型过程中,作者的感情就一直和笔力融合在一起活动着;笔所到处,无论是长线短线,是短到极短的点和由点扩大的块,都成为感情活动的痕迹。"[2]透过著名行书珍品《祭侄稿》,我们不难感受到颜真卿面对国难家仇的满腔悲愤和对亲侄的拳拳之心。

一般而言,审美的愉悦应是现实的、具体的、物质性的功利性感受与超现实的、超具体的、超物质的非功利性感受的统一。但具

---

① 彭立勋:《美感心理研究》,第 194 页。
② 吕凤子:《中国画法研究》,上海人民美术出版社 1978 年版,第 3 页。

体到艺术审美和科学审美的不同领域,其功利性感受的强弱又有所不同。在自然审美中的功利性因素最弱,我们驻足在颤动枝头的鲜花之前时不会去想到这种欣赏有什么社会意义和价值。在艺术审美中功利性因素较弱,其功利实用内容常常不是明确而是潜移默化地形成并渗透进审美情感之中。正因为艺术审美情感摆脱了与观照对象的直接功利关系,从而能从生活情感中脱颖而出,实现了对现实情感的升华和净化。而在科学审美中,其情感愉悦则有着艺术审美情感所不及的功利内涵。由于科学审美创造的目的主要指向美的本质性内容(合规律性的真和合目的性的善),也即在于发现客观规律,并将之利用来改造世界、造福人类,因而,在科学审美愉悦之中总是明显地含有科学家的目的性及其社会功利性的因素。

人们在谈论审美活动时,一般都会论及移情现象。审美移情是主体在审美活动中将情感乃至整个自我皆移入、投射、沉没到对象中去,在自我与对象融为一体时感受到对象中"我"的感情乃至整个自我的活动,从而产生审美情感体验。审美移情是人的情感能动性的表现,在审美活动中主要有两种方式:即将审美主体的感情移到人或物上。艺术审美创作中这两种移情皆有,譬如福楼拜就说过:"包法利夫人就是我";郭沫若也说过:"蔡文姬就是我"。科学审美活动中也有移情现象,不过它只是"移情"到本没有情感的科研对象身上,达到物我双方的界限消失,由对立变为同一。法国著名物理学家、诺贝尔奖金获得者莫诺认为,科学理论之所以具有审美价值,是因为我们主观模拟过程与客观相符合而产生出一种快感。莫诺曾转述一位物理学家的话说,物理学家在思考一个物理现象时,时常会把自己与一个电子或一个粒子划上等号,并追问如果我就是粒子该怎么办？莫诺自己就曾在研究酶的作用时，被酶的奇特曲浅深深打动，不知不觉地设想自己就是显微镜下的这个酶。

艺术审美活动的移情是审美对象的主体化，即审美对象在移情作用下成了受审美主体生命灌注并具思想感情活动的对象；而在科学审美活动中的移情则是审美主体的对象化，即审美主体成了外化到科研对象里并在其中活动与观察的自我。这种科学审美主体对象化主要是靠科学家丰富的想象力来完成的，譬如将自己设想成为酶、电子或其它客观物质体，从而在移情的对象化过程中能觉察到或把握到对象的本质及其运动规律。也就是说，科学审美活动与艺术审美活动在移情的指向和目的上是不同的。艺术审美活动中的移情主要是指向对象的善的内容，其目的在于与审美对象的合目的性善发生同情与共鸣；而科学审美活动中的移情主要是指向对象的真的内容，其目的是为了发现审美对象的合规律性的真。

2.2 审美情感与艺术创造

在艺术的长河中，大浪淘沙，成为不朽之作的艺术品在每个时代总是寥寥无几。白居易曾几次编纂自己的作品，抄写五部，分存于几大名山寺院中，以图完整无缺地流传后世。然而，无论在他生前还是身后，为人们传诵得最为广远的仍然是他的《长恨歌》、《琵琶行》等杰作。为何？我们不妨借用白居易自己的一句诗解开其中的奥秘：未成曲调先有情。试想，如若白居易不是沦落天涯、满怀强烈的悲愤与深重的感伤情怀，怎能写下这动人心魂的《琵琶行》呢？"文章憎命达"，"愤怒出诗人。"正因为有了"孤愤"，使屈原写出了《离骚》、《天问》,使太史公写出了《史记》,使左丘明写出了《左传》,使施耐庵、蒲松龄、曹雪芹写出了《水浒传》、《聊斋志异》和《红楼梦》。"字字看来都是血,十年辛苦不寻常",曹雪芹是饱蘸着血泪写下《红楼梦》的。现当代作家巴金,其《家》中也是字里行间浸透着作者的爱和恨。巴金说:"我写《家》的时候,仿佛在跟一些人一同受苦,一同在魔爪下面挣扎。我陪着那些可爱的年轻生命欢笑,也陪着他们哀哭。我一个字一个字地写下来,我好像在挖开我的记忆的墓,我又看见了曾经使我的心灵激动过的一切。"①

审美情感在艺术创作中的无可替代的巨大作用,我国自古以来就有许多论述。与儒家"诗言志"相对,陆机第一次在《文赋》中明确提出了"诗缘情",为中国艺术的"缘情"派开了先河。直到刘勰,在《文心雕龙》中对审美情感的作用作了更为深刻和全面的论述,形成了完整的"缘情"理论。他称文学为"情文","为情而造文"(《情采》);认为"情"是创作的前提,"情以物迁,辞以情发"(《物色》)、"情动而言形,理发而文见"(《体性》);认为艺术形象是"神用象通,情变所孕"(《神思》)、"吐纳精华,莫非情性"(《体性》);认为对艺术材料的加工改造须受情感支配,"以待情会"(《总术》);认为艺术创作都是情感的产物,"五色杂而黼黻,五音比而成韶夏,五情发而为辞章,神理之数也。"(《情采》)在国外,我们也不难见到与刘勰相通的审美情感论。比如克莱夫·贝尔认为:"一切审美方式的起点必须是对某种特殊感情的亲身感受,唤起这种感情的物品,我们称之为艺术品。"②大文豪列夫·托尔斯泰认为,艺术品只有当

---

① 林建法、管宁选编:《文学艺术家智能结构》,第163页。
② 贝尔:《艺术》,见刘伟林:《中国文艺心理学史》,三环出版社1989年版,第139页。

它把新的感情（无论多么微细）带到人类日常生活中去时才能算是真正的艺术作品。托尔斯泰把艺术视作体验情感与传达情感的活动：

> 如果一个人在现实中或想象中体验到痛苦的可怕或享乐的甘美，他把这些感情在画布上或大理石上表现出来，使其他的人为这些感情所感染，那么，同样的，这也是艺术。如果一个人体验到或者想象出愉快、欢乐、忧郁、失望、爽朗、灰心等感情，以及这种感情的互相转换，他用声音把这些感情表现出来，使听众为这些感情所感染，也像他一样体验到这些感情，那么，同样的，这也是艺术。①

关于审美情感在艺术创作中的重要作用，古今中外有着许许多多各种各样的论述。我认为其主要作用不外三大方面：其一是感动作用，即感染读者并使其产生共鸣和提供作者以创作动力；其二是影响和调动心理因素共同参与审美创造；其三是通过自身外化而成动人的艺术形象。

我们先来看审美情感的感动作用。对艺术家而言，"感动"是指艺术家对某种生活、人物及心灵世界有了一定的感受和理解，并在感情上被打动和感染时所产生的创作冲动和欲望。艺术审美实践活动表明，对生活的审美情感态度和审美情感体验是艺术家形成创作冲动的强大的推动力。别林斯基在论及艺术热情时说道："什么是热情呢？……这意味着有一种强烈的力量、一种不能抑制

---

① 托尔斯泰：《艺术论》，见刘伟林：《中国文艺心理学史》，第138页。

的激情在推动他,怂恿他。这种力量,这种激情就是热情。"①有人把别林斯基此处所谓的"热情"译为"动情",我觉得很有道理。情感本就是一种心理力,而审美情感的巨大张力则是艺术创作的第一推动力,或者叫原动力。别林斯基说:"感情是诗情天性的最主要的动力之一;没有感情,就没有诗人,也没有诗歌。"②我国古代诗论《毛诗序》中曾强调诗歌创作是"情动于中而形于言"。我国最早的音乐和美学论著《礼记》中则指出了审美情感对音乐创作的推动作用:"情动于中,故形于声。声成文,谓之音。"唐代草书家张旭又从书法艺术上指出了情感的动力作用。他说:凡有"喜怒窘穷,忧悲愉佚,怨恨思慕,酣醉无聊,不平有动于心,必于草书焉发之。"③

屈原创作出《离骚》,正是他"忧愁幽思"久经斗争后,终于淬炼成为火花四射的激情,从而喷发出犹如火山爆发、江海汹涌的宏大诗篇的。这是孤愤出诗的典范。另外爱情也会在审美创作中起到神奇的催化作用。美国著名作家海明威甚至认为:"最好的写作一定是在恋爱的时候。"音乐史上,受爱情驱使而创作出的音乐佳作并不在诗歌之下。如贝多芬在 1806 年热恋苔莱斯·特·勃伦丝维克并同她订婚,称她为"不朽的爱人",在这种爱情鼓舞下创作出了第四、第五、第六三部交响乐,全部题献给苔莱斯。又如罗伯特·舒曼的许多乐曲,都是受到他的爱人克拉拉·维克的爱情鼓舞而写的。他赞美她说:"别的人只不过写诗,本身却不是诗;克拉拉本身实在就是诗。"1840 年舒曼与克拉拉结婚,单在这一年里,

---

① 《别林斯基论文学》,见童庆炳:《艺术创作与审美心理》,第 122 页。
② 彭立勋:《美感心理研究》,第 186 页。
③ 金开诚:《文艺心理学概论》,第 235 页。

舒曼就写出了一百三十八首歌曲,音乐界因而把 1840 年称为舒曼的"歌曲之年"。①

　　审美情感之"感动"作用的另一个方面,是指艺术家通过作品"喷射热情"而感染、打动人心,让人产生共鸣。动情的文学艺术具有震撼人心、乃至征服人心的魔力。鲁迅的小说《阿 Q 正传》,曾使罗曼·罗兰感动得声泪俱下。② 契诃夫的剧本《万尼亚舅舅》上演,竟使意志坚强的高尔基"边看边哭,像女人一样"。③ 荷马史诗的诵诗人伊安说:"我在朗诵哀怜事迹时,就满眼是泪;在朗诵恐怖事迹时,就毛骨悚然,心也跳动。"④狄德罗在《理查生赞》中也说,在阅读理查生的小说时,读者会不由得在小说中"扮演一个角色,他插进谈话里面,他赞成,他责难,他钦佩,他生气,他愤慨","心灵老是受到激动"。⑤

　　中国古典诗词之所以光辉不朽,最重要的是能够"以情动人"。汤显祖在《焚香记总评》中说,《焚香记》"填词皆尚真色,所以入人最深,遂令后世之听者泪,读者颦,无情者心动,有情者肠裂。"⑥黄周星《制曲枝语》说:"论曲之妙无他,不过三字尽之,曰'能感人'而已。感人者,喜则欲歌欲舞,悲则欲泣欲诉,怒则欲杀欲割,生趣勃勃,生气凛凛之谓也。"⑦宋代大诗人陆游,读陶渊明的诗欣然会

---

① 　金开诚:《文艺心理学概论》,第 177—178 页。
② 　何火任:《艺术情感》,第 1 页。
③ 　同上,第 4 篇。
④ 　同上,第 3 页。
⑤ 　彭立勋:《美感心理研究》,第 191 页。
⑥ 　同上。
⑦ 　同上。

心,以至"日且暮,家人呼食,读诗方乐,至夜,卒不就食。"①明代人
欣赏元曲,常常"快者掀髯,愤者扼腕,悲者掩泣,羡者色飞"。② 我
们都知道孟姜女寻夫哭倒长城的民间故事;当我们听到民歌《孟姜
女寻夫》四季调中的下面第二支歌,又怎能不为孟姜女思夫的深情
而恻然心动,甚至凄然泪下呢——

> 夏季里来热难当,蚊子嗡嗡叮人忙;
> 宁叮奴奴千口血,莫叮儿夫万喜良!

　　审美情感在艺术中所起到的动人心弦的感染力,让古代中外
的许多艺术家和美学家深有体会。列夫·托尔斯泰甚至把"艺术
的感染力"作为"区分真正的艺术与虚假的艺术的肯定无疑的标
志","感染越深,艺术则优秀"。③ 同时,托尔斯泰等艺术大师也清
醒地意识到,艺术所特有的巨大感染力,不仅决定于"所传达的感
情具有多大的独特性",以及"这种感情传达有多么清晰",还取决
于"艺术家的真挚的程度如何,换言之艺术家自己体验他所传达的
感情时的深度如何",他自己能否"深刻地融合在这种感情里"。④
艺术家同时又是其创作的"第一个欣赏者",他只有在真情实感下
与所创作的人物休戚与共,只有自己在审美创作过程中受到深深
感动,才有可能去感动别人。正如陆机在《文赋》中所言:"信情貌

---

　　① 何火任:《艺术情感》,第2页。
　　② 同上。
　　③ 列夫·托尔斯泰:《艺术论》,见《西方论文选》(下卷),第46、148、150页。
　　④ 同上,第439—440页。

之不差,故每变而在颜,思涉乐其必笑,方言哀而已叹。"①否则,己
所不感又焉能感人?柴可夫斯基在他的《黑桃皇后》最末一段的写
作完成之日,就在自己的日记中写道:"当葛尔曼死亡的时候,我便
深深地哭泣了"。柴可夫斯基在谈到他写歌剧《欧琴·奥涅金》的
音乐时说:"由于难以借用笔墨表示的欣赏,我甚至完全都融化了,
身体都在颤抖着。"②姚雪垠在写《李自成》第一卷和第二卷的过程
中,"常常被自己构思的情节感动得热泪纵横和哽咽,迫使我不得
不停下笔来等心情稍微平静之后再继续往下写。"③可见,没有哪
一部艺术作品不是艺术家在内心中经历了巨大的感情波澜和灵魂
震颤之后的产物,因而才能不仅在当时,且能在千百年后为异时异
地的人所感动,所共鸣。

我们再来探讨审美情感在艺术创作中的第二大作用,即调动
和促进感知、记忆、想象、灵感等心理协同进行艺术审美创造。艺
术活动起始于观察和感知。艺术感知无论在内容还是形式方面都
随伴着审美情感活动的。自然界万千气象本无所谓感情的,但当
审美主体的感知觉被宛如灿烂彩霞辉映着时,万事万世物看上去
就大不相同了:月成了嫦娥的仙宫,山成了相看两不厌的知己,浪
花成了跳跃欢唱的少女。所谓"登山则情满于山,观海则意溢于
海。"

艺术家有了丰富的审美情感才会有丰富的审美感知觉,有了
丰富的审美感知觉才会有丰富的艺术形象。其实,对于客观事物
的完整感知是人皆有之的,只是艺术家的感知觉当透进审美情感

---

① 吴功正:《小说美学》,第 125 页。
② 金开诚:《文艺心理学概论》,第 190 页。
③ 姚雪垠:《李自成》(第 1 卷),中国青年出版社 1977 年版,前言。

之光后，一般感知觉便会受到占优势的审美情感的诱导，产生种种联想和变幻，引起一连串不同寻常的反应。比如"同一咏蝉，虞世南'居高身自远，端不借秋风'，是清华人语；骆宾王'露重飞难进，风多响易沉'，是患难人语；李商隐'本以高难饱，徒劳恨费声'，是牢骚人语"。①

古希腊神话中，主宰整个宇宙和人生的万神之王宙斯和记忆女神漠涅靡辛涅结合后生了九个文艺女神缪斯姐妹。这则神话生动明白地表达了远古时代人们对于艺术活动和人类记忆的关系的看法。黑格尔则科学地把记忆引进了美学研究的领域，并看作是艺术审美创造的一个举足轻重的环节。著名心理学家布兰斯基把记忆分为四类，即运动、形象、词语逻辑和情绪的记忆。所谓情绪记忆是一种以情绪、情感为对象，通过主体的情感活动而实现的识记、保持和复现。在审美活动中，审美主体是有情绪记忆或情感记忆的。俄国戏剧理论家斯坦尼斯拉夫斯基就曾说过："既然对过去的一个体验的回忆可以使你脸色惨白或者变红，既然你们害怕回想过去遭到的不幸，那么这就是说你们是有情感记忆的。"②

情感记忆在艺术审美活动中起着独特的作用。首先，情感记忆是艺术创作的基础，艺术创作离不开情感表象记忆。苏联彼得罗夫斯基等指出："情绪记忆在每个人生活与活动中具有着非常重要的意义。已经体验过并保存在记忆中的情绪是作为激起动作的信号或是作为制止那些在过去曾引起反感的动作的信号而表现出来的。同情别人的能力、与书中的角色产生共鸣的能力是以情绪

---

① 林建法、管宁选编：《文学艺术家智能结构》，第70页。
② 陈大柔：《科学审美创造学》，第134页。

记忆为基础的。"①上面我们曾写到贝多芬在 1806 年热恋过苔莱斯,两人虽订婚但终于没有结合。十年后,贝多芬说:"当我想到她时,我的心仍然和第一天见到她时跳得一样剧烈。"同年,他写了六首"献给遥远的爱人"的歌曲,并在笔记本里写道:"我一见到这个美妙的造物,我就心潮澎湃,可是,她并不在这里,并不在我身边。"②可见,情感表象的记忆是多么深刻而动人。情感表象记忆的深刻性的另一个著名事例,是法国大文豪雨果 16 岁时在巴黎法院门前广场看到一个年轻女性受烙刑的情景,直到他 60 岁时还能在给朋友的信中加以细致和具体的描述:"她的脚边放着的一炉烧红的炭,一把木柄的烙铁插在炭火里,烧得通红……拿起炉子里的烙铁,就往她赤裸的肩头上放,而且深深地往下按去。烙铁和刽子手的拳头被一阵白色的烟雾遮没了。"③四十年了,这一令雨果心惊肉跳的情绪情感记忆不仅没有消退,而且随着生活阅历的丰富和思想认识的提高而更加深化,并在他的《巴黎圣母院》、《悲惨世界》等一系列名著中塑造出一个又一个令人难忘的典型形象。

艺术审美创作不仅离不开情感的表象记忆,而且艺术内涵的丰富还有赖于情感表象关系的记忆。譬如新乐府运动的健将之一张籍的一首《湘江曲》,末尾"白蘋茫茫鹧鸪飞"④一句,大多数欣赏者是没有见过这番情景的,可读者却都很容易地"认"出这是表达了亲朋的离愁之情。"认"出,是记忆的"再认"品质。没有见过却能再认,正是情感表象关系的记忆所致。我们可能从未有过伫立

① 高楠:《文艺心理探奇》,辽宁大学出版社 1987 年版,第 178 页。
② 金开诚:《文艺心理学概论》,第 186 页。
③ 同上,第 185—186 页。
④ 《唐诗鉴赏辞典》,上海辞书出版社 1983 年版,第 759 页。

江边遥望征帆远去的经历，更可能从未感觉过那茫茫的白蘋动静互映，和鹧鸪的"行不得也，哥哥"的啼鸣，但对亲我或爱我者渐渐离自己远去的空间变化的关系却并不陌生。我们可以在生活中或银屏上见过亲人离别时，一方乘着火车、牛车、轿子或步行渐渐离去的场景，也常常会体会到独自一个站立在江边、车站月台上、或散场的电影院的孤独和怅惘。尽管火车、牛车、轿子和步行皆是毫不相同的事物，但它们都体现出亲我或我爱者渐离我去的同一类关系；尽管江边、月台、影院等也是不同的场合，它们同样都表征了装载孤独和怅惘的空间。具有这类关系的对象作用于主体，形成记忆表象；再经过大脑皮层的分析与综合，便有了这类关系的记忆。于是，这类具有普遍性的关系记忆，便成为了主体"再认"对象的具有普遍意义的记忆依据。当主体再面对具有这一情感表象关系时，主体知觉就可以把这种关系"捕捉"到，通过联想与主体记忆中的关系依据相结合，从而产生出"再认"。艺术审美创作的表达也就因此具备了广泛而丰厚的内涵。

　　情感记忆还有助于哺育艺术家的艺术个性。心理学指出，儿童时代是人的性格形成的重要时期，一个真正伟大的艺术家，多半都是在童年时代情绪情感记忆的摇篮中便开始形成了他自己独特的个性，并自觉、不自觉地在艺术生涯中发挥作用。著名戏剧大师卓别林在其《自传》中回忆了自己童年时代在伦敦兰贝斯的岁月留下的奇妙印象，并说："我相信，我的心灵就是在这一切琐事中成长起来的。"挪威画家蒙克，早年生活很不幸，使蒙克从小就把生活看成"精神错乱和疾病的孪生子。"这种深重的心灵创伤给他的画风和题材带来了巨大的影响。他说："我是画我童年时代的印象，画那些使人痛苦的往事。"不仅《病孩》、《在灵床旁》、《母亲之死》等作品可以明显地看出他童年生活的情感记忆,就是并不直接取材于他童年生活的作品,也会因情感表象关系的记忆,蒙上一层来自童年生活的阴冷哀伤的情感色彩。①

　　与记忆相比较,在艺术审美创作中,想象与情感的关系更为密切。美国学者李博说:"一切感情的气质,不论它们怎样,都能影响创造性的想象。"②意大利美学家缪越陀里在记述诗歌表现移情现象的形象是如何形成时指出:"想象力受到感情的影响,对有些形象也直接认为真实或逼似真实……例如他的热情使他以为自己和意中人作伴调情是世界上最大的幸福,一切事物,甚至一朵花一棵草,都旁观艳羡,动心叹气。"③在缪越陀里看来,由于想象力受了感情的影响,因而在诗的审美形象中本无生命的自然景物好像成了有生命的东西,具有人的感情和性格。诗人在审美情感的作用下,其联想和想象便会产生一种充满感情的幻觉。英国艺术批评家罗斯金将之称为"感情的幻想"。在我的诗集《心潭影》中,曾有一句话表达了类似的思想:

　　　　音乐用它所创造的虚幻的时序,并且通过生命体验的张
　　力而造成的基本幻象,在情感的弦上震颤着流过。④

如果硬要解释一下这句话的意义,可以这么认为:音乐艺术的想象过程是需要流经情感这一震颤之弦的,并且音乐幻象的想象是由

---

①　参见陈望衡:《艺术创作之谜》,红旗出版社 1988 年版,第 84—85 页。
②　《外国理论家作家论形象思维》,第 187 页。
③　同上,第 21 页。
④　陈大柔:《心潭影》,第 25 页。

情感(生命体验)的张力造成的。它同样道出了审美情感对艺术想象的重要影响。概括而言,审美情感对想象的影响表现在:它能激发想象;它是美感中形象联想的中介;同时主体在受情感激发想象的过程中所体验到的强烈情感,又会反过来加强想象的积极性和生动性。

人在强烈的情绪情感状态下都会产生出许多的联想和想象,而艺术家的情感在强烈到"情痴"的地步时,则会在艺术创作中激发起奇异的想象。如李益诗"早知潮有信,嫁与弄潮儿"(《江南曲》)、牛希济词"记得绿罗裙,处处怜芳草"(《生查子》)、以及《情殇》中若秋在爱情绝望中写下的诗:"落叶经不住西风的诱惑/飘舞着寻梦去了/孤独的枝/还在寻找天空……"①等等,都不啻是诗人沉湎于某人某事,情感达到"痴"时所激发出的"痴语",但却是如此的真实,如此的动人!

审美情感既是想象的强大动力,也是美感中形象联想的中介。骆宾王有一首《在狱咏蝉》:"西陆蝉声唱,南冠客思侵。那堪玄鬓影,来对白头吟。露重飞难进,风多响易沉。无人信高洁,谁为表予心。"诗人当时处境恶劣,忧心深重,便以蝉自喻,由蝉羽、蝉声形成了"露重飞难进,风多响易沉"的形象联想。而正是这一有感而发的联想,又促进了诗人感情的发展,使其深感清白无辜,冤痛异常。由这首诗可以看出,受感情激发起的形象联想和想象,可以深化、强化主体的审美情感。而一旦创造主体在联想或想象过程中体验到了这强烈而丰富的感情,又可以反过来进一步加强想象和联想的积极性和生动性。正如席勒所指出的那样,一切同情心都

① 陈大柔:《情殇》,第228—229页。

以受苦的想象为前提;同情的程度,也以受苦的想象的活泼性、真实性、完整性和持久性为转移。① 审美情感与想象,就是这样交织在一起,在互促互进中不断将艺术推向至境的。

艺术审美情感不仅与感知、记忆、想象等常规心理形式有关系,而且与灵感这一突变心理形式有关。艺术家在创作冲动的激情袭来时,心中便如春江涨潮,骏马奔腾。柏拉图称之为"灵感迷狂"状态,并说:"若是没有这种诗神的迷狂,无论谁去敲诗歌的门,他和他的作品都永远站在诗歌的门外"。② 我们都知道灵感似乎是瞬间爆发出的天才的火花,殊不知正是主体内觉体验将生活情感转变成了审美情感,才为这火花爆发作好充分准备的。可以说,审美情感的内觉体验是灵感爆发的前提条件。我在《心潭影》中有一段话正表达了这层意思——

> 在时空无数的情境中弥漫着我的孤独和爱欲,当我的心壁感受到它的压力时,诗与歌便喷涌而出。③

审美情感的内觉体验不仅让创作主体在激情涌溢时突发灵感,还可以让创作主体在美好的心境状态下产生灵感。艺术灵感常常在创作主体长期的酝酿和思考之后,心境安详时发生的。屠格涅夫曾高度评价处于灵感状态下的心境的作用,他说过如下一段话:"当然,诗神不会从奥林匹斯山下凡,也不会给他们带来现成的诗歌,但是他们常常有一种像是灵感的特别心境。费特有一首

---

① 见林公翔:《科学艺术创造心理学》,第 188 页。

② 同上,第 192 页。

③ 陈大柔:《心潭影》,第 25 页。

诗,大家曾对之极尽嘲笑之能事,在这首诗里他说他自己不知道他要唱什么,但'只是歌儿正在蕴藏成熟',这首诗出色地表达了这种心境。常常有这种时候,你觉得要写作——但不知道写什么,只是觉得要写东西……假如没有这种时刻,谁也不会写作了。"①

艺术审美情感的第三大作用,是通过情感张力外化出艺术形象和艺术境界。内觉体验将生活情感转化为审美情感,但它还只是艺术家自己才感受得到、体会得到的情感,倘须通过某种外化机制,才能变为一种具体可感的、能唤起别人共鸣的艺术情感形式即形象。鲍桑葵说:"美是情感变成有形。"②乔治·桑塔耶纳说:"审美快感的特征在于客观化。"③苏珊·朗格说:"艺术品也就是情感的形式或是能够将内在情感系统地呈现出来以供我们认识的形式。"④王国维也说过:"夫境界之呈于吾心而见于外物者,皆须臾之物。唯诗人能以此须臾之物,镌之不朽之文字,使读者自得之。遂觉诗人之言,字字为我心中所欲言,而又非我之所能自言,此大诗人之秘妙也。"⑤

可见,艺术就是要把伏根深远而又易于流失的审美情感化隐为显,点石成金。那么,艺术家是如何做到这一点,其中的"秘妙"在什么地方呢?我认为,艺术审美情感正是通过自身巨大的张力向审美对象上投射,从而外化、物化和造化出艺术形象和艺术境界。我注意到苏珊·朗格也有类似这样的思想,她曾援引亨利·

① 林公翔:《科学艺术创造心理学》,第 190—191 页。
② 童庆炳:《艺术创作与审美心理》,第 161 页。
③ 同上,第 162 页。
④ 同上。
⑤ 劳承万:《审美中介论》,上海文艺出版社 2001 年版,第 244 页。

詹姆斯的话说:"艺术品就是'情感生活'在空间、时间或诗中的投射。"① 她把艺术称作情感的形式,而艺术家则是"将那些混乱不整的和隐蔽的现实变成可见的形式,这就是将主观领域客观化的过程"。② 也就是说,艺术家投射审美情感,从而完成客观化、外化的过程。

在艺术审美活动中,审美情感外化成艺术形象的途径是情感投射,而这种投射又有两种状态,一是物我两分的托物寄情,二是物我合一的移情。中国古文论在托物寄情上有不少精辟的论述。如"情以物迁,辞以情发"(刘勰《文心雕龙·物色》);"景无情不发,情无景不生"(范晞文《对床夜语》);"景乃诗之媒,情乃诗之胚:合而为诗"(谢榛《四溟诗话》);"词虽不出'情景'二字,然二字亦有主客。情为主,景是客。说景即是说情,非借物遣怀,即将人喻物,有全篇不露秋毫情意,而实句句是情,字字关情者……"(李渔《论词管见》)。近人王国维在《人间词话》中也说:"词家多以景寓情"、"昔人论诗词,有景语、情语之别,不知一切景语,皆情语也"。上述诸论虽说法各异,但都道出了托物寄情的要义:审美主体将自己的情感投射到对象身上,在情景交融中达到"借物抒怀"、"将人喻物"的情感外化的目的。比如在中国传统诗画中被誉为"四君子"的梅兰竹菊,便是历代文人骚客长咏不衰、托物寄情的母题之一。

"移情"说是由德国学者费舍尔父子提出的,其主要代表为德国美学家、心理学家立普斯。物我交感,物我同一,物我互赠,物我回还是立普斯所阐述的移情观念的特征。他具体解释道:"当我将

---

① 劳承万:《审美中介论》,第 257 页。
② 同上,第 256 页。

自己体验到的压力和反抗力经验投射到自然中,我也就把这些压力和反抗力在我心中激起的情感一起投射到了自然中。这就是说,我也就将我的骄傲、勇气、顽强、轻率,甚至我的幽默感、自信心和心安理得的情绪一起投射到自然中。只有在这样的时候,向自然所作的情感投入,才能真正称为审美移情作用。"①可见,"移情"与"联想"不同,"联想"是在被动感知状态下的思维活动,并不一定需要情感的激发和参与,而"移情"则是主体在知觉中积极主动地把自己的人格和感情投射到对象身上,与对象融为一体。

"移情"与"托物寄情"也有区别。托物寄情虽然也是主体审美情感的投射,虽然也讲究情景交融,但主客仍是分明的,主体只是"借物抒怀",即凭借客体象征性地抒发自己的感情。在移情状态下,主体的情感和人格被移入进对象中去,在移情发生的片刻仿佛完全融为一体。在托物寄情时,审美主体是主动投射;而在移情中,由于对象完全人化了,因而物我可以互动投射,"物我互赠","物我回还"。并且,在托物寄情时,其物的象征含义是普泛化的、基本固定的。比如前面所说的四君子,它们身上有人所共识和认同的审美属性和意义:梅的冰肌玉骨,兰的清雅幽香,竹的虚心挺拔,菊的傲霜斗雪。没有哪位艺术家(常人也不会!)会将自己高尚的情操和美好的感情投射和寄托到人人厌弃甚至痛恨的事物身上。然而,审美主体在移情时,其情感投射对象并无固定的象征意义,或者说不能保持自己原有的人所共知的象征意义,而只能全然接受投射者的爱恨情仇、喜怒哀乐。比如我们所熟知的杜甫名句:"感时花溅泪,恨别鸟惊心。"按理,花鸟本是生气勃勃的活物,如果

---

①　张小元等:《艺术论》,四川大学出版社 2000 年版,第 134 页。

要托物寄情则应是喜悦之情。然而，诗人却在情感强烈、理智失去时不顾对象的性质，在"感时"、"恨别"的一瞬间，将自己的悲愁之情外射到它们身上，而被情感化了的对象则"回还"、"互赠"给诗人"花溅泪"、"鸟惊心"的"情感幻象"。

　　审美移情可以有两种不同角度的表现：一是审美主体将对象幻化成自身而达到我物同一的移情。上面所述"感时花溅泪，恨别鸟惊心"便是这种移情。还有如李白的"相看两不厌，只有敬亭山"，朱淑真的"把酒送青春不语，黄昏却下潇潇雨"，以及"有情芍药含春泪，无力蔷薇卧晓枝"，"弱柳从风疑举袂，丛兰浥露似沾巾"等比比皆是。另一种移情是审美主体将自身幻化成对象而达到物我同一的境界。如著名的"庄周梦蝶"便是这样一种物我同一的移情，它表达了中国古代老庄的"身与物化"的审美移情观。乔治·桑则在她的《印象和回忆》中，充分展示了这一移情特征：

　　　　我有时逃开自白，俨然变成一颗植物，我觉得我自己是草、是飞鸟、是树顶、是云、是天地相接的那一条水平线，觉得是这种颜色或是那种形体，瞬息万变，去来无碍，我时而去，时而飞，时而潜，时而吸露，我向着太阳开花，或栖在叶背安眠，天鹅飞举时，我也举，蜥蜴跳跃时，我也跳跃，萤火和星光闪耀时我也闪耀。总而言之，我们栖息的天地，仿佛全是由我自己伸张出来的。①

　　这里我们也许要问：艺术审美情感，是怎么能够将自身投射到

---

① 林建法、管宁选编：《文学艺术家智能结构》，第65页。

对象身上,从而产生"移情"和"托物寄情"的呢?我们认为"异质同构"说能够来回答这一问题。"异质同构"的思想古已有之,这就是先哲们不断提出的身心对应问题。但格式塔心理学家正式将它作为一种学说提了出来,其基本思想是:世界上万事万物(即一切知觉的对象)的结构本身就富有情感的表现性。譬如,"一棵垂柳之所以看上去是悲哀的,并不是因为它看上去像是一个悲哀的人,而是因为垂柳枝条的形状、方向和柔软性本身就传递了一个被动下垂的表现性"。[①] 这种外物的情感表现性之所以能为人所感应,是因为不同质的物理世界和心理世界具有相同的力的结构。垂柳的下垂的力,与悲哀情感下的消沉具有异质同构关系。实际上,这种具有相同"力的结构"的异质同构现象在中国古文论中早有描述。如陆机《文赋》中说:"遵四时以叹逝,瞻万物而思纷。悲落叶于劲秋,喜柔条于芳春。心懔懔以怀霜,志眇眇而临云。"以此类推,如鸿雁与思念,明月与乡愁,古道与苍凉,松树与孤直,八大山人的枯枝秃笔与满腔的悲愤激情,凡高的炽热色彩、卷曲翻腾的线条与火似的热情,柴可夫斯基的扣人心弦的旋律与悲怆的情调,贝多芬的命运的叩门声与不屈的抗争等等,都是艺术家通过将自身的思想感情投射到有着同一力的结构的对象身上,从而让人能感受到他的内心情感世界的。

现在,我们要进一步问:外在的物理世界与内在的心灵世界为什么会出现同形同构呢?在两个不同质的世界之间究竟以什么作为中介和过渡呢?格式塔心理学家认为,"异质同构"是人的一种天生的物理能力,两个世界的中介是"大脑电力场"。在我看来,格

---

① 鲁道夫·阿恩海姆:《艺术与视知觉》,第 624 页。

式塔心理提出了"力场"概念很有意义。我认为,审美情感是具有张力的,事物当具有审美属性时也具有情感表现性的张力的,当这两个张力同构对应时,便达到合拍、一致、契合或融合,外部事物(艺术形式)与主体情感之间的界限就模糊了甚至"消失"了,形成了同一的情感力场,外部事物看上去便有了人的情感性质。

但我不认为"异质同构"是人的天生的物理能力。我认为"异质同构"是在数百万年的人化自然过程中逐渐形成的一种能力。无论是主体的审美情感力,还是客体的具有情感表现性的张力,以及将这两种力同构对应的能力,都是人在同自然和社会的千百万年的交往过程中逐渐积淀而成的。譬如,人类在漫长的进化过程中,要与恶劣的自然环境进行抗争,进入到阶级社会后,又要在严峻的社会环境压力中挣扎,在心理上渐渐形成了一种不愿屈从挣扎向上的情感力。而一棵盘曲如龙的古松,其弯曲的枝干、盘旋隆起的形式,呈现了它在严酷自然环境中生长力的物理运动。这种自然力被人们长期感受和模仿后,便逐渐形成了不屈不挠抗争向上的象征,成了具有审美属性的事物,同时也就具备了情感表现性的张力。当一个处于逆境中的人看到这棵古松时,他的内在的情感张力便与古松的情感表现性张力迅速由同构达到同化和交融。这种审美情感的"异质同构"能力又在长期的艺术活动中不断得到表现、张扬和强化,并逐渐积淀在人的集体无意识之中,可以随时体现而无须习得。

如是,我们便不难解释,李清照那首《如梦令》的词中,在卷帘侍女看来几乎没有变化的雨后的海棠,为什么李清照没有起身外观,便随口道出了"绿肥红瘦"来。这不仅是因为李清照对风雨后花的飘零有一种深刻的审美经验,而且还由于中国的古典诗歌的

传统形象中,花的凋零意味着青春的易逝,这几乎已经形成了一种
集体无意识,具有一种模式化了的情感表征性和表现力。当李清
照产生"对酒当歌,人生几何"、"青春易逝,红颜易老"的感叹时,
与此相应、同构和吻合的对象的情感表征也就只有是"绿肥红
瘦"了。

2.3 审美情感与科学创造

苏联哲学家柯普宁在他的认识论著作中研究了认识与美学的
关系,他认为不仅在感受物质的东西时,而且感受精神活动产物
时,都会"产生对美好的、雅致的、完善的感受";"数学家导出方程
式或公式,就如同看到雕像、美丽的风景、听到优美的曲调一样而
得到充分的快乐。"[1]柯普宁进一步论述道:"对优雅的、美好的东
西的感受并不妨碍科学研究和对假说的评价",而且能够成为"积
极促成知识获得客观真理性的附带因素。""美的态度对待世界不
仅有助于艺术的创造,也有助科学的创造。"[2]

前面我们充分探讨了审美情感在艺术活动中独特的、不可或
缺的作用,相对来说,审美情感在科学研究中的作用没有那么重要
和明显,但它作为审美心理的要素之一,在科学活动中仍具有不可
忽视的积极意义,如具有动力功能、选择功能、内控作用和记忆作
用等。

早在两千多年前,我国先秦时期的墨家已经明确提出了在"格
物致知"中情感的动力功能:"为,穷知而县于欲也。"意即人的"为"

---

[1]　Ⅱ.В.柯普宁:《马克思主义认识论导论》,第255—256页。
[2]　同上。

与"不为",有时决定于知,有时也取决(县,即悬)于情(欲)。这是因为在某种情况下,人的理智会显得"山穷水尽",而人的情欲则成为行为的强大动力。换句话说,情感在某些情况下是科学认识活动的直接诱因或契机,对人的认识活动起鼓动和激化作用。心理学家汤姆金认为,人类活动内驱力的信号需要具有一种放大的媒介才能激化有机体去行动,而起到这种放大作用的就是情感。因为情感与内驱力相比较具有更大的驱动性,人完全可以离开内驱力的信号而被各种感情激发起来去行动。

在科学创造活动中,审美情感力是科学家进行真理追求的动力,是创造活动的马达。正如马克思和列宁所说的那样:"激情、热情是强烈追求自己对象的本质的力量。"①"没有'人的感情',就从来没有也不可能有对真理的追求。"②科学史上,许多大科学家从追求和谐完美的情感发展成为深厚的哲学信仰,这使他们在科研时思路有巨大的开放性和扩展性。爱因斯坦认为,具有他称之为"宗教情感"的人,或者说具有科学审美理想的人,他们能够感觉到自然界和理性世界显示出一种崇高庄严和不可思议的程序。他们对科学能够表现出极大热忱和献身精神,因为这种科学审美理想是科学研究最有力、最高尚的动机。1944 年,爱因斯坦在回答一封询问他为什么从事研究的信中,他用英语写道:"驱动我从事科学研究的不是什么别的感情,而是一种无可阻挡的想要揭示自然界秘密的渴望。"③

科学审美情感可根据其发生的程度、速度、持续时间的长短与

---

① 陈大柔:《科学审美创造学》,第 130 页。
② 同上。
③ 海伦·杜卡斯、巴纳什·霍夫曼:《爱因斯坦短简缀编》,第 21 页。

外部表现,有激情、热情和心境三种形态,其中激情和热情在科学创造中都起到了重要作用。积极的激情往往是科学审美创造成功的前奏。狄拉克是一个平时感情内向的人,但在科学创造过程中却会表现出强烈的审美激情。1925年10月的某个星期天,狄拉克照例独自一人去乡下散步。他的脑海里突然跳出了海森堡量子变量乘法的不可对易性问题,并想到了泊松括号。尽管一时记不清泊松括号的精确公式,但科学审美直觉使他感到,两个对易子之间的泊松括号和量子力学中的变量乘法好像是十分相似的。当他的脑海浮现这一绝妙的想法时,内心激动不已,既有领悟到某种新观念产生的创造欲,又有因可能作出科学新发现而激发出来的喜悦。他迫不及待地回校查阅资料。可图书馆开放时间已过,而他又没能在自己的藏书中找到泊松括号问题,于是,狄拉克只得在兴奋、苦恼、激动、不安中熬了整整一夜。第二天一大早他就赶去图书馆,当他终于查阅到了一天一夜苦苦追寻的泊松括号问题时,他的心竟激烈地颤抖起来。而当他发现只要在经典的泊松括号前加一个系数就可以轻易地将经典对易子变成它的量子力学类比物时,他的心则好像被谁用重槌猛击了一记,身体也仿佛从云端直落下来,视线被激动欢欣的泪水模糊了。在科学审美创造激情的驱使下,狄拉克最终获得了重大科研成果。

与激情不同,热情是一种深厚而相对稳定的情感状态,具有持续性与行动性的特点,在一般情况下是同理智、意志分不开的。科学审美热情是科学创造的强大心理推动力。对事业的热爱、对科研工作的迷恋,是智力表现与创造力发展的必要条件。哥白尼曾说,他对于天文的深思是从"不可思议的高涨而又热烈的情绪"中产生的,这种情绪是他"在观察和发现天空的奇迹时"所体验到的。① 科学审美热情还可以激励科学家们为达到理想的目标而进行艰苦卓绝的努力。麦克斯韦方程组曾激发了洛伦兹的科学审美热情,这一热情支持他几十年在物理学领域里探索,终于在以太学说的基础上,提出了高速运动的参考系与静止参考系之间时间和空间坐标的变换形式,成为爱因斯坦狭义相对论的重要前提。科学审美创造热情常常使科学家们废寝忘食,甚至会达到忘我的地步。巴甫洛夫约未婚妻一同过节,但他自己却在深夜 12 点的钟声敲响时才走出实验室。伟大的诺贝尔把一生的热情献给了科学事业。古今中外,凡是在科学活动中作出贡献的科学家都对创造充满着热情。巴甫洛夫逝世前在给青年们的一封信中,谆谆告诫青年们对科学要抱有热忱:"科学是需要人的高度紧强性和很大的热情。希望你们热情地去工作,热情地去探讨。"②

科学审美热情在科学活动中还具有选择作用。马克思指出:"对象如何对他说来成为他的对象,这取决于对象的性质以及与其相适应的本质力量的性质"。③ 而人的本质力量体现于人的热情、激情,体现在创造活动中的主观能动性,这种主观能动性是主体的全部活动及其相互协调的根本前提,在主体的生物学机制上集中表现为自我调节。现代心理学上的情绪动机—分化理论认为,人的情感具有自由度和可变性,情感的适应价值就在于它能放大或缩小、加强或减弱个体需要的信息,使主体更易于适应变化多端的生存环境,并适时调整自身活动的目标。人的情感决定了知觉和

---

① 林公翔:《科学艺术创造心理学》,第 189 页。
② 陈大柔:《科学审美创造学》,第 127 页。
③ 马克思:《1844 年经济学—哲学手稿》,第 79 页。

认识过程的选择性和方向性,以及随后的活动。正因为认识主体的价值观念不同,情感状态和情感品质不同,才会有认识对象上的选择和调整,才使认识客体呈现出层次化倾向。①

审美情感的主观能动性一般表现为三种基本情况:以情取舍、以情评价和以情动作。以情取舍即是人们在认识活动过程中,按照自己的情感取向选择或舍弃客观对象的某些属性和方面。科学及艺术审美创造活动同其他一切人类实践活动一样,都是有目的、有计划、有选择的行动,都是要按照一定的价值取向来认识世界和改造世界的。正如马克思所说:处于困境之中的忧虑不堪的穷人,甚至对最美的景色也没有感觉。贩卖矿物的商人只能看到矿物的商业价值,而对矿物的美和特性则无动于衷。"矿物的美和特性"只有处在科学创造审美情感层次上的矿物学家才会看到。这也正是矿物学家与"穷人"和贩卖矿物的"商人"在以情取舍的选择作用下的必然结果。

上述科学审美情感的动力作用和选择作用,实际上都是情感的自我内控的结果。科学家的审美情感在科学创造中的作用,本质上是通过内控来实现的。所谓内控作用是指某些稳定情感(如成就感、爱国心等)如何潜移默化地影响、控制科学主体的认识活动,以及当一种既定感情与认识活动不协调时如何通过控制情感来达到与认识活动的统一。情感自我内控主要有三种形态:转化控制、冷化控制和自激控制。在科学审美创造过程中,情感的自激控制是指科学家对情感体验的自我激励或自我强化的过程,使科

---

① 参见冒从虎、冒乃健编:《潜意识·直觉·信仰》,河北人民出版社 1988 年版,第 156—157 页。

研任务和科研目标迅速内化为科研主体需要,并迅速产生强烈而深厚的感情,形成内驱力,推动科研者出色地完成科学任务和获得科研成果。情感的冷化控制是科研者能使强烈爆发出来的消极情感,处在消退性抑制状态,而后达到控制消极性情感的目的。情感的转化控制,就是充分利用兴奋与抑制的诱导规律,将一时产生的消极情感转化到积极性情感中去,或使原有消极性情感体验被某种强烈兴奋性所替代,原有消极性情感体验被抑制而消失。譬如,在科学创造过程中,科学家可能因某种情况处于受阻或被迫中断,就可能产生一种受挫的消极性情感体验。这时就可采取转化控制,通过做其它高兴有趣的事情来转移由受挫带来的懊丧和消沉,使精神重新振奋起来。转化控制实则是对情感挫折的一种代偿反映,有其积极的意义。它往往使科学工作者在受挫后通过代偿反映,在科学创造过程中获得卓越的成就。《孙膑兵法》的写就,以及居里夫人痛失居里后再次攀上科学高峰,都是其典型的例证。居里夫人亲密无间、志同道合的丈夫在一次交通事故中遭遇不幸,这一意外的沉重打击曾一度使居里夫人悲痛欲绝。然而,她尽快地控制了消极性情绪,战胜了精神上的巨大痛苦,并化巨大悲痛为巨大的科研力量,继续奋战,终于在 1911 年第二次荣登诺贝尔奖领奖台。这也正是居里夫人"化悲痛为力量"的高情商(EQ)的卓越表现。

我们在谈论情感作用时曾讲到情感记忆对艺术审美创作的重大意义。其实情感记忆对科学审美创造也具有重大价值。美国数学家维纳根据自己的切身经验,在《我是一个数学家》中写下了如下一段话:"事实上,如果说有一种品质标志着一个数学家比任何别的数学家更有能力,那我认为这就是能够运用暂时的情感符号,以及能够把情感符号组织成一种半永久的可以回忆的语言。如果一个数学家做不到这点,那他很可能会发现,他的思想由于很难用一个还没有塑成的形态保存起来而消失。"①可见,情感记忆的能力直接影响到科学思维和创造才能的丰富、发展以及准确程度。一般说来,引起强烈情感情绪反应的科研对象易于记忆;反过来,科学家在审美创造中的情绪情感愈饱满、联想愈丰富,愈有助于提高其对科研对象记忆的能力。

科学审美情感的作用是多方面的,除了上述动力、选择、内控、记忆和移情等作用之外,它在科学审美创造中还起着联结其他科学审美心理因素的作用,使科学审美感知变得更加敏锐,科学审美想象变得更加自由,科学逻辑思维变得更加深刻;同时,它还能激发和推动科学审美灵感和直觉的产生。总之,科学审美情感作为科学审美心理诸功能的中介和动力,能使科研者审美心理诸要素和谐一致,审美心理诸功能配合默契,从而构成最佳的自由创造心境。

---

① 周昌忠:《创造心理学》,第61—62页。

§3 审美想象

　　雨果曾通过想象形象地指出:艺术家具有两只眼睛,"前一只眼睛叫观察,后一只眼睛称为想象"。在雨果看来,"想象就是深度。没有一种精神机能比想象更能自我深化、更能深入对象,这是伟大的潜水者"。① 狄德罗也说过:"想象,这是一种特质。没有它,一个人既不能成为诗人,也不能成为艺术家,有思想的人,一个理性的生物,一个真正的人。"②马克思则把想象看作是"人类的高级属性"③,是"十人分强烈地促进人类发展的伟大天赋"。④ 美术家兼诗人布莱克更是认为:"人的永恒之身是其想象力。"⑤

　　心理学研究认为,想象是人在头脑中改造记忆中旧的表象,创造新的形象、或者创造将来有可能实现的事物形象的创造性形象思维活动。可见想象充分显示了人的自由创造的本质力量。从审美角度而言,对现存事物的反映固然重要,但对非现存事物的构想更不可少。由于想象具有明显的间接性和概括性特点,具有对非现存事物的猜度特点,因而审美就可借助想象的翅膀而变得绚丽多姿、神奇莫测。想象充分展现了审美的自由性和创造性,很难想

① 林建法、管宁选编:《文学艺术家智能结构》,第 256 页。
② 陈大柔:《科学审美创造学》,第 135 页。
③ 同上。
④ 金开诚:《文艺心理学概论》,第 76 页。
⑤ 伦纳德・史莱因:《艺术与物理学》,第 105 页。

象审美中如若缺失了想象会是什么样子!

在审美活动中,审美想象不仅是审美反映的枢纽,还是审美创造的中介,或者直接就是审美创造的途径。黑格尔就说过:"想象是创造的。"①康德也认为:"想象力是一个创造性的认识功能。"②从根本上说,审美想象力就是一种创造力,即使没有充分的实在事物和人工符号,人们也可以通过审美想象将新的事物、符号和关系自由地构想和创造出来。

审美想象作为一种最具自由品格的创造性心理形式,广泛存在于人类的一切审美活动之中,尤其是在艺术和科学领域。如果说艺术与科学的审美创造需要注意观察和审美情感的话,则更离不开审美想象。

3.1 想象与艺术审美想象

我们在探讨审美情感心理形式时讲到,艺术就是要将审美情感化隐为显,而艺术审美情感外化的途径是情感投射,即托物寄情和移情,这实际上是通过艺术家的想象实现的。艺术审美想象的重要性为古今中外一切艺术大师所推崇。在西方,审美想象论可能是源起于柏拉图的"迷狂"说。古希腊阿波罗尼阿斯已明确把审美想象列于艺术创作的中心,他在回答什么东西主持和指导雕塑家的造型过程时说:"是想象。它造作了那些艺术品,它的巧妙和智慧远远超过摹拟。"③到了黑格尔,他认为"最杰出的艺术本领就

---

① 金开诚:《文艺心理学概论》,第 76 页。
② 同上。
③ 童庆炳:《艺术创作与审美心理》,第 236 页。

是想象"。① 高尔基也说:"想象是创造形象的文学技巧的最重要的方法之一。"②

有人认为,中国古代美学理论史上第一次鲜明提出想象概念的是清代的叶燮,他在著名的《原诗》中说:"幽渺以为理,想象以为事,惝恍以为情,方为理至、事至、情至。"③其实,我国关于想象论的发源是很早的,在《史记·孟子荀卿列传》中,曾载有阴阳五行家驺衍在谈天中所表现出的闳大的想象力,说他观察宇宙在空间上"推而大之,至于无垠",在时间上"推而远之,至天地未生,窈冥不可考而原也"。战国时期的《韩非子·解老》篇中,解释老子的"天状之状,无象之象"时则比较明确地提出了"意想"一词,已含有"想象"之义。屈原第一个提出了"想象"一词,他在《楚辞·远游》中写道:"思旧故以想象兮,长太息而掩涕。"曹植在《洛神赋》中也说到想象:"遗情想象,顾望怀愁"。而第一个把"想象"这一概念纳入美学和艺术心理学范畴进行审美分析和描述的,当推陆机的《文赋》——

其始也,皆收视反听,耽思傍讯,精骛八极,心游万仞。其致也,情曈昽而弥鲜,物昭晰而互进,倾群言之沥液,漱六艺之芳润,浮天渊以安流,濯下泉而潜浸。于是沈辞怫悦,若游鱼衔钩,而出重渊之深,浮藻联翩,若翰鸟缨缴,而坠曾云之峻。收百世之阙文,采千载之遗韵,谢朝华于已披,启夕秀于未振,观古今于须臾,抚四海于一瞬。

① 金开诚:《文艺心理学概论》,第 76 页。
② 同上。
③ 吴功正:《小说美学》,第 142 页。

　　陆机关于艺术想象的论述,为刘勰在《文心雕龙》中将之上升到理论形态做出了贡献。实际上,陆机已较具体而生动地描述了艺术审美想象的思维过程和情感心理状态。"其始也,……心游万仞"可谓是审美起始状态,要求想象者要全神贯注,以一展宽广的思索和联想;"其致也……"往后,是使想象中的意象不断"昭晰",而又觅求合适的心理语言去表达的发展状态,是"联翩"的想象与活跃的思考相结合的阶段;最后,"观古今于须臾,抚四海于一瞬",则是在构思成熟时,找到适合的意象和语言后,作为人的心理机能的想象力量的进一步扩充和发挥,想象也由此进一步升华。另外,《文赋》中的"罄澄心以凝思,眇众虑而为言,笼天地于形内,挫万物于笔端",则完整地概括了这种艺术审美想象的心理过程。①

　　今人也有从艺术审美想象的心理过程和生成机制上进行研究的。譬如认为艺术创作中的审美想象要经过知觉形象积累—记忆意象—创见意象—假遗忘—灵感爆发—创见意象形式化的转换机制,才得以生成。② 尽管古今中外许多理论家对艺术审美想象的心理机制做了许多研究,但它的奥秘尚远远未能被深刻揭示出来。不过有一点可以肯定,"意象"在艺术审美想象中起着关键的作用,艺术审美想象的最终成果就是意象的形式化显现。意象可分为记忆意象和创新意象。记忆意象一般是指人再现以前知觉过、保留在记忆里、现在不在场的事物的能力。这里我要发挥一下想象力。我想人类记忆中保存的不仅有后天的感知印象,还有先天的遗传知识信息和先验的亘古印象。比如,荣格就相信神话是一个种族

---

　　① 刘伟林:《中国文艺心理学史》,第116—117页。
　　② 见童庆炳:《艺术创作与审美心理》,第244—266页。

所继承下来的记忆,他称这种记忆为集体潜意识。荣格认为人生来就带有自己不曾意识到的记忆。但荣格所谓的记忆信息究竟存储在哪儿呢？伦纳德·史莱因在《艺术与物理学》中不仅提出了许多艺术家和物理学家出色想象力的实例,而且也向读者展示了自己的想象力,比如他认为在人体的 DNA 中有可能存储着先验的意识。他在书中写道:"显然,对音乐的喜好已经编入了高等生命形式的生命基础。对人类来说,完美的音乐感大概是被编入了DNA——脱氧核糖核酸——的遗传密码之中。"①关于这方面的思考,我早在第一部书《心路》中就曾探讨过。② 当然,这些都还只是一种揣度,还需进一步研究。但不管是经验记忆意象还是先验记忆意象(如果有的话),都在艺术审美创造中扮演了重要的角色。S.阿瑞提称记忆意象"显示为最初的创造力萌芽",它"不仅仅是再现或代替现实的第一或最初的过程,而且也是创造出非现实的第一个或最初的过程"。③

创新意象是经验意象和先验意象的自由组合与运动,并在这基础上创出全新事物的能力。如果说记忆意象可以形成审美想象的初级形态,表现出人的再造性想象的话,创新意象则可以形成审美想象的高级形态,通过联想和幻想表现出创造性想象。艺术审美创造只有少数是建立在意象和再造性想象上面,更多的须实现从记忆意象向创新意象的转换,即通过对记忆意象的分解和综合形成创造性想象,从而创造出艺术的典型来。比如歌德在谈《少年维特之烦恼》的创作时说,他是"把许多美女们的容姿和特性合

---

① 史莱因:《艺术与物理学》,第 316 页。

② 参见陈大柔:《心路》,上海人民出版社 1987 年版,第 151、154 页。

③ S.阿瑞提:《创造的秘密》,第 61、62 页。

在一炉而冶之,铸成那主人公夏绿蒂"来的。拜伦在一封信中谈到绘画和雕刻时说,画家所画的天空"是由很多不同的天空所组成的",雕塑家塑像时"采取一人的肢体,另一个的手,第三人的五官,或第四人的体态"。[①] 可见,创造性想象是经验意象的自由组合,从而创造出新的形象或形象系统。在创造性想象中,经验物只起到一种触发的作用,玛克思·德索(1867—1947)把这种触发的作用称为"钟摆的第一推动"[②],接下来要靠联想等创造性想象去产生出新颖、独到、奇特的事物来。柯勒律治把这种不是从记忆中衍生出来的,而是经由心灵的创造性自然而和谐地产生出新鲜和独创形象的创造性想象力,称为"原始想象力"。[③]

艺术审美想象有两个显著特点:一是形象性,一是包含着表示愿望和抒发情感的意向。这实际上也是由意象所决定了的:意象的内涵即是想象主体的意向(包括意愿和情感),意象的外化即为艺术形象。艺术审美想象即是将意愿和情感外化为形象。任何自觉的艺术审美创作都有主体自觉的意向,并因人、事、时、地的不同而不同。法国哲学家、心理学家李博(1839—1916)在《论创造性的想象》中认为,艺术性创造"最初还是感情作为原动力,然后感情因素又配合着创造的不同阶段。但是,除此以外,这些感情状态还要成为创造的材料。诗人、小说家、剧作家、甚至雕刻家和画家,都能感受到自己所创造的人物的情感和欲望,和所创造的人物完全融合为一,这是一个众所周知的事实,几乎也是一条规律了"。[④] 狄

---

① 陈望衡:《艺术创作之谜》,红旗出版社 1988 年版,第 115 页。
② 滕守尧:《审美心理描述》,中国社会科学出版社 1985 年版,第 63 页。
③ 戴维·玻姆:《论创造力》,第 46 页。
④ 蒋孔阳等:《美与艺术》,江苏美术出版社 1986 年版,第 45 页。

更斯从他的工作间出来之后,因主人公之死而泪流满面;福楼拜在描写包法利夫人吸毒之后的遭遇,自己也痛苦得病了;阿·托尔斯泰写《两个生命》中将军之死,一连数日忧心如焚;富尔曼诺夫写完《夏伯阳》,感到自己像个离异了亲友的孤儿。

形象性是艺术审美想象的另一显著特点。鲁道夫·阿恩海姆认为:"所谓想象,就是为事物创造某种形象的活动。"①"准确说来,艺术想象就是为一个旧的内容发现一种新的形式。"②为一个旧的内容还是为一个新的内容我们暂且不论,"想象"顾名思义就是"想出图像"来。正是因为艺术家通过想象创造出了种种图像,才使它们能在后来发展成为抽象概念和描述性语言,使人们不仅可以用绘画,而且可以用语言文字来进行艺术创作。于是,高尔基说:"想象主要是用形象来思维。"③他在 1927 年《致瓦·吉·李亚浩夫斯基》的信中讲:"应当描写,应当用形象来影响读者的想象力,而不要作记录.叙述不是描绘,思想和印象必须化为形象。"④如陶渊明"悠然见南山"诗句,如杜甫"朱门酒肉臭"诗句,都是精深的、包含着思想感情的想象。他们将"人所共见之事",通过审美想象而"言人之所不能言"。阿恩海姆在评论安格尔那幅著名的画《泉》时,认为正是因为画家有了大胆的想象力,才使画中少女"既要让她的右臂绕过头顶,又要不显得太勉强"的形象得以成立。⑤即便是在音乐艺术中,审美想象力也是连结主体的思想感情与作

---

① 鲁道夫·阿恩海姆:《艺术与视知觉》,中国社会科学出版社 1984 年版,第 199 页。

② 同上,第 197 页。

③ 彭立勋:《美感心理研究》,第 104 页。

④ 蒋孔阳等:《美与艺术》,第 45 页。

⑤ 鲁道夫·阿恩海姆:《艺术与视知觉》,第 203 页。

品,并使其转化成音响物质结构的桥梁。英国音乐学家柯克曾指出:"创造性的想象力把作曲家情感的思流转变为音乐的形式……"柯克展开道:"在创造性的想象力勾勒出容纳原始情感综合体中所有的侧面的大致形状后,也是由创造性的想象力把综合体中中心情感的思流转变为小规模的音乐形式——以后,技术和创造性的想象力携手并进从这个中心点出发……向外延伸,用灵感中的小规模形式去建造大规模的形式……"①

这里应当指出的是,艺术审美想象虽然是一种形象思维,与认识现实的以逻辑思维为基础的想象是相区别的,但它并非是完全失去理性的思维;尽管艺术审美想象是意象自由的、创新的组合,允许虚构,但它决非是纯主观唯心的臆想和生造,而是受其内在逻辑性制约的。狄德罗指出:"诗歌不能完全听凭想象力的狂热摆布。"②歌德也认为:"有想象力而无鉴别力是世界上的最可怕的事"。③ 他说道:"想象……为理性观念塑造或发明了形象……它愈和理性结合,就愈高贵。到了极境,就出现了真正的诗"。④

这就是说,当诗人激活内心意象的库存,展开了审美想象后,面临的任务就不是如同脱缰的野马放任想象,而是需要通过理性来制约想象,使它符合内在逻辑性,做到既奇拔又成理、既荒诞又真实,丰富而不复杂,自由无碍又有所规范。也就是正如西班牙现代诗人洛尔伽所说的:"一首诗的永恒价值在于想象(image)的素

----

① 罗小平、黄虹:《音乐心理学》,三环出版社 1989 年版,第 129 页。
② 孙绍振:《审美形象的创造》,第 458 页。
③ 同上。
④ 《外国理论家作家论形象思维》,中国社会科学出版社 1979 年版,第 34—35 页。

质及相互间的和谐一致。"①

　　康德在《判断力批判》中说过，想象力在认识活动中要受到理解力的束缚，受到概念的限制；在审美活动中它却是自由的，它超出概念之外。因而康德主张，艺术家需要一种才能：它既能把握住想象瞬息万变的活动，而又能不受任何规矩的束缚传达出某种概念，与某种概念相契合。换句话说，就是把似乎超越生活的奇思妙想和提示生活的真谛结合起来。② 那么，审美主体怎样才能实现这一高难度的艺术呢？康德抓住了审美判断力心理机能的核心环节审美表象论（现象论在审美中的反映）。他认为主观判断力包含两种表象力：想象力和悟性机能。审美表象的基本是想象和悟性机能的结合；两种表象力结合起来的运动方式即是自由性与规律性的协合一致。也就是说，想象力的活动特点虽然建基于情绪的自由性，那是没有概念的，但想象力并非绝对自由，无迹可循，而是紧密地结合着悟性；而悟性活动的特点就是规律性，是一种概念机制，它对想象力有约束、规范功能。康德的关于想象力的理论，在论述天才艺术时放出了耀人的光彩。在康德所谓的艺术天才中，想象力和悟性的关系，不仅是一种自由性与合规律性的协调关系，而且是一种被人类理性所导引的幸运关系——它为艺术制定法则。③

　　正是由于想象力与智性、自由性与合规律性相结合，才使艺术审美想象具有了和谐一致的完整性，并保证了想象的可理解性、可传达性，才使得伟大艺术家的天才想象与疯子狂人的胡思乱想区

---

① 孙绍振：《审美形象的创造》，第 472 页。
② 同上，第 458 页。
③ 参见劳承万：《审美中介论》，第 335—339 页。

分开来。但丁的《神曲》、歌德的《浮士德》、塞万提斯的《堂·吉诃德》、吴承恩的《西游记》、蒲松龄的《聊斋志异》，尽管想象十分奇特，我们仍然可以理解、可以欣赏。莎士比亚在《仲夏之梦》中，借剧中人物之口对此做出了精妙的解释——

> 疯子，情人和诗人都是满脑子结结实实的想象，疯子可见的魔鬼，比广大地狱里所容纳的还要多。情人和疯子一样痴狂，他从一个埃及人的脸上会看到海伦的美。诗人转动着眼睛，眼睛里带着精妙的疯狂，从地下看到天上，他的想象为从来没有人知道的东西构成形体，他笔下可以描绘出他们的状貌，使虚无杳渺的东西有了确切寄寓和名目。①

下面，我想探讨一下艺术审美想象的动力结构问题。我们不难发现，在许多艺术家尤其是作家那里，有的是审美想象主体指挥着作品中的人物，有的则是客体牵制着审美想象主体。譬如，果戈里就属于前者，他在《作者自白中》写道："我的人物完全形成，他们的性格的完全丰满，在我非等到脑子里已经有了性格的主要特征，同时也搜集足了每天在人物周围旋转的所有零碎，直到最小的胸针，一句话，非等到我从小到大，毫无遗漏地把一切都想象好了之后不可。"②列夫·托尔斯泰和普希金等则正好相反。托尔斯泰在回答一位读者埋怨他让安娜·卡列尼娜卧轨自杀太残忍时说道："这个意见使我想起了普希金的一件事情，有一次，他对他的一

---

① 陈望衡：《艺术创作之谜》，第160页。
② 童庆炳：《艺术创作与审美心理》，第267页。

个朋友说:'你想想看,达吉雅娜跟我们开了多大一个玩笑,她结婚了。我万没有料到她会这样'。关于安娜·卡列尼娜我也完全可以这样说。一般说来,我的男女主角们,有时跟我开的那种玩笑,我简直不大喜欢!他们作那些在现实生活中应该作的,和现实生活中常有的,而不是我愿意的。"①而有的时候,在艺术审美创造过程中,一会儿审美想象主体是主人,一会儿又会被动地跟着人物和情节走。如法捷耶夫在谈名著《毁灭》的创作时说:"照我最初的构思,美谛克应当自杀,可是当我开始写这个形象的时候,我逐渐逐渐地相信,他不能也不应该自杀"。② 在其它的艺术活动中我们也会发现这样的情况,譬如吴承恩在《西游记》中创造了孙悟空的艺术形象,后世戏曲演员据其描写又在舞台上创造了孙悟空的生动形象,有的演员在舞台上还只是"人模仿猴",而有的演员则竟是让"猴模仿人"!

这是为什么呢?我认为这是由审美想象的动力结构造成的。在艺术家审美想象这一主体意识的活动区内,动力结构表现为一个"力场",产生两种不同的审美张力:一种是主体审美意向张力,一种是客体审美属性张力。当主体审美意向张力大于客体审美属性张力时,也即艺术家自身的主观愿望和情感的力量强大时,审美想象的动力就主要来自于审美主体,其想象力的作用方向便是主体→客体,即艺术家指挥调动创作中的人物和情节;相反,当客体审美属性张力大于主体审美意向张力时,也即所塑造的人物的思想感情及其命运趋势的力量强大时,审美想象的动力则主要来自

---

① 童庆炳:《艺术创作与审美心理》,第 266—267 页。
② 同上。

于审美客体,其想象力场的作用方向便是客体→主体,即人物带领着艺术家向前走。这时,艺术家只有顺其自然地发展审美想象,否则,要么让人物支离破碎,要么使观众瞠目结舌。福克纳是美国的富于主观性的现代派作家,可连他也这样说:"……我写的书里总有那么一个节骨眼儿,写到那里书中的人物就会自己起来,不由我作主,而把故事结束了。"①

在诸如果戈里、福克纳这样的主体审美意向张力强的艺术家那里,往往表现为"我向思维"方式,其叙述方式侧重于内视角的运用,以有利于表现艺术家的主观情绪、感觉和气质,即表现审美想象主体的意向。比如明末遗臣八大山人画鸟,总是白眼向人状,这其中寄托了他对明朝覆亡的隐痛和爱国情感,这种创作正是画家的主观意向性结果。而在托尔斯泰等艺术家那里,往往表现为"现实性思维"方式,其叙述方式侧重于外视角的运动,以有利于再现人物的合乎生活逻辑的命运和思想感情,即表达出审美想象客体的意向。这些艺术家常常会在审美想象中出现幻真状态。比如前面提到过的福楼拜在描写包法利夫人服毒时口中会感觉到砒霜的苦味;巴尔扎克经常在书房中神态逼真地与小说中的人物对话;据说伏尔泰每年在巴托罗缪之夜的周年纪念日都要生病,一想到这天有成千上万人被屠杀,他就体温升高,脉搏加快。

在艺术审美想象的力场中,也经常会出现上述两种主客体张力大小相差无几的情况,这时在创造主体的审美心理上就必然会产生巨大的矛盾:一方要按生活逻辑行事,另一方要向审美理想追求。在一般艺术家那里,这一矛盾将会使他寝食难安、无所适从,

---

① 童庆炳:《艺术创作与审美心理》,第 270 页。

甚至半途而废。而在艺术大师那里,则把这一矛盾的出现视作艺术创作高潮的来临时,他最终不仅会调和、克服这两种审美张力之间的矛盾对立,而且会巧妙地将它们合二为一,从而创造出艺术作品中最辉煌的一章。我相信曹雪芹在"披阅十载"创作红楼梦的过程中,列夫·托尔斯泰在花十年时间写作《复活》的过程中,歌德在历经六十个春秋完成《浮士德》的漫长创作过程中,其审美想象都肯定会(而且不止一次)遇到主客体审美张力的矛盾对立状态,他们都很好地处理了,因而他们都成了艺术大师,并且都创造出了不朽的艺术典型形象。

3. 2 科学与艺术审美想象的区别

在充分探讨了艺术审美想象后,我们再来看一看科学审美想象。19 世纪荷兰著名化学家范特霍夫曾调研过许多科学家,发现他们中间最杰出的人都具有高度发达的科学审美想象力。现代英国数学家布罗诺夫斯基在题为《想象的天地》的演讲中指出:"所有伟大的科学家都自由地运用他们的想象,并且听凭他们的想象得出一些狂妄的结论,而不叫喊'停止前进'。"[1]爱因斯坦把科学家比作"首先搜集必要的情况,然后用纯粹的思维去寻找正确答案的侦探家",认为他们"必须搜集漫无秩序地出现的事件,并且用创造性的想象力去理解和联贯它们"。[2] 爱因斯坦自己在创建狭义相对论时就曾想象过人以光速运行,在建立广义相对论时又想象光线穿过升降机发生变曲;牛顿发明微积分曾得力于他的几何与运

---

① 周昌忠:《创造心理学》,第 213 页。
② 爱因斯坦、莫费尔德:《物理学的进化》,上海科学技术出版社 1962 年版,第 5、2 页。

动的科学审美想象；德国数学家明可夫斯基的科学审美想象力则使他把三维空间和一维时间构筑在一起，提出了时空表达式。

在科学创造活动中，审美想象可以使创造主体自由地进行科学表象的组合、概括、抽象。现代大脑生理科学研究表明，人的大脑左半球同抽象思维、象征性关系和对细节的逻辑分析有关。心理活动主要由大脑左半球管的人，其思维属于思想家型。当然，所谓"思想家型"只是高级神经活动的一种类型，并不是判定科学家的标准。尽管科学研究需要细致地收集和记录事实，积累和分析材料，但在创造性思维过程中，科学研究者还必须具备撇开对事实作逻辑考察，而把思维元素连结成新的形象系统的能力。这是因为外界提供的事实材料往往不充分不具体，有许多空白点；科学审美想象力则能把各种潜知或隐知的"思维元素"充分调动起来并加以新的组合，造成一种新的联系，实现认识上的飞跃。

总之，科学审美想象在科学创造中起着特别重要的作用。科学审美想象愈丰富，科学创造的科学价值和审美价值就愈高。科学审美想象是一种极其复杂的心理活动，它以客观世界的感性形象为基础，以理性认识为指导，以审美情感为动力，以科学审美对象内在逻辑为节奏而进行的；它是科学研究中对感性进行理性抽象的重要途径和手段，从客观事实的感性构架出发，以客观事实的本质规律性概念为归宿。

由于人类想象的心理机制及其基本规律是一样的，因而科学审美想象与艺术审美想象就有着必然的内在联系。比如二者的想象都是以感知为基础，都需要智性的参与，都以情感为内在动力等等。有时候，在科学审美想象与艺术审美想象的交界处，产生了两栖类审美想象，既有艺术审美想象生动的形象性，又有科学审美想象普遍的本质规律性。这种两栖类的想象我们可以在中国古代的寓言、或者古希腊的伊索寓言中随处发现,它主要是为了阐发某种观点,甚至很机智地传达某种深邃的思想。尽管它在形象的感染力上是有限的,但在表达思想上却是强有力的。审美想象所富有的预见性,有时会达到惊人的地步。1921年,爱伦堡在长篇小说《胡利奥·胡列尼托》中借美国商人之口说出美国将使用毁灭性的新武器打击日本的不祥预言。后来日本人问爱伦堡为什么在日美还是盟友时就有这种预见呢?爱伦堡说:"我不知道该怎样回答他们,因为早在1919年距卢瑟福·约里奥·居里·基米的发明还早得多的时候,安德烈·贝雷就写道:居里的实验室里,世界在爆炸,/用的是原子裂变的炸弹。/一道道电子流,/成了无形的大屠杀……"爱伦堡风趣地说:"也许,这样的失言是与作家的天性有关吧。"[①]关于艺术审美想象在科学上的预见性,我在后面还会举出许多翔实生动的事例,其中的奥妙及心理机制的密码尚有待破译。也许就如2500年前柏拉图就已经提出的,在想象与现实之间几乎没有什么差别。他注意到人们能够合理地想象出来的一切事物,最后总是有可能存在的。但什么样才是、或者怎么样才能"合理地想象"呢?目前还是一个尚待研究的难题。

科学审美想象与艺术审美想象尽管有其相关和相通之处,但毕竟是在两大领域内进行,其指向、取材和心理成果都不一样,因此二者又是有明显区别的。首先,科学审美想象与艺术审美想象所用的基础材料不同。艺术审美想象的基本素材是生活着的人以及与人的精神生活相关的记忆表象,其生动形象的可感性带有浓

---

①　A.N.鲁克:《创造心理学概论》,黑龙江人民出版社1985年版,第110页。

厚的生活气息和鲜明的情感色彩。如果仅只是物质性或概念性的对象所形成的记忆表象，构不成艺术审美想象的材料；它们必须首先获得思想感情的精神性意义，成为审美意象，才能获得进入艺术审美想象的"准入证"。科学审美想象的基本材料是宽泛的，虽然也不乏生活中突显的形象表象，但大多数是概念性的感性构架，如动植物标本、挂图、模型等，以及为科学家们加工过的符号、公式和数据等。相对于生活形象而言，它们的形象性较弱或者干脆就是抽象的符号。

科学家与艺术家在选择审美想象的材料后，各自进行分析和组合的逻辑途径也不一样的。前面我们说过，艺术家的审美想象虽然是意象自由、创新的组合，但还是要受内在逻辑性制约的。这个"内在逻辑"就是生活逻辑和情感逻辑。可以说，艺术审美想象的生活表象材料组合的规定性或内在依据就是生活逻辑。生活逻辑又具体体现在生活内容自身的相互联系与相互制约之中。在艺术审美想象的全过程中，形象的创造、形象关系的安排、人物性格的展示与发展，都无不以生活逻辑为内在依据。亚里士多德在论述依据生活逻辑去想象事物间联系时说道："一桩不可能发生而可能成为可信的事，比一桩可能发生而不可能成为可信的事更为可取；但情节不应由不近情理的事组成，情节中最好不要有不近情理的事。"①塞万提斯则更直接地说："虚构愈切近真实就愈妙，情节愈逼真，愈有可能性，就愈能使读者喜欢。"②

艺术审美想象须服从生活逻辑，这是艺术想象被动性的一面，

---

① 高楠：《文艺心理探索》，辽宁大学出版社 1987 年版，第 201 页。
② 同上，第 201 页。

而情感逻辑则使其获得了在服从生活逻辑前提下的能动性。这种
能动性可以使人物、人物性格以及人事间关系依据情感逻辑发生
变化,而不是机械地照搬生活和呆板地描写人物,从而使作品更具
审美张力,更能扣人心弦和引人入胜。譬如安娜·卡列尼娜的生
活悲剧趋向是确定的,但她并非一定要死在托翁笔下不可。可托
尔斯泰让她死了,而且死得那样惨,这正是托翁在生活逻辑的基础
上的情感逻辑体现,这一审美想象使安娜·卡列尼娜成为了不朽
的艺术典型。巴金在谈到通过情感逻辑的审美想象创造觉新时就
曾说过:"当时连我也受不了灰色的结局。所以我把觉新从自杀的
危机中救了出来,还把翠环交给他,让两个不幸的人终于结合在一
起,互相安慰,互相支持地活下去。"①这是艺术家基于生活逻辑
又高于生活逻辑进行情感逻辑审美想象的又一实例。这样的情
感逻辑和生活逻辑是科学所不具备也无须具备的,科学家审美
想象的"内在尺度"和内在规定性是理性的逻辑思维。这一点无
须多言。

正因为科学审美想象在选材与材料组合的想象内在规律性不
同,所以二者的发展趋向和心理成果也是不同的。科学审美想象
并不能直接构成科学成果本身,而艺术审美想象则直接体现在其
成果——典型形象或美的观念的创造中。艺术是对现实审美关系
的典范形式,其审美想象不是为产生某种思想或理论而服务,没有
直接的实用功利目的。刘勰所谓的"陶钧文思,贵在虚静",就是要
求艺术想象主体与审美客体间保持着一定的超功利的审美心理距
离。创造具有生动鲜明个性的典型形象,就是艺术家审美想象和

---

① 吴功正:《小说美学》,第59页。

创作的目的和成果。这就要求艺术审美想象始终不能脱离感性的具体形象,并要求着意加强和发展形象的鲜明的个性特征。伏尔泰在谈到艺术家"对细节的想象"能力时说道:"特别是在诗里,这种对细节、对形貌的想象,应该居于统治地位;这种想象在别的地方令人喜爱,而在诗里却千万不能缺少,在荷马、维吉尔、贺拉斯的作品里,几乎全都是形象,甚至无须去特别注意。"[①]歌德曾强调指出:"艺术的真正生命正在于对个别特殊事物的掌握和描述。此外,作家如果满足于一般,任何人都可以照样摹仿,因为没有亲身体验过。你也不用担心个别特殊引不起同情共鸣。每种人物性格,不管多么个别特殊,每一件描绘出来的东西,从顽石到人,都有些普遍性;因此各种现象都经常复现,世间没有任何东西只出现一次。"[②]总之,艺术审美想象不是为了直接表达概念,而是通过想象创造出具有独特、鲜明、生动、真切的个性的典型形象来感染人,使人从中体会和领悟到某种非概念所能表达、所能穷尽的本质性或规律性的东西。艺术审美想象不为概念性认识所僵硬规定,而是要指引着审美心理活动趋向于某种非确定性的理解和体验。

与艺术想象总是和个性联姻不同,科学审美想象则必须与共性为伴。科学审美想象通过对感性抽象化的素材的分析和综合,其最终成果必须坚决摒弃对象的个别特征,而产生出普泛化、精确化的亦即能够揭示合规律性真的抽象符号系统。人们在科学研究中之所以需要审美想象,是因为审美想象可以开阔科学家的思路,

---

① 《外国理论家作家论形象思维》,第32页。
② 童庆炳:《艺术创作与审美心理》,第242页。

可以从具体的合乎逻辑的想象中悟出点什么。正是这个意义上，爱因斯坦才说："当我考察我自身以及自己的思维方法时，我得出结论认为，幻想的才能对于我来说要比我在知识上的才能更有意义。"爱因斯坦曾有过这样的想象：一个青年与女友在树荫下谈情说爱两个钟点，他觉得只是一瞬间；而在烈日下单独干活半小时，他觉得过了两个小时。爱因斯坦用这个对比性的想象来与他的相对论作粗浅而生动的类比，使人通过简单易懂的联想明了他深奥的相对论原理。爱因斯坦在想象中没有像艺术家那样描写这位青年的容貌、性格、心理状态乃至恋人们间的絮絮情语，这些人物的个性被全然舍弃掉了；想象中的青年只是作为具有人的共性的人物，这样就不会妨碍爱因斯坦通过类比来说明他的相对论，也不会干扰听众去理解他的科学理论。对科学家来说，所想象的假设一旦得到了事实的验证，真理一旦被揭示出来了，就立刻会把那些作为类比的对象和想象的形象材料排除掉，想象也就为已经形成的理论和思想所代替，他决不会把想象的材料带进科学成果中去，因为普适的真理是没有个性和感情色彩的。总之，科学审美想象只是作为构成科学的发散点和契机，它不要求想象的"形象"有独特的个性，而只要求通过感知和"形象"最终又离开感知和舍弃"形象"的个性特征，直接表达确定的概念和理论内容。虽然这些符号系统和理念内容也具有一定的审美价值，但更具求真价值。科学创造性想象中的审美是为求真服务的。

科学审美想象与艺术审美想象由于在取材、组材及成果表现上不同，因而其想象成果的可检验性也是不一样的。艺术审美想象的成果不需具备可检验性。正如李渔所说："凡阅传奇而必考其事从何来,人居何地者,皆说梦之痴,人可以不答者也。"①鲁迅也说:"创作可以掇合,抒写,只要逼真,不必实有其事也。"②在艺术审美想象中允许而且应该按"源于生活高于生活"的原则进行虚构,因为只有通过艺术虚构才能产生个性鲜明的典型化意象,才能使生活的逻辑和情感的逻辑转化为艺术的逻辑,把生活的真实和生活的美转化为艺术的真实和美。艺术审美想象的联想和比喻不但有客观的成分更有情感的成分,不但有理性成分更有直觉的甚至是错觉的成分,它们皆构成了艺术的生命元素。比如"霜叶红于二月花"诗句,从科学眼光来看可能并不准确,完全经不起化学上测定物质含量比色分析法的检验,却把我们引进了艺术审美的诗的意境。但科学是诉诸理智的,它要求严密、客观,成果中不带任何感情色彩。因此,科学审美想象往往是严密地概念化的,它往往体现在科学假说上,而一切的科学假说都必须接受并得到事实的检验和论证。"事实是科学家的空气"。任何科学想象的假说最终不为事实所证实都会被严密的原理所推翻,任何不精确的想象都要为更精确的想象所补充。牛顿想象中早已存在有万有引力原理,但有在十年后,地球的半径测准了,算出了万有引力常数,这个科学想象的光辉原理才以数学公式的完备形态表述出来。

最后我想指出的是,尽管我们在前节专门探讨了审美情感,并认为无论艺术家还是科学家在审美创造活动中皆有情感的参与,情感在科学审美想象和艺术审美想象中都起到动力作用,但由于

---

① 彭立勋:《美感心理研究》,第 134 页。
② 同上。

科学审美想象的理智性和概念性,它不可能具有艺术审美想象那样深刻的情感体验性。科学家既不会对想象的东西产生过分强烈的情绪体验,也不会让想象怎么受自身情感活动的支配,而是融情入理地发挥审美想象在科学规律发现和科学理论创造过程中的作用。艺术审美情感则不仅是激发想象的动力,而且还作为艺术特质融入想象的感性素材和想象的成果,艺术家在审美想象的自始至终都浸润着浓厚的情感。陀思妥耶夫斯基说:"我同我的想象、同亲手塑造的人物共同生活着,好像他们是我的亲人,是实际活着的人,我热爱他们,与他们同欢乐、共悲愁,在时甚至为我的心地单纯的主人公洒下最真诚的眼泪。"[1]斯坦尼斯拉夫斯基指出,演员的想象的最重要特点之一,就是在想象中"唤起同角色本身的情绪和情感相类似的情绪和情感"[2]。柴可夫斯基在《黑桃皇后》中写到格尔曼的死时,自己便"凄惨地哭了起来"。狄更斯在《老古玩店》中写到女主人公的死时,好像是谋杀了自己的孩子,觉得"昏昏沉沉"。汤显祖创作《牡丹亭》,曾有他真切地体验到春香因怀念死去的杜丽娘而悲痛欲绝的感情的记载——

> 相传临川作《还魂记》,运思独苦。一日,家人求之不可得;遍索,乃卧庭中薪上,掩袂痛哭。惊问之,回:"填词至'赏春香还是旧罗裙'句也。"[3]

---

① 彭立勋:《美感心理研究》,第 130 页。
② 同上,第 131 页。
③ 焦循:《剧说》,见《中国古典戏曲论著集成》(八),中国戏剧出版社 1959 年版,第 181 页。

3.3 审美想象与艺术创造

安徒生童话《创造》中有这样一个故事:有个爱写诗的年轻人因写不出诗而很苦闷。他于是去找巫婆,巫婆给他戴上眼镜,安上听筒,让他到人群中去,他就听到马铃薯在唱自己家庭的历史,野李树在讲故事,人群中的故事一个接着一个在不停地旋转。诗人受不了想回去。巫婆说,不成,向前去吧,用你的眼睛去看,用你的耳朵去听,用你的心去想想吧! 这里,如果我们把"眼睛"、"耳朵"和"心"看作诗人的想象的眼睛、耳朵和心,把"眼镜"和"听筒"看作是想象的方式和途径的话,则我们不难理解,安徒生这则想象出的童话故事讲出了这样一个道理:诗人要进入诗的境界,就必须培养和发展自己的想象力,在别人视闻不到的地方看到听到。

在别林斯基正式提出"形象思维"之前,西方理论家、艺术家就一直非常看重审美想象在艺术创作中的作用。文艺复兴时代的意大利哲学家和文艺理论家马佐尼认为,审美想象是艺术创作的必须的心理功能。他说:"诗歌由虚构和想象的东西组成,因为它是以想象力为根据的。"[1]法国著名画家德拉克罗瓦也认为:"真正的画家乃是这样一种画家,他的想象力总是跑在其他一切之前的。"[2]审美想象在艺术家的心目中享有崇高地位,因为他们知道,没有想象就不可能有作为美感意识集中表现的艺术形象的创造。

审美想象在艺术创造中所具有的神奇作用,人们最容易想到的就是它可以让艺术家的思想自由驰骋。刘勰在《文心雕龙》中曾

---

① 《外国理论家作家论形象思维》,第 13 页。
② 《德拉克罗瓦日记》,见陈望衡:《艺术创作之谜》,第 102 页。

赞叹文学艺术家的想象才华可以与宇宙间的风云并驾而齐驱。他说:"夫神思方运,万涂竟萌;规矩虚位,刻镂无形。登山则情满于山,观海则意溢于海,我才之多少,将与风云而并驱矣!"我觉得《文心雕龙》关于艺术审美想象自由驰骋的更形象生动的描述是在《神思》篇中,其开篇便道——

> 古人云:"形在江海之上,心存魏阙之下"。神思之谓也。文之思也,其神远矣。故寂然凝虑,思接千载,悄焉动容,视通万里;吟咏之间,吐纳珠玉之声,眉睫之前,卷舒风云之色,其思理之致乎?

可见,刘勰认为艺术想象是一种"神思",可以身在此而心在彼,可以突破感觉经验、超越时空地自由驰骋。光会写"心事数茎白发",而写不出"白发三千丈",艺术想象的自由性和神奇作用将不可能充分显示出来。平庸的比喻和象征在散文中还有藏身的余地,在诗中则难以隐蔽了。诗的想象要比一般艺术样式的想象来得更自由、更大胆。唐代大诗人李白被誉为诗仙,正是由于诗人能够完全打破现实与幻想的界限,"思接千载"、"视通万里",将天上与人间、我与自然、古人与今人融为一体,为人们展示了气势恢宏、奇妙无比的想象空间。

在艺术创作中让想象自由驰骋,就要求艺术家敢于并善于打破习惯性思维和传统思想的束缚。柯纳曾写信给席勒,说自己写不出东西。席勒回信道:"你抱怨的原因,在我看,似乎是在于你的理智给你的想象力加上了拘束。我要用一个比喻把我的意思说得更具体些。当观念涌进来时,如果理智仿佛就在门口给予它们太严格的检查,这似乎是一种坏事,而且对心灵的创作活动是有害的。"在席勒看来,在创作冲动的闸门被开启之初,不能对想象的检查过于严密,否则艺术想象很难澎湃起壮美的浪花。要先让想象自由驰骋,然后再进行理性的鉴别。不然想象的翅膀便容易折断,更不用说会有灵感爆发了。美国意象派诗人庞德曾把艺术比作一个半人半马的怪物,它的底部是蓬勃的想象力,上部则是冷静的理智。他把艺术创造中的想象比作"骑在马上打枪":艺术家一边要策动坐骑让想象驰骋,一边要控制枪法运用理智。庞德的见地无疑具有启发意义。[①]

自由奔放而又不至成为脱缰野马的审美想象,可以深化作品思想感情。中国古代诗论、文论中所谓的"境生象外"、"神游象外"以及"象外之象,景外之景"等等,都是要求作者在诗歌和文学作品中不仅要发挥想象力来描写"景"和"象",而且应有比鲜明、生动的形象本身更深、更远的思想内容和情感含义。不独诗歌创作如此,绘画和其他艺术亦然。谢赫在其著名的中国古代画论《古画品录》中说:"若拘以体物,则未见精粹;若取之象外,方厌膏腴,可谓微妙也。"[②]现代画家潘天寿也说:"画须有笔外之笔,墨外之墨,意外之意,即臻妙谛。"[③]我们听贝多芬《命运交响曲》,所感受到的不仅是万里狂飙的音响旋律,而且是节奏和旋律的结构所表达出的为自由与命运抗争的精神;我们观赏罗丹的《老妓》,也不仅是赞叹其"丑得如此精美"的艺术,而且为老妓的悲惨的命运而感到灵魂的震颤。同样,我们在欣赏李商隐的《锦瑟》诗:"锦瑟无端五十弦,一

---

① 参见林公翔:《科学艺术创造心理学》,第150页。

② 彭立勋:《美感心理研究》,第109页。

③ 同上。

弦一柱思华年。庄生晓梦迷蝴蝶,望帝春心托杜鹃。沧海月明珠有泪,蓝田日暖玉生烟。此情可待成追忆,只是当时已惘然!"我们不仅有感于作者高超的审美想象力,更叹服于其想象力使诗中的形象含蓄蕴藉,内涵丰富,因而能唤起读者多方面的联想和想象,也因此导致自古以来对其感悟和解说众说纷纭。

这里我要特别推介两篇小说请读者一阅,一篇是屠格涅夫《且尔托拨哈诺夫的末路》,一篇是托尔斯泰的《霍尔斯特梅尔》。这两篇小说接近尾声处都写到了马的被杀。屠格涅夫由于采用外视角来叙述马被枪杀的过程,尽管也有想象的成分,但充其量也只是再造性想象,因而并未给人留下多少印象。托尔斯泰虽然同样是写一匹骏马的生活历史,但以马为主人公,作者在创造性想象力作用下把自己设想成这匹马,以内视角把马被杀全过程的感觉和心理写得不仅精彩而且感人——

屠马人把缰绳交给瓦西卡,脱下长衫,挽起袖子,从靴筒里拔出刀和磨刀石,磨起刀来。骟马向缰绳探过身子,想嚼一嚼解闷,但缰绳离得很远,它叹了一口气,闭上眼睛。它的嘴唇耷拉下来,露出磨平的黄牙,听着磨刀的霍霍声,打起瞌睡来。只有叉开的那条长了节疤的病腿不停地颤动。它突然感到有人托起它的下颌,向上扳它的头。它睁开眼。……"大概要给我治病,"它想。"那就治吧!"

确实,它感觉到,有什么东西插进它的喉咙。它感到很痛。全身颤抖了一下,一只脚一跛,但没有跌倒。它等待还会发生什么事。接着,一种液体大股地流到它的脖子和胸脯上。它用尽满腔力气吸了一口气,感到松快多了。它生命的全部重量变轻了。它闭上眼睛，垂下了头，没有人去扶它。后来脖子也耷拉下来，接着腿哆嗦起来，整个身体摇晃起来。它并不害怕，只是觉得奇怪。一切都非常新奇。它感到奇怪，猛力向前、向上一冲，但稍有移动，四脚一歪，侧身倒了下去。它想迈出脚步，但身体朝左前方躺倒了。……

在这段描写中，托尔斯泰简直就把自己变成了这匹惨遭蹂躏和杀害的老马了，因而他能深切地体验马的善良、无奈与痛苦，这里面倾了多么深沉的人道主义思想啊！作者通过把自己想象成了马及其被害过程，通过无声的抗议揭开了令人战栗的一幕，从而深刻揭露了沙皇俄国专制制度下的种种残酷和罪恶。① 作者用内视角的叙述手段，通过创造性的审美想象给作品灌注进了丰富而深刻的思想感情。当然，外视角的再造性想象只要运用得好，同样能起到深化作品思想感情的作用，例如杜甫的名句"朱门酒肉臭，路有冻死骨"便是。

一般说来，艺术审美想象总是在情感驱动下进行的；同时，审美情感也总是伴随着审美想象的，想象的展开和深入会推动情感的发展和深化，二者之间是相互影响、相互促进的关系。德国剧作家席勒指出："一切同情心都以受苦的想象为前提；同情的程度，也以受苦的想象的活泼性、真实性、完整性和持久性为转移。""想象越生动活泼，也就更多引起心灵的活动，激起的感情也就更强烈。"②捷普洛夫也认为："在那种受感情影响，而创造想象形象的

---

① 参见林建法、管宁选编：《文学艺术家智能结构》，第204—206页。
② 金开诚：《文艺心理学概论》，第191页。

进一步创造过程中,这些想象本身就成为感情的源泉了:它能够激动创作它们的艺术家。"①我们从上面杜甫的名句和托尔斯泰关于马的内视角想象中,以及我们前面所举过的骆宾王《在狱咏蝉》诗歌中,都不难体会到随着审美想象的深入,审美情感将更加强烈,审美体验将更加深刻。

从具体的艺术审美创造手法来看,审美想象是艺术典型化和创造审美情境的重要手段。艺术典型化的成败往往直接决定于审美想象力。高尔基说:"文学创作的艺术,创造人物与'典型'的艺术,需要想象、推测和'虚构'。"②又说:"想象是创造形象的文学技巧的最重要的手法之一。……想象要完成研究和选择材料的过程,并且最终地使这个材料形成为活生生的、具有肯定或否定意义的社会典型。"③在艺术创造过程中,审美想象是通过对生活素材所提供的表象的分解和综合而完成典型化,进而实现从生活美向艺术美的转化的。在典型形象的创造中,审美想象的个性化和概括化是相互交融、不可分割地联系在一起的,它们同时而辩证地形成了艺术典型化的两种途径:一种是以某个原型为主再综合其他,另一种是如鲁迅所言"杂取种种,合成一个"。鲁迅曾说"人物的模特儿也一样,没有专用一个人,往往嘴在浙江,脸在北京,衣服在山西,是一个拼凑起来的脚色。"④狄德罗也举例说:

> 仔细看过拉斐尔、加拉雪和别人所作的若干形象,形若干

---

① 彭立勋:《美感心理研究》,第 197 页。
② 高尔基:《论文学》,人民文学出版社 1978 年版,第 159—160 页。
③ 同上,第 317 页。
④ 金开诚:《文艺心理学概论》,第 85 页。

头部的刻画,人们不禁自问他们从哪里找来的呢? 他们是从一个强健的想象力中,从作家中,从云霓中,从火焰燃烧中,从废墟中,从整个国家中吸取最初的形象,然后经过诗意的扩展。[①]

不独人物典型的塑造需要在创造性想象中对表象进行分析和综合,便是典型环境和事物的创造亦然如此。清代画家石涛在《画谱》中有句名言:"搜尽奇峰打草稿。"他在一首诗中写道:"名山许游未许画,画必似之山必怪。变幻神奇懵懂间,不似之似当下拜。""不似之似"正是画家从许多真山的表象中分解出各种特点创造性地综合在一个新颖、奇特、独创的山的形象中,因而更为典型和完美。清初富有创造性想象力的画家渐江用一首诗来表达他画黄山的体验:"坐破苔衣第几重,梦中三十六芙蓉;倾来墨渖堪持赠,恍惚难名是某峰。"现代画家齐白石则直截了当地说道:"作画妙在似与不似之间。太似为媚俗,不似为欺人。"[②]其所论"似与不似之间"与石涛的"不似之似"在精神上是一致的,都是讲现实美要通过艺术审美想象加以典型化。

与人物和事物的艺术典型化相比,审美想象更是创造审美情境的重要手段,即帮助艺术家创造一种情感蕴藉、意味深远、和谐美妙的艺术境界。这种艺术家将自己的审美情感、审美理想物态化的艺术美的境界,是单纯的摹仿所无法造就的高层次的艺术美。黑格尔明确指出:"如果艺术的形式方面的目的只在单纯的摹仿,

---

① 金开诚:《文艺心理学概论》,第83页。

② 彭立勋:《美感心理研究》,第125页。

它实际所给人的就不是真实生活情况而是生活的冒充。"①黑格尔嘲弄那些酷肖自然的逼真的摹仿只不过是一种"巧戏法"。如果开始人们还赞赏这种逼真摹仿的熟练技巧的话,那么用不了多久,"这种乐趣和惊赏也就愈稀薄、愈冷淡,甚至于变得腻味和嫌厌。有人说得很俏皮,有些画像逼真得讨人嫌"。② 真正高品味的审美乐趣和高层次的审美情境,不能靠摹仿,只能附丽于创造性想象。

中国自古以来的艺术美学都注重传神,强调"以形写神",为了求得"神似"而往往突破"形似"的局限,"求神似于形似之外"。如沈括所言:"书画之妙,当以神会,难可以形器求也。"③五代画家荆浩的《匡庐图》,既是江西庐山的典型化,又可谓是高山大岭的神似之作,画面上崇山峻岭,层峦叠嶂,危崖飞瀑,烟岚缥缈,极为壮观,极为传神。这种创造性想象的产物要比那种专注于摹仿逼真的作品更富审美情趣,更具审美意境。

为了传神而避免单调的摹仿逼真,中国的绘画、诗歌、音乐和戏曲等创作都讲求虚实结合、有无相生。"疏可跑马,密不透风"。董其昌在《画禅室随笔》中说:"有详处必有略处,实虚互用,疏则不深遂,密则不风韵,但审虚实,以意取之,画自奇矣。"笪重光在《画筌》中也道:"空本难图,实景清而空景观。神无可绘,真景逼而神境生。……虚实相生,无画处皆成妙境。"中国画构图历来总是要细心斟酌在数处"留白",以用来让观者想象成天空、白云、流水,从而领会其画外情意之境。齐白石画《鱼鹰》,画面上只有用浓墨画成的十来只鱼鹰和用几笔水墨画成的远山、沙洲,大片地方则是一

① 黑格尔:《美学》第 1 卷,商务印书馆 1979 年版,第 53 页。
② 同上,第 54 页。
③ 陈望衡:《艺术创作之谜》,第 109 页。

笔水纹不着的空白,但这"留白"却让人感受到了广阔的江水与远山、沙洲和鱼鹰和谐一体。这种虚实结合、由实生虚、因虚见实的借助艺术想象的手法,在中国戏曲艺术中也有突出的表现。一支桨能让人感到船在水中行进,一根鞭能让人觉得骏马的奔驰。越剧《十八相送》,尽管舞台上没有任何布景,演员的表演和唱词却让人想象到梁山伯送祝英台过了一山又一山。国外戏剧也有相似的例子,莱辛曾说:"演出莎士比亚戏剧的那个时代,舞台上只有一块用粗布制作的幕,把幕拉起来,便露出光秃秃的墙壁,至多拉些草席和毯子;在当时能够帮助观众理解,帮助演员表演的,只有想象力。尽管如此,人们却说,那时莎士比亚的戏剧不用布景,比后来用布景,更容易为人所理解。"①可见,艺术审美想象的虚实相生,不仅可以制造审美情境,而且可以帮助人们更深入地理解和体验艺术情境。

创造情境可以通过虚实结合的审美想象,也可以通过现实与幻想相结合的审美想象。李白的不少作品就是通过这种想象来制造出神话般的情景,从而给人们带来奇美无比的审美享受的。如他在《陪族叔刑部侍郎晔及中书贾舍人至游洞庭五首》之二中写到:"南湖秋水夜如烟,耐可乘流直上天?且就洞庭赊月色,将船买酒白云边。"洞庭湖在诗人的想象中俨然成了一位慷慨的好客、不吝借与的主人,拥有湖光、月色、秋水和清风等无价之宝。进一步,诗人竟从水天一色的景象发出了"将船买酒白云边"的奇妙想象,展示了天上人间融为一体的美妙的艺术审美情境。这一情境的创设,充分体现了审美想象具有腾越已知世界,向审美理想挺进的创

---

① 莱辛:《汉堡剧评》,上海译文出版社 1981 年版,第 411 页。

造活力。

以上各种审美想象对艺术创造的作用,实际上都集中体现在想象可以增强和延伸艺术的审美张力这一点上。有了丰富的审美想象,可使艺术家的审美感知、情感体验等心理形式扩大能量,增加涵量,提高力度。在审美想象的作用下,有形的生活在艺术家的感知中发生了某种变异,并总是出乎意外地把读者带进一个变异着的神妙境界,艺术的审美张力也便因此而得到膨胀和扩张。审美想象的变异首先表现在它敢于在事物的外在形态上有所变幻。雪莱在总结他那个时代的诗歌形象的规律时说:"诗使它能触及的一切变形"。英国浪漫主义诗歌理论家赫斯列特认为:"想象是这样一种机能,它不按事物的本相表现事物,而是按照其他的思想情绪把事物揉成无穷的不同的形态和力量的综合来表现它们。这种语言不因为与事实有出入而不忠于自然;如果它能传达出事物在激情的影响下,在心灵中产生的印象,它便是更为忠实和自然的语言了。比如在激动或恐怖的心境中,感官觉察了事物——想象就会歪曲或夸大这些事物,使之成为最能助长恐怖的形状,'我们的眼睛'被其他的官能'所愚弄',这是想象的普遍规律。"①西班牙现代诗人洛尔伽在论贡戈拉的诗时,就曾谈到变形的想象的普遍规律。"贡戈拉的想象并不是按照自然本身的样式形成的。相反地,他把对象、动作、事物携带到他脑海的暗室里,把它们改头换面","不能与他所谈到的事物对比着去诵读","他把大海叫做一颗'未经琢磨的碧绿的璞玉,镶嵌在大理石上不停地动荡着',把白杨说成是绿色的竖琴。只有莽撞鬼才会手里拿着一朵蔷薇花去读他献

---

① 《古典文艺理论译丛》(第一册),人民文学出版社 1961 年版,第 60—61 页。

给蔷薇的诗"。据说在法国 18 至 19 世纪,在拉辛与特里尔之间,
说到大炮总要用一句转弯抹角的话,提到海洋,总是把它变成阿姆
菲德斯女神。在查理六世、七世、弗朗索瓦统治时期,悲剧诗中是
不允许提到手枪这样的字眼的,它必须用别的字眼来替代。在英
国诗中也一样,说到爱情总是要与丘比特的箭关联,谈到太阳又以
阿波罗去代替。①

　　审美想象的变异性还体现在思想情感上的变幻。想象的情感
变异通常表现为移情和托物寄情,它将使审美主客体间的关系发
生变化。关于移情和托物寄情,我在上一节中已谈论过,这里再引
波特莱尔在《人工的乐园》中的一段话:"你底眼凝视着一株风中摇
曳的树,转瞬间,那在诗人脑里只是一个极自然的比喻,在你脑里
变成现实了。最初你把你的热情、欲望或忧郁加在树身上,它底呻
吟和摇曳变成了你底,不久,你便是树了。同样在蓝天深处翱翔着
的鸟儿,最先只代表那翱翔于人间种种事物之上永生的愿望,但是
立刻你已是鸟儿自己了。"②我在《心潭影》中也有一句散文诗表达
出了情感的变异:"群峰的沉郁,犹如爬上了岸陆的海涛,奔腾喧嚣
着。"③而在《心潭影》中的另一句散文诗则表达了在审美想象中的
思想的变异:"透明的思想朦胧地挂在我的额上,犹如雾天里屋檐
上的一滴水珠。"④思想的变异是在想象中将思想或精神形象地加
以比喻,通过形象表征出思想或精神的实质和内含,从而易于被人
理解和明白。

---

①　参见孙振绍:《审美形象的创造》,第 444 页。
②　《朱光潜美学文集》(第 1 卷),上海文艺出版社 1982 年版,第 43 页。
③　陈大柔:《心潭影》,第 5 页。
④　同上,第 3 页。

审美想象的变异大多体现在时空关系的变异上。审美想象所变异了的时空关系不再是牛顿古典力学的那种关系,也不是爱因斯坦相对论所描述的那种关系,而是带有主观色彩的心理时间和心理空间及其相互关系。艺术家的审美想象力使通常时空关系中那种不可逾越的界限变得富有奇异的弹性和变幻性了。在大脑细胞间质的某个地方,艺术家用独立于肉体之外的审美想象构筑了另外的艺术形象,这个艺术形象并不与外部空间直接相联,也可以不参与时间的线性流逝。在变异的想象中,时空既可以无限扩张,也可以无限压缩。上面我所举李白的"将船买酒白云边"一诗,就是想象力在空间上的扩张变异。而杜甫的《秋兴八首》一诗,则是时间的压缩变异:"昆明池水汉时功,武帝旌旗在眼中",杜甫一下子就把唐朝、汉朝间几百年的时间距离,压缩到目力所及的范围里来了。难怪德国的布来丁把想象称之为"灵魂的眼睛"了。

在中国古典诗歌中,我们处处可以发见想象把时空上有直接联系的事物切割成了不直接相连的部分,但并不是七零八落的鸡零狗碎,而是具有整体的和谐美感。如"鸡声茅月店,人迹返桥霜"。最著名也最典型的例子要数马致远的那首小令《天净沙·秋思》了。中国古典诗歌形象细节之间平列的结构,意象之间时空关系和逻辑关系浮动的特点,正是诗人审美想象变异的一种成熟的表现。到了 20 世纪,这一艺术特点及在诗歌中大量"留白"的手法,曾给欧美现代诗歌很大的影响,并使美国意象派诗人大为振奋。他们把这种艺术手法发展为意象并列和意象叠加的方法,其中最著名的就是自称师承中国古典诗歌艺术传统的意象派大师庞德的那首从几十行删得只剩两行的诗——

　　　　人群中这些面孔骤然出现，

　　　　湿漉漉的黑树枝上纷繁的花瓣。①

我也有一首短短的三行诗，表现出了艺术审美想象在时空变异上巨大的审美张力——

　　　　在旧的辙痕的积水中

　　　　我发现了一抹清丽的天空

　　　　退隐在静默鸿蒙的深处②

3.4 审美想象与科学创造

　　英国物理学家廷德尔指出："有了精确的实验和观测作为研究的依据，想象力便成为自然科学理论的设计师。"③英国化学家普利斯特列也认为："最有发明才干、最精明的实验家（就最广意义说）是这样的人，他们发挥自己奔放的想象，在风马牛不相及的概念之间寻找联系。即使这些对疏远的概念进行的比较是约略的、不现实的，它们也还是会给别人做出重大的发现提供幸运的机会，而审慎、迟钝且又胆怯的'智者'对这种发现甚至都不敢去想。"④

　　科学审美想象是科学创造的重要前提和基础，这主要体现在它的激励作用和支持创造性思维活动方面。科学审美想象力是激

---

①　参见孙绍振：《审美形象的创造》，第 446—448 页。

②　陈大柔：《心潭影》，第 3 页。

③　贝弗里奇：《科学研究的艺术》，科学出版社 1986 年版，第 56 页。

④　王极盛：《科学创造心理学》，科学出版社 1986 年版，第 154 页。

励科学家在进行艰苦、长期的脑力劳动中克服困难、向着目标迈进的一个重要的心理力量源泉。贝弗里奇指出:"想象力之所以重要,不仅在于引导我们发现新的事实,而激发我们作出新努力,因为它使我们看到有可能产生的后果。"①廷德尔也说过:"道尔顿(John Dalton)富于建议性的想象力形成了原子理论。戴维(Humphry Davy)特别富有想象力;而对于法拉第来说,他在全部实验之前和实验之中,想象力都不断作用和指导着他的全部实验。作为一个发明家,他的力量和多产,在很大程度上应归功于想象力给他的激励。"②

郭沫若曾精辟地概括科学研究者特有的风格是"既异想天开,又实事求是"。积极的科学审美幻想是一种创造性想象的特殊形式。列宁认为最严格的科学家也不否认科学幻想,他说:"有人认为,只有诗人才需幻想,这是没有理由的,这是愚蠢的偏见! 甚至在数学上也需要幻想,甚至没有它就不可能发明微积分。幻想是极其可贵的品质……"③科学审美幻想是科学家看到的可能实现的科学前景,它能诱发科学家的激情,活跃科学家的思路,调动一切智力和非智力因素,去预见未知,瞻望未来,开辟新的科学天地。因此,科学审美幻想对科学家来说是极富魅力的,具有催化作用。俄国科学家米丘林曾说:"我的生活中的衷心幻想,向来只是想看人们将以那津津有味地、那样屏息地待在植物之旁,如同他们站在一部新的火车头、一部更为完善的拖拉机、一部从来未有过的复合

---

① 贝弗里奇:《科学研究的艺术》,第 61 页。
② 同上。
③ 徐纪敏:《科学美学》,湖南出版社 1991 年版,第 143 页。

收获机、一架未曾知道的飞机面前一样。"①

　　科学审美幻想不仅具有动力和催化作用,而且它作为极富创造性的想象,对科学研究起着导航作用,为科学家指明努力的方向和途径,并常常成为科学创造的前奏。爱因斯坦在孩提时代就曾幻想:如果能骑乘上一束光旅行,世界将会是什么样子? 他还想弄明白,如果从所骑乘的光束上离开,并随之以同一速度一道前进,这光看上去又会是什么样子? 爱因斯坦在长期的创造性想象的探讨中,终于独具慧眼地创立了相对论。通过想象中的乘火车旅行实验,改变了人们一直把空间和时间看作分立的两种坐标的绝对时空观。这一想象实验告诉我们:一旦摆脱了生存环境地球对速度的限制,时间和空间便是一对紧密相联的互补存在:当时间扩展时,空间就会收缩;当时间收缩时,空间就会膨胀。布勒(Arthur Buller)曾写过这样一首俏皮的打油诗来夸大地表述出相对论与人们常识的相悖:"年轻女郎名伯蕾,/神行有术光难追;/爱因斯坦来指点,/今日出游昨夜归。"物理学家哈里森(Edward Harrison)则用一句话来形象生动地显示了狭义相对论:

　　　　心跳一搏,我们便穿越了宇宙。②

　　就科学审美想象作为科学创造基础在支持创造性思维方面而言,我认为,科学创造之所以能透过对自然界现象或形式的审美感知,直接涉及和把握它的深刻内涵,产生科学审美认识和科学审美

---

① 　王极盛:《科学创造心理学》,第 154 页。
② 　参见史莱因:《艺术与物理学》,第 147—149 页。

情感相统一的积极成果,主要是通过科学审美想象这一创造性审美心理活动来实现的。在科学审美活动中,反映的概念形式与反映的形象形式相互补充,而创造性想象则在更高的层次上改造着形象的客观内容,推动着概念化内涵的深化。正是在这个前提和基础上,科学研究者才有可能做出新的创造性工作。维纳曾以亲身体验谈到科学审美想象参与和支持他的创造性思维活动的情景。他说:"有了强烈的创造欲,你就可以用自己手里拥有的材料进行创造。我发觉对我特别有用的好条件是广泛而持久的记忆力,是一系列奔放流畅,万花筒似的想象力;这种想象力的本身,给我或多或少在遇到相当复杂而费脑子的情况下,能看出其中一系列的各种可能的组合关系。"①

科学审美想象还是产生直觉与灵感的源泉和产生假说的心理条件。在科学创造中,常常会突然产生出新思想、新观点、新思路、新方法,这正是科学审美想象触发创造性灵感和直觉所致。科学审美想象在科学思维中起着由此及彼、触类旁通的作用。独创性的科学审美想象可以运用变形、浓缩、夸张和粘合等手法建立起新的表象,并在所联结成的新的表象启发下获得科学审美灵感和直觉。

一般来说,科学审美灵感和直觉的产生需要建立在一定的信息刺激基础上,但往往外界所提供的信息不充分乃至有许多空白点,这时就需要联想、幻想、想象等填补现实的空白,通过创造性想象力来调动和激活爱因斯坦所谓的"思维元素"和"潜隐灵知"(经验的或先验的知识信息),造成一种新的联系,弥补外界所获信息

---

① 王极盛:《科学创造心理学》,第154页。

的盲点和空白点,从而激发出灵感或直觉。恩格斯曾指出:以往自然哲学在描绘世界图景时,是"用理想的、幻想的联系来代替尚未知道的现实的联系,用臆想来补充缺少的事实,用纯粹的想象来填补现实的空白"。结果"提出了一些天才的思想,预测到一些后来的发现……"①恩格斯这里所谓的"自然哲学",从思维方式来说也是一种在创造性想象基础上产生的直觉性推测。在现代科学对自然哲学的扬弃中,这一思维方式以科学审美直觉的形式获得了新生。

恩格斯在另一处论述中又说:"只要自然科学在思维着,它的发展形式就是假说。"②假说是一种科学的逻辑思维的形式。但科学假说的形成机制和假说的提出却是非常复杂的,其中包括非逻辑思维的心理因素,而科学审美想象则在其中占有重要的位置。德国物理学家普朗克甚至认为:"每一种假说都是想象力发挥作用的产物"。赫胥黎曾指出:"人们普遍有种错觉,以为科学研究者做结论和概括不应当超出观察到的事实。……但是大凡实际接触过科学研究的人都知道,不肯超越事实的人很少会有成就。"③牛顿也说:"没有大胆的猜测,就作不出伟大的发现。"④我们前面所讲的科学审美幻想,就常常与目前的科学创造活动不发生直接关系,它是对未来活动的预构和设计,构想出未来的新观念、新"形象",其想象有了很大的灵活性和创见性。一般说来,科学审美想象在

---

① 恩格斯:《费尔巴哈论》,见《马克思恩格斯选集》(第4卷),人民出版社1972年版,第254页。

② 同上。

③ 贝弗里奇:《科学研究的艺术》,第154页。

④ 王极盛:《科学创造心理学》,第156页。

产生科学假说中的作用，不仅在于它具有超越事实的功能，而且能用构建新形象的方式来改造旧经验，在由感性认识向理性认识飞跃的过程中，在从旧知识向新知识的过渡中，产生作为达到理论认识阶梯的假说。天文学中康德提出太阳系起源于原始星云的假说，史迪芬·霍金黑洞最终会爆炸的预言，地质学中李四光提出地球内部物质运动引起地球自转速度的变更、成为地壳运动发展原因的假说，皆是在科学审美想象的作用下产生的。

　　就科学审美想象直接应用于科学创造的角度来说，它是科学模型创造的重要条件和类比法创造的重要一环。现代科学对象有许多已经深入到微观世界和遥远的时空范围，对于我们不能直接感知的对象，建立科学模型与构建科学假说一样，都是科学家常用的科学方法，包括物质模型、数学模和想象模型等。科学审美想象模型，是结合审美想象和抽象方法而建立起研究对象（原型）的直观形象式的模型，是研究科学对象内部结构的重要手段。科学家们为了探索原子结构，运用想象建立了各种原子模型，其中以汤姆逊的正电原子球模型和卢瑟福的太阳系模型最为成功。卢瑟福的模型是负电粒子像行星绕太阳一样地围绕带正电的占原子质量绝大部分的核旋转。这一模型以其科学审美想象展示给人们一幅动态美的科学画面。并且，后来的盖革实验证明了原子核和电子之间有空隙，这也说明了卢瑟福的模型较为正确。不少苏联学者认为，科学审美想象在科学认识中的作用就在于建立想象模型。科学审美想象模型不仅作为获得知识的重要工具，还是发展理论知识、把理论知识同研究对象结合起来的重要手段。当科学家为新的研究对象建立起审美想象模型，也就架起了通往新的科学理论的桥梁。麦克斯韦就是在法拉第提出的"电磁场力线"和"力管"这一科学审美想象模型的基础上,建立了完备的电磁理论的。

联想是科学审美想象中最常见的一种。科学审美联想能够克服概念之间意义上的差距,把它们联贯起来,在神经活动中形成暂时联系。人们在(经验和先验)记忆中保存着相互间有着联想联系的形象和概念,科学思维正是利用这种预先组织好和整理有序的信息(其中一部分还处在感知的过程中)来进行的。科学审美联想在思维中的这一特征,制约并预先决定了科学思维的进程,同时还使科学思维同正在进行着的科学审美感知相互作用。科学审美联想一般有接近联想、对比联想和类比联想三种基本形态。接近联想是两件事物在时间或空间上较为接近、从而在审美经验中常常联系在一起,形成一种巩固的从一事物联想到另一事物的条件反射。比如伽利略从科学审美的观察中,由木星的四个卫星围绕木星运动的自然美联想到行星绕日运动的自然美,从而支持了哥白尼日心说的科学美的理论。对比联想是两个不同科学对象对立关系的概括,即从某一事物的审美感知引发与之相反特点的事物的审美联想。法拉第根据安培等人研究的电生磁的科学成果,采用科学审美对比联想产生了磁也能生电的科学审美猜测,并在1821年圣诞节的早晨,为新婚妻子表演了磁针绕电线转动的实验,最终实现了他用磁生电的豪迈誓言,为人类的文明进步做出了杰出的贡献。

类比联想是对某一事物的审美感知,引起对与该事物在性质上或形式上相似的事物的联想。譬如德布罗意将实物与光类比,发现了实物的波动性,预言了实物的波长;维纳将非生命的自动控制系统与生命体的有目的性的动作进行类比,创造了控制论。类比联想在科学审美创造中比接近联想和对比联想产生更为深刻的心理效应,具有更大的创造性。当然,类比联想最重要的一环是如何找到合适的类比对象,这就需要依靠科学家非凡的想象力。在科学创造中,通过科学审美想象,从研究的对象到类比的对象,将二者做比较,再进一步通过类比推理,从类比对象回到研究上来,从而获得新的发现和新的创造,这就是科学类比法。除形式逻辑的类比外,还有一种通过科学审美想象产生的直觉类比,超越于形式逻辑的类比,具有很大的跳跃性。它能凭借创造性想象,在客观世界无穷无尽的事物之间,甚至在那些表面上看来无可类比的事物之间,做出适当的类比。M.邦格曾把这种善于指出不同对象在功能、结构、形式上同类性的能力称为"形成隐喻的能力"。它在原先互不相关的事物间搭起一座桥梁,使得科学思维过程中的信息传递得以一跃跨过心理障碍物而有所发现和创造。譬如,在心灵知觉的一次闪现中,牛顿发现月球跟苹果一样也下落,并且事实上一切物体都下落,从而创造了万有引力理论。牛顿这种突然认识到月球跟苹果一样下落(即使它从不抵达地球)的洞识,显然不是从寻常的逻辑推理中得出,而是从科学的直觉类比中得来。

总之,科学审美联想由于能反映宇宙万物间的相似性和共性,因而它能使科学家通过某一科学审美感知,间接地进行更多的科学审美活动,在科学创造过程中发掘出自然界统一性的美。

§4 审美直觉

　　《红楼梦》中宝玉第一次见到黛玉时写到："宝玉看罢笑道：'这个妹妹我曾见过的。'贾母笑道：'可又是胡说，你何曾见过她。'宝玉笑道：'虽然未曾见过她，然看着面善，心里倒像是旧相识，恍若远别重逢的一般。'"世人都将宝玉的话当作痴人说梦，而实际上，曹雪芹却是用寥寥几笔，素描出宝玉的直觉。其实，早在宝玉说出自己的直觉时，曹雪芹已先描写了黛玉的直觉："黛玉一见，便吃一大惊，心中想到：好生奇怪，倒像在哪里见过的，何等眼熟。"这样，《红楼梦》通过对宝玉与黛玉的心理直觉描写，将两个少男少女间心心相印之情有力地表现出来了，从而增添了这部不朽名著的审美张力。

　　前面，我们探讨了艺术与科学审美创造的常见心理形式：注意、情感、想象；下面，我们要探讨艺术与科学审美创造的特殊心理形式：直觉、灵感、梦等，论述这些非常规的突发性思维在艺术与科学审美创造中的作用。

　　关于直觉，尽管其生理和心理机制人们尚未弄清，并且其内涵和定义还众说纷纭，但它的存在和神奇功能却是确凿无疑的。日本汤川秀树在《创造力和直觉》一书中，从历史、文化传统和东西方思维特点上指出："中国人和日本人所擅长的并以他们的擅长而自豪的就在于直觉的领域——日语中叫做'勘'（がん），这是一种敏感或机灵。"①这位物理学家在书中进一步阐述道:"这种不但在起初是关键性的而且对于物理学进一步发展来说仍然是不可缺少的抽象思维能力,只靠自己是不能起作用的。它总是以直觉能力的存在为其前提,而直觉能力,在古代的希腊天才和中国天才那里都是天赋甚高的。"②确实,我国古代天才的艺术家在创作时仿佛都具有"神来之笔",即将直觉印象迅速表现出来而达到神似地步。石涛有一首题画诗很好地表达了他艺术直觉的"神来之笔":"兴来写菊似涂鸦,误作枯藤缠数花。笔落一时收不住,石棱留得一拳斜。"在拟古成风的清代,石涛则"法自我立",随兴而画,构图也不事先确定,故而在其笔下枯藤居然绕在菊花上,菊花又开在有棱角的石头边上。显然,石涛在作画时受到了艺术直觉的影响,才有这种神似的写意之作,从而更衬托出菊花傲对秋风的气概。

其实,不仅是中国古代,古今中外的大艺术家都是具备直觉天赋而且推崇审美直觉。年迈的高庚就说过:"我愈年老,我更坚持通过文学以外的东西来传达我的思想。在'直觉'这一词里是一切。"③德拉克罗瓦则用以下的话来赞赏直觉对绘画、审美活动的重要作用:"一个画面首先应该是对眼睛的一个节日。"④从小就有音乐素养的大作家罗曼·罗兰,针对笛卡尔"我思故我在"的著名命题,提出了"我感觉,所以它是存在的"。这里的"感觉"是广义的,既有理性,也包括直觉。在西方注重逻辑和实验的文化背景下长大的罗曼·罗兰,看透了这种传统思维方式的局限性,因而非常

---

① 汤川秀树:《创造力和直觉》,复旦大学出版社1987年版,第41—42页。
② 同上,第78页。
③ 余秋雨:《艺术创造工程》,上海文艺出版社1987年版,第182页。
④ 同上。

重视东方文化中直觉的创造力并为此大声疾呼。他在《宇尔姆的修道院》一书中写道："人们会作出这样一个简单的发现，那就是直觉可以成为一种科学方法，它和我们那些可怜的办法相比较，不但同样地严格，而且更为丰富——那些可怜的办法，是指干巴巴的演绎法，这条自啮其尾的蛇；和迂缓的归纳法，这个蹒跚的乌龟。"①

爱因斯坦这样的大科学家也曾反思西方传统的科学研究方法，并关注中国等东方的直觉思维。他从中西思维方式比较的角度指出："西方科学的发展是以两个伟大的成就为基础，那就是：希腊哲学家发明形式逻辑体系（在欧几里德几何学中），以及通过系统的实验发现有可能找出因果关系（在文艺复兴时期）。在我看来，中国的贤哲没有走上这两步，那是用不着惊奇的。令人惊奇的倒是这些发现［在中国］全都做出来了。"②爱因斯坦曾明确宣称：我信任直觉。在悼念居里夫人的演讲中，他称居里夫人的伟大功绩是靠着对科学的热忱和顽强，以及"大胆的直觉"③。爱因斯坦自身的物理直觉能力为许多科学家所交口称誉。玻恩认为，爱因斯坦的广义相对论"把哲学的深奥、物理学的直观和数学的技艺令人惊叹地结合在一起。"④泡利在谈到爱因斯坦对量子论的贡献时指出，理论物理学的新问题"对于科学家的直觉和机智有强烈的要求。"⑤

那么，究竟什么是直觉？科学与艺术的审美直觉有些什么特

① 刘烜：《文艺创造心理学》，吉林教育出版社1992年版，第83页。
② 《爱因斯坦文集》第1卷，第574页。
③ 同上，第339页。
④ F.赫尔内克：《爱因斯坦传》，科学普及出版社1979年版，第54页。
⑤ 《纪念爱因斯坦译文集》，上海科学技术出版社1979年版，第271页。

性？它们在科学与艺术创造过程中发挥什么样的作用？这是我们下面所要探讨的。

4.1 直觉与科学审美直觉

直觉作为一种特殊的心理现象,作为一种人脑的机能和特殊的认识过程,延伸并贯穿在人类日常生活和创造活动的所有领域。人们对自身的这一奇特心理自古以来就给予了极大的关注和研究。东方哲学中老庄哲学、禅宗早就重视直觉,虽然没有建立直觉理论体系,但对直觉的性质和功能有深刻的总体的理解和把握,并渗透进他们的整个人生态度之中。直到 20 世纪初,王国维接触到西方的哲学、美学著作,才开始较为系统地将直觉引用到艺术的审美和创造中来。朱光潜等翻译了克罗齐等西方美学家关于直觉的理论,推动和促进了我国古来有之、未成体系的关于艺术直觉的探讨和研究。

说来有趣,被西方人所推崇的东方直觉,一直没有建立起自己的理论体系,而在逻辑学盛行的西方,却自笛卡尔起开始建立起用逻辑的形式建立了关于直觉的系统理论。这大概同中国古代就崇尚的"体验"和"悟"不无关系。笛卡尔是近代唯理论哲学的先锋。笛卡尔非常推崇理性的力量,把直觉看作是一种不只是感性直观活动的理智活动,其哲学的第一信条"我思,故我在"便是极具自明性的直觉。斯宾诺莎也认为直觉是理性的极致,是理性的最高表现。他不止一次地把人的认知方式或知识种类分为四类或三种知识,即感性、理性和直觉知识,而只有第三种直觉知识,"才可以直接认识一件事物的正确本质而不致陷于错误"。洛克也把知识划分为四类,每一类又分为三等,即"直觉的知识"、"证明的知识"和

"感性的知识",直觉知识是最高级的一等。在直觉理论上与笛卡尔渊源较深的莱布尼兹,赞成洛克的关于知识等级划分,同时又进而区分了"理性"与"感受"这样两种直觉形式。到了康德,直觉能力被视为联系感性经验与先验理性的主要方式,蒙上了一层神秘面纱。这一神秘色彩经过谢林、叔本华、克罗齐的发展,至柏格森的非理性主义而达到极致。

叔本华的哲学思想可以说直接导源于康德。他在《作为意志和表象的世界》中,把人的认识分为两种:一种是关于表象世界的理性、逻辑的认识,另一种是关于意志世界的非理性、直觉的认识。"只有那种从直觉中产生的东西……自身包含有生长出新颖的、真正的创作的胚芽。"叔本华还指出了直觉的"非理性"特征,即不按正常的逻辑顺序来认识对象的非逻辑性,这一点正指出了直觉的主要特征之一。克罗齐在《美学原理》中开宗明义地说:"知识有两种形式:不是直觉的,就是逻辑的。"他认为直觉是全部心灵活动的基础,直觉心灵的产品即"意象"。他的直觉主义美学的基本论点是"直觉即表现"。克罗齐的直觉理论已表现出明显的反理性倾向。非理性主义哲学也是柏格森直觉理论的主要的也是最重要的背景。柏格森不仅认为直觉属于人的本能,而且看作是本能的最佳状况。他把理智和本能的关系比作为触觉和视觉的关系;理智离不开触碰事物,而直觉则能给人远隔的事物的知识。柏格森把直觉视为"理智的体验",但又认为直觉"超乎理智"、"超乎辩证法之上"。这似乎难以自圆其说。但不管怎么说,虽然柏格森把直觉理论的非理性主义乃至神秘倾向推向了极致,却也正是从他开始,西方的直觉理论由哲学思辨转向了心理学研究。

随着科学的发展,直觉研究中的神秘主义色彩正在淡化,神秘面纱正在逐渐被揭开。人们正借助心理学、生理学、脑科学等成果来研究直觉。现在,创造心理学的各学派尽管在一系列问题上都存在分歧,但在直觉是整个创造过程中真实可贵的东西这一点上却是比较一致的。直觉的可贵性在于作为创造活动的核心、转换中枢,能将个体的内心意象和体验以及个体的思维和精神,跃迁地转换为可传达的各种符号体系,从而使个体的意念的东西通过形式的转换成为社会性的东西,为科学艺术以及其它各类创造活动和交流提供了非常简捷而高效的途径。

如果撇开直觉产生的生理机制不谈,我们仅从直觉形成创造性的心理动态过程来描述性地理解直觉的话,我认为直觉有几个最基本的特征。首先,直觉具有直观性。直觉的拉丁文为intu-eri,原意为聚精会神地看。汉语中有"耳聪目明"、"眼观六路、耳听八方"的成语,不仅表明汉语中颇重视感觉在人的认识过程中的作用,也包含有获得直觉的最基本的过程。直观性既是指对事物的"观"察和感知,也是指"直"接的、当下的观察,是当下的感知。但直觉不等于直观,因为它不止于对事物的感性认识,而是通过当下的感知能把握事物的本质。也就是说,直觉是认识的高级阶段,具有思维性。所以直觉具有直观与思维的二重性,直观与思维的有机统一才有可能构成直觉。关于这种直观性与思维性相结合的直觉,人们早就有所认识。如禅宗所言"直下了知,当处超越";如金圣叹所说:"薄暮篱落下,五更卧被中,垂首捻带,睇目观物之际,皆有所遇矣。"又如杜勃罗留波夫说:艺术家"在周围的现实现世界中,看到了某一事物的最初事实时……虽然还没有能够在理论中解释这种事实的思考能力;可是他却看见了,这里有一种值得注意的特别的东西……"①这说的也是直观性与思维性统一的直觉,并且道出了直觉思维的无意识性。

直觉除有上述直观性、思维性、当下性和无意识性外,还具有当下迅疾的综合判断性。这里有两层意思,一是说直觉具有当下迅疾的判断能力。直觉不是逻辑思维,不用仔细的分析、综合,也不用缜密的推理,而是从当下的感知中很迅速地得到结论,是一种带有猜测的预见和判断。这里讲的"迅疾",除了时间的意义外,还包含了更为丰富的创造的涵义。用清代诗论家徐增的一句话说:"好诗须在一刹那上揽取,迟则失之。"这也表明了艺术直觉是对美的快速的发现。第二层意思,是说直觉具有综合判断的能力。直觉对事物的认识不是一个一个因素分解式地理解和把握对象,而是快速地对事物的整体性做出初步把握,快速地对事物间的联系和关系有新鲜的发见。格式塔心理学重视整体和完形。阿恩海姆则在格式塔心理学启发下说过:"由于这些组成成分之间在知觉经验中相互作用和影响,所以观看者所看到的整体形象乃是这些成分之间相互作用的结果。"②譬如,我们感受一个人的笑容是否甜美,显然不只是从其脸部(嘴角或眼睛)的动作来判断,而且还联系到周围的人或环境,乃至将自身也置于整体的背景之下,做出综合性判断的。也就是说,这个微笑动作是与周围的相关因素联系起来合成一个整体性的形象来直观的,而且,这个认知对象与认知主体还建立了一定的相呼应关系,由此才做出直觉判断的。

综上所述,我们给直觉下一个简短的定义:直觉是主体对客体

---

① 陈望衡:《艺术创作之谜》,第361页。
② 阿恩海姆:《视觉思维》,第345页。

整体性直观时做出的迅速而直接的当下综合判断。关于直觉的这一定义,我会在后面谈科学审美直觉与艺术审美直觉时作进一步阐述。

从本质上看,直觉实则是一种特殊的形象思维。它表现在生活的方方面面有各种各样的形态,如运动直觉、认知直觉、情绪直觉等。我们运用审美直觉的概念,主要是指在科学和艺术的审美活动中出现的直觉,它们与日常生活中的直觉是有明显区别的。在科学和艺术审美活动中,直觉是一种审美地把握世界的心理方式,是美感的一种特殊形式,只是这种直觉美感不止有愉悦性,还颇具直杀本质的穿透力。

如果说审美情感和想象与艺术创作的关系较之与科学创造的关系更为密切的话,审美直觉对于科学家比对艺术家也许更有创造性的意义和价值。科学史上,许多成就卓著的科学大师因其亲身体验到了审美直觉与科学创造之间的密切联系,因而都对科学审美直觉给予了高度的评价。早在 17 世纪,法国数学家和物理学家帕斯卡(1623—1662)就特别强调审美直觉在洞察事物客观规律中的作用,在他生命的后期更是将一切真理的来源归之于审美直觉。1980 年秋季,诺贝尔奖金获得者 F.希洛赫在复旦大学的一次讲演中称颂其师海森堡对物理的直觉是一贯正确的。彭加勒在他的《科学的价值》、《科学与方法》等著作中有不少关于直觉的论述。库恩在论述科学革命结构时谈到,从旧规范到新规范的变革离不开直觉,新规范是经过"直觉的闪光"出现的。玻恩认为:"实验物理的全部伟大发现都是来源于一些人的直觉。"德布罗意指出:"想象力和直觉都是智慧本质上固有的能力,它们在科学创造中起过、而且经常起着重要的作用。"凯德洛夫则更加明确:直觉是

"创造性思维的一个重要组成部分","没有任何一个创造性行为能离开直觉活动"。

爱因斯坦对科学审美直觉这一"真正可贵的因素"的研究做出了宝贵的贡献。他认为,直觉能力是指一种将"思维元素""随意地"使之再现和结合的"自由创造力",是从"庞杂的经验事实中间抓住某些可用精密公式来表示的普遍特征,由此探求自然界的普遍原理"的能力;是"搜索漫无秩序地出现的事件,并且用创造性的想象力去理解和联贯它们"的能力;是通过对经验的考查发现"对应用于理论中的那些原始名词,以及对应于这些名词所规定的公理"的能力;也是"把真正带有根本性的最重要的东西同其余那些多少是可有可无的广博知识可靠地区分开来"的能力。1952 年,爱因斯坦在给好友莫里斯·索洛文的信里提出了那个思维同经验关系的著名图式(见图上篇-1),科学审美直觉能力正是图式中从经验 ε 飞跃到基本公理 A,从由基本公理推出的个别命题 S 回到经验 ε 的想象、假说和验证、选择的科研能力。①

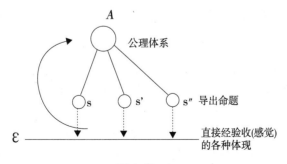

图上篇-1

---

① 《爱因斯坦文集》(第 1 卷),第 7、76、258、416、541 页。

在我看来,科学审美直觉是科学创造活动中的一种特殊的思维方式,包括直觉的判断、想象、选择、预测和启发;是无意识、非完全逻辑性或超逻辑的、借助于模式化"智力图像"(具有某种程度抽象的、模式化了的"形象")的思维;是感性和理性、形象和概念、具体和抽象的辩证统一认识过程的渐进性的中断和瞬时飞跃;是科学家在对研究对象整体进行直观审美过程中,直接地洞察和把握到自然界本质的、规律性的东西的中介。一句话,科学审美直觉是科学创造主体在审美经验的基础上,通过对科学对象的审美观察而引发出的一种对科学客体本质性和规律性的迅速而直接的当下综合判断。

在科学审美创造活动中,科学审美直觉较之一般直觉有自己特殊的品质特性,如非完全逻辑性、认识的整体性、无意识性和顿悟性等。我们先来看科学审美直觉的非完全逻辑性。叔本华所指出的直觉的"非理性"特征,按其原意是指直觉的非逻辑性,即不按正常的逻辑顺序来认识对象。科学审美直觉思维方式既非演绎推理,亦非逻辑归纳,而是以多向性思考为其认识程序的。首先,科学审美直觉不是按照通常的"三段论"演绎逻辑进行推理的思维方式,不受形式逻辑规律的约束,而显得较为直接、迅速和"自由",常常是思维操作(operation)程序的压缩或简化。同样,科学审美直觉思维也不是形式逻辑意义上的归纳推理的思维方式。科学研究常会出现从经验中获得的不同数量的个别命题而得出一个普遍性的全称命题。但在更多的科学创造、尤其是现代科学创造过程中,并不限于这种从一个个单个陈述进入到普遍陈述。爱因斯坦在总结自己的科学创造活动经验时指出:"没有一种归纳法能够导致物理学的基本概念","它的基础可以说是不能用归纳法从经验中提取出来的",①而是通过思维的自由创造,通过那种以对经验的共鸣的理解为依据的直觉,得到了科学的概念。

科学审美直觉不像逻辑演绎或归纳那样沿线的单一方向进行思维活动,而是一种网络形的向多维方向展开想象和猜测的思维。在其多向性思维过程中,既有逻辑程序压缩或简化了的概念、判断的逻辑推理活动,又有想象、联想乃至幻想的活动,这就决定了其思维过程不是按照严格的逻辑规则一步步地推导出结论,而是在同一时间内围绕认识对象,使多种并不相同甚至对立的想法沿不同的方向发散,进而在其相互作用中突然地沟通出一个意外的思路,从而把握到事物的本质。当思维进程在某个方向或某一问题上遇阻时,科学审美直觉也能冲破思维定势的负效应,从其它方向或将几个方向结合起来进行思维变通,得出事物本质性的认识。非完全逻辑的多向性认识程序表现了科学审美直觉认识方法的高度灵活的质的变通性和自由创造性。

我们再来看科学审美直觉认识的整体性。科学审美直觉认识是通过科学审美注意而关注事物的整体、局部与整体、部分与部分之间的关系。也就是说,科学审美直觉通过伴随着概念的完整形象来认识事物,并沿着这个完整的图像进行发散式多向性思维,进而得出提示事物本质的总体性结论。这里所谓伴随着概念的完整形象,即是智力图像。任何客观事物在人脑的主观映象中都会有三种基本状态:具体形象、智力图像和抽象概念。譬如"太阳"的主观映象有以下三种状态:

---

① 《爱因斯坦文集》第1卷,第357页。

在科学审美直觉思维中,"太阳"是状态 B。科学研究者需要的是某种抽象模式化了的知识图像即"智力图像",它具有介于具体形象和概念抽象之间的某种过渡性质。我们通常所说的科学的几何直觉或物理直觉,就是这种智力图像在大脑中的映象。在现代物理学中,这种智力图像导致的物理模型已经不局限于某种直观图形了,例如原子结构理论中的"玻尔轨道"、"电子壳层"、"电子云"等,都是具有某种抽象性的智力图像模型。在科学创造活动中,这种智力图像是科学审美直觉从感性直观到理性思维的中介,具有某种综合的特点,因而也就决定了科学审美直觉思维具有整体识别的功能,人们借助于它可以从总体上进行科学审美直觉的判断。

科学审美直觉还具有无意识性。我在《心路》中就曾指出:"直觉最主要的是在一刹那调动起先天遗传知识原则和后天经验知识,迅疾地做出连自己也没有意识到的判断。"[1]科学审美直觉常以无意识的方式"神秘"地指导着研究者注意方向的确定和转移,找到问题的关键所在,或凭直觉做出选择或判断。彭加勒是最早把人的无意识活动与科学创造性直觉活动相联系的研究者之一。他在数学研究中遇到的那种"突然彻悟",常常发生在"经过一种长久的不自觉的工作"之后。这是因为人休息时并不意味着大脑已完全中止思考,"不自觉工作"亦即大脑无意识工作仍在继续进行,

---

[1] 陈大柔:《心路》,第 154 页。

经过一定休息后让"自觉的工作"一刺激,就"可将休息时所获得但未进入意识的结果"推动出来,成为自觉的形式,从而由无意识进入到有意识状态。①

科学审美直觉创造的无意识性实则是思维过程中常见的"非自我意识性"、"非明确目的性"和思维的"自动化"。"非自我意识性"是指在科学创造过程中,科学家全神贯注、注意力高度集中,他不可能自省地设立另一个"自我"来静观正在紧张创造劳作的"自我",加之直觉的突如其来和迅疾推进,以至连自己也说不清创造过程是如何进行了。"非明确目的性"是指在科学创造过程中,由于种种原因不得不有意识地暂时中断,而科研者大脑的思维实际上还在惯性运行,以至带入梦境。这种无意识动机指的是"人们往往意识不到他们的许多行为的真正理由"。"自动化"是与"非明确目的性"相关的。一旦思维过程发动了,科学审美直觉创造力就会自动把"思维元素"充分调动起来,并将主观映象中的智力图像加以新的组合,产生直觉的无意识的思维飞跃。

当然,我们说科学的审美直觉具有无意识性,并不等同于"没有意识",只可理解为由于直觉的"当下"和"迅疾",因而"来不及意识"、"暂时没有被意识"或"不需要特别地去意识"。彭加勒指出,一定要有自觉的努力工作为先导,不自觉的工作的机器才会开动起来获得结果,让"不自觉的我"、"潜伏的我"显现出来。如若"先前未曾有自觉之工作,事后亦无此项工作,则不自觉之工作无由发

---

① 彭加勒:《科学与方法》,见周义澄:《科学创造与直觉》,人民出版社1986年版,第213—214页。

生"①，即便有了也不能由此得出什么结果来。也就是说，瞬间获得直觉这种无意识性，是需要自觉的意识积淀为其基础的；创造主体的心理经验积淀得愈丰富，则由多种心理功能协调产生的科学审美直觉的可能性就愈大。

顿悟性是科学审美直觉在科学审美创造活动中的突出表现。通常，逻辑的演绎推理和归纳推理主要表示了思维认识的一种缓慢渐进，而科学审美直觉思维的过程则更多的是一种急速的飞跃、渐进性的中断。科学审美直觉是创造性思维处于亢奋状态下的兴奋点、凝聚点和质变点，因而具有急速飞跃的顿悟。德布罗意是这样来谈直觉的顿悟性的，他说："想象力能使我们当即把物理世界的一部分作为显示出这个世界的某些细节的直观图画而提出来，直觉则在烦琐的三段论方法没有任何共同之处的某种内在豁然顿悟中，突然给我们点破……当出现了摆脱旧式推论的牢固束缚的能力时，在原理和方法上均为合理的科学仅借助于智慧的冒险的突然飞跃之途径，就可以取得最出色的成果。人们称这些能力为想象力、直觉和敏感。"②由于科学审美直觉具有"突然飞跃"的顿悟性，科学研究者往往对酝酿过程一跃而过，从而缩短了"理性的长链"，只记住了全部思维过程的重要环节，甚至只记住了最后的结论。俄国生理学家巴甫洛夫(1849—1936)在分析自己由于直觉而找到了对实验的正确解释时说，"开始我自己并不清楚，我的推测的正确性从何而来。如果换一种说法，直觉出现了，本身被领悟了，但不明白为什么。"

① 彭加勒：《科学与方法》，见周义澄：《科学创造与直觉》，214 页。
② 陈大柔：《科学审美创造学》，第 159 页。

4.2 科学与艺术审美直觉的区别

在艺术审美活动中,直觉一直是人们最感兴趣又最难揭秘的问题之一。余秋雨认为:"在艺术天地里,最怕离开了真诚的直觉来发言行事。精巧的构思、滔滔的宏论,如果与自身艺术直觉无干,则不可能具有真正的生命。"①

我在前面给出了关于直觉的意义及科学审美直觉的特性。从本质上来说,艺术审美直觉的特性与科学审美直觉的特性大同小异,也具有直观、当下、快速的特点,并同样具有无意识性、非完全逻辑性、认识的整体性和顿悟性等特性。"大同"之处不再重复,这里针对艺术领域里的审美直觉谈几点特性。

我们说过,直观是直觉的一大特性。任何直觉都是感官化了的。感性直观即是审美主体直接用感官接受外在对象,这便是感知觉。审美性直观感知是艺术审美直觉产生的前提和基础。当然,这里可以有直接性直观感知和间接性直观感知。也就是说,艺术直觉可以由直接性直观感知而起,也可以由不直接性直观感知而生。譬如,艺术家在沉思冥想的时候,或在阅读交谈甚至休息的时候,都可能并不靠直接感知外物而凭藉心灵的感悟而直觉到某种意象和意蕴。马雅可夫斯基曾为描写一个孤独者对自己唯一的爱人的柔情而苦苦思索了许久,但毫无结果,不料当他躺下睡觉时却直觉到某个意象,那就是用残废了一条腿的士兵爱护他另一条腿来比拟那个孤独男子的爱。显然,马雅可夫斯基之所以能直觉到那个意象,与他曾以某种方式见过士兵的残腿的感知经验有关,

---

① 余秋雨:《艺术创造工程》,第189页。

这一感知经验成了马雅可夫斯基的记忆意象，并产生他直觉的间接性直观感知。

在艺术审美直觉中，当艺术家直观感知到对象的感性形象时，也同时就把握了隐含在感性形象内的某种意蕴。这正是直觉的穿透力和洞察力所致。艺术家可以根据知觉对象某一方面的特点，直接洞察到对象的性质、联系和关系。巴尔扎克回忆创作中的直觉精神现象时说："在真正是思想家的诗人或作家身上出现一种不可解释的、非常的、连科学也难以明辨的精神现象。它是一种透视力，它帮助他们在任何可能出现的情况中测知真相；或者说得确切点，是一种难以明言的、将他们送到他们应去或想去的地方的力量。"①我们前面所列举的高尔基、安德烈耶夫、蒲宁三人在一餐馆里进行观察力比赛，蒲宁凭直观推断某人不是个好人，正是他直觉洞察力强的表现。

由于直觉的整体性综合判断特点，把直觉主体也整合进总体背景之中影响判断，因而直觉比单纯的抽象思维具有更强烈的心理倾向性。直觉能在当下迅疾地做出结论，与直觉主体本身的心理"指向状态"有关，而一个人的心理指向受其需要、态度、价值观、情绪情感以及类似的中间变量等因素的影响。人的"心向"是暂时的动机状态，能引导直觉主体做出符合心向的知觉反应。与科学审美直觉相比，艺术审美直觉带有更多的情感心理倾向。也就是说，艺术审美直觉中的情感心理指向更能影响直觉主体的当下判断。正如中国俗话所说："情人眼里出西施"；西方俗话则说："爱侣

---

① 巴尔扎克：《驴皮记》初版序言，见《古典文艺理论译丛》(第10册)，人民文学出版社1965年版，第113页。

透过'玫瑰色眼镜'看世界"。正因为艺术家的原有思想感情倾向起着重要作用,因而他能在对象的直觉表象中把握住某种实质,某种联系与关系。《红楼梦》写宝玉和黛玉第一次见面就都认为早就相识,是因为宝、黛都知道会见的是谁,都早已情感投入并心仪,因而双方都凭直觉说出了似曾相识的话。从某种意义上说,这也是作者曹雪芹艺术审美直觉的表现。

如果要对艺术审美直觉作一个定义,可以这么说:艺术审美直觉是主体在审美经验的基础上,通过对客体的整体性直观而做出的一种对其本质性和内在联系的迅速而直接的当下综合判断。在艺术中,审美直觉既可以作用于创作,也可以作用于顾赏。就艺术创作而言,艺术审美直觉实则是创作主体通过直观客体的感性形式而对其表现性内涵加以直接把握的艺术思维洞察能力。艺术形象往往就由于这种直觉把握的表现性内涵(内在意蕴)的要求而被艺术家潜在地作了某种程度的加工、改造乃至变形,从而在艺术创作中完成将单纯的直观感知映象向直觉形象与意蕴相统一的审美意象过渡。

在艺术审美活动中,艺术审美直觉有不同的表现形式,如发现式直觉和彻悟式直觉。虽然这两种直觉都是当下的整体把握,然而,发现式直觉是随机地、随时随地对某个事物的本质性或内在联系的感知,是不需要预期的顿悟性直觉;而彻悟式直觉却需要有所期待,因为主体对某一事物在相当长时间内难以把握其本质或内在关系,所以一直有一种能把握的期待和愿望,在某个时刻豁然开朗,直觉出其深在的意蕴和内在关系,心灵随之受到震撼,精神受到鼓舞,这种直觉已经接近灵感或已转化为灵感。诗人顾城曾叙述过他对惠特曼诗的彻悟式直觉感应过程：

> 我发现惠特曼时笑了半天，我想他可真会胡言乱语……
>
> 我读惠特曼的诗很早，感应却很晚。我是个密封的人。一直到八三年的一个早上，痛苦的电流才熔化了那些铅字，我才感到了那个更为巨大的本体——惠特曼。他的声音垂直从空中落下，敲击着我，敲击着我的每时每刻。一百年是不存在的，太平洋是不存在的，只有他——那个可望不可及的我，只有他——那个临近的清晰的永恒。我被震倒了，几乎想丢开自己，丢开那个在意象玻璃上磨花的工作。我被震动着，躺着，像琴箱上的木板。整整一天，我听着雨水滴落的声音。①

为了更深刻地认识艺术审美直觉，我想将它与科学审美直觉作一比较，在二者的区别中进一步阐述艺术审美直觉的特点与性质，同时也有利于读者拓展和加深对科学审美直觉的认识。

作为人类生活和创造活动各领域中最为重要和基本的两种直觉，艺术审美直觉和科学审美直觉的运行机制大体相同，二者皆符合直观思维和当下判断。比如，有些诗本身就意象朦胧、晦涩难懂，如李商隐的许多无题诗就是如此。但梁启超在谈到儿时读这样的诗时说："这些诗，他讲的什么事，我理会不着；拆开来一句一句叫我解释，我连文义也解不出来。但我觉得他美，读起来令我精神上得到一种新鲜的愉快。"②小时的梁启超虽然没有完全搞懂诗

---

① 余秋雨：《艺术创造工程》，第 185—186 页。
② 徐旭编：《艺苑谈艺录》，北京大学出版社 1984 年版，第 10 页。

词的含义,但艺术审美直觉却保证了他审美判断的准确性。

不仅是艺术欣赏,便是在艺术创作中,艺术家凭审美直觉压缩逻辑程序或违反惯常逻辑性的情况也是比比皆是。如李白的诗"燕山雪花大如蓆"、"飞流直下三千尺";又如现代派画家蒙克笔下的太阳是黑色的,月亮是红色的,天空中充满 S 状的流云。这些奇异的比喻和独特感受确实找不出现实的逻辑依据,但它们表达出了深刻的思想内容。艺术审美直觉虽然没有逻辑思维那样一种外在的理性、体系化的模式,但其理性内容和意蕴却如盐入水在直觉感受中悄然发挥着作用。正如沈约所说:"高言妙语,音韵天成,皆暗与理合,匪由思至。"①

艺术审美直觉与科学审美直觉毕竟存在于两个迥然有异的精神领域,因而它们又在主观态度、直觉对象、思维路径和直觉结果上有着明显的差异。由于审美活动的目的不同,科学或艺术审美直觉者的主观态度是不一样的。科学家的审美活动是为了科学发现,为了获取对象的客观规律性,因而在直觉中采取的是认知态度,科学家的审美情感、想象等心理都是服从、服务于认识活动的。因此,科学审美直觉在本质上还是一种理智活动,西方有哲学家称之为"理智直观",即通过直观方式便在理智上把握了对象的本质规律。艺术审美活动是为了创造或欣赏典型形象,为了表达或感受作者的思想感情,因而在直觉中所采取的是情感性的审美态度。艺术家的审美直觉所要把握的是对象所包含的意蕴,并通过审美创造将意蕴用意象表现出来。艺术典型形象的内在意蕴,一方面与感性形象的特性有关,另一方面又与艺术家的审美主观态度有

---

① 《宋书·谢灵运传论》,见陈望衡:《艺术创作之谜》,第 372 页。

关。艺术审美活动中,直觉主体的理智埋头苦干不显现在前台,而是在后台为把握艺术意蕴服务的。

由于科学和艺术的审美目的不同,因而二者的直觉对象也不相同。这似乎是一个不言自明的事实,但它却涉及到科学与艺术审美直觉的对象化本质力量问题。马克思说过:"对于不辨音律的耳朵来说,最美的音乐也毫无意义,音乐对他说来不是对象,因为我的对象只能是我的本质力量之一的确证。"①科学审美直觉与艺术审美直觉作为人的两种不同的本质力量,它们是与各自特定的对象相适应的。科学家出于科学审美创造的目的和态度直观某一客观事物,这个被认知的事物便是科学审美直觉对象;艺术家出于艺术审美创造的目的和态度直观某一客观事物,这个被审美的事物便是艺术直觉的对象。一般来说,科学家审美直觉对象限定在自己的专业领域,是个别特殊领域的对象;而艺术家的审美直觉对象却很广泛,自然、社会、人生等随时随地都可以收入直觉视野。比如诗人的"床前明月光,疑是地上霜"审美直觉意境,画家可以直觉到它是一幅静谧安宁的图画,音乐家可以直觉到它是一首流淌着优美旋律的小夜曲,而科学却不会把它纳入科学直觉对象。

科学审美直觉与艺术审美直觉在其目的、对象和态度上有异,也就决定了直觉创造的活动方式不同,也即从感性直观到理性思维的逻辑过程不同。科学审美直觉本质上是理智性直觉,因而它是一种认识性的"直觉思维"活动,是对直觉对象本身的一种潜在的客观性理解。尽管科学审美直觉具有非完全逻辑性特点,但它始终必须有理智逻辑性潜在地起作用,否则就得不到普遍的本质

---

① 马克思:《1844 年经济学—哲学手稿》,第 79 页。

和规律。只是科学直觉主体的逻辑推理不是在显意识里自觉完成的,而是在无意识中完成的。艺术审美直觉的活动方式本质上不是对对象本身的一种潜在的客观性理解,而是对对象的一种潜在的主观性把握,它无须有严密的理智逻辑,而主要依据生活逻辑和情感逻辑去进行潜在的创造性想象和思维。比如,诗人的"床前明月光,疑是地上霜"的审美直觉,是他依据生活和情感逻辑不自觉地把月光看作是思乡的某种象征。这是诗人当下对月光的一种主观感受理解和创造,是靠理智性逻辑推理不出来的艺术意蕴。

于是,我们也可以看到科学审美直觉与艺术审美直觉的另一区别,即从感性直观到理性思维的中介环节不同:艺术直觉通过情感图像,比如"月光"、"霜"都是诗人审美直觉的情感图像;而科学审美直觉则通过智力图像来实现审美直觉从感性直观到理性思维的过程。日本科学家汤川秀树曾这样谈到过科学直觉中抽象的智力图像:"在任何富有成果的科学思维中直觉和抽象总是交相为用的。不但某种本质性东西必须从我们丰富的然而多少有点模糊的直觉图像中抽象出来,而且同样真实的是,作为人类抽象能力的成果而建立起来的某一概念也常常在时间的进程中变成我们直觉图像的部分。从这种新建立起来的直觉中,人们也可以继续作出进一步的抽象。"①由于长期的审美创造,科学家和艺术家头脑中分别存在宽泛的、不确定的、潜意识的直觉"智力图像"和"情感图像"。艺术家的审美思维一旦为感性直观所激活,记忆中贮存的审美信息纷纷活动起来,按照情感图像即"美"的模式进行加工、组合和塑造,最后创造出审美的艺术形象来。科学家在审美创造过程

---

① 汤川秀树:《创造力和直觉》,第93页。

中的思维被感性直观激活后,其记忆贮存的种种信息同样会积极调动起来,不过这些被激活的信息不是按照情感图像而是按照智力图像进行加工、整理和创造。这种智力图像是具有某种程度抽象的、模式化了的知识图像,是一种"真"的模式。因而,科学审美创造的指向不是审美的艺术形象,而是显真的符号体系。

最后,我们也可想而知,科学审美直觉与艺术审美直觉的结果是不同的。由于思维的过程在直觉中被凝缩了,因而直觉的直观与思维的连续性表现为短暂迅速的"一次定向连结"。这种"一次定向连结"可以有三种形式:一是从象到意象(有象之理);二是从象到情象(有象之情);三是从象到概念(无象之理)。前两种形式通常表现在艺术审美创造中,第三种形式通常表现在科学研究和创造之中。科学家一旦通过直观对象而发现了对象的本质和规律性,他一般就会舍弃对象的外在形象,只保留下对象有关本质性的东西。可以说,科学审美直觉的过程和结果都基本相同,其过程在智力图像帮助下是越来越简单,而最后结果是简单到不能再简单。最简单的也就是最高的科学审美直觉成果。正如米格达尔所说:"一个科学思想越是深刻就越是简化。但在艺术上则完全相反:完成了的艺术作品不能被简化——任何简化的尝试都会毁掉精华。"①同是观察物体降落,牛顿的直觉结果是简洁、深刻、显真的万有引力定律,李白则是"疑是银河落九天"的形象生动的诗句。可见,艺术审美直觉的创造过程永远是丰富具体生动的形象,艺术家在通过直观对象而把握到对象的意蕴时,他不仅不舍去对象的形象,而且通过释放意蕴使对象的形象升华为审美意象,最终用特

---

① 《科学与哲学》1984 年第 4 期。

定的传达手段把审美意象物化为细致可感的艺术形象。这最终的
艺术形象是丰富多彩、因人而异的。不同艺术家的思想感情都可
能通过意象物化出不同的艺术形象。在艺术审美直觉中,既溶理
于情,又溶情于象。审美情感不仅参与直觉思维活动,连最终的艺
术形象中也充满着、洋溢着情感色彩。而科学审美直觉中虽也有
情感因素,但仅作为直觉思维的动力,而决不会在直觉成果中留下
半点痕迹。

总之,在艺术审美活动中,直觉本身参与艺术形象的创作,推
动直觉印象和意念向典型形象转变,因而大量的艺术审美直觉成
果能够以更为精致的形式体现在创作过程的末尾,在艺术成果中
充满着艺术直觉所导致的精华。在科学审美直觉创造过程中,其
直觉对象开始是直观材料,后来就被理智图像所取代,最后剩下的
大多是已被理性过滤筛选并抽象过多次的东西,只有那些极为敏
锐细致的科学家,才可能从中领略到一些审美直觉的灵光。

4.3 审美直觉与艺术创造

60 年代,苏联 M. A. 马兹马尼扬曾对 60 名杰出的歌剧和话
剧演员、音乐指挥、导演和戏剧家进行了调研,"这些人全都谈到直
觉对他们创作的重要性"。[①] 可以说,艺术审美直觉几乎贯穿在艺
术创作的整个过程之中,在艺术创作中发挥着重要作用。

首先,审美直觉有助于艺术发现。艺术直觉即是对艺术美的
快速发现,这就为艺术家准备了材料,奠定了艺术创作的基础。艺
术家对外界材料的反应,不是靠理智的逻辑分析并确认其重要性

---

① 尼季伏洛娃:《文艺创作心理学研究》,甘肃人民出版社 1984 年版,第 72 页。

后才将其作为艺术素材的,而是创造主体的主观世界与客观世界的耦合和撞击被直觉感应到后进入艺术领域的。曾有美学家描述直觉对美的发现情形说:"眼睛一看到形状,耳朵一听到声音,就立刻认识到美、秀雅与和谐。"①另有美学家从欣赏的角度来谈论直觉对艺术美的发现:"一件艺术作品,不论使用的手段是形象或声音,总是对我们的直觉能力发生作用,而不是对我们的逻辑能力发生作用,因此,当我们看见一件艺术品,我们身上只产生了是否有益于社会的考虑,这样的艺术作品就不会有审美的快感。"②艺术家的审美直觉发现,有时直接进入艺术创作之中,有时浮于脑际,历时不忘,或潜入脑海某一深处的"黑箱"中贮存、翻卷,化合成一种随时可能张扬的浮现之力(美的张力),在创造某个形象和场景时则跃然而出,使艺术家的审美创作时时左右逢源,灵感勃现。

我们说审美直觉有助于艺术家发现美,主要是指发现形式美,包括美的形式和美的意味(情理)。苏珊·朗格从符号学的角度指出了艺术直觉发现的重要作用:"对形式的各种认识都是直觉的,各种关系只能通过直接的洞察即直觉来认识。各种关系是指:独特性、和谐、各形式的一致性、对比以及在整个完形中的合成等等。而且,形式、以及形式的意味或含义,也都是通过直觉发现的,(因此,有时也被人称为'感觉到')否则,就根本无法发现。"③克罗齐曾从直觉的表现论间接地说出了直觉发现的重要作用。在克罗齐看来,有了直觉也就有了表现,两者是一回事,很难割裂;而无法表现的所谓"直觉"实际上根本就不是直觉。他的名言是"心灵只有

① 引见张小元:《艺术论》,第 273 页。
② 同上。
③ 苏珊·朗格:《情感与形式》,中国社会科学出版社 1986 年版,第 438 页。

借造作、赋形、表现才能直觉。"①克罗齐关于赋了形的直觉才是
"真直觉"的见解是深刻的,因为只有形式美的直觉发现,才能让直
觉得以"赋形"。德国现代哲学家恩斯特·卡西尔在《人论》中批评
道:"克罗齐只对表现的事实感兴趣,而不管表现的方式。在他看
来方式无论对于艺术品的风格还是对于艺术品的评价都是无关紧
要的。唯一要紧的就是艺术家的直觉,而不是这种直觉在一种特
殊物质中的具体化。……但是,对一个伟大的画家,一个伟大的音
乐家,或一个伟大的诗人来说,色彩、线条、韵律和语词不只是他技
术手段的一个部分,它们是创造过程本身的必要要素。"②尽管卡
西尔对克罗齐的批评有言过之处(克罗齐还是注意到"赋形"的),
但他所提出让直觉"在一种特殊物质中的具体化",即给直觉以形
式的问题,倒确实是对克罗齐的精神哲学做出了重要的补充和校
正。对此,让我们再看一段卡西尔的精彩论述:

> 艺术家是自然的各种形式的发现者,正像科学家是各种
> 事实或自然法则的发现者一样。各个时代的伟大艺术家们全
> 都知道艺术的这个特殊任务和特殊才能。列奥纳多·达·芬
> 奇用"教导人们学会观看"(saper vedere)这个词表达绘画和
> 雕塑的意义。在他看来,画家和雕塑家是可见世界领域的伟
> 大教师。因为对事物的纯粹形式的认识决不是一种本能的天
> 赋、天然的才能。我们可能会一千次地遇见一个普通感觉经
> 验的对象而却从未能"看见"它的形式;如果要求我们描述的

---

① 余秋雨:《艺术创造工程》,第191页。
② 同上,第191—192页。

不是它的物理性质和效果而是它的纯粹形象化的形态和结构，我们就仍然会不知所措。正是艺术弥补了这个缺陷。在艺术中我们是生活在纯粹形式的王国中而不是生活在对感性对象的分析解剖或对它们的效果进行研究的王国中。①

无论是克罗齐的心理形还是卡西尔的物质形式的发现，都是必须有一双非凡的"慧眼"的，而作为这两种形式凝聚的艺术的直觉形式，是只有在对形式美的发现中才能创造出来。艺术的直觉形式的提炼，则可以成为艺术形式。从这个意义上说，艺术的直觉形式也就是艺术形式，只不过二者在完成转化的过程中，也同时完成了理念和情感向形式的积淀。艺术形式所显示的、也就是艺术直觉形式背后所蕴藏的，几乎是艺术家全部的情感和整体的生命。苏珊·朗格在探讨情感形式时一定看到了这一点，所以她才认为，艺术（情感）的形式实际上是"生命活动的投影"，"它们的基本形式也就是生命的形式"。基于同样的认识，克莱夫·贝尔才精辟地提出了"有意味的形式"的命题。

既能泳涵情感又能泳涵哲理的有意味的艺术形式，是对艺术直觉对象本体的超越，是从艺术美的形式向艺术的形式美的跃进。这种形式美的深层内容很可能被人淡忘，但形式本身却作为艺术意蕴的历史纪念碑长驻人们心头。我们很可能早已模糊朱自清与他父亲在月台告别的具体动人情景，但那情感的直觉造型——"背影"却清晰地浮现在脑海之中。同样，我们读《红楼梦》不可能不记住贾政最后一次见到宝玉的详细情节，但光头赤足、大红斗篷、一

① 余秋雨：《艺术创造工程》，第 194 页。

声不响、似喜似悲、僧道相持、飘然而去的直觉性很强的动态形象，却永远地留在了贾政的记忆中，也定格在了读者的脑海里。于是，我们很容易理解毕加索为什么要得意了："观念与情感终于在他的画幅之内成了俘虏。无论怎样，它们不再能逃出画幅了。"①

上面，我们探讨了艺术审美直觉从艺术发现到艺术形象的作用过程。但在实际创作过程中，还有赖艺术主体审美直觉的积极主动性，即对直观对象有否要把它转化为艺术形象的强烈愿望和冲动。一般来说，审美直觉常常是艺术创作冲动产生的机缘，强烈的艺术创作愿望和冲动往往是艺术直觉的结果。雪莱的著名历史剧《沉西》的创作冲动，来自女主角贝特丽采在狱中的一幅画。画中贝特丽采那纯朴、忧郁的神情，使诗人心灵受到震动，凭直觉他感到了贝特丽采的无辜，因而萌发了创作冲动，并在整个剧本中都寄予了无限的同情。屠格涅夫在回忆《父与子》的写作时说：巴扎罗夫"那个典型很早就引起我的注意了，那是在 1860 年，有一次我在德国旅行，在客车上遇到一个年轻的俄国医生，他有肺病……我跟他谈话，他那锋利而独特的见解使我吃惊。两小时以后我们就分别了。""照我看来，这位杰出人物正体现了那种刚刚产生的、还在酝酿之中、后来被称为'虚无主义'的因素。"②对这个人物的直觉印象，使屠格涅夫勃发了创作冲动，并立即投入了艺术创作之中。

当作家创作出来，要交付给导演、指挥进行二度创造时，导演和指挥也是首先以审美直觉来接纳作品的。不止一位电影导演说

---

① 余秋雨：《艺术创造工程》，第 204 页。
② 林公翔：《科学艺术创造心理学》，第 265 页。

过,他们非常重视"初读剧本"的时刻,因为初读直觉往往决定了他们是否拍摄的意向,初读直觉会始终指导和控制着以后的精细分析,并裁定影片的总体风格。有的导演惊讶地发现,初读剧本时在边上随手涂写的几句印象,待影片完成后竟能完全贴合;当初引起激动的段落变成了最精彩的艺术片断,而直觉平淡的部位并未因技巧的调动而有多大的补益。① 这实际上是应合了心理学上所谓"首因效应"。艺术直觉可以由"第一印象"演变而成,而第一直觉印象由于其新鲜感和独特性又最能触动创造主体的创造欲望。据说李贺外出,有携带锦囊的习惯,为了随时把沿途的所见所闻写成诗句投入袋中。李贺这样做,实际上就是以诗的形式储藏第一直觉印象,或者说随时把第一直觉印象转化为艺术形式。

艺术审美直觉不仅可以在艺术创作之始提供契机和动力,而且可以在艺术创作进程中促进意象的构成和有助整体性构思。明代黄经虞《雅伦·炼句》:"唐僧琢句法:比物以意,而不指言一物,谓之象外句子。如无可'听雨寒更尽,门前落叶声',以落叶比雨声也。又'微阳下乔木,远烧入秋山',以微阳比远烧也。言其用不言其名。"② 在审美直觉中用具体事物的外形进行类比,抓住事物的直觉印象落笔,易于发人联想,产生艺术意象。审美意象的形成往往直接来自艺术直觉的作用。艺术中那些最精彩的细节意象有许多其实不是艺术创作之前就想好的,而是在创作中,艺术家由于外物的触动而内心波动之后,艺术意象凭内视直觉突然从脑海里闪现出来。审美直觉促进艺术意象的构成在诗歌创作中最为常见。

---

① 参见余秋雨:《艺术创造工程》,第 184 页。
② 刘烜:《文艺创造心理学》,第 74 页。

有时候,一个眼神、一片落叶、一朵浪花、一片晚霞、一颗露珠、一滴泪水,诗人都可以凭藉审美直觉让其闪烁出不平常的意象的光辉。这一点我自己也颇有体会,比如我曾在一次爬浙江大学所背靠的老和山时,看到了山上石缝里有一株无名野花,旁边是一座某个未婚夫为其未婚妻修垒的坟墓,未婚夫的名字上描着新鲜的红色,便凭审美直觉写下了如下两行诗句——

　　　　圆明园废墟的石缝里有一朵野花在曙光中迎风摇曳。
(24 首)
　　　　在电光之中,映照出残缺的石碑和一双僧侣的布鞋……
(25 首)①

又如,在我同一本诗集下卷"情潭"第五乐章"悟"中,有两首直觉意象表达了对爱情的感悟——

　　　　　　二
　　　　记得当年　你莫名的泪
　　　　时常在瞳仁里打转
　　　　子夜的露珠
　　　　在荷尖上震颤

　　　　而今　岁月将风霜
　　　　染上你的鬓际

---

① 陈大柔:《心潭影》,第 6 页。

苍苔

蔔伏在井台的边沿

二十

是那样盈盈的一泓秋水

载不起心头的一朵玫瑰

那就把那片思念的云捎上吧

云端上

一只衔花的小鸟从天涯里飞回……①

艺术直觉所形成的审美意象,并不是对某一直观对象的机械映象,而是一种创造性的思维活动。克罗齐认为,直觉是全部心灵活动的基础,而直觉心灵活动的产品即"意象"。在克罗齐看来,由直觉产生的意象是创造出来的而非反映出来的。它带有人的主观因素,所以在心灵中"直觉到"也就是在心灵中"表现出",因而直觉即表现。朱光潜将克罗齐的学说译介到中国,他自己也在审美直觉意象的创造性上有所见解:"要产生诗的境界,'见'所须具备的第二个条件是所见意象必须恰能表现一种情趣,'见'为'见者'的主动,不纯粹是被动的接收。所见对象本为生糙零乱的材料,经'见'才具有它的特殊形象,所以'见'都含有创造性。"②朱光潜这里所谓'见'可以理解为审美直觉。艺术审美直觉的创造性是人的感性、理性和情感三位一体的表现。艺术审美直觉的创造性不仅

① 陈大柔:《心潭影》,第 122、131 页。

② 林公翔:《科学艺术创造心理学》,第 271 页。

可以用比拟、联想来直接而通达地创造出特殊的审美意象,从而让
人较容易地领悟其意蕴中的思想感情,而且可以通过反比、隐喻来
间接而迂回地创造出更加特殊的审美意象,从而让人在一时莫名
其妙后的顿悟中对其中蕴含的更加深刻的哲理和情感发出惊叹。
这里我一时手头找不出更好的例证,还以我的几首小诗为例——

> 风欲静,尘土自扬。(30首)
>
> 我将树拨起,将根举向天空。(28首)
>
> 当青烟袅袅升起的时候,火正渐渐的灭。(31首)

读者看第一遍时,也许并没有什么特别感觉。但你不妨再看几遍
试试,你是不是会觉得有什么不对头的地方? 或许你就要惊奇
了——作者是不是错了:明明是尘土欲静,风要将它扬起嘛;明明
当青烟袅袅升起的时候,火会渐渐的燃旺嘛……有个学生曾问我:
"陈老师,树被拔起本来就容易死了,你还要把根去举向天空让太
阳暴晒,不是死得更快吗? 您写这几句话是什么意思?"我回答说:
"我也不知道是什么意思,我当时就这么一个(直觉)意念,就随手
写下来了,你看出什么意思就什么意思,看不出来就不要去强求
吧。"我并非在糊弄学生,我说的是真心话。事实上,《心潭影》中的
小诗有许多是在无意中凭直感写下的(更确切一点讲是"记"下
的),当时连我自己也并没有明确其中的意蕴,只朦朦胧胧地有那
么一点飘忽不定的感觉。我想,我写下来了,出版了,而且我的责
任编辑也没有把它们"负责任地"勾去,至少说明她多少还感悟到
一点什么吧。如果有读者在看了我这本书后去翻阅《心潭影》,有
什么疑问,"后记"的"多余的话"中有两段话,可以多少为你作些解

释——

　　"心潭影"(原名"禅意微语")是作者历年来或坐忘或云游的偶思遐想。诚然,万物恒旧,惟人的眼光折射常新。语言又何其狭隘,便是我这"心影",亦不过是力图用心通过有限的语言,去追寻或捕捉大自然内在的音响,或力图与大自然交响共鸣。也许,一些片断早已为前人用不同语言重复过,而又要被后人所重复。但仔细一想,宇宙人生真是宏大得很呢!再伟大的人物,也不过是揽住宏大宇宙些许飘忽不定的气韵而已……

　　我记得尼采说过:"反题(Antithese)是一道窄门,错误最爱经过这道门悄悄走向真理。"我以戏谑式乃至判逆式的反题来追求真和善,又倾注全部的真情挚意来追求爱和美。我想,这两者并不矛盾。①

　　艺术世界是一个完整的生命世界,艺术作品哪怕只是郑板桥笔下的几枝竹,齐白石笔下的几只虾,徐悲鸿笔下的几匹马,也还是一个完整的世界。如何在艺术审美创造中将不同事物、不同形象组合成一个有机整体,这是一个重大的艺术问题。形式逻辑精确的推理和归纳在这里失去了威力,而审美直觉则可在艺术的整体性构思中施展才能。由于审美直觉具有整体性把握事物的特点,因而它能跨越逻辑思维所难以克服的关系障碍,在精神实质上把握事物间及形象间的内在关联处,从而帮助艺术家进行整体性

---

　　① 陈大柔:《心潭影》,第136—137页。

构思。有时候,艺术家在构思过程中,会从审美直觉的整体倾向获得启示,使若干不明确的环节得到补充和衔接。对此,屠格涅夫曾深有体会地说道:"任何艺术创作需要一定的推动,所有人都承认,纯粹的非自觉的创作都是每个写作的人所固有的。有时会出现迟钝的精神状态,那时您写着、写着,但不知如何描写,如何应付下一句句子。突然,好像有人对您说如此这般,您对此感到惊奇……"①

柏格森在谈到艺术审美直觉的整体性构思时说道:"画家把对象看得很简单、质朴,并要作为一个整体转移到画布上来,并且越是以一个不可分割的直觉的投影来感动我们,表现也就越完整了。……"②爱因斯坦也曾从欣赏的角度谈到审美直觉在艺术整体构思中的重要性,他在1939年回答某个机构询问他关于音乐爱好的问题时说:"在音乐中我不去寻找逻辑的东西。总的说我所依赖的是直觉,我不了解理论。如果我从直觉上不能抓住一部作品的内在的统一(即结构),我是不会喜欢它的。"③当然,可想而知,这种能够把握全部的整体性直觉构思,是需要很高艺术造诣和修养的。一般来说,在诗歌创作和绘画领域这种整体性直觉构思较易得到体现,而那种鸿篇巨制式的小说则难以做到在开头便定下结局。也许,在写作过程中正是受了直觉的启示和引导,最后连作者自己也难以相信结尾竟是如此地违背初衷。比如,我们很难想象曹雪芹在批阅了十载的《红楼梦》写作之初便已做好了整体性直觉构思,却可以在欣赏"枯藤老树昏鸦,小桥流水人家,古道西风瘦

---

① 林建法、管宁选编:《文学艺术家智能结构》,第187—188页。
② 余秋雨:《艺术创造工程》,第182页。
③ 海伦·杜卡斯、巴纳什·霍夫曼:《爱因斯坦短简缀编》,第101页。

马,夕阳西下,断肠人在天涯"时,感受到这首艺术直觉所抒写的诗中,组合了十个直观形象于一体,成了一幅极其精致典型的诗画艺境。

艺术不只是对客观事物的直观和摹描,不是照猫画虎式地照搬生活,伟大的作品都蕴含着极其深邃的思想,作者那超凡的对生活深刻的透视力常常让人心颤或令人振奋。审美直觉可以增添作者大幅度洞察生活的艺术透视力,磅礴的直观、直觉使作家的思想具有了直杀本质的力量。歌德认为世界对于拜伦来说是通体透明的。巴尔扎克在谈到作家直觉透视力时说:这种能力可以帮助作家在任何情况下测知真相,可以将他们送到他们应去或想去的地方。在艺术审美创作中,常常是作者的创作期望值可能并不高,但因其直觉的深刻透视力却获得了出乎意料的极大成功,这在很大程度上要归功于艺术家磅礴的直觉力和形象地透视现实的才干。

艺术审美直觉对生活的透视力,是直觉主体对现实和事物的本质规律性的综合判断和把握的能力。它建立在直觉主体丰富的经验和先验遗传信息基础上,但并不纯粹是先验的、天赋的、非理性的结果。法国作家普鲁斯特在谈及自己创作中所体验到的直觉奥秘时说:"直觉,不管它的构成多么单薄与不可捉摸,不管它的形式多么不可思议,唯独它才是判断真理的标准。根据这条理由,它应该为理智所接受,因为,在理智主张能提取这一真理的条件下,只有直觉才能够使真理更臻完美,从而感受到纯粹的快乐。"这位意识流小说的代表作家,尽管将直觉在创作中的作用抬得很高,但还是从自身的艺术实践中领悟到:创作还是需要理性的,真正成功的艺术家不能将直觉与理智对立起来。为此,他进一步阐明道:

"直觉与作家的关系,就如同实验与学者的关系一样,其不同之处仅在于:对于学者来说,理智活动在先,而对于作家来说,理智活动在后。凡不是我们被迫用自己的努力去揭示与阐明的事物,凡是早已经解释明白的事物,都不属于我们的。"①

上面我们所讲的审美直觉在艺术创造中的作用,如有助于美的发现,有助于形成创造的机缘,有助于促进艺术的意象构成和整体性构思,以及有助于提高对生活深刻的透视力等等,其实归结到一点,就是有助于艺术家发挥艺术独创性。艺术审美直觉可以说是"景与情会"产生的,艺术家卓尔不群的艺术个性及丰富深厚的艺术情感,自然会产生出多样的直觉判断,从而做出独特性的发挥。比如,最先使观者从单纯的色彩本身感受到欢愉的莫奈(Claude Monet),在伦敦常见的雾天作画时,凭"直观自然"的精神画出了雾伦敦的不同颜色。他画威斯特教堂时画面上的雾是紫红色的,在当时引起舆论哗然。当人们认真观察后,原来哥特式教堂有红色的,周围建筑有红色的,在阳光照射下就显出了紫红的色彩。这种增添了宗教神秘气氛的颜色,最终使凭直觉印象作画的莫奈获得了成功。

有时候,艺术家不凭当下的直觉判断,而是通过调动丰富的直觉印象的储存,也能进行独特的艺术创造。相传艺术素养颇高的宋徽宗给画家们出了一道画题"深山藏古寺",让画院的画家们一起来作画。有一位画的是深山老林的背景前有一古寺,这种对题意的过于简单的直观图解自然难成上乘之作;另一位画的是山谷

---

①　普鲁斯特:《复得的时间》,见《"冰山"理论:对话与潜对话》,工人出版社1987年版,第426页。

中露出来一面古寺的红墙,这似乎点出了画题上的"藏"字,但其直觉意象缺乏深刻意蕴和生命力,宋徽宗看了微笑不语。第三幅作品,画面上没有古寺,只见在画的下方有一个老和尚在溪边挑水,一股山泉潺潺地流着,远方是高山和一片丛林。这幅"此处无声胜有声"的画被宋徽宗首肯了。因为凭着直觉记忆,人们从画面上挑水的和尚自然便直觉到了丛林深处正是和尚居住的古寺。直觉记忆帮助这位画师做出了独特的艺术创造。

绘画史上,还有人凭藉艺术审美直觉创新出绘画方法。如西方 14 世纪出现的被称为"启迪人类心智与精神的人物"乔托(1276—1337),就是"历史记载中第一位凭直觉悟出有一种绘画技法最为优越的人",这就是在构图上应把视点放在一个静止不动的点上,并由此点引出一条水平轴线和一条竖直轴线来。于是,乔托在绘画这一平面艺术上恢复了欧几里得的空间观念——虽说他并未动用大量的几何公理加以解释。由是,沿袭了上千年的扁平面,一下子得到了深度这第三个维度。① 乔托凭审美直觉悟出的独特画法,正是引起绘画艺术领域深刻革命的"透视画法"。

4.4 审美直觉与科学创造

审美直觉在艺术领域中的作用是很大的,但也许在科学领域所发挥的作用更大。如果说艺术家津津乐道于想象和灵感的话,科学家更喜欢提直觉。法国物理学家德布罗意就说过:"无论基础方面还是方法方面本质上都是理性的科学,只有当科学家表现出所谓想象和直觉的能力,也就是摆脱严格推理的桎梏的能力,从而

---

① 参见史莱因:《艺术与物理学》,第 41—42 页。

取得冒险的突进时,他才会达致辉煌的成就。"①

科学家对审美直觉的信念,是科学研究的非智力因素,可以成为科学创造的强烈动机和强大动力。爱因斯坦曾说过:"我相信直觉和灵感。……有时我感到是在正确的道路上,可是不能说明自己的信心。"②这就是审美直觉信念,这一信念不仅支持着爱因斯坦在科研道路上取得重大的突破性成就,而且支持着他坚信自己科学审美直觉的正确性。在1909年的德国自然科学家协会第81次大会上,爱因斯坦介绍了自己所考虑的装有理想气体和一块固体质料板的空腔的理想实验方案,用以说明光量子假说。尽管包括普朗克在内的多数物理学家并不同意他的光量子论,但爱因斯坦坚持说:"这个方案由于它的直觉性对我似乎特别具有说服力。"③直至1918年还有许多人不赞成光量子假说,但爱因斯坦则更加坚定了自己的科学审美直觉信念,他明确宣布:"对于辐射中的量子实在性,我不再存疑,尽管至今只有我一个人有这种信念。"④当1919年日蚀观测证明了广义相对论关于光线经引力场发生弯曲的结论,全世界为之轰动,而爱因斯坦却凭他的科学审学直觉认为:"要是这件事没有发生,我倒会非常惊讶。"⑤狭义相对论建立之后,爱因斯坦又进而思考:相对性原理是否只限于惯性系(即彼此相对作匀速运动的坐标系)呢?"形式的直觉回答说'大概不!'"。尽管当时的力学尚无这样的基础,但爱因斯坦的科学审美

---

① 林公翔:《科学艺术创造心理学》,第262页。
② 《爱因斯坦文集》(第1卷),第284页。
③ 同上,第63页。
④ 《爱因斯坦文集》(第3卷),第434页。
⑤ 《爱因斯坦文集》(第1卷),第284页。

直觉内驱力仍然促使他把相对性原理推广到加速运动参考系,导致了更为深入的引力理论。而且,爱因斯坦科学审美直觉信念认为:"这种思想在原则上是正确的,对此我没有丝毫怀疑。"①

实际上,早在爱因斯坦之前,就有许多杰出的科学家具有审美直觉信念,并以此作为强大动力推动自己的科学创造。开普勒就是其中之一。哥白尼美妙的日心说一旦拨动了开普勒心中追求天体和谐的琴弦,他就一直在思考如何寻找天体在几何上的和谐关系。凭藉科学审美直觉,开普勒确信六大行星与毕达哥拉斯所发现的五种正多面体之间一定存在着某种谐和的关系。经过长时间的思索和计算,开普勒终于求得了行星轨道那种美妙的几何关系,这使他体验到了莫大的科学美感。开普勒的科学审美直觉使他坚信:这是上帝在娴熟地运用几何学,自己则是第一个和上帝的心声产生共鸣的人。

审美直觉之所以让科学家如此信赖并坚信,是因为它帮助科学家在实际的科学研究和创造中,获得洞察、判断力和直觉启发,进行直觉想象和预测、预见,寻找事物内在的关系,进行直觉选择,并进而产生科学新理论。

科学审美直觉思维包括"感性直观"、"理智直觉"各个层次。人的这种思维能力即通常所谓的直觉判断是科学审美直觉的一种高级形式,对科学研究和创造是十分宝贵的心理品质。帕斯卡在总结了自己科学研究工作的经验之后,认为他的科研成果的获得主要依靠他的科学审美直觉。这种科学审美直觉指引着他对许多科学问题做出准确的判断,并运用了巧妙的推理与运算方法,既简

---

① 《爱因斯坦文集》(第1卷),第46—47页。

捷又明确地得出许多科学结论。

科学审美直觉洞察力曾使我国宋代科学家沈括发现流水浸蚀作用比英国人郝登这方面的认识早约 700 年。当年沈括在雁荡山考察时，发现一些奇怪的自然现象："予观雁荡诸峰，皆峭拔险怪，上耸千尺，穹崖巨谷，不类他山，皆包在诸谷中，自岭外望之，都无所见，至谷中则森然干霄。"他以大胆的科学审美直觉判定其原因是"谷中大水冲激，沙土尽去，唯巨石巍然挺立耳"，指出了这是流水侵蚀作用的结果。

在科学实验中既要有精湛的实验技巧，也要有卓越的科学审美直觉洞察力。实验科学家如果具备了这种科学审美直觉的洞察力，就可以把实验需要的各种技巧或技术，分解为各种技巧或技术要素，然后进行实验。譬如，美籍华裔物理学家丁肇中就不但在实验设计中，而且在实验过程中都具有科学审美直觉洞察力，从而使他在测量粒子的动量实验中，不仅装置巧妙，而且过程精密，获得了完满的科研结果。

在科学研究和创造活动过程中，与科学审美直觉的洞察、判断不同的另一种科学审美直觉情景是：研究者沉思于某一课题，既没能在大脑的储存库中搜索到相应的东西，又没有凭借想象力获得有用的结果，然而，就在某一时刻，在他所思考的问题圈外，甚至是相距遥远之处传来的一个信息，却在瞬间导致研究者"思接千载，视通万里"，"障碍"冲破了，思路接通了，问题点化了，这就是科学审美直觉的启发。

科学审美直觉启发的这种"突然点破"在心理学上被称为"原型启发"，起到启发作用的事物则称为"原型"。任何事物都可能具有某种启发作用，一般可分为两大类：一类是实物图像，一类是语言符号信息。达尔文与华莱士分别受惠于马尔萨斯的名著《人口论》而创立进化论学说,就是一个颇为典型的符号文字为"原型"的科学审美直觉启示例子。在科学史上,受实物图像"原型"的审美直觉启发的例子就更多了。因为实物图形所载的信息能更直接地让人感觉到,不像语言文字那样间接,须由文字向图像转译,而且不会像语言文字那样由于多义性容易引起误解。牛顿因苹果坠地受到启发而发现了万有引力定律,瓦特因蒸汽冲开水壶盖受到启发而发明了蒸汽机,皆是由实物载体信息的"原型启发"而导致的科研成果。

科学审美直觉启发既非是人凭经验做出的当下的直觉判断,亦非是由记忆库中的"潜知"这类思维元素的调动与重新组合构成的直觉想象,而是在某种新的外部信息刺激下发生的科学审美联想的"原型启发"。这种科学审美联想使原先互不相关的事物瞬间搭起一座无形的桥梁,使得思维过程中的信息传递得以冲破"障碍物",从而产生跳跃式的创造性的自由联想。比如英国技师皮金顿由洗碗水上的肥皂泡受到启发而设计出让玻璃溶液漂浮在坩埚沿上制出平板玻璃而不须研磨的方法;英国气象学家泰勒由一具抛在田沟里的旧犁获得启发而设计出一种轻便的锚,皆是以科学审美联想为基础的科学审美直觉启发所致。

在科学活动中,科学审美直觉还可以帮助研究者进行科学的预见和预测。科学审美预测是科研者根据科学经验和部分信息推测研究对象所具有的全部相关信息,从而做出结论性的科学猜想。卓越的科学审美直觉预见能力,使科学家在纷繁复杂的事实材料面前,能够敏锐地察觉到某一类现象和思想所具有的最重大的意义和价值,预见到将来会在这方面产生重大的科学发现和创造。

这种科学审美直觉有时也称"战略直觉能力",因为它有助于科研者确定科学研究的发展方向。有"战略直觉能力"的科学家具有敏锐目光,能正确地预见到科学发展的趋向,因而有着独到的见解和谋略。

苏联著名物理学家福克说过:"伟大的、以及不仅是伟大的发现,都不是按逻辑的法则发现的,而都是由猜测得来;换句话说,大都是凭创造性的直觉得来的。"①科学史实证明,居里夫人和普朗克等科学巨匠都有着很强的直觉的预测能力。居里夫人在镭元素的原子量被测定出来前四年就宣布了镭元素的存在。后来,居里夫人通过证明镭的存在而向全世界证明了自己直觉预测是正确的。居里夫人这种大胆的科学审美直觉预测被劳厄称之为"以直觉的预感击中了正确的目标"。②

科学审美直觉所预见的产物尽管在客观世界中没有原型,但科学主体可以受到与原型相类似的模型的直觉启发,在大脑中建立起由因果关系构成的事件环链的原型,一旦被科学事实所证实便成了科学创造。1705年,哈雷公布他根据牛顿提出的方法所确定的24颗彗星的轨道要素,他凭自己独特的直觉能力发现其中1531年、1607年和1682年出现的三颗彗星的轨道要素是相似的,而且轨迹都是围绕太阳的扁椭圆。凭科学审美直觉,哈雷判断这三颗彗星是同一颗,并预言它将于1958年前后再次回来。那年年底,也就是在哈雷去世16年后,这颗彗星果然如期回来。为了纪念英国这位科学审美直觉能力极强的天文学家,人们用他的名字

---

① 王梓坤:《科学发现纵横谈》,上海人民出版社1978年版,第109页。

② 劳厄:《物理学史》,商务印书馆1978年版,第63页。

命名了这颗大彗星。

正因为科学审美直觉具有预测功能,因而在科学研究和创造活动中,它能够帮助研究者对科学问题、研究方法、研究的思维路线与技术路线,以及研究决策进行选择。据科学史记载,在原子物理学和原子核物理学方面做出过一系列重大开创性贡献的卢瑟福具有非凡的"战略直觉能力"。他首先发现原子核的存在,并提出原子结构的行星模型。这正是他凭科学审美直觉,很早就选择并倾心投入这方面研究的结果。正如玻尔所说:"卢瑟福很早就以他深邃的直觉认识到,复杂的原子核的存在和它的稳定性,带来了一些奇异和新颖的问题。"[①]

爱因斯坦认为:"在碰到了特殊的情况时,要明确地决定什么是值得想望的,什么是应当戒绝的,倒不是一件容易的事。正像我们很难决定,成为一幅好的绘画或者一首好的乐曲的究竟是什么一样。这些东西用直觉去感觉比用理性去理解更加容易一点。"[②]爱因斯坦在回忆自己的学术生涯时说道:"我了解到数学划分为许多学科,每一个分支都能轻易耗尽我们仅有的短暂的一生。因此,我深感自己处于布里丹的驴子的境地,不知道吃哪一捆干草好。这显然是由于我在数学领域里的直觉能力不够强,不能把那些真正带根本性的、最紧要的东西从浩瀚的学问中按轻重缓急清楚地区别出来……物理学也同样分成几个分支学科,每一个分支同样会耗尽短暂的一生……在这个领域里,我总算不久便学会了识别导向精髓的东西,学会避开那繁多的、令人头昏脑涨、偏离目标的

---

① 林公翔:《科学艺术创造心理学》,第 263 页。
② 王极盛:《科学创造心理学》,第 482 页

一切。"①爱因斯坦在量子理论上做出的贡献正是他凭藉科学审美直觉正确选择的结果。当普朗克凭科学审美直觉预测出能量子假说之后,物理学家们就面临这样的选择:究竟是通过修改来维护经典物理理论,还是进行科学革命另创新的量子物理学。爱因斯坦选择了后一条路,结果通过"光量子假说"对量子论做出了重大贡献。奥地利物理学家泡利赞叹道:这正是爱因斯坦凭藉了他非凡的直觉选择能力。

彭加勒把科学审美直觉的选择本身看作就是一种科学发现或发明方法。他说:"所谓发明者,实甄别而已,简言之,选择而已。"②这种科学审美创造方法不仅可用于物理,亦可用于数学,因为它们的发明方法都是"由各个事实以进于定律,且选择可发现定律之事实。"③彭加勒认为数学发明就是在数学事实的无穷无尽的组合之中找出有用的组合,抛弃和甄别无用的组合。以微积分计算为例,求导时,人们只须像加减乘除一样运用有关的几条规则就可以了,这里用的是逻辑思维而不须进行创造性思维活动;但积分的时候就完全不同了,因这时没有一般的规则可以依据,除了一些有关手段和方法的知识外,全凭直觉经验来从各种可能的解算途径中选择出可行的捷径。

凭科学审美直觉从许多科学方案中选择最佳方案,现已成为科学家们广泛采用的一条原理。科学审美直觉选择还被海森堡用

① 伯恩斯坦·《阿尔伯特·爱因斯坦》,科学出版社1980年版,第21—22页。"布里丹的驴子"是说一头驴子站在两堆同样大小、同样远近的干草之间,因为没法决定吃哪一堆干草而饿死。
② 彭加勒:《科学与方法》,商务印书馆1933年版,第43页。
③ 同上,第282页。

来作为科学美学理论的一个方法论原则,即在科学发现中科学家常常遵循科学审美直觉去追求真理,在真与美的选择中,科学家往往愿意放弃"真"而选择"美"的理论形式,认为在美的形式中往往包含着一种比暂时的真更为普遍和根本的东西。海森堡用"美是真理的光辉"这句格言来阐明科学审美选择对于发现真理的重要意义。

在一般的科学研究和活动中,人们常常通过逻辑思维寻找事物内在的联系。但是,具有科学审美直觉能力的科研者,则经常能在逻辑思维难以奏效时,直觉地抓住事物间的联系,而且更深刻、更内在。爱因斯坦曾高度评价科学审美直觉抓住事物内在联系的重要意义。他指出:在法拉第—麦克斯韦这一对同伽利略—牛顿这一对之间有非常值得注意的内在相似性:每一对中第一位都直觉地抓住了事物的联系,而第二位则严格地用公式把这些联系表述了出来,并且定量地应用了它们。

科学史上,一些有杰出成就的大科学家在重大的科学发现上都曾得力于这种凭藉科学审美直觉寻找事物内在联系的功能。譬如毕达哥拉斯直觉地感到宇宙美与数的和谐有关;笛卡尔直觉地感觉到几何学与代数学及逻辑学应当能够统一起来,并找到了三者之间的联系,进从而创建了解析几何学。彭加勒曾在回忆录中记述过凭直觉找出事物内在关联性一事。彭加勒在发现福克士函数定理之前,曾花费了两个礼拜时间来证明有无这种函数。他每天在工作台前一坐就是一、二个小时,但仍一无所获。某晚他违反常例,在偶然喝了咖啡后一时无法入睡,各种思想纷至沓来,互相冲突排挤。在科学审美直觉作用下,他把其中两个想法关联了起来。第二天清晨,他终于确认有这么一种函数存在,并可由超几何级数推出,剩下的便是花几个小时将结果表示出来即可。另一个著名的例子是关于印度天才数学家塞尼凡萨·雷迈努金的。有一次,雷迈努金病倒了,住进了帕特尼(Putney)医院,哈代乘坐一辆出租车看望他。当他俩谈到出租车的号码时,哈代说:"号码是1729,对我来说相当单调,但愿它不是一个不幸的兆头。"雷迈努金立刻回答:"不,它是一个非常有意思的数,是最小的能用两种不同的方式表示成两个立方和的数,即 $1729 = 12^3 + 1^3 = 10^3 + 9^3$。"这充分显示了雷迈努金的创造风格:凭审美直觉迅速找出事物的内在联系,并做出应有的正确结论。

美国著名科学史家库恩在论述科学革命结构时谈到,从旧规范到新规范的变革离不开直觉。新规范是经过"直觉的闪光"出现的。[1] 在大量经验的基础上,科研者既可通过逻辑思维来形成科学概念与理论,也可通过科学审美直觉来形成新的科学思想和科学理论。

爱因斯坦认为,"一般地可以这样说:从特殊到一般的道路是直觉性,而从一般到特殊的道路是逻辑性的。"[2]他曾提出过一个著名的思维同经验的联系的图式,认为科学的假设或公理 A 是以经验 ε 为基础的,"但是在 A 同 ε 之间不存在任何必然的逻辑联系,而只有一个不是必然的直觉的(心理的)联系"。[3] 从直接经验 ε 跃升到公理体系 A 是由科学审美直觉形成的。这是爱因斯坦的一贯思想。他在 1918 年就曾说过,物理学家的最高使命是要得到那些普遍的基本定律,而"要通向这些定律,并没有逻辑的道路;只

① T. S. 库恩:《科学革命的结构》,上海科学技术出版社 1980 版,第 101 页。
② 《爱因斯坦文集》(第 3 卷),第 490—491 页。
③ 《爱因斯坦文集》(第 1 卷),第 541 页。

有通过那种以对经验的共鸣的理解为依据的直觉,才能得到这些定律。"①他告诫道:"要在逻辑上从基本经验推出力学的基本概念和基本假设的任何企图,都是注定要失败的。"②他指出感觉经验对于物理学逻辑体系的基础的关系"只能直觉地去领悟"。③

一群享有盛名的法国数学家所组成的布尔巴基学派认为,数学家经常依靠他特殊的直觉来获得数学定理。这种直觉并非我们通常所谓的感官上的直觉,而是由于数学家的职业敏锐性,加上他们对数学的各个领域和方法十分熟悉,从而产生出的一种科学审美直觉。同样,彭加勒不仅像许多人那样认为逻辑是证明的工具、直觉是数学发明的工具,而且,他还认为即使在数学证明中,也离不开直觉。为此,他还专门研究了由科学审美直觉所导致的数学公理的性质和形式。当然,在科学研究中,尤其是在数学中,我们决不可忽视逻辑的强大力量。实际上,即使是科学审美直觉的形成,也离不开逻辑思维的迅速概括和高度浓缩,二者通常是交织在一起的。

1900 年,普朗克在科学实验数据的基础上,再凭着他的科学审美直觉预见,拼凑了一个在形式上可以完美地与实验数据相符的新的理论公式。为了给这一有着形式美的公式寻找理论根据,普朗克大胆地抛弃了能量连续的传统科学思想,提出了能量是不连续的新概念。20 世纪初,这一能量不连续的量子概念同相对论一起,摧毁了那个看起来尽善尽美的经典物理学的基础,掀起了一场物理学革命的浪潮。普朗克的能量子概念向我们展示了微观世

---

① 《爱因斯坦文集》(第 1 卷),第 102 页。
② 同上,第 315 页。
③ 同上,第 372 页。

界独特的美,这一美的大门的启开,并非是通过逻辑的道路,而是通过普朗克那种以对经验的共鸣和理解为依据的科学审美直觉。

§5 审美灵感

英国大诗人雪莱在《诗辩》中写道:"在创作时,人们的心情宛如一团行将熄灭的炭火,有些不可见的势力,像变化无常的风,煽起它一瞬间的光焰;这种势力是自发的,有如花朵的颜色随着花开花谢而逐渐褪落,逐渐变化,而且我们天赋的感觉能力也不能预测它的来去。"①果戈里则描述道:"我感到,我脑子里的思想像一窝受惊的蜜蜂似的蠕动起来;我的想象力越来越敏锐。噢,这是多么快乐呀,要是你能知道就好了!最近一个时期我懒洋洋地保存在脑子里的,连想都不敢想的题材,忽然如此宏伟地展现在我的眼前。"②

审美创造中神奇的灵感状态,中国古代文论中也多有描述。比如宋代包恢在《答曾子华诗论》中说:"盖天机自动,天籁自鸣,鼓以雷霆,豫顺以动,发自中节,声自成文,此诗之至也。"③苏轼《文说》也写道:"吾文如万斛泉源,不择地而出,在平地滔滔汩汩,虽一日千里无难。及其与山石曲折,随物赋形而不可知也。所可知者,常行于所当行,常止于不可不止,如是而已矣。"④而对灵感描述得最生动的,还数陆机《文赋》中的一段话:"若夫应感之会,通塞之

---

① 金开诚:《文艺心理学概论》,第 337 页
② 同上。
③ 刘烜:《文艺创造心理学》,第 99 页。
④ 同上。

纪,来不可遏,去不可止。藏若景灭,行犹响起。方天机之骏利,夫何纷而不理。思风发于胸臆,言泉流于唇齿。纷葳蕤以馺遝,唯毫素之所拟。文徽徽以溢目,音泠泠而盈耳。"①

生气贯注,才思泉涌,光华润泽,鬼斧神工,万涂竞萌,有机天成……这是古今中外文学艺术家对灵感的不尽赞叹。同时,人们对此既感惊奇又感困惑。如陆机在《文赋》上段话中接着写道:"是以或竭情而多悔,或率意而寡尤。虽兹物之在我,非余力之所戮。故时抚空怀而自愧,吾未识夫开塞之所由。"②陆机为最终搞不清创作开窍和阻塞的原因而叹息。明代剧作家汤显祖也觉得灵感奇特而莫名其妙。"自然灵气,恍惚而来,不思而至。怪怪奇奇,莫可名状,非物寻常得以合之。"③

灵感究竟是什么? 审美灵感在创造活动中有什么特性和作用? 我们如何获得和把握灵感? 并且,它与另一审美创造的突变心理形式——直觉有什么异同? 这正是下文所要研讨的。

5.1 审美灵感与审美直觉的区别

灵感,作为人类审美创造的奇特的思维方式,早在古希腊的大诗人荷马就在呼唤它了;而将灵感纳入理论的,则是古希腊哲学家德谟克利特,他说:"没有一种心灵的火焰,没有一种疯狂式的灵感,就不能成为大诗人。"一个诗人只有"以热情并在神圣的灵感之下所作的一切诗句"才是美的。④

---

① 徐中玉主编:《古文鉴赏大辞典》浙江教育出版社 1989 年版,第 487 页
② 同上。
③ 引自刘烜:《文艺创造心理学》,第 101 页。
④ 林公翔:《科学艺术创造心理学》,第 274 页。

灵感的英语为 Inspiration,我国五四时期曾音译为"烟士披里纯",后意译为"灵感"。灵感一词本意为一种神的灵气的吸入,意谓神把灵气送入了诗人的灵魂。英国文论家阿诺·理德曾指出:"灵感一词的古代意义是众所周知的,它是指艺术家借助于某种高于他自身的一种存在物,例如上帝(或神)、一个缪斯女神或一个天使的媒介创造了他的作品。灵感的意思就是'吸气',也就是通过缪斯女神或其他神灵把音乐或诗或其他类似的东西吹进了艺术家的灵魂中去,让他誊写下来。虽然这种看法现在不再具有它曾经有过的力量,但是每当某人讲出来的东西好像显得不是从他自己本身那里来的,而是从一个他自身以外的某种力量或作用那里来的时候,我们就常常会说这个人被灵感了。"①

灵感的神奇在引得众人膜拜的同时,也在极力想探讨个究竟。所谓林林总总,大约不外三种观点,即神授说、天才说和潜意识说。神授说的始祖当为古希腊另一位天才哲学家柏拉图。他接受了德谟克利特没有完善的灵感理论,建立了较系统的神授灵感说。柏拉图在《论辩篇》中说:诗人的创造并非来自智慧,"而是凭某种天赋和一种不可理喻的灵感力量"。而这"灵感"是"神的诏语","诗神就像这块磁石,她首先给人灵感,得到这灵感的人们又把它传递给旁人,让旁人接上他们,悬成一条锁链。凡是高明的诗人,无论是在史诗还是在抒情诗方面,都不是凭技艺来做他们优美的诗歌,而是因为他们得到灵感,有神力凭附着"。"优美的诗歌本质上不是人的而是神的,不是人的制作而是神的诏语。""诗人并非借自己的力量在无知无觉中说出那些珍贵的辞句,而是由神凭附着来向

①　陶伯华、朱亚燕:《灵感学引论》,辽宁人民出版社 1987 年版,第 24 页。

人说话。"①柏拉图的灵感神赐观在西方很长时间都产生着影响。17世纪,长住意大利的法国画家普桑的作品常取材于宗教和神话,他的一幅油画《诗人的灵感》,便是表现兼管音乐和诗歌的太阳神阿波罗,正在赐予诗人以灵感。《希腊神话》的版本中,就有荷马向缪斯乞求灵感的插图。

灵感的概念来自西方,然而,西方有的文艺理论家却认为中国、尤其是古代中国的艺术更重视灵感。贡布里希就说过:"没有一种艺术传统要比中国古代的艺术传统更加竭尽全力于灵感的追求。"②确实,中国古代文艺虽没有直接的灵感概念,但颇多与灵感相似的论述。比如说"兴会",在古典诗学中一般就是指兴到时心与物会,诗思涌动,诗情勃发,汩汩而不可遏止的灵感状态。沈约在《宋书·谢灵运传论》中称赞"灵运之兴会标举",颜之推《颜氏家训·文章篇》所说"文章之体,标举兴会,发引性灵",都使用了"兴会"一词。③ 并且,中国古代文论中也有很多把"兴会"、"灵感"看作是"神助"与"天机"。如唐释皎然《诗式·取景》中说:"有时意静神王,佳句纵横,若不可遏,宛若神助。……盖由先积精思,因神王而得乎?"④沈约《答陆厥书》中说:"天机启则律吕自调,六情滞则音律舛也。"⑤清代画家张庚则从自身体会说到:"当其凝神注想,流盼运腕,初不意如是,而忽然如是者是也。谓之为足,则实未足,

① 《柏拉图文艺对话集》,人民文学出版社1959年版,第7—8页。
② 刘焜:《文艺创造心理学》,第94页。
③ 赵永纪:《诗论:审美感悟与理性把握的融合》,广西师范大学出版社1999年版,第137、138页。
④ 金开诚:《文艺心理学概论》,第338页。
⑤ 赵永纪:《诗论:审美感悟与理性把握的融合》,第137、138页。

谓之未足,则又无可增加。独得于笔情墨趣之外,盖天机之勃露也。"①

　　直到 18 世纪,经过文艺复兴和启蒙运动的洗礼,西方关于灵感的文艺理论从神授说转向了天才说,灵感也就从神转移到人,从圣灵之感走向了灵性之悟。这是一种人的思维认识的进步,因为它不再从某种超自然的外部力量中寻找灵感的来源,而是从艺术家内部去探求灵感的源泉。天才论把灵感归结为少数天才独有的神秘莫测的才能,是天才自然而然的流露。康德推崇天才在艺术审美创造中的作用,认为"美的艺术是天才的艺术",而天才就是"艺术家天生的创造机能"。当浪漫主义风靡文坛时,不少人就把对灵感的解释与康德的天才相结合,演绎出"心灵赋论"。但它由于寻绎不出灵感的生理机制和心理机制,因而灵感仍然蒙着一层神秘的外衣。

　　随着心理科学的发展,尤其是在弗洛伊德为代表的精神分析学派的影响下,形成了灵感的"潜意识说",即"灵感就是在潜意识中酝酿成的情思猛然涌现于意识"。心理学上的所谓潜意识也就是无意识或下意识,都是指在意识阈限下的心理活动。"意识阈"概念是近代心理学家赫尔巴特提出的,以此来区别和划分显意识与潜意识的活动。"一个观念若要由一个完全被抑制的状态进入一个现实观念的状态,便须跨过一道界线,这些界线便为意识阈。"②苏联作曲家捷尼索夫在《论作曲过程》中谈到:"一个不确定的乐思盘踞在作曲家的脑际,他本人也不是总能意识到的,只有经

---

①　林建法、管宁选编:《文学艺术家智能结构》,第 357 页。

②　见车文博:《意识与无意识》,辽宁人民出版社 1987 年版,第 5 页。

过一段时间,有时在延续数年之后,这乐思才粗具轮廓并显示于内省。"①

潜意识是如何越过意识阀而显现为艺术灵感的呢? 这里可能有三种情形。首先,艺术灵感的显现可能是潜意识与显意识反复交替作用的结果。歌德在谈到创作中的想象时指出,"在这儿意识和无意识就像经线和纬线一样相互交织着"。这种交织一方面是艺术家通过无意识积累、储存的大量信息,包括先验信息,在深层心理中一旦遇到意识寻求的观念形式与它和谐时,便会被吸引进意识阀限之中。另一方面,交织又表现为艺术家有意识积累的视听表象进入阀限下成潜意识的信息储存,一旦符合某种合适的艺术形式与表现结构要求,便进入意识阀提供选择,有的则进一步纳入意识并显现在艺术结构中。如大作曲家亨德尔在写了一些旋律后,总是让它们在脑海里保存若干时间,渗入到潜意识中,直到最适于应用时才灵机一动,把它们在意识中释放出来。第二种灵感显现的情形可能是由潜能转化为显能,即贮存在潜意识中的审美想象、情感体验的动态形式被外在的刺激信息激活产生与创作表现相对应的活动,或被外在刺激接通连接的环节形成与创作形式相应的结构,与意识活动形成共振,从而进入意识阀限而显现为审美灵感。第三种可能的情形是有意识的追求、探索由潜意识的审美直觉来鉴别判断,当表现形式的追求与直觉感受的形式美完全吻合时,符合美感的诗思、乐思和画思便喷涌而出。②

我国心理学界对灵感也进行了有价值的探讨,主要是从思维

---

① 罗小平、黄虹:《音乐心理学》,第 105 页。
② 参见罗小平、黄虹:《音乐心理学》,第 108 页。

这一人脑的功能角度展开的。灵感作为突变思维形式,意指人们在思维过程中突然闪现的、富于创造性的、令人茅塞顿开的心理现象。而理解这一心理现象又必须把灵感放到整个思维系统中来考察。也就是说,灵感这一高级思维活动的发生不是单一的心理活动(潜意识的或显意识的)结果,而是与大脑中的其他心理活动密切联系着的,是大脑高度的综合性和协同性的结果。钱学森曾指出:"灵感是综合的,人脑的综合功能是非常重要的。"①灵感激发的心理机制正是植根于人脑的整体性综合功能之中。也就是,灵感是人脑自动化协同作用在某一临界点上的总爆发和巨大活力的释放。现代医学成果确认,大脑左右半球分别具有抽象思维和形象思维的功能,且二者是互为补充的。近年来又在脑神经网络中发现了海马、尾状体的一些神经元,存在着"对比"机能,综合整理感觉信息的功能。当人脑两半球活动达到高潮,只要出现某种偶然的契机便会使它们整体组合起来,从而协同奏出宏大的思维交响乐——审美灵感。因此,我们可以认为,审美灵感是创造性思维活动的升华,是人类意识活动的某个聚光点。正如我在《心路》中所写的那样——

　　　灵感是人类的一种思维活动,但却不是一种思维方式:它既非纯逻辑思维过程,亦非纯形象思维过程。所谓灵感实则是人的逻辑思维、形象思维以及审美直觉的聚合结晶;是人在蓦然间洞见了宇宙的奥蕴、事物的本质、人生的真谛时所闪射

------

① 林公翔:《科学艺术创造心理学》,第277页。

出的思想火花；它是一种思维骤然升华时的高层次的创造活
动。①

我在《心路》中还曾写道："如果说科学和艺术是人类生命之树
上的两枝奇葩，那么，灵感不啻是催开蓓蕾的第一缕阳光，第一滴
甘露。"为了进一步弄清在科学和艺术审美创造中审美灵感这"第
一滴甘露"的和"第一缕阳光"的神奇特性，我想把它与审美直觉进
行比较，从二者的异同认识中更科学地来把握和定义审美灵感。

审美灵感和审美直觉一样，都是审美活动中特殊的创造思维，
二者同作为非逻辑的思维形式是既相通又有区别的。就通而言，
"它们同是建立在人的生理机制（譬如人体细胞中分布的腺三磷这
一特殊化学物质）、人的先天遗传知识信息以及人的理性基础上的
不同思维"；②"它们同是意识和下意识统一作用的结果，同是思维
的灵光一闪的顿悟，同是主客体在刹那间的融洽和吻合。"③它们
在猛然间获得发现和创造的同时，都有审美想象和审美情感的参
与；它们都是人的认识活动的高级阶段。国内外都有研究把审美
灵感看作是审美直觉的一种典型状态和特殊形式，这也是不无道
理的。当审美直觉思维过程表现得特别快捷（无论是判别、想象还
是启发），与先前的思维进程的关系出现了某种"断裂"，因而形成
一种"闪现"、"顿悟"时，这种审美直觉思维的典型状态，其实就是
审美灵感的状态。

当然，我们说审美灵感是审美直觉的高级形态，在审美灵感中

---

① 陈大柔：《心路》，第152—153页。
② 同上，第155页。
③ 同上，第155—156页。

似乎都包含有审美直觉,并不等于说二者可以相互替代,因为审美直觉并不必然上升为审美灵感的创造。比如,我们可以凭审美直觉去感受某件艺术品,但却并不因此就一定会进入审美灵感的创造状态。由于审美直觉到的东西可能还是朦胧不清的、不确定的,或者是不完整的,而审美灵感则能把直觉到的东西加以发展和完善,从而创造出新的东西来。下面,我们具体来探讨一下审美灵感与审美直觉的区别。

首先,审美直觉是在早已获得的经验、知识的基础上,凭借思维者的"感觉"直观地把握事物的本质和规律性的心理过程,也即是说审美直觉是从整体上对某个具体对象的直观把握,没有具体直观对象是不会产生所谓直觉的。而审美灵感则既可在具体原型启示下,由审美直觉上升而来,又可在无具体原型启发时,只凭内觉也能产生。譬如,屠格涅夫某天泛舟莱茵河经过一座临河小屋时,看见楼下一个老太婆朝窗外张望,楼上一个漂亮的姑娘则从窗口探出头来,他于是"忽然被某种特别的情绪控制了",当时就在船里很快构思好了一篇短篇小说。屠格涅夫在具体人物原型的启示下,直觉领悟到某种意象和意蕴,并迅速发展为审美灵感的创造。又如,据说法国作家丘莱尔想写剧本时,先到空无一人的剧场去,凝视着舞台,直到开始出现幻影,演员的交谈……他便悉数都记下来,从而写出他的剧本。无独有偶,我国画家黄宾虹作画前,先在墙壁挂上一张白纸,一连三天晨起默对,直到在白纸上隐约地看出图画,即迅速地挥笔画出。这实际上是在无原型的虚空的状态下,通过集中注意力达到"高峰体验",从而利用内觉来调动和提出潜隐灵知,并使之转化为显意识灵感创造的一种方法。

前面我们已经阐明,审美直觉实质上是人的一种高级潜能,创造主体可以凭借它随机而当下地跨越或突破创造思维的某一临界点而径直预测、假设、洞察和判断事物的本质和规律,且这种创造性的飞跃不需要长期的思考过程。而审美灵感则是经过长时间思考以至苦思冥想,在创造思维的某临界点受阻、徘徊,又在某一时刻受某种启示和激发(包括直觉启示和激发),一举突破意识阀的临界点而有所创造的思维过程。王国维在《人间词话》中说:"古今之成大事业大学问者,必经过三种之境界:'昨夜西风凋碧树,独上高楼,望尽天涯路',此第一境也;'衣带渐宽终不悔,为伊消得人憔悴',此第二境也;'众里寻他千百度,回头蓦见,那人正在灯火阑珊处',此第三境也。"王国维所说虽指人的一生的事业学问,却也正道出了灵感显现的规律性。不少文学艺术家曾对此深有体会。如契诃夫曾强调:"必须多工作!每天一定得工作。……那么后来在什么地方散步,例如在雅尔达的岸边上,脑子里的发条就忽然'咔'的一响,一篇小说就此准备好了。"①我国诗人李瑛在《灵感》一诗中描述了他为追踪灵感而呕心沥血的情形:

为了寻找它

我赤着脚浪迹天涯

直到隆冬

　　飞雪迷茫

山野,只悬挂一串深深浅浅的

　　脚印,储满我呕出的

　　　　不冻的血浆

---

① 金开诚:《文艺心理学概论》,第344页。

正是在这艰苦的跋涉过程中,不知什么时候,"突然,一只白色小鸟/撕裂倾斜的天空/悠忽而下/使我猝不及防",灵感就这样突然光临了。① 这恰好说明了审美灵感有着无法预期的突发性。清代贺贻孙《诗筏》中对灵感勃发时的情境亦有深刻入微的描述:"诗家化境,如风雨驰骤,鬼神出没,满眼空幻,满耳飘忽,忽然而来,悠然而去,不得以字句诠,不可以迹象求。"②巴尔扎克这样来描述他的创作灵感:"某一天晚上,走在街心,或当清晨起身,或在狂欢作乐之际,巧逢一团热火触及这个脑门,这双手,这条舌头;顿时,一字唤起了一整套意念;从这些意念的滋长、发育和酝酿中,诞生了显露匕首的悲剧、富于色彩的画幅、线条分明的塑像、风趣横生的喜剧。"③

艺术家从亲身经历来描述灵感的突发性,理论家则将审美灵感的突发性和不可预期性归之于理论。费尔巴哈就曾说过:"就我的天性来说,我是不喜欢写作和讨论的。简言之,只有在问题激起我的激情、引发我的灵感的时候,我才能够讲座和写作。但是热情和灵感是不为意志所左右的,是不由钟表来调节的,是不会依照预定的日子和钟点迸发出来的。"④黑格尔也指出:"单靠心血来潮并不济事,香槟酒产生不出诗来;例如马蒙特尔说过,他坐在地窖里面对着6000瓶香槟酒,可是没有丝毫的诗意冲上他脑里来。同时,最大的天才尽管是朝朝暮暮躺在草地上,让微风吹来,眼望着

---

① 吴思敬:《心理诗学》,首都师范大学出版社 1996 年版,第 216 页。
② 赵永纪:《诗论:审美感悟与理性把握的融合》,第 138 页。
③ 彭立勋:《美感心理研究》,第 172 页。
④ 《费尔巴哈哲学著作选集》(下卷),第 504 页。

天空,灵感也始终不光顾他。"①在审美活动中,你千呼万唤,灵感可能迟迟不来;你无意寻觅,它倒仓猝而至。这说明审美灵感和审美直觉尽管都适用认识的"渐进过程中断和飞跃"这一规律,但二者的"中断"和"飞跃"是不完全相同的:审美直觉的"渐进过程的中断"并不像审美灵感那样具有明显的爆发性和突发性。因此,我们可以事先寄望于对某一事物做出当下的审美直觉判断,却无法事先寄望于在某个时刻出现审美灵感。

据《书林记事》上载:八大山人"工书法……性孤介嗜酒。受其笔墨者多置酒招之,预设墨汁数升,纸若干幅于座右,醉后见之,则欣然攘肩搦管,狂呼大叫,洋洋洒洒,数十幅立就。醒时欲觅其片纸只字不可得。"又载:"李静之工书,嗜饮,终日不醉,将临池,必饮酒。无日不临池,亦无日不饮酒也,微醺时作书,盖淋漓酣畅,笔墨飞舞。"②在我看来,八大山人和李静之在饮酒后"攘肩搦管","笔墨飞舞",并非都是处于灵感状态,而是审美直觉的兴之所至;否则,审美灵感只要通过饮酒便可预期获得了。当然,人们在饮酒后理智受到抑制,潜意识十分活跃,既是直觉思维的大好时机,也因此往往成触发灵感的契机。人们之所以愿"置酒招之"并预设墨汁、纸张,是期望能激发出艺术家的灵感,但愿望并不一定都能实现。

由是,我们可知在艺术与科学审美创造活动中灵感与直觉的另一点不同:尽管审美直觉能力具有无意识性,但由于审美创造主体是能够预期的,因而可以有意识地加以培养,并利用来作为把握

---

① 黑格尔:《美学》,见林公翔:《科学艺术创造心理学》,第 227—228 页。
② 陈望衡:《艺术创作之谜》,第 366—367 页。

客观事物的一种重要手段；而审美灵感则不同，由于它不是审美创造主体自身可以预期获得的能力，只能在它突然到来时不失时机地抓住它。戴复古在《论诗十绝》中说："诗本无形在窈冥，网罗天地运吟情。有时忽得惊人句，费尽心机做不成。"①瓦雷里有一首《风灵》，专写灵感的来无影、去无踪："无影也无踪，我是股芳香，活跃和消亡，全凭一阵风！"②因此，我国古代诗论中常有所谓"好诗须在一刹那上揽取，迟则失之"（徐增：《而庵诗话》）；"作诗火急追亡逋，情景一失后难摹"（苏轼：《腊日游孤山访惠勤惠思二僧》）。金圣叹在评《西厢记》时，亦从审美欣赏的角度论及灵感的捕捉："文章最妙是此一刻被灵眼觑见，便于此一刻放灵手捉住；盖于略前一刻亦不见，略后一刻便亦不见，恰恰不知何故，却于此一刻忽然觑见；若不捉住，便更寻不出。"③

审美灵感与审美直觉在思维渐进过程中的"中断"和"飞跃"的不同还在于：直觉表现为渐进过程思维中断、飞跃的结果，而不表现出渐进过程中断、飞跃的本身；灵感才是这种渐进过程中断、飞跃的本身。我们说凭直觉可以对事物的本质和规律做出洞察性判断；而当我们说来了灵感时，则万涂竞萌，才思泉涌，审美创造才刚开始。

"直觉"一词实则包涵着两种意义：一是指"机灵的推测、丰富的设想和大胆迅速地做出试验性结论"④；一是指"对情况的一种突如其来的颖悟或理解，也就是人们在不自觉地想着某一题目时，

---

① 林公翔：《科学艺术创造心理学》，第 278 页。
② 吴思敬：《心理诗学》，第 211 页。
③ 金开诚：《文艺心理学概论》，第 338 页。
④ 布纳：《教育过程》，第 8 页。

虽不一定但却常常跃入意识的一种使问题得到澄清的思想。"①我们所谓灵感可以是直觉的典型的高级形态,正是指后一种直觉。此时,思维中的审美想象终于出现了飞跃——灵感爆发了,犹如闪电突然把想象的大地照得通体透明,原本混沌无序的图景,突然变得明净、澄澈而井然有序;原本迟滞阻塞的思路,突然变得条条畅通;原本是陈旧古老的意象,突然变得新意迭出;原本是片断的旋律、乏味的线条和符号,全都化作了染色的音响,化作了整体宏大的音乐般的云霞,溢满在创造主体的心胸,弥漫在被创造的机体之上。于是,审美创造就此展开了,最终获得了丰硕的成果。它既可以认为是灵感的成果,也可以认为是直觉(触发灵感而获得)的成果。

于是,我们可以这样认为:审美直觉是审美灵感这一思维活动从审美到创造的接通媒介,同时又往往是审美灵感的最终成果。我们知道,思维活动的一般模式是:首项(发出知识),中项(接通媒介),末项(结论知识)。如果接通媒介是形象的知识,其思维就是形象思维。而灵感这一特殊形式的思维活动既不属于逻辑思维,也不属于形象思维。数学家高斯在谈到一个求证数年而未能解决的问题时说:"终于在两天以前我成功了……像闪电一样,谜一下就解开了,我自己也说不清是什么导线把我原先的知识和使我成功的东西连接了起来。"其实,这种"像闪电一样""连接"的"导线",不是人脑中有明确意识的知识,而恰恰是直觉思维。正是在这个意义上,我才指出:灵感"既非纯逻辑思维过程,亦非纯形象思维过程,所谓灵感实则是人的逻辑思维、形象思维以及直觉思维的聚合

---

① W. I. B. 贝弗里奇:《科学研究的艺术》,第72页。

结晶。"

这样,我们可以进一步认识到审美灵感与审美直觉的区别和联系了。审美直觉是审美灵感飞跃本身的接通媒介,审美灵感则可能是审美直觉的一种特殊情形,二者相通相融,互相促进,共同构成人类审美活动中最富创造性的突变思维形式。只不过作为审美灵感状态的直觉比作为接通媒介的直觉要处于更高级别和更富创造性,其洞察出的结论知识大多是前所未有的,或是非常及时而巧妙地解决了某种疑难问题。

至此,我们可以对审美灵感下一个较全面的定义了:所谓审美灵感,是创造主体在审美活动中生发出的一种复杂的美感心理现象和一种最佳的创造性状态。其产生的心理程序是:在强烈的创造动机的背景上,由创造的敏感性接受灵感的诱因(来自外界环境与自身环境的适宜刺激),并由审美直觉作为媒介触发崭新的创造思路,在创造性思维的引导和各创造心理要素的协同下,经验或先验记忆储存的思维元素与审美想象、联想所提供的信息在瞬间加工、整合,产生创造性的突变和飞跃,并往往由更高级的审美直觉表现出新的设想、概念和科学理论。因此,审美灵感的诞生,往往是审美创造成功的信号。

5.2 科学与艺术审美灵感的特征

在灵感这个问题上,科学审美灵感与艺术审美灵感在基本心理机制上是相同的。二者都是思维的特殊形式,都具有相当鲜明的意象性,都强烈而突出地体现了情感的愉悦性,并且都充分体现了感性与理性相统一的自由创造心理本质。但科学审美灵感与艺术审美灵感的意象以及感性与理性相统一的创造心理形式是不同的：艺术审美灵感中的意象一般为生活形象的心理形式，带有现实生活生动鲜明的色彩和清新芳香的气息；而科学审美灵感中的意象则是智力图像的心理形式，理性色彩明显多于感性色彩，并通向事物的抽象的本质，直指科学主体所探究的事物奥秘的深处，将那通向成功的神秘的路径照亮，或将那神奇的科学美瞬间展现.

这里，我想探讨一下科学审美灵感与艺术审美灵感的共同特征。当然，由于实证科学所限，我们将不试图彻底弄清审美灵感的心理运行机制，而是通过心理现象描述的方法，来指出有别于审美想象、审美直觉等其他高级思维的审美灵感的心理品质。

首先，我认为科学和艺术的审美灵感具有注意力高度集中的心理特征。当然，这一特征并不表现在审美灵感出现的时刻，而是指审美灵感到来之前和之后。灵感"轻松"出现实则是创造主体长期集中注意力进行辛勤脑力劳动的结果。正如高尔基所说："灵感通常是在顽强紧张的创造性劳动过程中产生的。"[①]没有陷入过"山重水复疑无路"的困境，就不会有"忽如一夜春风来"的灵感启迪和茅塞顿开；只有经历了"踏破铁鞋无觅处"的挫折和艰辛，才有"得来全不费功夫"的灵感顿悟和喜悦。长期的艰苦劳动和注意力高度集中的执拗探索，是产生科学与艺术审美灵感的基础。

日本创造学家恩田彰曾明确指出：科学专注力可以促进激发科学创新灵感。这里所谓的"专注力"是指注意力集中的程度，也称为"精神集中力"。恩田彰在阐述专注力与创新活动的关系时认为，创新活动分为准备、酝酿、产生灵感、验证四个阶段。在第一阶段，对问题进行彻底的分析研究，确定研究方向和课题，然后开始

---

① 普拉东诺夫：《趣味心理学》，科学普及出版社1984年版，第180页。

埋头于对它的探讨之中,这也就是所谓专注或精神集中。第二阶段,是研究工作的暂时休息放松,使头脑处一种"冥想"状态,也即是从有意注意进入到有意后注意阶段。进入到第三阶段,灵感出现了,新的思想观点产生了,获得了发明创造的启示,创新活动急剧地展开了。

　　恩田彰在解释有助于激发创新灵感的"冥想"时说道:"达到这样无意识地精神集中的状态,自己的意识活动、逻辑思考也停止了,这种状态就是冥想。"①科学家长期致力于问题的研究,大脑建立了许多暂时联系,其注意力高度集中,陷入沉思冥想状态,一旦受到某种刺激和直觉触发就如同打开电灯开关一样,立刻豁然开朗。我国曾荣获过戴维逊奖的数学家侯振挺在谈到他对"巴尔姆断言"的证明时说:"我一头扎进了对'巴尔姆断言'的证明。一次又一次似乎到了解决的边缘,但是一次又一次都没有达到最终的目的。我早起晚睡,夜以继日,利用了全部可以利用的时间,吃饭、睡觉、走路,头脑中也总是萦绕着'巴尔姆断言'。难啊,确实是真难!……时间一天天地过去,一个证明的轮廓逐渐在头脑中形成了,但有一些问题还是证明不了,又像一座大山挡住了去路。我把已经得到的进展整理成一篇文章。当时我正在外地实习,就让一位同学带回学校去请教老师。我送那位同学上火车站。我在火车将要开动之前,在我那始终考虑着这个证明的头脑里闪过了一星火花,似乎在那挡路的大山里发现了一条幽径。于是,我把那文件留下,立刻在火车站旁的石条上坐下来,拿出笔推导起来,果然一星火花照亮了前进的道路,曲折幽径越来越宽。十几分钟以后,这

----

① 　恩田彰等:《创造性心理学》,第135页。

最后一座大山终于抛到我的后面去了,'巴尔姆断言'完全得到了证明。啊,好容易,只几十分钟就完成了。"①

科学审美灵感的来临需要有一个注意力高度集中的钻研过程,艺术审美灵感的到来也同样需要长时间苦苦的思索。车尔尼雪夫斯基在谈到普希金的创作时说:"他总是花很长时间思考作品的提纲,当一个已诞生的创作思想在脑子里还没有成熟、给自己找到和谐而完整的时候,有时要拖上一个很长的时间,有时就得一连等上好几年,才轮到灵感把这些材料迅速变为明朗而有力的艺术品。"②马雅可夫斯基在《我怎样做诗》中,曾讲到他为描绘一个孤独的男子对爱人的深情,苦苦思了整整两天还找不到合适的句子,直到第三天,从睡梦中突然闪过这样的诗句:"我将保护和疼爱/你的身体/就像一个在战争中残废了的/对任何都不需要了的士兵爱护着/他唯一的一条腿。"他赶紧跳下床,在黑暗中摸到了一根烧焦了的火柴棒在香烟盒上匆匆写下"唯一的腿",然后又睡着了。第二天早上醒来,觉得很奇怪,想了两个小时,才记起了夜里发生的事。③ 马雅可夫斯基梦中灵感的闪现不是偶然的,若没有两天注意力高度集中苦苦思索的努力,头脑里没有贮存下残废军人爱护自己唯一一条腿的暂时记忆,是无论如何得不到这样的佳句的。

科学家和艺术家在获得审美创造灵感前,须付出注意力高度集中的脑力劳动,而在灵感到来时,又会精神极度紧张,全神贯彻在创造对象身上,往往对周围的一切视而不见,听若罔闻,以至于达到忘我的境界。法国雕塑家罗丹有一次邀请挚友奥地利作家茨

---

① 《心理学》,华东师范大学出版社1982年版,第164—165页。
② 梁广程:《灵感与创造》,解放军文艺出版社1998年版,第3页。
③ 陈望衡:《艺术创作之谜》,第424—425页。

威格到他工作室,参观一座刚刚完成的雕像,罗丹自己先端详一阵,忽然皱着眉头说:"啊!不,还有毛病……左肩偏斜了一点,脸上……,对不起,你等我一会。"说完,便拿起抹刀进行修改。他一会儿上前,一会儿退后,嘴里念念有词,手不时在空中乱舞。半个小时过去了,罗丹的动作越来越有力,情绪更为激动,如醉如痴,整个世界对他来讲已经消失了。工作完毕,他竟旁若无人地径自向门外走去,拉上门准备上锁,完全忘记了他的客人还在身旁。

普希金在谈到一位剧作家注意力高度集中、精神紧张的情况时说:"她整个身心沉湎在独立的灵感中,她离群索居地从事自己的写作。"①史班德则深有体会地说道:创作时摒绝外虑,心神作着自由的无限追求达到 Concentration(凝神)的地步,"这是相当特殊的一种心神灌注和感悟,它使诗人洞悉一个意象环绕的精义和它的展开。"②大凡艺术家、科学家都认识到了,审美灵感来临就是生命力、思维力和创造力的勃发,就要把自己整个身心的灵气、精神和思想灌注进对象中去。

科学与艺术审美灵感的第二个心理特征是思维渐进的中断和飞跃。库恩在他著名的《科学革命的结构》一书中深刻指出:"任何一门科学都有这样一个发展的过程:前规范时期——确立第一个规范——常规研究——反常与危机——确立新的规范。"这就是说,科学的发展,总是从常规到反常规,从规范到革命,从渐进到飞跃,由此不断提高和进步。这正如狄拉克所说的:"物理的发展可以描绘为一个由许多小的进展所组成的相对稳定的发展过程,再

---

① 彭立勋:《美感心理研究》,第 174—175 页。
② 史班德:《评论集》,见胡经之:《文艺美学》,北京大学出版社 1999 年版,第 109 页。

叠加上几个巨大的飞跃。当然,正是这些大飞跃构成了物理学发展中最有意义的特征。"而这种从渐进到"大飞跃"的科学革命当然不是借助规范指导下的演绎推导,而是灵感奇异之光闪烁的结晶。这又正如库恩指出的,新规范的提出往往是洞察力或灵感的闪光,"有时是在午夜,在深深地处于危机中的一个人的思想里突然出现的。"①

列宁在《黑格尔"逻辑学"一书摘要》中,摘录了黑格尔关于"渐进性没有飞跃是什么也说明不了"的论断,并且加上"注意"的黑体字。从量变到质变的转化中必然出现飞跃,而飞跃之际必然出现思维渐进的中断,这是一条普遍规律,对审美灵感思维和审美直觉思维同样适用。柯普宁就认为,科学审美灵感思维是"根本地改变了旧观念的新思想,常常不是以先前知识的旧的演绎逻辑的结果中产生出来的,不是经验材料的简单的概括。它们是思维运动的渐进性的中断,是飞跃。"②这一"飞跃"现象也是一种符合事物发展基本规律(量变到质变规律)的必然现象。

科学审美灵感的这种渐进过程中断、飞跃的现象,通常表现在两个方面:一是审美灵感的闪现使科学家突然领悟到所研究问题的解答线索;二是审美灵感的闪现使科学主体抓住了问题实质并认清了事物发展的方向。审美灵感"飞跃"的实质就是潜意识的积极成果猛然向意识领域的转化和呈现,常表现为"顿悟",即在出其不意的刹那间苦思冥想的问题突然得到解决或做出一个科学新发现。正如杨振宁所说:"所谓灵感,是一种顿悟,在顿悟的一刹那

---

① 林公翔:《科学艺术创造心理学》,第 282—283 页。
② П. В. 柯普宁:《科学的认识和逻辑基础》,1976 年俄文版,第 188 页。

间,能够将两个或以上,以前从不相关的观念串连在一起,以解决一个搜索枯肠仍未解的难题,或缔造一个科学上的新发现。"①法国著名数学家彭加勒苦思一道数学难题不得其解,他决定暂时放弃思考,去乡间旅行。可就在他的脚刚刚踏上刹车板时,一个奇妙的想法掠过脑海,难题迅速解决了。

艺术审美灵感中思维的飞跃性也是显而易见的,从一个意象到另一个意象,从一个情节突然切换到另一个情节,从一个意念突然闪现出另一个意念,从触发的对象到联想的思维成果,灵感思维不是一步一步地按顺序向前发展的,它在审美想象中奔腾着,跳荡着,恰如天马行空,毫不因循习惯的思维模式。因此,苏轼才说他灵感泉涌时,"不择地而出,在平地滔滔汩汩","及其与山石曲折,随物赋形而不可知也"。尼采在《查拉斯图特拉如是说》中这样描述灵感思维的飞跃性:"突然有一种东西以无法形容的正确性和微妙性,震撼着心灵深幽之处。……它像一道闪电,以迅雷不及掩耳之势呈现脑海,不容你有任何选择的余地。"②俄国作曲家格林卡的著名歌剧《伊凡·苏萨宁》创作中断时,突然受到一幅绘有家乡房舍版画的启示,审美想象里立刻浮现出壮丽的俄国冬景图,于是,飞跃的灵感产生出了动人的旋律。

在上面的举例中,我们实际上已经谈及科学和艺术审美灵感的第三个特征,即偶然性和突发性。审美灵感是一种突发式的思维飞跃形式,一旦触发,就会像一道闪光一样,瞬间照亮创造主体的思路,使其突然触类旁通,顿悟理解。爱因斯坦在回忆狭义相对

---

① 《杨振宁谈灵感涌现有赖知识经验积累》,见金开诚:《文艺心理学概论》,第339页。

② 尼采:《瞧这个人》,见胡经之:《文艺美学》,第103页。

论的酝酿过程时说:"一天晚上,我躺在床上,对那个长期折磨自己的谜,心里充满毫无希望的感觉,没有一丝光明。但是,突然间黑暗里透出了光亮,答案出现了。"[①]达尔文谈到某个进化论问题的解决时说:"我能记得路上的那个地方,当时我坐在马车里,突然想到了这个问题的答案,高兴极了。"[②]另一位科学家在谈到自己科学灵感的产生时说:"我摆脱了有关这个问题的一切思绪,快步走到街上,突然,在街上的一个地方——我至今还能指出这个地方——一个想法仿佛从天而降,来到脑中,其清晰明确犹如有一个声音在大声喊叫。"[③]在中国许多的文艺理论中都论及了审美灵感的突发性。如李德裕所谓"文之为物,自然灵气,惚恍而来,不思而至。"如谭友夏所谓"夫作诗者一情独往,万象俱开,口忽然吟,手忽然书,即手口原听我胸中之所流。"又如张问陶所谓"还仗灵光助几分,奇句忽来魂魄动。"[④]国外文学艺术家对此也有不少论述,如陀思妥耶夫斯基在《致 A.迈可夫》信中说:"在我的头脑与心灵里时常闪现着并且令人感觉到许多艺术构思的萌芽。但是,要知道,这不过是闪现罢了,需要完整的体现,而体现是不期然而突如其来的,正是突如其来,考虑是不可能的。"[⑤]柴可夫斯基也提到:"音乐创作的种子,往往忽然间发出芽来,并且往往是突如其来的。"[⑥]罗曼·罗兰笔下的著名典型人物——约翰·克利斯朵夫的形象也是

---

① 梁广程:《灵感与创造》,第 2 页。
② W. I. B. 贝弗里奇:《科学研究的艺术》,第 74 页。
③ 同上,第 73 页。
④ 胡经之:《文艺美学》,第 102 页。
⑤ 《外国理论学作家论形象思维》,第 111 页。
⑥ C. 波汶等编:《我的音乐生活——柴可夫斯基与梅克夫人通讯集》,人民音乐出版社 1982 年版,第 116 页。

在灵感突然出现时诞生的。罗曼·罗兰回忆道,这是他一日登上罗马附近的姜尼克仑山眺望夕阳中的城市,心中突然涌现一个形象:"起先是那前额从地下冒起。接着是那双眼睛,克利斯朵夫的眼睛。"①

突如其来式的审美灵感的特点,在于不伴随明确意识到的刺激物,而是自然而然地产生。唐人诗云:"几处觅不得,有时还自来。"或如王夫之所言:"神理凑合时,自然拾得。"②这就是说,审美灵感什么时候来,由什么东西触发,往往带有很大的偶然性,不能确切预期,难以人为寻觅,科学家或艺术家苦思冥想,它偏不光临;而当无意识地在散步、闲谈、甚至在睡梦中、在半醒半睡的迷蒙状态中,它都会忽然降临。著名数学家笛卡尔、高斯、彭加勒等许多大科学家,就是在休息中,在旅行散步或在睡眠时获得突发灵感而有所创收的。他们的审美灵感往往出现在经过长期而紧张的思索之后的暂时松弛状态和悠闲舒适的情境之中。所有这些审美灵感,其产生的生理基础是大脑皮层与灵感相联系的神系活动的解除制约,并在偶然的触发下突然形成的。

我发现,有不少大音乐家都对审美灵感的偶然突发性深有体会。贝多芬曾谈到:"您问我的乐思是从哪里来的吗?这我不能确切地告诉您;它们不请自来,像是间接地,又像直接地出现。我在大自然的怀抱里、在林中漫步时、在夜的寂静中捕捉它们……"③莫扎特曾这样形容灵感偶然产生的过程:"当我感觉良好,心情愉快时,或是饱餐后漫步时,或是夜晚不能入睡时,灵感就异常活跃,

---

①　陈望衡:《艺术创作之谜》,第384页。
②　刘烜:《文艺创造心理学》,第41页。
③　罗小平、黄虹:《音乐心理学》,第112页。

成群地向我走来。它们是从哪里来的呢？我一点也不知道。我喜欢的那些，就保留在记忆中。然后，我选出一首旋律，根据总构思、对位法和配器法的要求，很快就给它们加上相应的第二个旋律。所有这些片段仿佛变成'和上酵母的面团'。那时我的心灵就燃烧起来……作品在成长，我越来越清楚地听到它，作品就在我的头脑里完成着，不管它有多么的长。"①

审美灵感作为一种独特的心理现象，其鲜明的特征不仅是全神贯注、思维的飞跃和偶然间突发，而且稍纵即逝。灵感思维不像逻辑思维那样循序渐进，而是思维渐进过程的突然中断和向理性认识的飞跃。它没有严格的推理过程，而是突然闯入脑海，且来去迅疾，仿佛黑夜里突然大放光明的一道闪电。正如王船山形容灵感为："才著手便煞，一放手又飘忽去。"②明朝胡应麟《诗薮》中说："神动无随，寝食咸废，精凝思报，耳目都融，奇语玄言，恍惚呈露，如游龙惊电，掎角稍迟，便欲飞去。"③清代张实居也曾说："古文名篇，如出水芙蓉，天然艳丽，不假雕饰，皆偶然得之，犹书家所谓'偶然欲书'者也。当其触物兴怀，情来神会，机括跃如，如兔起鹘落，稍纵即逝矣。"④陈简斋则作《春晓》一诗以表之："朝来庭树有鸣禽，红绿扶春上远林。忽有好诗生眼底，安排句法已难寻。"⑤

罗曼·罗兰在他的回忆录中曾描述过他在伏尔泰居住过的弗尔尼的平台上所受到的一次精神的启示，也即审美灵感的爆发：

① 梁广程：《灵感与创造》，第 3 页。
② 王船山：《姜斋诗话》，见《〈四溟诗话〉〈姜斋诗话〉》，第 149 页。
③ 赵永纪：《诗论：审美感悟与理性把握的融合》，第 138 页。
④ 同上，第 140 页。
⑤ 吴思敬：《心理诗学》，第 211 页。

"我向他那不常开放的屋子告别时,到花园里走了一遭,沿着面对
一片风景、架着葡萄藤的小径走去,就在那里,霹雳一声,只一分
钟——也许更少,只 20 秒——我看见了! 我终于看见了!"①罗
曼·罗兰只有"一分钟——也许更少,只有 20 秒"的灵感爆发体验
很有代表性,我国著名科学家钱学森也说过灵感来时只有极短的
几秒钟。钱学森指出:"我认为就是现在也不能以为思维就只有逻
辑思维和形象思维这两类,还有这一类可称为灵感,也就是人在科
学或文艺创造中的高潮,突然出现的、瞬息即逝的短暂思维过程。
它不是逻辑思维,也不是形象思维,这两种思维持续时间都很长,
以至于人们所说的废寝忘食。而灵感却为时极短、几秒钟而
已。"②

正因为灵感来去匆匆,因此当灵感来临时,就得全力捕捉,决
不能旁骛,稍有分心或被打断,很快就抓不着了。宋代潘大临写
诗,突然脑海里跳出"满城风雨近重阳",他无比兴奋,刚刚写下,忽
有催租人到,思绪打断,过后再也无法将诗意恢复。③ 鲁迅写小说
总爱"一气写下去","但倘有什么分心的事情来打岔,放下许久再
来写,性格也许就变了样,情景也会和先前所预想的不同起来。"④
灵感来时受人打扰最令人扫兴,它无疑会毁坏宏大的结构、深邃的
意境和独特的意象。灵感来时不能及时抓住非常让人懊恼,美妙
的构思和神来之笔便再难追寻。这一点我也深有体会,《心潭影》
中的小诗大多是灵光一闪的记录。有过几次寒夜,已经睡下,忽然

① 《罗曼·罗兰文钞》,上海译文出版社 1985 年版,第 159 页。
② 钱学森:《系统科学、思维科学与人体科学》,《自然杂志》1981 年第 1 期。
③ 陈望衡:《艺术创作之谜》,第 385 页。
④ 林建法、管宁:《文学艺术家智能结构》,第 344 页。

来了一句,我懒了,没能当即起身记下,第二天早上,拿起笔便感到无从下手,使劲想起主题和意念,但再难有昨夜令我兴奋、令我激动的妙句流出笔端了,只能徒然感叹:时间黑洞真能吞吐灵感!

其实,审美灵感倏忽即逝的心理现象,是有其生理原因的。由于在灵感状态人的脑神经高度兴奋,而人类高级神经活动又有内抑制的功能。脑神经细胞高度兴奋,活力高度发挥,就会使它耗竭,于是,脑细胞就有自动的抑制产生,从而促使灵感稍纵即逝。为了不让难能可贵的灵感飘忽而来,飘忽而去,许多艺术家往往会急不可待的抓住那忽然到来的兴会,以至停箸推杯、披衣伏枕,去记下那突然想到的文辞、诗句、图像或旋律。如苏轼因怕"情景一失后难摹",竟如同追捕逃犯那样"火急"地作诗。王昌龄在《诗格》中则提倡:"纸笔墨须随时,兴来即录。"①一些大科学家也同样养成了随身携带记录用具的习惯,随时把突然跃入脑际的新思想、新观念、新形象尽可能完整地记录下来。如美国著名科学家坎农就说:"我把纸墨放在手边,便于捕捉这些倏忽即逝的思想,以免被淡忘。"②

格拉茨大学教授洛伊在一天夜里醒来,匆忙地记下梦中出现的可贵想法。第二天醒来后由于梦境全部遗忘,怎么也无法解释他匆忙记录的内容。当夜,洛伊在睡梦中又出现同样的想法,醒来了详细地记在笔记本上。"次日他走进实验室,以生物学历史上少有的利落、简单、肯定的实验证明了神经搏动的化学媒介作用。"③爱因斯坦在苏黎世湖上张帆远航时,或在伯尔尼街上推着童车散

---

① 赵纪永:《诗论:审美感悟与理性把握的融合》,第139页。
② W. I. B. 贝弗里奇:《科学研究的艺术》,第76页。
③ 同上,第75页。

步时,常常掏出一个小笔记本,在上面潦草地写上什么。一次他在朋友家就餐时与主人讨论问题,忽然间来了灵感,马上掏出钢笔,一时在口袋里没找到纸,便在主人家的新桌布上写下了公式。

下面,我们要探讨一个与审美直觉有着显明差异的审美灵感特征,即审美灵感到来时伴随着情绪情感极大高涨。审美直觉可以随时随地当下作出,虽有情感因素,但不很明显。而当审美灵感来临时,创造主体注意力高度集中,把一切都置之度外,想象极为丰富,思维极为活跃,长期以来苦思冥想的问题顷刻间获得解决,思路畅达,意象纷呈,对自己所发现所领悟的新思想遽然兴奋起来,为之欢欣鼓舞,情不自禁,甚至如痴如醉,进入到忘我的创造冲动境界和自由心境。

普希金曾直接把审美灵感看作"是一种敏捷地感受印象的情绪"。① 他在一首题为《秋》的诗中描写过他在灵感降临时的激动狂喜的状态:"在甜蜜的宁静中/我的幻想使我如痴如梦,/于是,诗兴在我的心中苏醒:/内心里洋溢着滚滚的激情,/它颤栗、呼唤、寻求,梦魂中/想要自由自在地倾泻尽净——/这时一群无形之客向我走来,/似曾相识,都是我幻想的成品。"②罗曼·罗兰认为灵感的来临意味着生命种子的萌动,仿佛神话中的姜嫄踏巨人的脚印而受孕一样。他这样自述那次在伏尔泰居住过的弗尔尼的平台上的灵感爆发:"为什么我要在这里受到启示,而不在别处呢?我不知道。可是这仿佛揭去了一层纱幕。心灵好像被亵渎的处女,在拥抱中苞放了,觉得活力充沛的大自然的狂欢在身体里流荡。于

① 林建法、管宁:《文学艺术家智能结构》,第343页。
② 吴思敬:《心理诗学》,第214页。

是初次怀孕了。过去种种的抚爱——尼埃弗田野中富于诗意和感性的情感,灿烂夏日中的蜂蜜和树脂、星夜里爱与恐惧的困倦——忽然一切都充满意义了,一切都明白了。于是就在那一瞬间,当我看到赤裸裸的大自然而渗入它内部时,我悟到我过去一直是爱它的,因为我那时就认识了它。我知道我一直是属于它的,我的心灵将怀孕了。"①甚至连崇尚理性的黑格尔也承认,灵感"不是别的,就是沉浸在主题里,不把它表现为完满的艺术形象时决不肯罢休的那种情况。"②

在西方,古希腊时代就已经有一种"流行的看法":"没有一种心灵火焰,没有一种疯狂式的灵感,就不能成为大诗人"。③ 前面我们已提到过,是德谟克利特首先把灵感与诗人非自觉性的迷狂状态联系起来考察的。但尚未发现他把诗人的迷狂归因于"神性的着魔"。灵感的"神性"论和神授灵感说的始作俑者是柏拉图。他断言:"在现实中最大的天赋是靠迷狂状态得来的,也就是说,迷狂状态是神的一种赏赐。"④柏拉图在《斐德若篇》中把神灵凭附的迷狂分成四种,即预言的、教仪的、诗歌的和爱情的。"诗人是一种轻飘的长着羽翼的神明的东西,不得到灵感,不失去平常理智而陷入迷狂,就没有能力创造,就不能做诗或代神说话。"⑤他甚至警告人们:"若是没有这种诗神的迷狂,无论谁去敲诗歌的门,他和他的作品都永远站在诗歌的门外,尽管他自己妄想单凭诗的艺术就可

---

① 《罗曼·罗兰文钞》,第 159 页。
② 黑格尔:《美学》(第 1 卷),第 365 页。
③ 金开诚:《文艺心理学概论》,第 337 页。
④ 《柏拉图文艺对话集》,第 7、11 页。
⑤ 同上,第 118 页。

以成为一个诗人。他的神智清醒的诗遇到迷狂的诗就黯然无光了。"①

审美灵感来临时的强烈的创造冲动,必然伴随着极大的情绪情感高涨。细究起来,在灵感刹那间显现的前后,其强烈的情绪情感似乎还可分为三个连为一体的过程。如果我们把灵感降临时看作是一个小生灵的诞生的话,那么,则有婴儿分娩前(灵感潜伏)的激动和不安;婴儿呱呱坠地(灵感降临)时的恍惚和虚脱(迷狂);怀抱婴儿(灵感顿悟后)的喜悦和快慰。爱因斯坦曾描述过他在灵感潜伏时的激动和不安:"但是,在黑暗中焦急地探索着的年代里,怀着热烈的想望,时而充满自信,时而精疲力竭,而最后终于看到了光明——所有这些,只有亲身经历过的人才能体会。"②奥地利作曲家沃夫这样谈到灵感在"母腹"中躁动时的激动:"激动使我的脸颊像熔化的铁似的又红又热,灵感的这种状态,对我来说,是一种令人心醉的苦刑,而并非是纯粹的幸福……"③李姆斯基—柯萨柯夫则在《我的音乐生活》中描述激情催生灵感的情形:"记得有一天,我正闷坐在哥哥的公寓里,收到他一张通知启程日期的便条。我回想,当时即将在眼前展开的那幅到俄国悽怆的内地去旅行的画面,如何立刻激起了我对俄罗斯民间生活的不可名状的爱好——为了它的以往,更为了《泼斯考甫姑娘》的写作。就在这种感情的激动下,我立刻坐在琴边,即兴弹出了泼斯考甫地方的人民对沙皇伊凡唱的《欢迎合唱曲》的主题……"④

---

① 《柏拉图文艺对话集》,第 127 页。
② 《爱因斯坦文集》(第 1 卷),第 323 页。
③ 罗小平、黄虹:《音乐心理学》,第 115 页。
④ 李姆斯基—柯萨柯夫:《我的音乐生活》,音乐出版社 1953 年版,第 104 页。

　　许多艺术家都生动地描述创作灵感到来时的那般迷狂劲。俄国作曲家格林卡说："整夜我处在狂热的状态中,无边的幻想索迴于我的脑际。就在这夜,我拟出并考虑成熟了整个歌剧的终曲。"①郭沫若在回忆《女神》的创作时说："我在一有冲动的时候,就好像一匹野马","任一己的冲动在那里跳跃",并感受到"一种神经性的发作",自己也"觉得有点发狂"。②"那时的一种不可遏抑的冲动,一种几乎发狂的强烈的热情,使我至今犹时常追慕。我那时候的诗实实在在是涌出来的,并不是做出来的。"③郭沫若还谈到他创作《地球我的母亲》时进入灵感迷狂状态的情景："《地球我的母亲》是民八学校刚放好了年假的时候做的,那天上半天跑到福冈图书馆去看书;突然受到了诗兴袭击,便出了馆,在馆后僻静的石子路上,把'下驮'(日本的木屐)脱了,赤着脚踱来踱去,时而又率性倒在路上睡着,想真切地和'地球母亲'亲昵,去感触和她的皮肤,受她的拥抱。——这在现在看起来,觉得是有点发狂,然在当时却委实是感受着迫切。在那样的状态中受着诗的推荡,鼓舞,终于见到了她的完成,便连忙跑回寓所把她来写在纸上,自己觉得就好像真是新生了的一样"④有人甚至形容莎士比亚创作《李尔王》时的精神状态："几乎像李尔王一样的疯狂"。⑤

　　在灵感顿悟后,艺术家仍会沉浸在成功的兴奋和喜悦之中。

---

　　① 格林卡:《论音乐与音乐家》,音乐出版社 1957 年版,第 20 页。
　　② 郭沫若:《我的作诗的经过》,见林建军法、管宁选编,《文学艺术家智能结构》,第 351 页。
　　③ 林公翔:《科学艺术创造心理学》,第 288 页。
　　④ 郭沫若:《郭沫若文集》(第 11 卷),见刘烜:《文艺创造心理学》,第 102 页。
　　⑤ 钱伯斯:《威廉·莎士比亚》,见胡经之:《文艺美学》,第 104 页。

《唐诗纪事》中曾记录有一则诗坛趣事:唐代诗人周朴偶遇樵夫担柴而来了灵感,头脑中涌出了"子孙何处闲为客,松柏被人伐作薪"的得意诗句。由于得意忘形,樵夫受惊,差点儿被当作小偷逮捕起来。"尝野逢一负薪者,忽持之,且厉声曰:'我得之矣! 我得之矣!'樵夫矍然惊骇,掣臂弃薪而走。遇游徼卒,疑樵者为偷儿,执而讯之。朴徐往告卒曰:'适见负薪,因得句耳。'卒乃释之。"①这则趣事很容易让人联想到阿基米德在入浴时突然产生灵感,使他顿悟出比重原理时的情景,当时阿基米德从浴盆里马上爬起来,光着膀子在街上狂呼:"我发现了! 我发现了!"尽管科学审美创造与艺术审美创作有着极大的差别,但艺术家所体验到的灵感来临时的巨大高涨的情绪情感,在科学家那里也同样会体验到。如爱因斯坦在回忆他获得灵感撰写《论动体的电动力学》论文时说:"这几个星期里,我在自己身上观察到各种精神失常现象。我好像处在狂态里一样。"②

应当指出的是,科学与艺术创造活动中由于审美灵感爆发而出现的"迷狂"、"热狂"的反常的非自觉精神现象,是一时的如痴如狂,而不是真痴真狂,与精神病患者由于大脑机能紊乱而产生的不合逻辑的疯狂是有本质区别的。西方有一句流行的谚语:"天才类似于疯狂"(genius is akin to madness),其"类似于"(is akin to)用得很是贴切。因为审美灵感出现时所伴随的情绪情感极大高涨乃至"迷狂"仍属于创造活动状态,是以创造主体的创新意识的最大清晰性为特点的。虽然在有限的方面创造主体失去了常人日常生

---

① 谢文利:《诗歌美学》,中国青年出版社 1989 年版,第 39 页。
② 王极盛:《科学创造心理学》,第 493 页。

活必要的"自我意识",但它是以某一部分"理性"的暂时丧失(仅就极为兴奋时忘却主客体分别而言),而让另一部分"理性"和非理性(潜意识)得到极大的张扬(就发现事物的本质规律和获得顿悟而言),同时激励艺术家、科学家们利用灵感向审美创造的纵深发展,扩大与完成审美创造的成果。

5.3 科学和艺术审美灵感的功能

音乐家威尔弟说:"我相信灵感。"①柴可夫斯基也说:"我对于灵感的追求总不会落空……我和她已经难分难离了。"②殷潘在《河岳英灵集序》中认为,文学艺术品的产生有"神来、气来、情来"三种不同创作状态,其神来之"神"也就是陆机所谓的"天机",即灵感。他评李白称其"纵逸",评常建称"其旨远,其兴僻,佳句辄来,唯论意表",评王维称其"词秀调雅,意新理惬,在泉为珠,着壁成绘,一字一名,皆出常境",认为他们都是"神来"的诗人,③也即凭借审美灵感进行创作的艺术家。

不仅艺术家,在科学家中,沿着驾轻就熟、循规蹈矩的思维途径而取得重大科学成果的虽不乏其人,但更多的还是独辟蹊径、巧开新路者,他们常常也是凭借着独特的科学审美灵感而顿然领悟、获得戏剧性的科学重大突破。这是因为,科学审美灵感与艺术审美灵感一样,都是人的创造性思维能力、创造性想象能力和记忆力巧妙融合的一种最佳创造力效应。

---

① 何乾三选编:《西方哲学家文学家音乐家论音乐》,人民音乐出版社 1983 年版,第 159 页。
② C.波汶等编:《我的音乐生活——柴可夫斯基与梅克夫人通讯集》,第 148 页。
③ 赵永纪:《诗论:审美感悟与理性把握的融合》,第 141 页。

在上文所引用所举出的大量的艺术家、科学家关于审美灵感的论述以及事例,已经足以说明审美灵感在科学和艺术创造中发挥着重要而奇特的作用。这里只是将其不同功能再归纳总结一番。

首先,审美灵感在科学和艺术活动中具有突创作用。德波罗意在赞颂爱因斯坦突破性的科学发现时指出,他"能够一眼看穿那疑难重重、错综复杂的迷宫……给那黑暗笼罩的领域突然带来了清澈的光明"。① 审美灵感的突创作用是由其所具有的思维渐进过程的中断和飞跃及在偶然间突发的特性所决定的,它能打破人的常规思路,为创造性思维突然开辟一个崭新的境界。

苏轼《书蒲永升画后》中曾描述过五代时著名画家黄筌的孙子黄知微突发灵感创作的情景:"始知微欲于大慈寺寿宁院壁,作湖滩水石四堵,营度终岁,终不肯下笔。一日仓皇入寺,索笔墨甚急,奋袂如风,须臾而成,作输泻跳蹙之势,汹汹欲崩屋也。"② 据说列宾在某晚听了里姆斯基·柯萨科夫的乐曲《复仇》,顿时联想起伊凡,从而创作出了《伊凡雷帝杀子》的油画。司汤达创作《红与黑》的最初冲动来自于从《司法公报》上偶尔看到的一则新闻。

音乐家似乎更容易受审美灵感突创作用的影响。马勒在谈到自己创作《第二交响曲》最后一个乐章所获得的灵感顿悟时说:"长时间以来,我盘算着把合唱用在最后乐章,但只怕被人说我这是对贝多芬的表面模仿,所以我一次又一次地裹足不前。就在这时,布罗去世了,我出席了他的追悼会。我坐在那里悼念他去世的

---

① 林公翔:《科学艺术创造心理学》,第282页。
② 赵永纪:《诗论:审美感悟与理性把握的融合》,第138—139页。

心情正好是这部我在深思熟虑的作品所要表达的精神。不久,合唱队从风琴楼厢中唱出克洛普斯托克的圣咏曲《复活》! 我好像受到闪电的一击,顿时,我心中的一切显得清晰、明确!"[①]法国著名作曲家柏辽兹为贝朗瑞一首诗谱曲,全曲基本完成,就差最后两句,绞尽脑汁也想不好。两年后,他到巴黎旅游,不慎失足落水,当他水淋淋爬上来时,嘴里忽然哼出一句旋律,而这正是他两年来搜索枯肠找不到的那两句诗的曲调。奥地利天才作曲家舒伯特也发生过类似情形。一天,他同几个朋友到维也纳郊外散步。返回时他们偶然走进一家小酒店,谈话间看见桌上放着一本莎士比亚的诗集,舒伯特随手拿起来读几遍。忽然,他大声嚷道:"旋律出来了! 可是没有纸怎么办?"他的朋友顺手拿过桌上的菜单翻过来递给他。刹那间,舒伯特就像着了魔似的在菜单上疾书起来,全然不受小酒店喧嚣嘈杂的影响。不到 15 分钟,一首《听哪,云雀》的名曲诞生了。

在科学审美创造活动中,审美灵感也常让科学家在突然间作出突破性的创造和发现。门捷列夫的第一张元素周期表的发现就是典型一例。据苏联科学史学家 Б. M. 凯德洛夫介绍,门捷列夫曾从各个方面研究过元素及其他化合物的各种关系,但总不得要领。某天他动身离开彼得堡去办与周期律毫不相干的事。就在提了箱子要上火车之际,灵感的突然闪现使他产生了一个天才的猜想.即原子按其原子量系统化的原则。于是,伟大的发现就在这种紧张的"思索时间不足"之中诞生了。兴奋激动的门捷列夫当天就

---

① 萨姆·摩根斯坦编:《作曲家论音乐》,人民音乐出版社 1986 年版,第 171—172 页。

把元素周期表送往印刷厂发排。法国化学家、微生物家巴斯德发现鸡霍乱疫苗，也是灵感的突创作用。1879 年夏巴斯德离开巴黎去外地度假，回到实验室时，发现被他束之高阁的鸡霍乱疫苗虽然还活着，但已不能再使鸡感染霍乱，于是他灵感突发：会不会是经过培养的疫苗使鸡得到免疫？后经实验终于发明了鸡霍乱疫苗，对人类免疫学产生了无可估量的贡献。

1934 年，被誉为"中子王"的意大利物理学家费密做出了一个引起原子核裂变的关键性发现：如果使中子束事先通过石蜡来降低速度，那么，当中子束射中靶子时就能极为有效地使靶中的原子核变得不稳定。费密后来在记叙他做出这一灵感突创的情景时说："当时我们正在不辞劳苦地研究中子诱发放射问题，迟迟得不出什么有意义的成果。一天，我来到实验室，忽然产生一个念头：我应该考查一下，在入射中子前面放置一块铅会有什么效果应……我分明感到某种不满意，因此就找种种'借口'拖延时间，不把这块铅放上去。最后，我终于准备勉强把它放到那里去。可是，我喃喃自语：'不，我不想把这块铅放这里，我想放一块石蜡'。事情就是这样。没有前兆，事先也不曾有意识地进行推理。我马上随手取了一块石蜡，把它放到原来准备放铅的地方。"这样，费密在直觉作为接通媒介的科学审美灵感的驱使下，没有任何预期地做出了突破性的科学发现。

审美灵感在科学和艺术中的第二个重要功能是先导作用。审美灵感中"灵机一动"的出现，往往是艺术或科学创造成功的前奏和预兆。德国气象学和地球物理学家 A. L. 魏格纳在一张世界地图上获得了科学审美灵感，并在这一灵感的先导作用下创立了"大陆漂移"学说。魏格纳在一次住医院时被病房墙上的世界地图吸引住。他发现大西洋东西两边,特别是南美洲和非洲海岸线形状明显一致。经过一段时间的探索,魏格纳在 1912 年宣布了他的大胆结论:南美洲、非洲、印度和澳洲原先都聚集在南极周围,是连成整块的原始大陆——冈瓦纳古陆。后来,由于某种驱动力它们才分开了。这就是非常有名的"大陆漂移"说,并被后来的地质学家、古生物学家、古气候学家、古地质磁学家从不同角度多方证实了它的科学价值。显然,魏格纳在病房里的世界地图上得到的科学审美灵感,是他的"大陆漂移说"创立的先导。马雅可夫斯基的一个"我是一朵穿裤子的云"的奇妙念头,是他写作"穿裤子的云"一诗的先导。据马雅可夫斯基回忆,这个新奇而神妙的题目,是他在火车上同人谈话时偶然涌入脑际的:"接近 1913 年的时期,有一次我从萨拉多夫火车回莫斯科,在火车上遇见一个年轻的女子。为了对她表白我的意向纯洁,我对她说我不是一个人,而是一朵穿裤子的云。话一出口,我立刻想到这几个字可以用来写一句诗……两年以后,我果然用着'穿裤子的云'这几个字作为诗题。"[1]

审美创造活动中常会出现这样的情况:积累了不少材料,创造的实际步骤也已展开,但在某一关节点上思路不畅,被卡住了,或是缺少一个"一以贯之"的东西,这时,因某种启发,灵机一动,从而迅即打开思路,豁然开朗,忽然贯通。此时的灵感起到了导向和组合的作用。灵感的先导作用与突创作用不同,因为后者本无意于创作,只是在灵感降临时产生了创造的冲动。先导作用时的灵感是在已有创造愿望,但苦于找不到突破口时产生的,起到了导向组

---

① 霭尔莎·特里沃雷:《马雅可夫斯基小传》,三联书店 1986 年版,第 80 页。

合的作用。20 世纪 30 年代左右，茅盾面对帝国主义不断蚕食中国，农村经济日益凋敝的惨然景象，一直思考着用小说把它表现出来。可芸芸众生、茫茫大国从何处着手表现呢？突然有一天在报上读到这样一则消息，浙东今年蚕茧丰收，蚕农相继破产。这样一个颇为矛盾的报道，诱发他灵感的波涛，散乱的素材一下联成一片，于是《春蚕》便降生了。① 鲁迅写作《狂人日记》也属于这种情况。尽管鲁迅早已有意作文揭露封建社会吃人的本质，但一直未找到合适的突破口。一次他听说他的一个在陕西做官的亲戚突然发疯了，逢人便说有人要吃他。这事给鲁迅以很大启发，而这一灵感启发成了鲁迅成功写出《狂人日记》的先导。另外，郭沫若写《屈原》时，中途情节发展不下去，偶尔从屈原的《天问》中看到"薄暮雷电"四字，顿获灵感，成了完成以有名的"雷电颂"为基础的第四幕的先导。音乐家格林卡在创作歌剧《伊凡·苏萨宁》时也有过创作情绪中断的时候，一幅画着家乡房舍的版画让他想象出壮丽的俄国冬天图景，激发起灵感，成了他《伊凡·苏萨宁》旋律如飞瀑般倾泻出来的先导。

审美灵感的第三个功能是催化作用。在审美创造活动中，审美灵感犹如化学中的催化剂那样，给创造主体以激励、启迪、光明和希望，从而大大加快了审美创造的进程。审美灵感的这种催化作用往往出现在创造过程中某一环节久攻不下，于是把紧张的思维活动搁下，把长期集中的注意力转移一下，从而精神处于暂时的松弛状态。这时偶然的一句话、一件事所突然激发的灵感会像闪电一样，照亮迷途，为创造提供了契机，让创造者从"山重水复疑无

---

① 见林建法、管宁选编：《文学艺术家智能智构》，第 346 页。

路"进入到"柳暗花明又一村"的境界。

审美灵感的催化作用涉及到灵感与动机的心理学问题。审美灵感来临时,神经系统处于兴奋状态,产生审美张力。这种审美张力根源于创造主体的审美目的指向性,依靠审美情绪情感起传递作用。审美张力的保持,有赖各种生命活动的协调;一旦失调,灵感就起不来或被打消掉。根据心理学上正负诱导的原理,如果意识的活动过于紧张,潜意识的活动就相应受到抑制,太强的自我意识控制会破坏审美指向性的情绪紧张活动,在这种状态中当然也就谈不上灵感的显现。斯坦尼斯拉夫斯基在排演《奥赛罗》时就有过这样的体会:"我所能做的只是疯狂的紧张,精神和形体上失去了驾驭。……没有节度,没有情操的控制,没有色调的安排;只有筋肉的紧张,只有声音和整个有机体的硬作。……因此不得不把排演暂停几天,找个医生想点最好的补救方法。"①席勒的朋友柯纳抱怨自己写不出东西来,席勒回信说:"你抱怨的原因,在我看,似乎是在于你的理智给你的想象加上了约束。我要用一个比喻把我的意思说得更具体些。当观念涌进来时,如果理智仿佛就在门口给予他们太严密的检查,这似乎是一种坏事,而且对心灵创作活动是有害的。"②

正负诱导原理还指出,如果意识活动稍为松弛一点,潜意识的活动就会有所加强。经过紧张的创造思维活动,临近问题解决的边缘,此时意识放松一下,又有那么一个机缘催化一下,潜意识很可能就会趁机将自己的思维成果向显意识猛然推出。诺贝尔奖金

① 金开诚:《文艺心理学概论》,第349页。
② 《外国理论家作家论形象思维》,第191页。

获得者李政道在一次中国研究生谈话时,曾深有体会地说道:"有时候在想一个问题,想了很久没想出来,不妨停一下,暂时去干别的事情,因为下意识的思考还是存在的,这类思考也常常是有积极性的,反而会促进想出比较不平常的似乎是突然性的好的观念来,这时你就要抓住。"①

亨利·彭加勒在一篇关于数学创造的演讲中回忆道:"恰恰在那时,我离开了我一直居住的地方——卡昂(Caen),在我学校的赞助下继续我的旅行,旅行令我忘记了数学工作。在到达库坦斯(Coutances)后,我们乘坐公共汽车游览各地。在那时,当走路时,这种想法便油然而生,不带有任何以前似乎是为之铺路的想法,我曾经下过定义的弗克深函数的转变被认同于非欧几里得的几何。我不能验证我的观点;我本不该花时间乘坐公共汽车,我继续我已经开始了的谈话,但我觉得极为自信,在我回卡昂的路上,由于本性的缘故,在空闲之时我证明了这个结论。"②卡尔·弗里德里希·高斯(Carl Friedrich Gauss)也有过某一创造意识放松时受灵感催化而成功的体验:"后来,两天前,我成功了,不是我努力的结果,但很幸运。好像灯光忽然闪亮,这个谜就一下子解开了。我不能说什么是这条连接线,它将我从前所知道的与让我可能成功的东西连接在一起。"③大文豪托尔斯泰的许多奇妙构思也是在休息的时候获得的。他说:"我正在散步,忽然,很清楚地懂得了我的《复活》为什么写不出来的原因。开头写得不对。……我应该从她

---

① 李政道:《物理学及其他》,《自然辩证法通讯》1979 年第 3 期。

② 爱德华·罗特斯坦:《心灵的标符——音乐与数学的内在生命》,第 122 页。

③ 同上。

（即喀秋莎）开始，我马上想动笔。"①

审美创造灵感的催化作用一般来说发生在精神放松的时刻，但也有相反的情形，即在注意力高度紧张时催化出创造灵感。1912年春天，德国物理学家冯·劳厄根据当时还没有得到证实的两个假设，X射线是电磁波及晶体是原子的规则结构，提出了一个设想：X射线穿过晶体，就像光射入衍射光栅一样，会发生干涉现象。他的助手根据这一设想做了一个实验：让X射线通过硫酸铜晶体，结果在晶体后面的感觉板上产生了规则排列的黑点，即劳厄图。为了给劳厄图找出理论解释，劳厄陷入沉思苦想之中。正是这种冥想，孕育了他的科学审美灵感。劳厄在回忆这一灵感的产生过程时说道："弗里德里希给我看了这张图以后，我沿着利俄波尔德街回家，一路上陷入沉思之中。我走到离俾斯麦街道22号我的公寓不远的地方，恰好在栖格夫里街10号的房子前后，我想到了这种现象进行数学解释的意见。"这个数学解释就是劳厄关于晶体原子和入射电磁波的相互作用的几何理论。劳厄的发现证实了X射线是电磁波，同时又开创了物质晶体结构的研究，因而获得了1914年诺贝尔物理学奖，并被爱因斯坦称赞为是物理学上的最佳发现。

审美创造灵感的催化作用偶尔还会出现在精神高度紧张的时刻，这时的灵感催化可以说是特殊情境下被逼发出来的。譬如清朝才子纪晓岚为乾隆皇帝题扇，题的是王之涣的《凉州词》——

　　　黄河远上白云间，一片孤城万仞山。

------

① 奇科夫：《托尔斯泰评传》，人民文学出版社1959年版，第496页。

　　　　羌笛何须怨杨柳,春风不度玉门关。

乾隆一看"嗯"了一声。纪晓岚赶忙趋前细看,这一看非同小可,吓
出了一身冷汗,原来掉了一个"间"字。这还了得,欺君之罪! 就在
这生死关头,纪晓岚急中生智,逼发灵感,为原词加上几个句读,戏
剧性地化险为夷,并创造了一首新词:

　　　　黄河远上,白云一片,孤城万仞山。
　　　　羌笛何须怨,杨柳春风,不度玉门关。①

　　审美灵感还具有类似联想的创造作用。审美灵感的触发往往
发生在瞬间,思维敏捷者能在这瞬间产生思维的连锁反应。一切
由灵感激发联想而作出的科学发现和艺术创造,皆因创造主体把
各种事物联系起来思考,发现它们之间的内在联系,从而揭示出事
物的奥秘。没有对事物的普遍联想,就不可能有审美灵感的触发;
而灵感的产生又大大激励了审美主体丰富的想象力,从而获得科
学和艺术的创造。
　　类似联想是联想的一种,反映事物间的相似性和共性。科学
审美灵感状态下的类似联想的心理特点,在于在相似刺激的作用
下,主体在心理上发生了由此及彼、触类旁通的作用。我国著名生
物学家朱洗为了培养出一种经济价值高又不吃桑叶的新蚕种,曾
选择了许多蚕种与印度的蓖麻蚕杂交,两年多都没有获得满意的
结果。某个夏天夜晚,一只樗蚕蛾扑火而来,朱洗看着这只飞进实

---

① 见林建法、管宁:《文学艺术家智能结构》,第 347 页。

验室的不速之客忽然想到：樗蚕与蓖麻蚕同属，干吗不用它来进行杂交呢？朱洗的思路豁然开朗，并经过实验而获得了成功。其实，牛顿苹果落地而联想到地心引力问题，阿基米德从浴盆里溢出的水而联想到物体的比重原理，以及现代通用数字计算机设计的先驱者拜比吉受到加卡提花机的启示而创造了用穿孔卡来自动控制程序的计算机等等，皆是科学主体在灵感状态下通过类比联想而放射出的智慧的灵光。

审美灵感在艺术领域中所发生的类似联想创造作用的例子就更多了。据唐《宣和书谱》载：唐代书法家怀素"一夕观夏云随风，顿悟笔意，自谓得草书三昧"，于是其书法大进，"若惊蛇走虺，骤雨狂风"。美国著名舞蹈家邓肯的舞蹈革新也常得之于灵感。据说，她常"从海浪的起伏、棕榈树枝的摇动，鸟儿的飞翔中吸取动作的灵感。她从古希腊花瓶上所绘的舞姿中吸取灵感，把这种希腊式的典雅风度的服装和舞蹈姿势应用于她自己的舞蹈中"。① 列夫·托尔斯泰由于看到路旁一株被折断、溅满污泥而依然活着的牛蒡花而触发了创作灵感，他联想到了高加索英雄人物哈泽·穆拉特。"人战胜了一切，毁灭了成千上万的草芥，而这一颗却依然不屈服！"通过这一灵感思维的巨大联想，《哈泽·穆拉特》中主人公顽强不屈的性格开始耸立在托尔斯泰的心目中。

我曾看过诗人余光中的一篇游记《山盟》，深为文中灵感思维的联想所叹服。深山古刹里一截硕大的鼓面般红桧木横剖面，竟引发出余光中如下一段奇妙感应：

---

① 陈望衡：《艺术创作之谜》，第 401 页。

　　一个生命,从北宋延续到清末,成为中国历史的证人。他伸出手去,抚摸那伟大的横断面。他的指尖溯帝王的朝代而入,止于八百多个同心圆的中心。多么神秘的一点,一个崇高的生命便从此开始。那时苏轼正是壮年,宋朝的文化正盛开,像牡丹盛开在汴梁。欧阳修墓土犹新,黄庭坚周邦彦灵感犹畅。他的手指按在一个古老的春天上。美丽的年轮轮回着太阳的光圈,一圈一圈向外推开,推向元,推向明,推向清。太美了。太奇妙了。这些黄褐色的曲线,不是年轮,是中国脸上的皱纹。推出去,推向这海岛的历史。哪,也许是这一圈来了葡萄牙人的三桅战船。这一年春天,红毛鬼闯进了海峡……不对不对,那是最外的一圈之外了,哪,大约在这里。他从古代的梦中醒来,用手指划着虚空。

　　下面我要多费些笔墨来论述审美灵感最为奇特的创造功能,即无意识梦境创造作用。审美灵感的产生有一个在无意识中孕育的过程,其思维的渐进过程的中断、突然的飞跃,都是在无意识中产生的。灵感是由大脑皮层的某些保持着先验与经验记忆信息的细胞偶然兴奋所致的无意识的表象活动的某种结果于一定条件下在意识中的实现。许多研究者都倾向于这样一个观点:灵感思维是意识与无意识互相沟通的一种现象。比如马斯洛就指出:"最后,分析者们都同意,灵感或巨大的(原发性)创造力部分地都来源于无意识,也就是说,都是一种健康的回归,使人暂时离开现实世界。我在这里描绘的一切都可以看成是一种自我、本我、超我和自我理想的融合,一种意识、前意识、无意识的融合,一种原发性过程与续发性过程的融合,一种快乐原则与现实原则的融合,一种毫无恐惧的、能够使人达到最高度成熟的健康回归,一种人在所有水平上的真正的整合。"①

苏联杰出的理论物理学家 A. Б. 米格达尔在"科学创造力的心理学"一文中也有同样的观点,他写道:"把自己带到也许可以叫做欣喜若狂的或者富于灵感的境地,在这里,有意识和下意识的结合,有意识的连续思考甚至发生在睡眠期间而无意识的工作甚至发生在清醒的时候。"同时,米格达尔又探讨了为什么灵感的无意识会具有创造性:"下意识工作的主要特点是联想,它是没有控制的,这就使得有可能提出完全没有预料到的思想。"②彭加勒曾形象地把灵感的无意识的构成要素比作某种"原子",它们在脑力工作开始之前处于静止状态,仿佛"固着在墙上";当最初的有意识的工作驱使注意力集中于所研究的问题时,这些"原子"便从"墙上"下来,开始运动。即使意识休息了,无意识的思维过程仍在继续进行,"无意识的原子"不停地工作,直到得出某种解决办法。③ 钱学森也说过:"常常一个问题,醒着的时候总是想不起来,不想时,或夜里做梦,却忽然来了。这说明潜意识在工作。你自己不知道,可是它在试验。试验行了,它就通知显意识,这就成了你的灵感。"④

在艺术领域也不乏有艺术家谈到同样的认识和体会。德国作家约翰·瑞希特曾说:"无意识是我们心灵中的一块最大的区域,

① 马斯洛:《高峰体验中的存在认知》,见《自我实现的人》,三联书店 1987 年版,第 314—315 页。
② A. Б. 米格达尔:《科学创造力的心理学》,《科学与哲学》1980 年第 4 辑,第 156—158 页。
③ 参见林公翔:《科学艺术创造心理学》,第 292 页。
④ 《钱学森同志与本刊编辑部座谈科学、思维与文艺问题》,《文艺研究》1985 年第 1 期,第 7 页。

是我们内心的非洲大陆（指神秘的、未知的），它那被认识的边界伸到了无限远的地方。"①卢卡奇在《巴尔扎克和法国现实主义》一书中曾指出："剥夺创造中的无意识活动就等于完全取消创造"②。莫里亚克说："小说家从不停止工作，甚至当你看到他在休息的时候。"③斯坦尼斯拉夫斯基则把艺术审美灵感创造中的意识与无意识关系论述得更加辩证："创作工作只是部分地意识控制之下及其直接影响之下进行的。它有很大一部分是下意识的、不随意的。这种工作只有最高明的、最有天才的、最精细的、不可企及的、神通广大的艺术家——我们的有机天性才能得到。任何最精湛的演员技术都不能和天性相比。在这方面它是权威。"他还说，艺术的任务"在于有意识地间接地唤起并诱导下意识去创作。所以作为我们体验艺术的主要基础之一的原则是'通过演员的有意识的心理技术达到天性的下意识的创作'（通过意识达到下意识，通过随意的达到不随意的）。我们把一切下意识的东西都有交给天性这魔法师，我们自己就去采取我们所能达到的途径——有意识去进行创作和采用有意识的心理技术手法好了。这些手法首先教导我们，当下意识开始工作的时候，我们就不要去妨碍它"。④

诺贝尔奖获得者、哥伦比亚小说家加西亚·马尔克斯的好朋友门多萨问他："你是否像其他作家一样，写不下去时面对白纸感到焦虑？"这位作家回答说："我读过海明威的忠告之后，便没有了那种焦虑之感。他说，只有对第二天要写什么做到心中有数时，才

---

① 童庆炳：《艺术创作与审美心理》，第199、页。
② 同上，第200页。
③ 同上，第198页。
④ 同上，第201页。

能停笔休息。"①海明威这段威力巨大的忠告,见于他与《巴黎评论》记者的谈话。他说:"你把你已经写过的东西读一遍,因为你一向在你知道下面要写些什么的时候停下笔,你就从那儿继续写下去。你写到你还有活力的地方,而且知道下面要写些什么,你就停下笔,力图挨过一个晚上,到第二天才去碰它。比方说,你在早晨六点动笔,可以继续写到正午,也可能在正午以前就写完。当你停下笔的时候,看起来似乎感觉空虚,其实决不空虚而是充实,犹如你已经向你所爱的人倾诉爱情一样。"②如果用一句中国成语来表达海明威的创作经验,就是要避免"竭泽而渔",用海明威自己的话来说,就是要保持活力。他认为,作家的活力如同一口井,全都打干了,水就再也上不来了;如果保持积蓄一些水,井还会满的。这实际上说明了审美创造灵感的无意识作用,当一个作家在意犹未尽尚有可写时停下笔来,即使在干别的事或睡觉休息时,他的无意识仍在继续工作,并且由于有了明确的创作目标和接头点,很容易引导、调动和激发起潜意识中相关的因素,促动脑神经兴奋而产生灵感,从而使"井"里的水在不知不觉间又神奇地高涨起来了。对此我有过亲身体验。记得写作《心路》的时候,每天几乎都写到凌晨四、五点,常常是为了休息而硬着头皮很不情愿地放下手中正"畅溜"的笔,好在第二天再拿起笔时大多马上就能进入创作状态;但如果一定要在当天把脑子里的东西都挖空,感觉是痛快淋漓了,可第二天往往要磨上好半天才能进入状态,有点得不偿失。尽管当时我也在《心路》中探讨了直觉、灵感和下意识,但其实并不懂得

---

① 《诺贝尔文学奖获奖作家谈创作》,北京大学出版社1987年版,第514页。
② 同上,第220页。

如何把握创造活动的节奏,不知道如何保持自己创造性思维的"完成内驱力",不知道应当满足使自己创作活力不致衰竭的心理条件。假如我能有幸像马尔克斯那样早点读到海明威的创作经验和忠告的话,我想当初我写起《心路》来一定会更加轻松自如的。

在阐明了灵感的无意识性对创造的重要作用后,我们要开始探讨审美创造的一个普遍而又奇特的情形:灵感的无意识梦境创造。梦是无意识的一种典型存在形式。在弗洛伊德无意识理论中,系统分析了梦的价值、意义和创造作用。他认为"梦主要是用形象来思维的",特别是梦中的想象"由理智的支配和任何缓和的控制中解放出来,一跃而占有无限权威的地位……它出现在梦中不仅具有复制的能力,而且具有创新的能力"。[①] 心理学乌尔曼也认为,梦具有创造性,梦能构思新的事物,把分散的事实组成一种完整的形式,能使做梦者联想到事物的实质。[②] 确实,无意识梦境很容易产生出创造灵感。心理学家认为,人的神经系统是"永远活动着的","而某些脑细胞在睡眠的时候要比觉醒的时候更为活跃"。[③] 这是因为梦产生在人的快波睡眠状态,这一阶段人的大脑在储存知觉、认识信息、记忆联想等方面兴奋性强。同时,在梦境中,记忆组块由于摆脱了意识强有力的控制与思想范畴的障碍而变得非常灵活,善于变化,意象纷呈,当它们一旦以有序、独特的运动形式组合时,创造性灵感便在梦中诞生了。

不少艺术家、理论家和科学家都曾作过深刻的论述。歌德认

---

① 罗小平、黄虹:《音乐心理学》,第 110 页。
② 同上。
③ 克雷奇等:《心理学纲要》(上册),文化教育出版社 1981 年版,第 94 页。

为,"灵感是在心灵以外,不属于心灵的状态(即无意识或梦的状态)。海伯尔(Hebbel)对这句话的意义注解说'兴奋(即灵感)的诗之境界,乃是一种梦的境界'。'它在灵魂中,准备着艺术家所不知道的一件事。'(日记1;360页)海斯(Paul Heyse)也说过相似的话:'一切艺术的创获,都是在无意识的状态中激发出来,是无意识神秘境界中的活动,与本义的'梦'的境界相似。'他又加上一句说:'很多次,特别是在早晨的半睡状态中,使我寻获到我在觉醒后所要继续寻求的动机,并立刻予以结束……实在,竟而有一次,我创出了动人的短篇,几乎完全是在梦中获得的。'(见德拉瓜艺术心理索引,175、179页)"①诺贝尔奖金获得者A.冯谢特·果尔格伊在回答(创造性)思想是怎样出现时说:"当我凌晨三、四点钟醒来的时候,在床铺上,或者甚至在梦中。当我们甚至尚未弄清这点时,大脑做了大量潜意识的工作,而正是通过这种途径解决了好多问题。"②科学家和艺术家的实践证明,睡梦中一部分白昼基本处于抑制状态的脑细胞此时十分活跃,它们把醒时思考的信息以某种方式重新组合,获得灵感启示而有所收获。

剑桥大学教授哈钦森曾询问过大量学者,结果有70%的人回答无意识梦境在他们的创造性活动中发挥了作用。翻开科学史册,我们不难发现,有大量的史例说明在梦中或瞌睡状态出现了特别有价值的科学新思想。化学家克库勒一天困倦地坐在炉边打盹,梦中似乎看到一条蛇咬住了自己的尾巴在旋转,从而顿悟出苯的环状化学结构式。米格伊尔睡梦中看到一个马戏团的骑手骑着

---

① 刘烜:《文艺创造心理学》,吉林教育出版社1992年版,第106页。

② R. A. 布朗、R. G. 勒科克:《梦境、幻想和创造性活动》,《科学与哲学》1980年第4期,第172页。

马绕着圈子快跑,突然她停下来,并把手中的花抛进观众之中,受这幅梦画启发,他得到在核碰撞时电子飞出原子的解释。K.古德伊尔长期研究橡胶硫化法问题,梦中一个陌生人建议他在橡胶中加上硫磺,这使他获得了成功;笛卡尔做了一梦,梦中他清楚地见到了怎样才能把数学和哲学统一成一门新的科学学科;A.维纳的一梦,使他创立了"配位化学";门捷列夫梦中排出元素周期表;B.马赛厄斯在梦中发明多种超导体;F.班廷发现胰岛素,O.利维发现从神经向肌肉传导刺激的机制,他们同样都是在梦中获得科学实验的新思想。

文学艺术家通过灵感的无意识梦境创作的例子就更多了。我国古时著名山水诗人谢灵运梦中得"池塘生春草"诗句,自己也惊以为有神相助。刘后村的《沁园春》据说也来自梦中,他在词序中写道:"癸卯佛之翼日,梦中有作,但易数字。"苏轼在密州任上时梦见了已去世 10 年的前妻王弗,写下《江城子·乙卯正月二十日记梦》,描绘出梦中妻子的神态、行动:"小轩窗,正梳妆。相顾无言,惟有泪千行。"渗透着对亲人刻骨铭心的思念。今人宗白华年轻时时常从梦中得佳句,他在创作《流云小诗》时,因活泼泼的灵感常常袭来,于是"往往在半夜的黑影里爬起来,扶着床栏寻找火柴,在烛光摇晃中写下那些现在人不感兴趣而我自己却借以慰藉寂寞的诗句"。[1] 艾青则更直白地说到:"在我创作狂热的时候,常常在梦里也在写诗;而最普遍的时候,是我常常和诗的感觉一起醒来,这时候,我就在床上写,在黑暗里写,字很潦草,很大,到天亮时一看,

---

[1]　宗白华:《美学散步》,上海人民出版社 1981 年版,第 242 页。

常常把两句叠在一起了。"①

英国大诗人柯勒律治的《忽必烈汗》,据他自述也是梦中得之。夏日的一天,他阅读了一篇关于忽必烈汗下令建造宫殿御花园的游记,后沉沉睡去。在梦中写成了二三百行的长诗,醒来时赶紧记下,刚写了 54 行,突然被来客打断,再提笔时梦中诗句已杳不可寻,只留下题为《忽必烈汗或一个梦境的片断》,成为他全集中三杰作之一。拜伦在日记中记述过这样一件事:"为了消除我……的梦境,我花了四个晚上写成了《阿拜多斯的新娘》。如果我不给自己定下这项任务,我会饮恨终身而变成疯狂。"②叶芝讲过他的一次亲身体验:"有一次我正在写一首富于象征性的高度抽象的诗,笔落到地上俯身去把它拾起来时,我想起一次离奇但看来又不离奇的经历,接着又想起一次类似的奇遇,当我问自己这些事在什么时候发生过,我才发现我想起的是夜晚经常做的梦。"③不独诗人,其他艺术家也经常在无意识梦境中进行审美创造。如苏联著名芭蕾舞演员乌兰诺夫说:"如今,我还常在梦境中跳新的舞蹈,排练新的节目,这对一生从事芭蕾舞的演员来说,是很自然的。"④西班牙超现实主义画家萨尔瓦多·达利,在二次大战时居住美国,因摆脱不了战争阴影,恶梦不断。名画《从梦里醒来的一瞬间》,就是他据某一个痛苦的超现实梦境所绘出的。

前面我们说过,音乐家似乎更易受灵感突创作用的影响,这在

---

① 《艾青论创作》,上海文艺出版社 1985 年版,第 11 页。

② 《古典文艺理论译丛》(第 5 册),第 148 页。

③ 叶芝:《诗歌的象征主义》,见戴维·洛奇编:《二十世纪文学评论》(上册),上海译文出版社 1987 年版,第 56—57 页。

④ 林公翔:《科学艺术创造心理学》,第 300 页。

无意识梦境创造中似乎更加突出。意大利小提琴家和作曲家帕格尼尼年轻时离开贵族家庭四处漂泊。一次在古庙里梦见一个魔鬼用他的小提琴奏出了美妙的旋律,醒来后,那动人心魄的琴声依然回荡在耳边,他赶紧记了下来,完成了《魔鬼的颤音奏鸣曲》这一名曲。德国作曲家瓦格纳在自传中写到,他在创作歌剧《莱茵河的黄金》时,主体三部曲已完成,但开场调始终没有想出。一次他乘船过海,午睡时朦胧觉得自己沉在海水急流中,那水流往复澎湃的声音形成了一种乐调,醒后,他便根据梦中的急流声谱成三部曲的序曲。柏辽兹也曾谈到:"有一天夜里,我在梦中仿佛听到了一首交响曲,第二天早晨醒来后,差不多整个第一乐章我都记得,是2/4拍子、a 小调,它的第一主题我记得很清楚,我走到桌子前面,想把它写下来……第二天夜里,交响曲仍然固执地在我脑子里盘旋。我清清楚楚地听见 A 大调的快板乐章……我在浑身流动紧张之中醒了过来。我唱了唱那个主题,它的性格和它的形式都非常使我喜欢。"[1]另外,如海顿、莫扎特、斯特拉文斯基等众多音乐家都曾有过灵感的无意识梦境创造经历。

就我个人体会而言,我的《心潭影》散文诗集中有不少小片断,也是在朦朦胧胧、似睡非睡中产生的。我觉得梦中可以摆脱逻辑的缠绕,可以抛开常识的规范,从而令人欣喜而意外地得到艺术的灵感和收获。有诗为证——

　　　　子夜,我用理智精心编织的逻辑花环从手中滑落在尘埃,

---

① 初旭编:《外国音乐家漫话》,上海文艺出版社 1984 年版,第 79—82 页。

而另一些不知名的野花却盛开在了我的梦境。①

正因为审美灵感在无意识梦境中容易激发并发挥出神奇的创造功用,所以艺术家和科学家都非常重视梦中突发的灵感,甚至有意识地培养自己的无意识梦境创造能力。在英国杜克大学,曾设有一个发展创造性才能的研究班,其教学大纲上就明确载有:"帮助听课者学会有效地利用梦境。"②美国也有学校制订了《诺菲尔德科学教学方案》,其中一条即为:"必须为有利的'做梦'提供机会。"③

在我们讲述了许多审美灵感创造的故事之后,我觉得有必要摆出美国学者 T. 里布特一个值得注意的观点:灵感"并不能导致一个完美的作品"④。我们欢迎灵感的光临,承认灵感创造的自由性,但这是一种有助于思维飞跃的"心理自由",而不是"自我由之"。在迷狂状态中出现的创造性灵感,不仅不与自觉的有意识创造相互排斥,而且要与有意识的逻辑思维在互补中最终完成审美创造。宋人陆桴亭早已指出,顿悟"得火之后,须承之以艾,继之以油,然后火可不灭。故悟亦必继之以躬行力学"。⑤列夫·托尔斯泰非常珍视创作灵感,但同时他又强调:"灵感越鲜艳夺目,表现灵感的工作就应该越镇密。"⑥科学审美创造尤其应该如此。克库勒

① 陈大柔:《心潭影》,第 3 页。
② R. A. 布朗、R. G. 勒科克:《梦境、幻想和创造性活动》,《科学与哲学》1980 年第 4 期,第 173 页。
③ 吴思敬:《心理诗学》,第 207 页。
④ 里布特:《论创造性的形象》,芝加哥,1906 年版,第 58 页。
⑤ 林公翔:《科学艺术创造心理学》,第 283 页。
⑥ 同上,第 285 页。

在梦中受到蛇咬尾巴的启发后,余下的时间全部都用在了逻辑的加工整理上。因此,他在说过"先生们,假使我们学会做梦,我们也许就会发现真理"之后,紧接着又补充了如下一句:"不过,我们务必小心,在我们的梦受到清醒的头脑证实之前,千万别公开它们。"①"在夜幕下的灯光中你认为是美丽的东西,也应该在朝日东升之时再冷静地看看。"②

如果读者同意上述看法,那么,你就肯定不会对我下面的话感到惊讶乃至反感了——

　　　　我的在街上游荡、在梦里逍遥的诗人的激情呀,你的主人正提着理性的鞭子在家里等着你哩!③

5.4 艺术审美灵感的获得

论述了审美灵感的功能,似乎还意犹未尽。我想,既然大家如此地看重灵感,对它的奇妙抱有浓厚兴趣,索性不惜笔墨再谈一谈如何获得这一神奇的东西吧。不过,我这里只打算从艺术的视角展开来谈,关于科学审美灵感的获取,读者可以从中受到启发,或者干脆去读一读我的另一本书。④

在探讨如何获得艺术审美灵感之前,我还想再补充或强调一下艺术创作中审美灵感的激发力量、支配作用和独创性。应该说,

---

① 林公翔:《科学艺术创造心理学》,第283页。

② 鲁迅:《我怎样做起小说来》,《鲁迅全集》(第4卷),第394页。

③ 陈大柔:《心潭影》,第26页。

④ 指《科学审美创造学》专著,内有专论"科学审美灵感的捕获"。

灵感对一切创造活动都是重要的,但似乎更钟情于诗人和艺术家。这不仅它原本只是表示艺术创作中一种特殊的精神现象,而且它对艺术来说委实是太重要了,不点燃这根导火索,诗人便不能写出惊天地、泣鬼神的诗篇,艺术家便难以成就流芳百世的不朽杰作。

　　灵感对艺术家而言,有着巨大的激发力量。高尔基说过:"技巧当然该表现,但首先请表现真诚和灵感的力量。"[1]柴可夫斯基在给梅克夫人的信中把他写的作品分成两类,其中一类便是"主动地由于忽然的意趣与内在的迫切需要","因内心灵感的冲动而写成的"。[2] 徐志摩曾这样来描写灵感激起他生命的巨大震动和强烈的创作欲:"只有一个时期,我的诗情真有些像山洪爆发,不分方向的乱冲。那就是我最早写诗那半年,生命受了一种伟大力量的震撼,什么半成熟的未成熟的意念都在指颐间散作缤纷的花雨。"[3]茨威格形容巴尔扎克在灵感激发状态的写作情形,就像一场林火,火舌从一树跳到另一树,火焰愈烧愈旺,愈烧愈烈,笔飞快地疾驰,但还是跟不上思想的发展。[4]

　　艺术家在审美灵感爆发时,若能将自身情感能量的释放与人格的升华完美地融合在一起,无疑会激化出天衣无缝的艺术杰作。亨德尔创作清唱剧《弥赛亚》时,完全浸淫于狂热的审美灵感中,废寝忘食地挥笔写作。当他写完《哈利路亚》大合唱时,竟激动得热泪纵横,高喊看到了天国与耶稣。这部音乐巨作仅用 24 天就写完

---

① 林公翔:《科学艺术创造心理学》,第 285 页。
② C.波纹等编:《我的音乐生活——柴可夫斯基与梅克夫人通讯集》,第 146—147 页。
③ 林公翔:《科学艺术创造心理学》,第 285 页。
④ 司蒂芬·茨威格:《巴尔扎克传》,见陈望衡:《艺术创作之谜》,第 387 页。

了。全曲一气呵成,气魄宏伟而无一处雕琢之感。作品首演,英皇乔治二世听至雄伟庄重的《哈利路亚》时,崇敬之情油然而生,竟起身肃立聆听。报界评论称之为"无价之宝"。①

在灵感的迷狂状态中,艺术家仿佛受到冥冥中一种力量的支配,用不着"事先准备和揣摩","许多场面会自动产生"。② 英国小说家撒克思(Thackeray)说,自己写作时"好像有一种不可知的魔力来移动着自己的笔!"③美国小说家伍尔夫说:"我简直难以承认我的书是我自己写出来的,它似乎是一种不可知物控制和占有了我。"④在灵感的状态下,文学艺术家仿佛不是主动的创造者,而是情不自禁地、不由自主地跟着人物和情节走,到某个时候,连他自己也会大吃一惊:呀! 这不是原来我的构思呐! 似乎出乎意外,却又在情理之中;可能违背了生活逻辑,却体现了情感逻辑,因而在更高层次上符合了真实性和创造性。阿·托尔斯泰对此有着切身体会:"这些人物开始成为活生生的人。他们过着独立的生活,甚至还常常牵着创作者本人——作家走。'真见鬼,本来是按提纲应该这样,可结果成了什么样子。'这恰恰很好,说明艺术创作品成了真正的艺术作品了,它有血有肉,充满了生命力。这是一个十分有趣的现象。我在写作最紧张的时候,自己也不知道人物五分钟之后会讲些什么,我怀着惊讶的心情注视着他们。"⑤列夫·托尔斯泰谈到《安娜·卡列尼娜》的写作时说:"关于渥伦斯基在和安娜的

---

① 参见罗小平、黄虹:《音乐心理学》,第 115 页。
② 富曼诺夫:《夏伯阳的写作经过》,见林建军、管宁选编:《文学艺术家智能结构》,第 351 页。
③ 霍丁:《灵感分析》,英文版 1942 年版,第 15 页。
④ 吉贾利姆:《创作过程》,英文版 1952 年版,第 194 页。
⑤ 林建法、管宁选编:《文学艺术家智能结构》,第 352 页。

丈夫会面后怎样扮演他的角色的一章，我早已写好了。我开始修改，可是，渥伦斯基完全出乎我意料之外，毫不迟疑地开枪了。现在呢，对进一步的发展看来，这却是有机的必然了……"①

审美灵感的出现，不仅是思维的飞跃，而且是人的创造能力的飞跃。它支配着艺术家在强烈的内在冲动下灵光一闪，浮现出绝妙的构思，使艺术品获得了独特的生命。正如清代张问陶的一首论诗绝句中所言："凭空何处造情文，还仗灵光助几分。奇句忽来魂魄动，真如天上落将军。"艺术灵感中的绝妙内容非人工技巧所能强为，带有某些神奇的色彩，具有独创性和不可重复性。明代汤显祖曾举例论及灵感创作的独特性："予谓文章之妙，不在步趋形似之间。自然灵气，恍惚而来，不思而至。怪怪奇奇，莫可名状，非物寻常得以合之。苏子瞻画枯株竹石，绝异古今画格，乃愈奇妙。若以画格程之，几不入格。米家山水人物，不多用意。略施数笔，形象宛然。正使有意为之，亦复不佳。"②我曾观摩过抽象派中被看作最富创新精神的画家波洛克（Jackson Pollock）的抽象画。他将空白画布从画架上取下来平铺到地面上，以美国西南部印第安人作沙画的方式创作。创作时完全处一种灵感的状态，用挥、甩、泼、滴等方式将色汁靠癫狂的身体落到画布上，结果有点像中国的狂草书法，但没有任何文字符号内容。这种非常独特的创作画风引起了截然相反的评价，有人不客气地称波洛克为"滴色匠"，有人赞许地给这种画法起了个名称叫"动作画风"。我以为，最贴切地应称之为"灵动画风"。

---

① 林建法、管宁选编：《文学艺术家智能结构》，第 352 页。
② 汤显祖：《合奇序》，见刘烜：《文艺创造心理学》，第 101 页。

当然,像苏子瞻、波洛克这样的擅长灵感状态下创作的艺术家,其独创性与他们自身的知识、经验、个性乃至人格又是密不可分的,因而才使审美灵感更显得形形色色、神秘独特。正如别林斯基所说:"灵感也有不同的程度,在每一个诗人身上都具有独特的特点:在一个身上,它灿烂发光,像香槟酒般冒泡沫,像香槟酒般立刻就能使人沉入一阵子就过去的微醺;在另外一个人身上,它像一条清澈的、透明的河,在微笑着的绿色的两岸中间缓缓地流着;在第三个人身上,它像尼亚瓜拉瀑布一样,隆隆发响,泡沫直冒,水花四溅,汹涌澎湃地一泻千里;在第四个人身上,它像广阔无边、深不见底的海洋一样,反映出苍穹、太阳、月亮、星辰、险恶的乌云、云层间一片昏茫和闪电……"①

在对艺术审美灵感的激发和支配作用及其创造的独特性稍作铺陈之后,我们开始切入正题:即如何获得有着如此神奇功用的艺术审美灵感? 读者很快就会发觉,与上面轻松而富有诗意的描述相比,下面的阐述会显得比较严肃而踏实;因为灵感既非神授,亦非天赋,既不会天上掉下来,也不会自动来叩门。艺术审美灵感的获得,主要靠自身的努力,如进行长期的知识和生活积累、辛勤的耕耘和思索,有时还得靠外界的刺激和机缘来激发,最后还得有那么一点天赋和悟性,方能灵犀一点,灵机一动,让灵感泉涌喷发。

艺术创作的灵感勃发须经历长久的积淀和陶冶过程,深厚的生活和知识积累是灵感产生的基础。黑格尔曾说:"单凭心血来潮并不济事,单靠存心要创作的意愿也召唤不出灵感来。谁要是胸中本来就没有什么内容在活跃鼓动……不管他有多大才能,他也

---

① 《别林斯基选集》(第 2 卷),上海译文出版社 1979 年版,第 475 页。

决不能单凭这种意愿就可以抓住一个美好的意思或是产生一部有价值的作品。无论是感官的刺激，还是单纯的意志和决心，都不能引起真正的灵感。"①苏轼早就说过，欲要灵感触发须得肚里有货："画竹必先得成竹于胸中，执笔熟视，乃见其所欲画者，急起从之，振笔直遂，以追其所见……"②因此，高尔基告诫青年作家："必须在创造新生活的广泛的像暴风雨似的劳动之流中，寻求灵感与材料。"③我国清代学者袁守定则有更深刻的论述：

> 文章之道，遭际兴会，掳发性灵，生于临文之顷者也。然须平日餐经馈史，霍然有怀，对景感物，旷然有会，尝有欲吐之言，难遏之意，然后拈题泚笔，忽忽相遭。得之在俄顷，积之在平日，昌黎所谓有诸其中是也。舍是虽刿精竭虑、不能益其胸之所本无。犹探珠于渊而渊本无珠，采玉于山而山本无玉，虽竭渊夷山以求之，无益也。④

生活与知识的积累，有助于灵感的催化。首先，在大量生活实践中，"亿万次地使人的意识去重复各种不同的逻辑的格"，从而将自己的大脑神经化学网络改造成丰富而深刻的逻辑—生理结构，形成非自觉的创造性信息处理能力。其次，长期的注意观察和创作动机，会在大脑皮层里建立起相应的优势灶，好比天线能在一定程度上固定接收的方向和角度。这样就可能在外界某种信息刺激

---

①　黑格尔:《美学》(第1卷)，第364页。
②　苏轼:《文与可画篔筜谷偃竹记》，见吴思敬:《心理诗学》，第142页。
③　林建法、管宁选编:《文学艺术家智能结构》，第359页。
④　袁守定:《占毕丛谈》(卷五)，见童炳庆:《艺术创作与审美心理》，第263页。

下突然间接通全部暂时神经联系进行整合，触发灵感。再者，灵感中纷呈的意象植根于知识信息和生活土壤之中，知识和生活中形象化信息积累越多，对偶而闪过的触发信息的捕捉能力就越强，对偶然间碰到的触发信息的感受领悟能力也就越强，与外界机缘提供的触发信息撞击的契机也就越多，此时只要一星火花，便会引发灵感的燎原火焰。

偶然间闪现的灵感，实则是艺术家长期积累、呕心沥血的结晶，是艺术厚积薄发的体现。歌德在突然听到自己的朋友耶路撒冷因恋友人之妻无望而自杀的消息后，之所以能产生创作《少年维特的烦恼》的灵感，不仅是由于他注意观察生活，而且本身就有一段一直孕育在胸的爱恋好友之妻夏绿蒂的经历。罗曼·罗兰之所以能在姜尼克仑上眺望罗马时会产生创作《约翰·克利斯朵夫》的灵感，是基于他对贝多芬这样的音乐家早就有很深的了解，搜集了很多的材料。同样，福楼拜也是在积累了许多的素材后，偶然看到报上的一则消息，马上便触发了写《包法利夫人》的灵感。

光有深厚的积累还不够，审美灵感的产生还有待于创造主体对某一作品的执著追求和辛勤打造。正如南宋吕本中《谈文》中说："悟入之理，正在工夫勤惰间耳。"①前面我们在分析审美灵感与直觉的区别时已论及过这一点，这里我想再用一些杰出艺术家的亲身感受来加以印证。海涅说："人们在那儿高谈阔论着天启和灵感之类的东西，而我却像首饰匠打金锁那样地精心劳动着，把一

---

① 金开诚：《文艺心理学概论》，第 346 页。

个个小环非常合适地联接起来。"①柴可夫斯基曾谈到:"甚至最伟大的音乐天才,有时也会被缺乏灵感所苦的。它是一个客人,不是一请就请到的。在这当中,就必须工作,一个诚实的艺术家决不能交叉着手坐在那里,说,他还没有兴致……必须抓得紧,有信心,那么灵感一定会来的。"②他还指出:"对于一个艺术家来说,没有比陷于懒散更差劲的了,不能等待。灵感是不爱拜访懒汉的客人"③,它"全然不是漂亮地挥着手,而是如犍牛般竭尽全力工作时的心理状态"。④ 人们都惊羡莫扎特滔滔不绝的灵感,却很少有人听到他说过这样一句话:"没有人对于作曲的研究下过我这样的功夫。"⑤也许正因此,俄国画家列宾把灵感看作是"顽强地劳动而获得的奖赏"。⑥

努力了,还要有一个好心态。在精神不振、焦虑不安、情绪波动等负性情绪状态下,会降低人的智力活动水平,灵感也会避而远之;而在精神焕发、"闲情逸致"、心旷神怡的愉快心情下,能增强大脑的神经活动,紧张思考的大脑在松弛时易于接通暂时神经系统联系,从而触类旁通,左右逢源,使潜意识里潜滋暗长的思维果实,在刹那间冲破意识的闸门喷薄而出。刘勰在《文心雕龙》里,对这种富有审美创造力的心态有过描述:

> 是以吐纳文艺,务在节宣,清和其心,调畅其气,烦而即

---

① 海涅:《灵感与技巧》,新文艺出版社1957年版,第7页。
② C.波汶等编:《我的音乐生活——柴可夫斯基与梅克夫人通讯集》,第127页。
③ 萨姆·摩根斯坦编:《作曲家论音乐》,第148页。
④ 陈望衡:《艺术创作之谜》,第396—397页。
⑤ 罗小平、黄虹:《音乐心理学》,第112页。
⑥ 金开诚:《文艺心理学概论》,第344页。

舍,勿使壅滞,意得则舒怀以命笔,理伏则投笔以卷怀,逍遥以针劳,谈笑以药倦,常弄闲于才锋,贾余于文勇,使刃发如新,凑理无滞,虽非胎息之迈术,斯亦卫气之一方也。①

艺术审美灵感创作时的好心态,除了要求艺术家有"解衣般礴"的自由、放松和愉快外,还要求艺术家是一个冰清玉洁的"处子",葆有一颗纤尘不染的童心和天真,对世界对人生怀有博大、炽热而真诚的爱。我们常常惊讶于儿童和原始人所自然显示出的想象和灵感,因为他们天真。汉语方块字的组合有时真值得把玩:"天真"二字拆开,一个表示实在的宇宙,一个意味客观的真实和真理,但一旦二字组合起来,便化合出自由灵动的精神,使客观实在性获得了活泼泼的生命和灵气。更有意思的是,如果我们把"天真"理解为"在宇宙间追求真理"的话,这本来是科学之事,然而我们却把它用于人生,用于艺术,这就更值得玩味了。

总之,宏大的天真,才会孕化出宏大的艺术灵感。艺术家就是要复兴童心的天真,并向其中灌注进溶解着深邃理性的新质,从而流泻出宏大的审美灵感来。普希金曾写有《缪斯》一诗,以表达自己是如何以天真的童心,来迎接灵感降临、获得缪斯垂青的——

> 我幼儿的时候,很讨她的欢喜,
> 她给了我一只七支管的芦笛。
> 她微笑地听着我——轻轻地
> 按着笛管的铮然鸣响的洞隙,

---

① 引自余秋雨:《艺术创造工程》,第46—47页。

我已经会用我的柔弱的手指
奏出为神启示的庄严的赞诗
和扶里几亚的牧人安详的歌曲。
从清晨到黄昏,在橡树的荫影里
我时常聆听这隐秘女神的教益,
而且,为了给我奖励,使我欢喜,
她也有时候从她妩媚的额际
撩开卷发,把芦笛从我手里接去。
那时候,笛管就充满了神的呼吸
发出圣洁的声音,使心灵沉迷。①

"万事俱备,只欠东风"。这个"东风"便是审美灵感激发的机缘,它对灵感的产生起触媒的作用。尽管这"机缘"本身并不一定作为灵感创造的组成部分,但却是产生灵感创造的必要条件。清代著名诗论家谢榛说:"诗有天机,待时而发,触物而成,虽幽寻苦索,不易得也。"②另有许学夷的"诗在境会之偶谐"(《诗源辨体》)、马位的"遇境即便道出"(《秋窗随笔》)、袁守定的"遭际兴会"(《说文》)、以及欧阳修的"三上"(马上、枕上、厕上)说等等,都是中国古代论及灵感的触媒而言的。

一般来说,激发审美灵感的最佳触媒是与创造主体的审美心理结构异质同构的信息。如果说创造主体的审美心理是一座储满油的油库的话,则一根擦亮的火柴便是异质同构的触媒。它能使

---

① 吴思敬:《心理诗学》,第215—216页。
② 谢榛:《四溟诗话·姜斋诗话》,人民文学出版社1961年版,第41页。

潜隐灵知和情感体验等各种分散的"能量"在瞬间凝聚起来熊熊燃烧,从而释放出巨大而耀人眼目的光芒。

审美灵感的触媒可以是实体或真实信息,也可能是虚拟的内觉信息,如前述无意识梦境的灵感创造便是内觉信息触发所致。灵感实体触媒对创造主体的刺激有轻重之分,但无优良之别。对创造主体产生重大刺激的既可以是精神触媒也可以是物质触媒。灵感的精神触媒往往能产生令人震惊的强烈刺激,如莱蒙托夫在普希金遇害的强烈刺激下写出《诗人之死》,聂鲁达于1946年在智利首都圣地亚哥广场上发生枪杀工人的惨案后愤然写出《广场上的死者》。对创造主体产生较大刺激的物质触媒往往作用于人的味觉和触觉,也是创造主体刻意强求的。如巴尔扎克嗜好创作时喝浓咖啡,李白"斗酒诗百篇"。最有意思的是席勒写作时必得闻到经过发酵而略带酒味的烂苹果味。歌德回忆道:"有一天我去访问他,适逢他外出。他夫人告诉我,他很快就会回来,我就在他的书桌旁边坐下来写点杂记。坐了不久,我感到身体不适,愈来愈厉害,几乎发晕。我不知道怎么会得来这种怪病。最后发现身旁一个抽屉里发出一种怪难闻的气味。我把抽屉打开,发现里面装的全是些烂苹果,不免大吃一惊。我走到窗口,呼吸了一点新鲜空气,才恢复过来。这时席勒夫人进来了,告诉我那只抽屉里经常装着烂苹果,因为席勒觉得烂苹果的气味对他有益,离开它,席勒就简直不能生活,也不能工作。"①当然,正因为这类物质触媒刺激是刻意强求的,因而对灵感的激发并不一定都能奏效。

另外还有作用于创造主体视听的实体触媒。它们是灵感激发

---

① 《歌德谈话录》,人民文学出版社1978年版,第157页。

的偶然性机缘,往往是在人长时间思索后,由于视听环境变化而获得一种新鲜感和轻松愉悦感,从而使人的创造性思维变得有序和有节律而引发出灵感来的。安徒生喜欢在森林里构思童话,卢梭喜好在阳光下沉思,普希金爱好秋天在自己郊外别墅中创作,而斯特劳斯则在维也纳森林中的鸟语泉鸣中创作出动人心魄的乐章。美国著名舞蹈家邓肯说:"我的灵感可以从树木、云彩、海浪以及介于热情与山岚之间和恬静与微风之间共感得到。"①苏联作家兼文艺理论家康·巴乌斯托夫斯基说:"谁知道一次邂逅、一句记在心中的话、梦、远方传来的声音、一滴水珠里的阳光或者船头的一声汽笛不就是刺激。我们周围世界的一切和我们自身的一切都可以成为刺激。"②我国清代庄臻凤说:"予臆制新曲,或偶得名人佳句,或因鸟语风声,感怀入耳,得心应手。"③清人祝凤喈也说:"是以听风听水,可作霓裳;鸡唱莺啼,都成曲调……"④袁枚在题为《遣兴》中用诗作了总结:

> 但肯寻诗便有诗,灵犀一点是吾师。
> 夕阳芳草寻常物,解用都为绝妙辞。⑤

小花小草小鸟小溪固然可以成为审美灵感产生的触媒,而宏大的景致和重要的游历,同样能够成为激发灵感的机缘,且往往是

---

① 陈望衡:《艺术创作之谜》,第395页。
② 同上。
③ 罗小平、黄虹:《音乐心理学》,第101页。
④ 同上。
⑤ 吴思敬:《心理诗学》,第217页。

宏大的灵感。如门德尔松在游历爱丁堡时,玛丽·斯图亚特女王宫殿礼拜堂遗址荒寂景象触动了他,由此而产生了苏格兰交响曲的开端;肖邦在深夜参观圣·斯切潘教堂时,在昏暗寂静的氛围中内心浮现出凄凉的和声。19世纪英国诗人雪莱创作他的名作《解放了的普罗米修斯》的情形也是这样。他在《序言》中写道:"我的这首诗,大部分是在万山丛中卡拉古浴场(罗马古迹之一)残留的遗址上写作的。广大的平台,高巍的拱门,迷宫般的曲径,到处是鲜艳的花草和馥郁的树木。罗马城明朗的蓝天,温和的气候,空气中洋溢着的春意,还有那种令人心神迷醉的新生命的力量。这些都是鼓动我撰写这部诗剧的灵感。"①1907年,毕加索在参观巴黎洛卡迪罗博物馆的一个非洲祭祀面具和部族艺术作品展览时,突然获得了醍醐灌顶般的灵感。展览会的所见给他的震慑竟使他像发高烧那样颤抖起来。他赶回自己的画室,开始尝试用原始形象作画。受参观非洲部族展览时产生的艺术审美灵感的驱动,他一反自古希腊传统的面相规定,使大块的面结合在一起来展示人的面部。随后,毕加索便同画家密友布拉克(Georges Braque)一道,创立了自500年前乔托之后艺术史上革命性空前的画派——立体派。②

　　至此,一个艺术家灵感产生的内外条件皆已备足(内在的积累、努力和诗心,外在的机缘和触媒),他只要再有一定的灵性和悟性,就定然能灵犀一点,通体透明,诗思和创造性便在刹那间勃然喷发,泉涌而出。

---

① 周昌忠编译:《创造心理学》,第208—209页。
② 参见伦纳德·史莱因:《艺术与物理学》,第177页。

中篇：审美创造的形式美法则

那田野中向远方集聚的犁沟,向凡高展示出的是一种强烈的张力……①

——鲁道夫·阿恩海姆

艺术就是感情。如果没有体积、比例、色彩的学问,没有灵敏的手,最强烈的感情也是瘫痪的。②

——罗丹

同科学家一样,艺术也运用类似于形和彩等要素在个别之中猎取那些具有普遍意义的东西。③

——鲁道夫·阿恩海姆

---

① 鲁道夫·阿恩海姆:《艺术与视知觉》,第200—201页。
② 《罗丹艺术论》,人民美术出版社1978年版,第3页。
③ 鲁道夫·阿恩海姆:《艺术与视知觉》,"引言",第2页。

§1 形式美的形成与性能

在上篇中,我们探讨了科学与艺术审美创造的心理因素,这可以说只是涉及审美创造的精神的和思维的一面,要完成和实现审美创造,还需要具备创造的工具、手段和方式方法,这就关系到形式问题。日本当代艺术家今道友信曾从形式一词的演变,论及到艺术形式是艺术审美创造的工具和手段。他在《关于美》一书中写道:

> 形式一词的语源可追溯到拉丁语的 Stilus,原指罗马时代记录用的,在蜡版上刻字的铁笔。后来,这个词从表示写字的工具,转变为表示由那个笔所写出的字体了。西塞罗把它作为修辞学术语,在说明文章风格、谈话方式时使用这个词(《布鲁托斯》二六)。用这个词表示文体或更广泛形式的含义是后来才形成的。再往后,经过布丰和温克尔曼,形式一词就成为有关艺术的基本概念之一(有关近代的形式概念,在《美学事典》中,有杉野正的准确说明)了。形式正像其语源所表示的那样,是艺术的工具或手段……

科学和艺术的形式问题关系到审美创造的方式方法问题,而审美创造的方式方法又与审美创造的法则和规律性密切相关。科学和艺术审美创造的过程,正是科学家艺术家通过科学和艺术审美创造规律和法则把科学和艺术的内容美再现出来的过程。马克思曾指出："动物只是按照它所属的那个种的尺度和需要来建造，而人却懂得按照任何一个种的尺度来进行生产，并且懂得怎样处处都把内在的尺度运用到对象上去；因此，人也按照美的规律来建造。"①与人类其它创造相比，艺术和科学的创造更是要遵循美的规律和法则，更是要讲究创造的"内在尺度"和方式方法的。因此，艺术和科学的形式，在审美创造活动中有着不可忽视的重要意义。

我们还可以从形式和内容的关系来看审美创造形式的重要性。我们知道，任何客观对象在主体的认知心理中都可分解为内容和形式两部分。艺术与科学所审美创造出的东西同样有美的内容和形式两个方面。黑格尔在《美学》中就指出："美的要素可分为两种，一种是内在的，即内容，另一种是外在的，即内容借以现出意蕴和特性的东西。"他还说："遇到一件艺术作品，我们首先见到的是它直接呈现给我们的东西，然后再追究它的意蕴或内容。前一因素——即外在的因素……（它的）用处就在指引这意蕴。"②我国古代孟子也早就谈论过美的内容和形式，他说："充实之谓美，充实而有光辉之为大。"

美的内容，是蕴含于形式中的人的本质力量或事物的客观规律，涉及到真和善的方面；美的形式，则是美的存在和赖以表现的方式。黑格尔采取逻辑思辨形式，从事物内容和形式的辩证统一的观点出发，既批评了单纯强调美的内容和单纯强调美的形式的片面观点，同时又阐明了美的内容与形式相互依存、相互统一的观

---

① 马克思：《1844 年经济学—哲学手稿》，第 97 页。
② 吴功正：《小说美学》，第 358 页。

点。中国古代孔子也早就看出了美的内容与形式的矛盾:当内容胜于形式时,显得粗野;反之,形式胜于内容时,则会流于浮华。这都不能算是成功的自我审美塑造,只有当"文质彬彬"时,才是审美理想的人物的标准。

如果我们将孔子与黑格尔关于美的内容和形式相统一的观点分开理解的话,一方面,在审美创造中不能只顾形式而不顾内容,用形式来掩盖内容甚至伤害内容。真正美的形式是无斧凿之痕,甚至不留痕迹地消融在内容之中,使人得其神领意造而忘记形式的存在。诚如《庄子·外物》篇中所言:"筌者所以在鱼,得鱼而忘筌。蹄者所以在兔,得兔而忘蹄。言者所以在意,得意而忘言。"魏晋时王弼在《周易略例·明象》中把庄子的"有"、"无"的哲学思想,进行了艺术审美活动的解释:"得意在忘象,得象在忘言。故立象以尽意,而象可忘也;重画以尽情,而画可忘也。"刘勰曾就语言形式问题在《文心雕龙》中论述道:"翠纶桂饵,反所以失鱼。"苏轼崇尚陶诗,原因之一就是追求没有形式的形式,没有技巧的技巧。清代刘熙载认为"杜诗只'有''无'二字足以评之。'有'者,但见性情气骨也,'无'者,不见语言文字也。"清人戴熙从绘画角度谈到:"画有笔墨处,画之妙在无笔墨处。"当代作家巴金亦说过小说应无"技巧"。[1] 所有这些论述,并非认为审美创造没有形式,而是说明形式应隐匿在内容的深处,似乎不着痕迹,得鱼忘筌,以求美的形式臻于极境。

美的内容与形式有机统一的另一方面,就是在审美创造活动中不能片面地强调内容的主导作用,而忽视或小视形式的作用。

---

[1]　吴功正:《小说美学》,第 396 页。

为什么会"人人心中有,个个笔下无"? 正因为大多数人不能巧妙地掌握艺术创作的方式方法,不能用艺术形式将汹涌在心头的深切的情感体验生动地勾勒出来,昭显出来,硬要表达,也只是一堆乱糟糟、无头绪的莫名其妙的东西。布瓦洛指出,一首诗如果是刺耳的,那么即使丰富的意义和崇高的理想,也不会使心灵得到愉悦。因此,在开掘艺术意蕴的同时要注重寻找一种与之匹配的艺术形式。欧纳斯特·林格伦认为:"一个艺术家愈是想表达有关感情和抒情的东西,形式对于他就愈为重要。"恩斯特·卡西尔也指出:"艺术家不仅必须感受事物的'内在的意义'和它们的道德生命,他还必须给他的感情以外形。"艺术想象的最高最独特的力量表现在这后一种活动中。外形化意味着不只是体现在看得见或摸得着的某种特殊的物质媒介如粘土、青铜、大理石中,而是体现在激发美感的形式中:韵律、色调、线条和布局以及具有立体感的造型。在艺术品中,正是这些形式的结构、平衡和秩序感染了我们。康定斯基曾从艺术形式与艺术个性的关系上来看重形式的作用,他说:"形式反映出每个艺术家的特定精神,它带有个性的烙印。"歌德则从艺术的形式与内容的匹配上来论述形式的效果:"不同的诗的形式会产生奥妙的巨大效果。如果有人把我在罗马写的一些挽歌体诗的内容用拜伦在《唐璜》里所用的语调和音律翻译出来,通体就必然显得是靡靡之音。"①

艺术家和理论家从不同角度对艺术形式的看重,说明了一个问题:在艺术审美创作中,光有主观情感和客观生活二维还不能形成艺术品,还需要有艺术形式的载体和规范这第三个维度。当主

---

① 于培杰:《论艺术形式美》,华东师范大学出版社 1990 年版,第 183、185 页。

客观猝然遇合时,艺术家的想象会面临着云蒸霞蔚、万涂竞萌、恍惚迷离的处境。最终是超越生活,超越自我而产生艺术灵感,还是仅仅囿于心中无法发出,关键是看他能否寻找到匹配的艺术形式,使艺术的内容在其中自由展示而又排除了非艺术的可能性。

当然,我们这里所说的还只是艺术美的形式,而非艺术的形式美;二者有着密切关联又有本质区别的。艺术美的形式的至高境界是既能彰显内容又能隐身于内容之中。而当艺术的形式美形成时,艺术的意蕴和意味便积淀和消融在形式之中,从而使内容走向普遍和久远。此时,形式美便成了内容美的历史纪念碑。形式美的形成和发展,将推动人们不断走向更高层次的艺术与科学殿堂。

1.1 形式美的形成与特性

在两千多年的美学发展进程中,从美的形式到形式美,一直是引人注目又富有魅力的主题之一。早在古希腊,毕达哥拉斯就探求数量比例的和谐,柏拉图把美的颜色、形式当作"真正的快乐"的来源;在亚里士多德那里,形式因与材料因、动力因、目的因一起作为"四因"说的重要组成部分。古希腊时曾用"隐德来希"来意指质料中的形式。古罗马时期,西塞罗认为美在于各部分与全体的比例对称和悦目的颜色。中世纪,普罗提诺的新柏拉图主义强调了形式在美的产生过程中的作用;托马斯·阿奎那也认为美首先在于形式,他把完整、比例适当、鲜明视为美的三个要素。文艺复兴时期,像达·芬奇等大师更注重对形式美构成要素的探讨。不过对形式美研究真正成气候的是 18 世纪经验主义美学家们,如博克把物体美的品质归结为小巧、光滑、各部分有变化等七个方面,荷迦兹则归结为适宜、变化、一致、单纯、错杂和量等六个方面。从文艺复兴延至 19 世纪末的近代,"形式"成为了美学中的一个独立范畴,并自觉地、理性地上升到艺术的本质的高度。德国古典美学以浓厚的思维色彩对形式美作了更为深刻的理论阐述。康德提出并阐发了他的"先验形式"概念,指出美基于对象的形式,为西方形式美学的发展奠定了重要的思想基础。黑格尔从美是理念的感性显现观点出发,第一次把形式美的构成因素分为形式质料和形式规律两大部分。

美学发展到现当代,存在作为美的规定性,美学思想在存在之维度与境域上展开。西方形式美学产生了结构主义美学、分析美学与格式塔心理学美学及其代表人物。克莱夫·贝尔从一切视觉艺术都必然具有某种"共同的性质"观点出发,指出了"有意味的形式"命题。鲁道夫·阿恩海姆对诉诸视觉的各种形式因素的审美性作了全面而令人信服的分析。他在《艺术与视知觉》中把美归结为某种"力的结构"(这为本著提出美与审美具有张力提供了理论依据)。乔治·桑塔耶纳把形式当作美的同义语,并对材料之美给以充分的估价。科林伍德清楚地看到形式与情感的紧密联系,认为特定的情感只能由特定的形式加以表现。恩斯特·卡西尔则宣称艺术是一种形式的创造,是符号化了的人类情感形式的创造。马克思的美学思想也无疑属于现代美学的一个重要方面。其后,西方思想自身的发展使美学由现代转向了后现代,其思想的规定性由存在变成了语言。后现代消解了近现代的艺术思想与审美理念,解构性是其根本特征,表现为不确定性、零散性、非原则性、无深度性等。后现代主义坚持强烈的反形式倾向,转向开放的、稳定的、离散的、不确定的形式。用利奥塔的话来说:"后现代应该是一种情形,它不再从完美的形式获得安慰,不再以相同的品味来集体分享乡愁的缅怀。"①后现代主义对传统的审美标准与旨趣提出了质疑,而艺术与非艺术、美与非美之间在他们那里也不再有根本性的区别,从而走向了反文化、反文学与反美学。后现代艺术成为行为与参与的艺术,力图解构审美的一切形式规则。

在我看来,后现代从审美创造的形式主义走到了反形式的另一个极端。对此我没有深入的研究和思考,暂且置之度外。从本篇形式美的论述需要出发,我倒更愿意看重古希腊亚里士多德关于质料和形式二因关系说,以及近代黑格尔对形式美的分类。亚里士多德所谓的"质料因"就是事物的"最初基质",即是构成每一"事物所由形成的材料";而"形式因"是指事物的本质规定。二者的关系是潜能与现实的关系,质料的潜能有待于形式的赋形而成为美。直到黑格尔,第一次对形式美作了分类,将其分为抽象形式的外在美和感性材料的抽象统一的外在美,前者指整齐一律、平衡对称、符合规律、和谐,后者指材料在形状、颜色、声音等方面的审美属性。尽管黑格尔仍然是从美的外在形式来说形式美的分类,与我们所说的形式美不是同一个概念,但他的形式质料与形式规律的区分,以及对其中各种具体类型所作的中肯的阐述,都对形式美理论的发展做出了卓越的贡献。

那么,我们所谓的形式美是什么呢? 首先,形式美不同于美的形式。美的形式总要与内容有机结合才成为美的事物,才具有审美属性和审美价值;而形式美本身就蕴含着普泛的意义和意味,可以作为独立的审美对象而存在。其次,我们同意黑格尔对形式美构成因素的划分,即形式美是由形式质料和形式规律组成。形式

---

① 利奥塔:《后现代状况》,湖南美术出版社 1996 年版,第 209 页。

质料最基本的要素主要包括色彩、线条和声音;形式规律则是这些要素的组合规律,常见的有整齐一律、多样统一、对称与均衡、对比与调和、节奏与韵律、比例与尺度、秩序与和谐等。无论是形式质料还是形式规律都具有美的意义和意味。比如就色彩的红、绿、蓝三原色来说,红色有一种热烈兴奋的意味,绿色有一种冷静稳定的意味,蓝色有一种抑郁悲哀的意味。红和接近红色的为"暖"色调,蓝和趋向蓝色的为"冷"色调。歌德在研究中还把色彩分为积极主动和消极被动两类。黄、红黄、黄红等含有一种积极的、有生命力的和努力进取的态度;蓝、红蓝、蓝红则表现一种不安的、温柔的和向往的情绪。不同的色彩又可以通过形式规律组合成许多种颜色,从而产生更加丰富多彩的色彩形式美的意义和意味。用中国哲学的语言来说,基本的颜色不过黄、白、青、红、黑五色,但五色的变化却可以产生万紫千红的色彩;基本的声音不过宫、商、角、徵、羽五音,但五音的变化可生出千千万万的乐曲。比如我国古代建筑的典范故宫,就是通过对比与调和等形式美的形式规律和法则,使得色彩产生秩序和节奏感,从而获得了充分的表现力。故宫明度最大的是黄色的琉璃瓦,成为整个建筑群色彩的中心。红墙的红色使整个建筑在色彩上有一种稳重的感觉。红墙可以反衬黄瓦,黄色的地面加上汉白玉的雕栏,既和谐又庄严。如果与蓝天、白云调和就更为辉煌了。故宫运用色彩形式美的匠心,还在于充分考虑到自然条件的配合。在旭日与晚霞的映照下,黄色的琉璃瓦成了巨大的发光体,且时时在变化着、闪烁着,显示了富贵与权力的神圣与神秘性。

形式美的形式质料和形式规律,为什么不必像美的形式那样要和美的内容相结合,而本身就具有普泛的意义和意味呢?这恐

怕要从形式美的生成过程中去寻找原因。形式美是审美主客体在
长期的复杂磨合过程中逐渐形成的,其中复杂而深刻的审美心理
机制尚待进一步研究,但从社会的、历史的角度来看,李泽厚所指
出的"积淀"说较有参考价值。在探讨形式美历史和心理积淀之
前,我想指出,这一"积淀"是建立在人的生理和心理相应基础之上
的。美既然存在于人对现实的对象性关系之中,就必然涉及到审
美主体的感知能力。在人的感知机能所达到的极限之外的客观对
象,人是无法与之建立起审美关系的。如若超声波、红外线和紫外
线让人在正常情况下能够感知,则音乐和绘画的审美存在形式可
能会使我们大吃一惊。在形式美形成的生理基础问题上,格式塔
大师惠太海姆曾为神经的组织作用归纳出一个基本的规律,叫做
完形趋向律(law of pragnaz)。简要来说,就是只要条件允许,神
经组织作用总是趋向完善;完善就包括整齐、对称、简单等特性。[①]

我们再来看形式美生成的心理基础。审美对象刺激着人的生
理感官,也必然进一步对心理施加影响。乔治·桑塔耶纳在谈到
对称审美时说:如果对象不是安排得使眼睛的张力彼此平衡,我们
就会感到压迫和分心,所以我们的审美心理要求具有对称性。在
我国产生了较大影响的格式塔心理学派的同形同构说,也试图阐
释形式美生成的心理基础。格式塔学派在美学中的代表人物是美
国的鲁道夫·阿恩海姆。按照他的理解,客观事物之能唤起人的
美感,是由于客体的力的基本式样与主体心理结构的力的基本式
样相一致(我在本著中将之表述为客体审美属性的张力与主体的

---

① 见杨自清:《现代西方心理学主要派别》,辽宁人民出版社 1982 年版,第 290
页。

审美张力契合和谐)。表现在艺术活动中,则是艺术的"形式因素与它们表现的情绪因素之间,在结构性质上是等同的。"①瑞士著名心理学家皮亚杰认为,任何外在刺激要引起人的神经反应,必须与大脑中已有"图式"(Scheme,或译"格局")发生"同化"作用。外来刺激如果不能被纳入固有的"图式",不能被"同化",人就不能做出相应的反应。这一观点为审美主客体间具有同构关系做出了心理学的说明。这样,经过客体的令人愉悦的形式与主体审美心理图式之间无数次的相互同构同化,特定的外在形式与特定的审美心理之间的一一对应便会达到稳定、持久和牢固。于是,美的外在形式便在长时间的积淀过程中形成为不依人的意志为转移的形式美。

当然,外在刺激所引起的人的反应,为什么必须与大脑的已有"图式"发生"同化"作用,美的形式又为什么能与审美心理发生同构同化作用,目前心理学并没能给出科学的解释,恐怕需要站在哲学的层面上,亦即通过宇宙观的角度来加以说明。按照老的星云说,宇宙从一团浑沌的星云深化而来,依据新的大爆炸理论,宇宙由一个统一体的爆炸而生,这就构成了宇宙事物的内在同一性,同时也决定了地球上众"多"事物之间(包括人与对象)在本质上也是具有同一性。这种宇宙同一性决定了人与对象之间能够产生同构和同化作用。而人们对宇宙同一性的把握,又是从其可视听的共同性来进行的,这就是最基本的线条、色彩和声音,以及它们的组合法则对称、调和、节奏与和谐等等。人们在长期的通过形式质料和形式规律对宇宙同一性的把握和体验中,逐渐将美的形式积淀、

① 鲁道夫·阿恩海姆:《艺术与视知觉》,第624、615页。

内化为了形式美。

在说明了形式美形成的生理与心理基础之后,让我们从历史进程中具体地考察一番形式美的生成过程。原始人的对象化关系首先是与自身的关系,人体装饰是其重要而直接的对象化关系的体现。"他们将兽皮切成条子,将牙齿、果实、螺壳整齐地排成串子,把羽毛结成束子或冠顶。在这许多不同的装饰形式中,已足够指示美的法则来。它们正和主宰文化阶段的身体装饰的原则相同——就是对称和节奏。"[①]随着生活和生产水平的提高,工具装潢是原始人人体装饰的继续和延伸。格罗塞在《艺术的起源》中认为工具装潢大致经历以下三个阶段:拟物阶段到拟人化阶段(对拟物图形的简化),再到形式化阶段。美的形式由拟物的写实、再现开始,充满了强烈的现实感——想象观念,如中国半坡出土的原始社会的鱼纹盆,描绘了一个人的头要与鱼的形象组合在一起,人想象着鱼,希望着鱼,正是代表向往着美好的事物。这种原始画虽然简单,但已表明有了一些形式上的追求,如整齐、对称、节奏感等。但这还只是写实的形式追求,是美的形式的追求。当写实进展到写意,开始形式符号化的时候,现实感便相对地被形式感所冲淡,具体的内容向形式积淀,逐渐成为普泛的间接性的观念内容,便开始了形式美的形成过程。

从写实、通过写意进展到象征时,便完全完成了符号化过程,形式的现实感荡然无存,内含了普泛的意义和意味,显示出了独立的生命和审美存在。于是,形式就成了主体审美心理的特定抽象,具有人化意义的象征性。与具有明晰定义的符号相比,象征与所

---

① 格罗塞:《艺术的起源》,见《审美中介论》,第 503 页。

象征物的关系只是粗略的意义、意味上的隐喻,它不具备"所指"的功能,只"能指"向某种意义和意味,因而它通往宇宙深处,通往心灵深处,通往情感深处。比如,古埃及的装饰绘画有七种色彩,其象征系统是:黄与金是阳光之色,象征太阳(神);绿是自然之色,象征永生;紫是土地之色,象征大地;蓝是冷色;粉红、绿、藏红、淡红,表示审判的神圣。又比如,圆顶是天的象征,伊斯兰遍于各地的清真寺都是圆顶;正方形是大地的象征,北京的地坛,印度的吉尔·马哈尔陵,罗马圣彼得教堂早期平面,姆夏达宫殿等皆可见正方形特征;三角形有指向天堂的象征性,我们在古埃及的金字塔、玛雅文化的金字塔及哥特式教堂身上不难体会到这一点。

当形式的象征性经过宗教的重复摹仿和使用,进入到艺术中,在艺术审美活动中被不断模仿、再现和表现后,形式美便由规范化、范式化而定型,成了稳定、持久而牢固的形式美,并不断在循环往复的积淀中上扬,由简单到复杂,由浅显到深刻。与此相应,审美主体形式美感和审美态度也随之向着更高层次、更深度数发展变化。由客体示出的形式美,与由主体显现的形式美感,二者实质上是具有同一性的系统质。

现在我们可以知道了,形式美是人们在长期的生活、生产、宗教、艺术等活动过程中,经由历史和心理积淀而成的,是对自然形式规律不断抽象的象征形式,是具有普泛意义和意味的美感形式。具体来说,形式美具有以下基本特点:感性可感性、理性象征性、意义联觉性、内涵多义性和发展历时性。首先,形式美具有感性可感性特点。形式美是形式客体所示出的美,因而它是直接附丽于对象的形式之上的。无论是自然、社会还是艺术中的形式美,都必须凭借人的感官才能真切地把握和领悟。超出主体感知能力的形式,常人是无法感受其美也不能产生美感的。也许,科学家可以通过人的感知能力延长的科学方法,将之纳入科学形式美的范畴,但它仍然是必须是可感的。形式美的感性可感性、尤其是科学形式美的可感性,包含着人对自身本质力量的肯定,是人的本质力量的对象化。

正因为形式美的可感性包含着人对自身本质力量的肯定,所以形式美就具有了社会属性和价值,任何可感的形式质料及形式规律,就必然会与人类社会现象及其规律、人的感情及其组合、人的意识及其观念等产生形形色色的关联,并通过历史的、心理的和文化的积淀形成较为稳固的象征性关系。这就是形式美的理性象征性。上面已经给出了一些形式美象征性的示例,这里我想再举几例以加强佐证。原型学派的学者指出,圆形象征人的自我,也象征心灵的完整,还象征人类和自然界的关系,因此,"不论圆象征出现在原始人的太阳崇拜还是现代宗教里,在神话或梦里,在西藏僧侣绘制的'曼陀罗'或城市平面图里,以及在早期天文学家的天体概念里等等,它总是指出生命最重要的方面——根本的统一。"①对称形式由于给人以稳定感、秩序感、庄严感和神圣感,因而在中国凡是与礼制相关的重大建筑必然采用对称形式,如宫殿、陵墓、祭坛、宗教建筑莫不如此。中国的四合院,其主体部分也是对称的,以与讲究长幼尊卑秩序的中国家庭观念相符合。

也许,色彩所具有的精神性涵义和象征性是最多且最为广泛的了,因而艺术家最乐意也最擅长运用色彩于作品中以象征或隐喻。巨著《红楼梦》中的色彩就运用得十分巧妙。以书中三个主人

---

① 荣格等:《人类及其象征》,辽宁教育出版社 1988 年版,第 219—220 页。

公贾宝玉、林黛玉、薛宝钗各自拥有的主色为例:宝玉是《红楼梦》全篇的中心人物,是怡红院的主人,自然喜欢红色;黛玉的"黛"本为墨绿色的含义,她身居潇湘馆,周围一片翠竹可以说是她的人格象征,而其偏"冷"的色调又与她身世的悲凉、性情的孤僻相呼应;"宝钗"本含金钗的意思,薛宝钗有一个"金玉良缘"的幻想,特别看重自己的金锁,金色便成了薛宝钗的色彩。纵观全书,本是表示尊贵热烈的金色和红色,却为梦终时的悲剧结局更增深了浓重的气氛,既让人感慨又意味深长。

我们说形式美经由长期的历史的和心理的积淀而成,那么,随着历史的发展和时代的变迁,随着审美主体的意识形态、审美心理及艺术的发展,形式美所积淀的象征性涵义也会越来越丰富,不仅日趋复杂,而且产生分歧、对立。各种社会因素,如民族的、阶级的、地域的、艺术流派的以及个性心理的因素,都影响制约着形式美的涵义。正是这些中间环节的巨大影响往往造成形式美内涵的多义性,同一种形式美在不同的情境中会产生不同的象征意义和情感反应,而不同的形式美也会产生相同、类似或相近的象征意义和情感反应。比如说线条,直线显为坚硬,竖直线显为挺拔,横直线显为平实,斜线显为有力,但直线又显得较为呆板、单调;曲线显为流畅,像波状线、蛇形线被荷迦兹视为最美的线条,但曲线又显得太轻柔;正方形显为公正大方,却也显为固执;圆形显为自如柔和,却也显为圆滑。再比如说色彩也具有内涵多义性。蓝色在西方文化中就是变幻多端的,正如色彩学家伊顿(Johannes Itten)所说,从现实的观点看,蓝色使人安宁,是消极的,而红色使人兴奋,是积极的。但从超越的观点看,蓝色可以使人沉入静的深处,体验那现实中难以体验的深度,又是积极的;相反,红色的兴奋则使人沉于现实,从而缚于现实,又是消极的。蓝色是与心灵和精神相联系的。蓝色出现在最明亮的晴空,那是蓝蓝的天;也出现在最深沉的夜空,那是蓝黑的夜。蓝色的颤动引向一种精神境界,因而蓝色对西方人意味着信仰。然而当蓝色处理得错暗时,它就象征迷信、恐惧、痛苦和毁灭。当蓝色出现在黑色背景上时,蓝色以明快纯正的力量闪光。在象征愚昧的黑色主宰的地方,象征纯洁信仰的蓝色,就像远方的一道亮光在闪耀……①

正是形式美内涵的这种多义性和丰富性,使得人们在关于形式美的审美活动中,尤其是艺术审美创造中构筑出了丰富多彩、千变万化、林林总总、争奇斗妍的审美世界。比如,古诗中"青山"的"青"相当于绿(green),"青天"的"青"相当于蓝(blue),"青发"的"青"却是黑(black)。一首有名的古诗写道:"寥落古行宫,宫花寂寞红,白头宫女在,闲坐说玄宗。"本具有热烈意味的红色,在特定条件下却反衬了环境的寂寞、寥落;而象征纯洁的白色表达出了宫女的悲戚之情。

形式美不仅具有内涵多义性特点,还具有意义联觉性特点。20世纪以来,西方的形式美学趋向了多元化的时代,形式成了多元与流变的东西,相互的形式之间具有了关联性。这种关联是复杂的,需要人们凭借复杂的审美心理——审美想象力和理解力的自由活动才能领略到其中的美妙之处。比如色彩与形状,本是视觉的两种基本形式,但有人看到了二者内在意义的关联性。埃德威·巴比特(Edwin Babbit)认为,在三原色中红是三角形,黄是六角形,蓝是圆形。费巴·比瑞(Faber Birren)认为,红是正方形,橙

---

① 见张法:《美学导论》,中国人民大学出版社1999年版,第214页。

是长方形,黄是三角形,蓝是圆形,绿是六角形,紫是椭圆。康定斯基看到了色与线的互通,黑色与水平线相通,白色与垂直线相通,红、黄、青与斜线相通。① 更为奇妙的是,原东德音乐家迈耶尔在《音乐美学若干问题》一书中,专门分析了音乐的形态结构与视、听形象运动形态的内在关联性,他举一个音型如:

和下列各种感官的印象是相应的:

视觉方面的如:

1) 静止的或固定的形象(物体的轮廓或"凝固"了的运动)

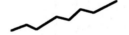　　　　　　= 参差的山峰侧影

2) 活动的形象(作为运动的轮廓)

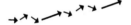　　　　　　= 驰骋的骑者

听觉方面的如:

1) 在自然界出现的:

　　　　　　=风的咆哮

2) 由人所形成的,语调的抑扬

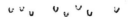

---

① 见张法:《美学导论》,第 212—213 页。

而这句旋律的歌词原意为:"……喧呼着奔驰而去"。①

　　迈耶尔之所以能在音乐的形态结构与视、听形象运动形态之间看出它们的内在关联,主要是他能通过自己独特的审美想象力和理解力,看出音型在节奏、强度、变化的张力方向上能量聚合与释放的过程,及其在整体音型结构张力场中所起的作用,并能与他所掌握的线条、声音的形式美张力和情感动力的象征性意义相比拟,相联系。由此我想,德国古典主义哲学家谢林之所以把建筑看作是"冻结的音乐",也许正是他洞察到了音乐结构的审美张力与建筑结构张力的内在相似、相通之处。

　　形式美形成的历史积淀性,也就决定了形式美所具有的另一个特性:历时性。其实,形式美涵义的复杂丰富、形式的流变及联觉性,都是在历史发展进程中逐渐形成的,需要一代又一代人的智慧的积累和升华。从沈约将平仄用于律诗开始,到初唐乃至盛唐律诗的形式规范充分精致化,前后历经了四百年;小说即便从意大利早期的短篇故事算起,到写出典型性的现实主义精品来也差不多有四五百年的时间;就算发展和成熟最快的电影艺术,如果从19世纪90年代电影诞生时算起,也要近四十年左右的时间才能成型。

　　形式美的历时性有两个显明特征,首先,形式美总体现了一定时代的审美思潮,总是或多或少地留有那个时代的思想观念、情感流向的痕迹。所谓"文变染乎世情",刘勰早在《文心雕龙》中就有所论述。古今中外伟大的建筑形式美莫不刻上当时、当地与本民族文化生活的印记。古埃及的金字塔以与人比例悬殊的庞大体积

----

① 见罗小平、黄虹:《音乐心理学》,第120—121页。

和严整原始的几何构图象征着法老的强大而不可动摇的威势；古希腊直线圆柱形神庙建筑体现出奴隶社会民主制度下那种特有的和谐乐观的精神和追求完美的理想情趣；中世纪高直尖顶并配以彩色玻璃的哥特式教堂散射着超世绝尘、上升天国的神秘虚幻的宗教色彩；文艺复兴时期宏伟而富丽堂皇的建筑标示出生气勃勃的市民阶级的自豪感和积极进取精神；17 至 18 世纪欧洲的巴洛克、洛可可建筑的纤巧繁缛的风格反映了贵族阶层奢侈豪华的享乐生活作风；近代建筑走向水泥框架结构，适应着资本主义大工业生产力与生产水平发展的步伐；而现代建筑在追求高层次与大跨度的同时，注重经济、实用与美观的有机统一，则是与人口密集、科技发展迅速、思维向度的开拓创新等因素密切关联的。可以说，有史以来的建筑艺术，莫不将历时的、丰富而流变的"社会音乐"包容在自己稳定的、凝冻的形式之中。至此，我们可以理解"形式美是历史的纪念碑"这句意蕴深刻的话了吧。

形式美历时性的另一个显明特征是：艺术形式总是随着时间的推移和历史进程而发展变化着。葛洪在《抱朴子》中说："古者事事醇素，今则莫不雕饰，时移世改，理自然也。"以小说的形式美发展变化为例，中国古代不乏流传后世的鸿篇巨制式的长篇小说，但在整个形式美创造上直到《红楼梦》才发生了重大的历史性变化。它相异于《三国演义》那样是直线条的结构形式，其网络形有助于容纳丰富复杂的生活和情感内容；它不同于《儒林外史》那样虽云长篇实为短制的断片式形式，其有机而严密的结体涤漱万物、牢笼百态而贯穿始终；它不像《西游记》那样非情节因素的诗词韵语脱离总体结构和人物性格而存在，而是让诗词成为人物抒情明志的有力手段，总是恰到好处地融化在性格生机之中；它还殊异于《水

浒传》形式结构转折的突兀生硬,而是自然流转,明快顺畅,好比
"秋风送舟,趁水生波"。如今,传统的小说形式美学结构又将面临
着一场新的挑战。在传统小说艺术样式中,大多十分显著地表现
出了时空的滞留性,其单向线性结构无法表现当今复杂的多向生
活的流程,其描述的低维功能也无法表现当今的多维生活和情感
现象。在科技革命、信息爆炸、知识经济和观念多元、情感流变、生
活快节奏的今天,许多作家倾心的已不完全是事件的逻辑进程,而
多为事件的心态反应,作家的心绪会蓦然腾挪在意象与意象的非
直线因果关系上。于是,传统小说的时空结构形式被打破了,作家
对时空关系和结构将重新加以安排和剪辑;传统的闭合式形式终
于被开放式的结构形式所取代,时空将统一于心波的流程。具体
表现为情绪化、诗化的形式,掠影断片式的形式,在表层挥洒中蕴
含深层内脉的形式,放射型的形式等多元性的小说结构形式纷呈
杂现。① 这也许就是为什么当今"纯艺术"难有市场而俗文化当红
的原因吧。不管怎么说,艺术的形式美是历时性的,流变而非凝固
的,其演化、变迁的审美依据是时代的审美需要。

1.2 形式美法则与艺术创造

上面我们实际上是论述了艺术形式美的形成及其特点。艺术
形式美是一个非常复杂的概念,它处在本身就非常复杂丰富的艺
术和形式美的两个视角的交叉点上。从审美创造的角度来看,它
包括艺术形象的存在形式、艺术创造的媒介形式和艺术组合关系
形式三个方面。形象存在形式是指艺术形象的时空存在形式;媒

---

① 参见吴功正:《小说美学》,第 361、391—395 页。

介形式包括材料媒介形式和工具媒介形式,而材料媒介形式又分为物质媒介形式,如木、铁、玉等,以及手段媒介形式如色彩、线条、声音、语言、动作等;组合关系形式是指艺术形象存在形式和媒介形式的组合规律和法则。

我们注意到,俄国文艺理论家巴赫金在批评形式主义时给俄国形式主义戴上了"材料美学"的帽子,他在强调材料的"非审美性"的同时,把布局性手段等都列入了"艺术中的技术"因素,都排除在"审美客体"领域之外,"因为这些在艺术接受时就完全被排除了,正像楼房完工后拆除脚手架一样"。"技术因素是产生艺术印象的要素,但不是艺术整体的组成部分;技术因素是产生艺术印象的要素,但不是这一艺术印象亦即审美客体中有审美价值的内容。"①仅从这两段引言中,我们便可看出巴赫金的矛盾之处:其一,既然材料媒介在"艺术接受"时就完全被排除了,又怎么能够成为"产生艺术印象"的要素呢? 其二,在艺术中把构成艺术的材料、布局性手段等要素都排除了,还凭借什么称之为艺术而不仅仅是思想、情感性的东西呢? 再说,如果完全排除了技术和物质的因素,恐怕很难将电视艺术与电影艺术区分开来了。当然,我们不否定巴赫金在批评形式主义材料美学的偏颇上的积极意义,不完全否定他在俄国形式主义与庸俗化社会学之间寻求思想平衡点的执着努力,只是希望巴赫金不要以"偏颇"来纠偏,在理论研究中是不允许矫枉过正的。

关于与巴赫金排除物质材料审美性的不同观点,我将在下篇

---

① 巴赫金:《文学作品的内容、材料与形式问题》,《巴赫金全集·哲学美学》,中国社会科学出版社 1996 年版,第 346—347 页。

科学对艺术审美创造的影响和作用一节中展开论述,这里还是让我们回到形式美在艺术审美创作中的功能主题上来。我认为,无论是形式质料还是形式的组合法则,当作为艺术技巧运用于艺术创作时,将使艺术作品产生审美张力,从而增添其艺术性和表现力。一般来说,一定的艺术样式有其相对应的形式美法则;但也有的形式美法则,比如说节奏,几乎适用于所有样式的艺术创造。

节奏之于音乐艺术的重要性,这里就不赘述。我们来看节奏在其它艺术中的作用。节奏作为运动过程的时间和力度的有规律的重复,将给各种艺术带来整体性的秩序美感。在绘画中,节奏感表现在形象排列组织的动势上,如《清明上河图》,便在形象排列上由静到动、由疏到密,形成一种节奏感。舞蹈艺术也是如此。中国古典舞的运行节奏往往和有规则的 2/4、3/4、4/4 式的音乐节奏大不相同,它大多是在舒而不缓、紧而不乱、动中有静、静中有动的自由而又有规律的"弹性"节奏中进行的。舞蹈节奏的符号是靠人体的动作表达出来的,舞蹈者的动作在力度上的运用不是平均的,有着轻重、强弱、缓急、长短、顿挫、符点、切分、延伸等等的对比和区别,做到"刚中有柔"、"韧中有脆"、"急中有缓"、并运用"寸劲"、"反衬劲"以及"抻劲",来达到"形已止而神不止"的艺术效果。为了增强舞蹈艺术的审美张力和节奏美感,古典舞还有"一切从反面做起"之说,即"逢冲必靠,欲左先右,逢开必合,欲前先后"的动作规律,正是这些特殊的"舞律"体现了中国古典舞的圆、游、变幻的特殊审美性。

大凡优秀的建筑艺术也都符合节奏形式美法则。古希腊神庙,其圆柱间隔相同的距离重复,构成了它立面的美;现代建筑中相同的窗格横向竖向不断重复,呈现了秩序的美。我国当代建筑学家梁思成在说到建筑的节奏时说:"差不多所有的建筑物,无论在水平方向上或者垂直方向上,都有它的节奏和韵律。我们若是把它分析分析,就可以看到建筑的节奏、韵律有时候和音乐很相像。例如有一座建筑,由左到右或者由右到左,是一柱,一窗;一柱,一窗地排列过去,就像'柱,窗;柱,窗;柱,窗……'的2/4拍子。若是一柱二窗的排列法,就有点像'柱,窗,窗;柱,窗,窗;……'的圆舞曲。若是一柱三窗地排列,就是'柱,窗,窗,窗;柱,窗,窗,窗……'的4/4拍子。"①他还分析了北京从天安门经过端门到午门这段建筑的横向(水平)节奏感,以及北京城外的天宁寺塔从月台、须弥座、塔身、塔檐到尖顶的纵向(垂直)形成的节奏感。梁思成可谓是真切领悟了建筑与音乐结构审美张力的内在相通性,并把谢林的"建筑是凝固的音乐"的思想形象地阐释出来的建筑艺术家了。

这里,梁思成提到了"韵律"。韵律与节奏实是关系密切又有区别的形式美法则。顾名思义,"韵律"是有韵味的律动和规律。有人认为在节奏的基础上赋予一定情调的色彩便形成韵律。在我看来,韵律就是为增添情调而有节奏地变化和律动。韵律是动态变化的节奏,节奏是静态不变的韵律;韵律是高级丰富的节奏,节奏是低级单调的韵律;韵律是内在的生动的节奏,节奏是外在的规范的韵律。当然,韵律也有简单和复杂之分。比如,中国佛塔一层层不断重复,但每上一层就略缩一点,构成一种四面渐渐向中收拢的曲线;又如颐和园的十七孔桥,拱形桥孔随桥身的曲线一个比一个大一点,越来越大,过了桥的中部,又一个比一个小一点,越来越小,这些都是按规律变化的重复,它们开始摆脱简单的节奏形式,

① 于培杰:《论艺术形式美》,第174页。

而试图表达出简单的韵律感来。只有当节奏出现丰富的、复杂而生动的变化时,才真正产生出韵律。在索菲亚大教堂中,可以看到半圆拱以大大小小多姿多彩的方式重复,构成了美妙的韵律。我们更可以通过北京紫禁城群体建筑中一座座单体建筑的变化性重复而感受到韵律之美。紫禁城的中心是前三殿和后三宫一群,其中重要的又是前三殿,最重要的当数前三殿中的太和殿。从大清门到太和殿,中经天安门、端门、午门、太和门四大门四大城楼,形成了时间上的节奏韵律。在时间的行进中,一次一次的重复,一次一次的变化,建筑以特有的节奏韵律无声地展示了天子君临天下的崇高与威风。

也许,在诗歌创作中,节奏形式美法则的重要性仅次于音乐。最早的诗是以歌的形式存在的。"在原始部落那里,每种劳动都有自己的歌,歌的拍子总是十分精确地适应于这种劳动所特有的生产动作的节奏。"①原始的歌又演化为音乐和诗两种艺术样式,并且都延续了歌的节奏形式美法则。中国古诗的四声平仄都有规律地出现,形成高下抑扬、平上去入,强弱长短、宫羽相变的声调。五·四运动后新诗的出现仍然注重单调的节奏感,如郭沫若曾写有一诗《立在地球边上放号》,歌颂海涛的有力的节奏,而诗本身的节奏同海涛的节奏同样有力,令人鼓舞——

> 无限的太平洋提起它全身的力量来要把地球推倒,
> 哦哦,我眼前来了的滚滚的洪涛哟!

---

① 普列汉诺夫:《没有地址的信》,见杨辛、甘霖:《美学原理新编》,北京大学出版社 1996 年版,第 189 页。

啊啊！不断的毁坏，不断的创造，不断的努力哟！

啊啊！力哟！力哟！

力的绘画，力的舞蹈，力的音乐，力的诗歌，力的 Rhythm 哟！

　　我们通常理解的诗的节奏包括基本组合音节和韵脚的往复循环，其实这还只是诗的外在节奏。一首优秀的诗更重要的是不可缺少其内在节奏，有内在节奏的诗才有诗的韵律。郭沫若曾说："诗之精神在于内在的韵律，内在韵律并不是平上去入，高下抑扬，强弱长短，宫商徵羽；也并不是什么双声叠韵，甚至加在句中的韵文；这些都是外在的韵律或曰有形律。"他认为诗的韵律更在于情绪的自然消涨。[①] 戴望舒则阐述得更为清晰："诗的韵律不在字的抑扬顿挫上，而在诗的情绪的抑扬顿挫上，即在诗的情绪上。……诗最重要的是诗情上的 nuance（变异）而不是字句上的 nuance（变异）。"[②]

　　戴望舒和郭沫若都提出了诗的内在节奏在于诗情的消长。实际上，一首好诗在于内在节奏与外在节奏的有机统一，即诗情与音调的统一与涨落。外在节奏附丽于内在节奏，决不可以损害诗情来强行求之；诗情也更充分给外在节奏以充分施展的余地，以避免过分统一而陷于孤立和显得贫乏，成为不成诗的情感符号的宣泄。只有在内外节奏主从明确、情调统一而有起伏变化的时候，诗歌才真正展露出节奏韵律的形式美来。此时的诗情，是经过音调起伏外显并有了韵味的诗情，此时的音调，是内蕴了诗情境界并有了情调的音调。

---

① 孙振绍：《审美形象的创造》，第 496 页。
② 《戴望舒诗集》，人民文学出版社 1956 年版，附录。

　　我国古典诗歌中,不乏深悟诗的情调节奏之理而又巧妙运用的杰作。著名翻译家傅雷在给儿子傅聪的家信中就曾有过精辟的分析:"上星期我替敏讲《长恨歌》与《琵琶行》,觉得大有妙处。白居易对音节与情绪的关系悟得很深。凡是转到伤感的地方,必定改用仄声韵。《琵琶行》中'大弦嘈嘈''小弦切切'一段,好比 staccato[断音],像琵琶声音极切;而'此时无声胜有声'的几句,等于一个长的 pause[休止]。'银瓶……水浆迸'两句,又是突然的 attack[明确起音],声势雄壮。至于《长恨歌》,那气息的超脱,写情的不落凡俗,处处不脱帝皇的 nobleness[雍容气派],更是千古奇笔。……全诗写得如此婉转细腻,却仍不失其雍容华贵,没有半点纤巧之病!(细腻与纤巧大不同。)明明是悲剧,而写得不过分的哭哭啼啼,多么中庸有度,这是浪漫底克兼有古典美的绝妙典型"。①在近、现代诗歌中,也有不少内外节奏统一、情调相拥相彰的诗篇,比如郭沫若的《凤凰涅槃》就是。当郭沫若在诗中喊出"一切的一、一的一切"的时候,一切昏沉的脑袋都为之一惊,一切迷蒙的眼睛都为之一亮!这样的用情感和节奏激发出的奇特诗句,在"凤凰更生歌"一节中成了基本的回环节奏,所造成的摧枯拉朽的磅礴气势和美感张力,把全诗推向了高潮。

　　总之,节奏形式美法则在诗歌创作中是妙用无穷的。如果说情感是艺术特质的话,节奏就是诗的情感表现的时间方式,节奏本身可以唤起与它相适应的情感来。正如著名心理学家冯特在《生理生物学基础》一文中所说:"节奏的审美意义就在于,它能引起它

---

　　① 《傅雷家书》,三联书店 1994 年版,第 17 页。文中"敏"指傅敏,英语注译是引者所加。

描绘其过程的那些激情,或者换句话说,由情感过程的心理规律,节奏成为激情的组成部分,它又反过来引起这种激情。"①郭沫若对此深有体会,他谈到日本有一个著名俳人叫芭蕉,有一次芭蕉到了日本东北部一个风景很美的地方松岛,为松岛的景致所感动,便作了一首俳句:"松岛呀,啊啊,松岛呀,松岛呀!"俳人只叫了三声松岛,可由于有节奏,也产生了一个深刻的情绪世界,居然也成为名诗。因此郭沫若说:"只消把一个名词,反复的唱出,便可以成为节奏了,比如,我们唱:'菩萨,菩萨,菩萨哟! 菩萨,菩萨,菩萨哟!'我有胆量说,这就是诗。"②也许郭沫若说得有些言过其实,但他作为一个诗人,确实看到了节奏的力量,并看到了节奏激发的情感可以克服材料情感的单调。事实上,我们也见到过不少平淡、琐屑甚至刻板的内容,经过节奏的征服和表演,成为了颇具影响力的诗歌。比如欧外欧在 40 年代写过描写桂林风情的《被开垦的处女地》,满篇大大小小不同字号的"山",以一种强有力的节奏感向人们挤压过来,那种恍惚间忽远忽近的山势让人似乎喘不过气来,从而迫使接受者调动生活经验,展开丰富的联想。这首几乎纯是白描加说明的诗,却得到了不少人的称赞,画家兼诗人黄永玉就说它是"一首气势磅礴的诗"。③

欧外欧该诗的"气势磅礴",不是从诗意上显示的,而是靠诗歌语言的状形和节奏表演出来的。这种造型学的审美追求,也许是受了法国达达派诗人阿波里奈尔等主体诗的影响。在状型类语言表演策略中,还有一种以词、语、句作图案式组合的做法,就是所谓

---

① 童庆炳:《艺术创作与审美心理》,第 210 页。
② 同上,第 212 页。
③ 《欧外欧之诗·自序》,花城出版社 1985 年版。

的图像诗。让我们一起来欣赏清朝康熙年间流行的一首《咏山》
诗——

开

山　满

桃　山　杏

山　好　景　山

来　山　客　看　山

里　山　僧　山　客　山

山　中　山　路　转　山　崖

这首中国古代的形体诗,是用"能指"强化"所指"的一种尝试。
这首诗的形体像山一样,有着佛塔一样的形体节奏感;而诗的内容
是描写山中景色(所指)。读时从左下角开始往右再有节奏地盘旋
而上,如同爬山一样。这首诗在读的过程中就让人感受到山路的
崎岖与蜿蜒,从而以能指强化了所指。我本人也做过用形体的节
奏来催发情感、克服内容平凡的形体诗尝试,如《心潭影》中有一首
诗的片断①为:

你

难　道

至今未看出

沉浸涌溢着你的

无边无际无始无终的

一往深情的

海

其诗的形体节奏表达了一个单恋者的情感由膨胀到无奈地收缩的

---

① 陈大柔:《心潭影》,第96页。

过程,体现了由爱生怨的情感内在节奏。

在以节奏形式美法则为例阐明了形式美在艺术创作中的作用后,让我们来归纳一下形式美的功能。总的来说,形式美的把握和运用颇为有利于艺术家的审美创造,大致表现为有利于艺术的表达,有利于增强艺术表现力,有利于艺术的唤情和感染力,有利于诱导审美想象,有利于提升艺术品魅力等几个方面。

首先,形式美的把握和运用有利于艺术家的艺术表达。慧远大师在《襄阳丈六金像颂序》中曾深入论及过佛形对于佛理、对于信徒的两方面效能:"拟状灵范,启殊津之心;仪形神模,辟百虑之会。"①慧远大师实际上说明了形式是意义的载体这样一个道理,其形式是事物的与内容相应的形式。而在许多现代艺术家的形式观念中,认为只有形式才能体现出意义本身的构成力量(formative power),因此才能能动地勾勒出世界的意义,从而显示出意义——亦即没有意义的世界有了意义。比如与雷乃一起合作拍摄被称之为现代主义意识流高峰作品《去年在马里昂巴德》(1963)的艺术家罗布—格里耶曾为《当代文学词典》写过一个"新小说"的条目,其中有这样一句名言:"我们不再信服僵化凝固、一成不变的意义,……只有人创造的形式才可能赋予世界以意义。"②与美的形式的意义及形式主义观点不同,我们所谓的形式美,本身就具有普泛的意义和意味,可以作为独立的审美要素进入整体的艺术构成之中。比如声音,如作为形式美其高低、强弱、快慢、纯与不纯都可能显示某种意味,舒缓的低声细语显为柔和亲切,与急促的巨响,

---

① 余秋雨:《艺术创造工程》,第 207 页。
② 同上,第 209 页。

狂吼所显示的激昂愤怒情绪大相径庭,运用在艺术创作中其美的形态也就大不相同。

我们在前面论述形式美的内涵多义性时已谈到了线条美的象征意义和情感反应。艺术家正是利用其线条的形式美意义、意味运用于艺术创作的表达之中。比如说波状线(蛇形线)使人感到流动,柔和的曲线使人感到优美,于是,维纳斯的 S 形体态便成了女性美的永恒象征。一条扭曲的线,可以表现出一种挣扎的动态,米开朗基罗用之于《挣扎的奴隶》的创作中;扭曲的线也可以表达内心极度的痛苦,我们不难从古希腊的雕塑《拉奥孔》以及柯勒惠支的作品《面包》的母亲形象中看出。由线条组成的等腰三角形,如侧重于底线则可以表现为金字塔那样的稳定,侧重于顶端则可表现为升腾,如席里柯的画《梅毒萨筏》的构图。三角形如倒置表现出不稳定,而如横放则可表现为前进,如柯勒惠支的版画《农民的暴动》所示。实际上,不仅由线条形式美构成的形状可以用于艺术表达,便是组成线条形式美的点也被艺术家们大量运用于艺术表达。比如中国画家用点的增加,幻出了一片独具特色的山水:米点山水。在几何学中,点是最初的基始,是一切的开始,点又等于零。零就是"无",故而又可能生出一切的"有"。借用中国美学的话说,起"点",是"一块灵气结成";特"点",充满了灌注的生气;神"点",则是天地之合、气韵生动的关键所在。点的形态在艺术中的表达同样是丰富多样的,正如陈绎曾在《翰林要诀》中所说:"点之变化无穷……偃、仰、向、背、飞、伏、立等势,柳叶、鼠矢、蹲鸱、粟子等形。"[1]

线条、声音和色彩等形式质料的形式美可以用于艺术表达,比

---

[1] 张法:《美学导论》,第 205 页。

例、对比与调和等形式美组合法则同样也可运用于艺术表达。比例是指某一事物局部与局部、局部与整体的关系。艺术中的比例关系就是"匀称"。古代宋玉所谓"增之一分太长,减之一分则太短"就是指艺术的匀称比例关系。南朝戴颙是古代著名雕塑家戴逵之子,年轻时跟其父塑造佛像,因而精通人体的造型、比例。传说有这样一则故事:"宋太子铸丈六金像于瓦棺寺,像成而恨面瘦,工人不能理,及迎颙问之。曰:'非面瘦,乃臂胛肥'。即令吕减臂胛,像乃相称,时人服其精思。"[1] 今人徐悲鸿在绘画"新七法"的第二条指出:"比例正确……毋令头大身小,臂长足短";他在画马中也重视躯体各部分的比例关系:"马颈不可太长如长颈鹿"。[2] 中国画中历来就遵循"丈山、尺树、寸马、分人"的构图比例关系。

对比与调和形式美法则体现了差异、对立的统一。对比是在统一中趋向差异,如在统一的花树上红花与绿叶的对比;调和是在差异中趋向统一,如蓝天与绿水两个事物统一在一片静静的湖水之中。艺术家将对比与调和形式美法则用之于艺术中,会产生一种特别的效果。如"蝉噪林愈静,鸟鸣山更幽",是声音的对比运用;"会当凌绝顶,一览众山小",是形体对比的运用;"黑云翻墨未压山,白雨跳珠乱入船"是色彩的对比。又如"大漠孤烟直,长河落日圆",则给人以调和的美感;天坛的深蓝色琉璃瓦与浅蓝色的天空和四周的绿树配合在一起显得很调和,是调和在建筑艺术中的审美效果。

形式美不仅被优秀的艺术家娴熟地运用于艺术表达,而且能

---

① 杨辛、甘霖:《美学原理新编》,第187页。
② 同上,第188页。

常常取得令人满意的表现力。在中国精炼的古典诗歌中,一般不用直叙的方式交代节令,于是,色彩形式美便成了标示节令的重要手段。诗歌中的时间与空间,常常有赖于色彩形式美的表现力。比时间节令更强的色彩表现力是反映在人物的性格上。京剧中包公的脸谱采用黑白对比,烘托了包公是非分明、刚正不阿的性格。关羽是红脸骑赤兔马,给人以勇猛忠义的暗示;张飞是黑脸,骑乌龙驹,显然是暴烈的性格。白色较文静,所以说吴用白脸穿麻布衣服,诸葛亮穿白黑相间的道袍,摇的是白色羽毛扇。贝多芬在《田园交响曲》中为了增强表现力,而摹拟了鸟鸣和暴风雨的音响。19世纪法国作曲家圣桑有一首著名的《动物狂欢节序曲》,摹拟了各种动物的音响;海顿的《玩具交响曲》中也表现了玩具发出的声音。

艺术形式美的节奏和韵律在舞蹈中具有极大的表现力。可以说,动作节奏和身法韵律的有机结合,真正体现了中国古典舞的风貌及审美的精髓。人们常用"行云流水"、"龙飞凤舞"、"闪转腾挪"、"曲折婉转"等来赞誉古典舞,而这一切形象化的描述,都离不开运动形式中"圆"和"游"这两个形式美特征。也许中国人自古以来就崇尚龙的图腾和具有"阴阳"、"八卦"的宇宙观吧,中国的古典舞确实太注重"圆"和"游"的空间流动之形式美了!而在千变万化的"圆"中又离不开最基本、最典型的舞蹈运动路线和轨道:"平圆、立圆、八字圆"。"三圆"的根本关键在于腰部的运用,以腰部运动为核心又可以提炼出"提、沉、冲、靠、含、腆、移"这七个最基本的动律元素,它们不但可以为千变万化的"圆"作好准备,而且可以派生出更丰富、更典型的以"圆"和"游"为特征的舞蹈形式美动作,从而"一生二、二生三,扬其神、变其形",使古典舞蹈艺术获得新的生命力和更强的表现力。

形式美对于艺术创作的作用,还表现在它在一定条件下可以有助艺术家预期具体的艺术内容。在艺术家构思乃至创作过程中,形式可以先于内容而成为一种现成的美的范式,从而期待着内容的进入。形式美的这种预期作用,具体表现为对审美想象的诱导。我们已经知道,色彩、线条、声音等形式质料的意义和意味是普泛的,但艺术家可以通过它来想象、联想到具体的艺术美的内容。比如受红色的诱导,杜牧联想到枫树的红叶,写出了"霜叶红于二月花"的诗句。古希腊雕塑家米隆的代表作《掷铁饼者》,很可能是受到斜线具有运动感的启示,从而选取了掷铁饼者的准备动作的最后一瞬,整个身体和手臂所组成的下滑线使铁饼具有了下滑的动势,从而更增添了审美张力,让人想到下一步爆发出来的投掷力。作为形式质料的组合规律即形式美法则,则更具有诱导审美想象的作用。对诗人而言,节奏和格律都可以在诗句出现之前成为没有内容的框架;对音乐家来说,许多美妙的作品最初都是内容模糊的节奏和旋律;对舞蹈者来说,动作的节奏和身韵也同样能诱导出丰富的想象。有人在评论盖叫天时说到,盖叫天之所以与众不同是他在舞蹈时,往往把"平圆、立圆、八字圆"等动作想象成"变化的云彩、飞翔的老鹰、风吹的柳条、冉冉的青烟……"当然,只有预期的、现成的形式和具体艺术内容高度统一了,天衣无缝了,形式美才算是成功地诱导了审美想象。

形式美在艺术创作中还有一个特别重要的功能,就是它具有唤情并使艺术品增强艺术感染力的作用。艺术的审美唤情可以由两种因素构成,一种是静态的形式美要素如色彩、线条、声音等及其静态的组合规律,一种是动态的形式美要素如动作、表情及动态关系等。许多美学和艺术理论家都论述到形式美的唤情作用。苏珊·朗格曾谈到过色彩可以强烈地"表达出某种情感"。[1] C. 贝尔在《艺术论》中指出他那著名的"有意味的形式"概念时说到："在每一件美术作品中,线条、色彩以某种独特的方式组合成某些形式和形式间的关系,能激起我们的'审美情感'。"李普斯曾总结了很多人的审美经验,认为纯黄色是幸福的,深蓝色是安静和沉着的,红色是热情的,紫色是沉思的等等。瓦伦汀则通过审美心理的实验,归纳出曲线、尤其是大的曲线给人以忧伤的、温柔的、懒惰的感受,中等大小的三角形给人以坚硬的、有力的、狂暴的感受,小的三角形则给人以骚动的感觉;另外,水平线条是"温柔的",向下倾斜的线条是"忧伤的和温和的",上升的线条是"快活的和骚动的",下降的线条则是"忧伤的、脆弱的或懒惰的"。[2] 书法艺术正是点、线和结构关系的表现,它在艺术审美中不以象形取胜,而以体现书法家的情感和气概取胜。各种不同风格的点划结构都是书法家内心情感的写照:张旭如天马行空的草书狂放不羁;赵孟頫如朗月清风的行书潇洒飘逸;郑板桥的"板桥体"行书秀挺刚直,一如他善画的竹子。

前面我们提到过,著名心理学家冯特曾指出节奏的审美意义就在于它能引起人的激情。节奏实际上正是情感表现的时间方式。"人类学家已经充分地说明了节奏在原始舞蹈中的情感作用"[3],"在原始人的舞蹈中,甚至可能在大多数的'摇摆舞'中,运

---

① 苏珊·朗格:《艺术问题》,第 184 页。
② 瓦伦汀:《实验审美心理学》,第 100—101 页。
③ 同上,第 272 页。

动都能够强化情感"。① 音乐艺术中的节奏与旋律是由音量与速度来形成的。瓦伦汀在《实验审美心理学》中列出了音乐中音高、速度的情感价值②：

音乐因素	尊贵 严肃	悲伤 沉重	朦胧 伤感	安详 高雅	优美 活泼	高兴 快乐	激动 欣喜	有力 雄伟
速度	慢 14	慢 12	慢 16	慢 20	快 16	快 20	快 21	快 6
音高	低 10	低 19	高 6	高 8	高 16	高 6	低 9	低 13

　　形式美的抽象形式之所以能够唤情和表达情感,从而成为情感的审美形式并具有审美价值,也许就像格式塔心理学派所认为的那样,艺术形式与情感在审美张力的结构形式上可以同形同构。苏珊·朗格在《情感与形式》中指出:"我们叫作'音乐'的音调结构,与人类的情感形态——增强与减弱,流动与休止,冲突与解决,以及加速、抑制、极度兴奋、平缓和微妙的激发,梦的消失等形式——在逻辑上有着惊人的一致。……在深刻程度上,生命感受到的一切事物的强度、简洁和永恒流动中的一致。"英国音乐家柯克在《音乐语言》中也列举了大量的例子说明音乐语言的结构形式与人类情感动态结构形式的一致性。③

　　所有上述形式美在艺术创作中的作用,总而言之,就是王夫之所谓的"贵其外动而生中"、"以结构养其深情"④。在形式美法则

---

① 瓦伦汀:《实验审美心理学》,第 284 页。
② 同上,第 291 页。
③ 见罗小平、黄虹:《音乐心理学》,第 131 页。
④ 刘伟林:《中国文艺心理学史》,第 313 页。

的作用下,艺术家可以使情感和生活和谐地融合,并争取到最大程度的表达自由。同时,让欣赏者从其对形式丰富、复杂和难度的自由驾驭中,认识到人的创造性力量的巨大潜力,从而引起兴奋和赞叹,增添艺术无穷的魅力。譬如郑板桥所画的无根兰花,在形象的排列组合中所表现的那种充满情感的节奏和韵味,就给人以极其丰富的艺术情趣和精神享受。同样,我们可以从下面一段屠格涅夫在《猎人笔记》中对猎人早晨的快乐的描写,深切感受到作家对狩猎生活的热爱,感受到作家对迷人乡村生活图景的美的敏锐性,从而仿佛自己也进入了这个处处流动着形式美光辉的艺术境界——

> 您的足迹在沾满露珠而发白的草上印出了绿痕来。您拨开潮润的灌木丛——那种凝聚着的、温和的夜之香味便会围绕着您。整个的空气充满了蓬草的新鲜的苦味,荞麦和豌豆的甜味;橡树林在远地里高墙似的竖立着,映在太阳光里发亮,呈现出红色。虽然还是很清凉,可是已经感觉出热的临近了。因为芬香的流溢,头不由地昏聩起来了。……

1.3 科学与艺术形式美的异同

科学创造同艺术创作一样,也是要遵循美的规律的。科学审美创造的过程,就是科学家通过科学审美创造规律把自然界的客观规律即内容美表达出来的过程。科学美的内容即科学成果不仅要具有认识世界、改造世界的实用价值,而且必须具有一定的审美价值,必须符合一定的美学标准。

我们知道,科学家在创立科学理论的认识活动中,主要是以理智、逻辑的方式抽象思维出自然界的客观规律,同时,又要以概念体系的理论形式将客观规律确定下来。渗透着科学创造主体审美评价的科学美学标准,主要不在客观事物的规律本身,而在于客观规律的载体即理论形式方面。或者更直接地说,科学审美创造的审美标准,主要体现在科学创造的形式美法则上。科学创造的形式美法则即是科学审美创造所遵循的美的规律,也是科学创造的审美方式方法。

为了更好地阐明科学形式美法则的形成及意义,我们有必要进一步认识美的内容与形式的关系。什么是美的内容,什么是美的形式,两者的关系是怎样的? 这些都是美学界一直探讨的颇为复杂的问题。在西方美学史上,自古希腊柏拉图以来的美学家和文艺理论家一直都关注着美的内容和形式的关系。直到黑格尔,才第一次辩证地解决了这一问题。黑格尔认为,任何内容都有它自己的形式,"内容既具有形式于自身内";"形式又是一种外在于内容的东西"。当我们从内容去看形式,形式是内容的"内在规定",黑格尔称之为"内在的形式",当我们从形式去看内容,内容则是"具有了形式于其自身内"的内容。黑格尔又认为:"形式与内容的绝对关系的本来面目",就是"形式与内容的相互转化。所以,内容非他,即形式之转化为内容;形式非他,即内容之转化为形式"。① 黑格尔从事物内容与形式的辩证统一观点出发,阐明了内容与形式的相互依存、相互转变的观点,并看到了事物的内在规定即内在形式,这对人类审美活动的认识

————————

① 黑格尔:《小逻辑》,第 278—295 页。

是非常重要的。

我们认为,任何客观对象在主体的认知心理中都可分解为内容和形式两部分,任何美的事物的存在和运动过程,都具有内容和形式两个方面。美的内容是指美的事物存在和运动的内在方面,即真与善的统一,合规律性与合目的性的统一。美的形式有内在形式和外在形式:美的内在形式是指美的事物存在和运动的各要素间的固有的联系、结构、组织,表现为事物存在和运动的方式、形态;美的外在形式是直接与内在形式联结着的感性外观。美的事物的内容和形式的关系是契合式的辩证统一的关系,美的内容通过美的内在形式统摄美的外在形式。

具体到科学审美上来看,科学美作为美的一个领域,也存在着内容与形式的关系问题。科学审美创造就是要将事物的内容即规律性以概念体系的理论形式体现和固定下来。在科学审美活动中,人的本质力量起主要作用的是理智,科学理智的对象是客体的内在性质即它的规律,所以科学审美活动主要是理性的抽象活动。但科学审美活动的对象尽管是"理性的对象",其内容的抽象决不等于形式的消失,它同样具有一定的表现形式。科学的抽象不是凭空的绝对"抽象",而是以众多的感性形象为坚实基础并从中"抽离"出的以概念体系作为表达的科学形式,它是客观事物感性形象内在本质性的、必然的联系即规律的存在方式。在这里,感性事物反倒成了抽象(理性)形式的内容。恩格斯在分析数和形的概念的来源时曾经指出:"数和形的概念不是从其他任何地方,而是从现实世界中得来的。"并指出人们在实践中具有"一种在考察对象时撇开对象的其它一切特性而仅仅顾到数目的能力,而这种能力是长期的以经验为依据的历史发展的结果。与数的概念一样,形的

概念也完全是从外部世界得来的"。^① 试想,我们不是可以从 1+1
=2 这样一个最简单的数学等式中,想象出它可能包含的许许多
多现实的材料和丰富的形象来吗?两朵颤动在枝头的花,两匹奔
驰的骏马,两架精致的钢琴,两个挽手的丽人……数学等式是如
此,其它如物理定律、化学分子结构式、模型图式等也莫不如是。
科学美的内容和形式之间的辩证关系是如此密切,以至把它们分
开或取消否定某一方,就等于取消和否定了另一方。

由于科学审美创造活动的特殊性,其美的内容和形式与艺术
美的内容和形式是不同的。黑格尔曾研究了艺术美的外在形式,
称之为美的理念借以化为现实的具体形象的"外在因素的表现方
式",^②并专门就这"外在因素的表现方式"本身作了考察和分析,
开始进行了对形式美的研究。在黑格尔看来,艺术美的内在形式
是艺术内容的"内在规定",艺术美的外在形式则有色彩、线条、声
音等形式质料,以及这些形式质料的组合规律即形式规律。与此
不同,由于科学审美创造在根本上是为了求真,求得客观事物本质
规律,包括客观事物存在和运动的各要素间固有的联系、结构和组
织的规律。因而,原本在艺术审美活动中被认为是事物的内在形
式的东西,在科学审美活动中却成了科学美的内容;原本在艺术审
美活动中被看作是事物形式美的形式质料和形式规律两个部分,
却在科学美中被分化为内在形式和外在形式两个部分。也就是
说,在科学审美活动中,比例、对称、简单、和谐等形式规律因与客
观事物要素的结构、组织密切相关,即与美的事物的内容密切相

① 《马克思恩格斯选集》(第 1 卷),第 77 页。
② 黑格尔:《美学》(第 1 卷)第 315 页。

关,便成了科学美的内在形式,它们直接显现了科学美的真的内容即客观规律性。科学的内在形式对于科学美的内容的表达有着极为重要的意义,科学表现形式的优劣直接决定和影响着科学创造和审美价值。从某种意义上来说,科学美正是以对称、简单、和谐等最佳抽象的形式表现感性自由内容的形式美。

在区分了科学与艺术的内容和形式的不同后,我们便可以来考察艺术与科学在形式美上的异同了。在传统美学中,形式美从广义上讲是指美的事物的外在形式所具有的相对独立的审美特性,狭义上讲是指构成事物外形的物质材料的自然属性(色、形、声等)以及它们的组合规律(比例、对称、节奏、和谐等)所呈现出来的独立的审美性。这是因为艺术审美活动中的形式美主要是由美的外在形式经由长期的历史和心理积淀演变而来的,是对自然形式规律的某种概括、抽象的形式。比如红色形式美所具有的热烈意味就是人们在长期的历史心理积淀中形成的。在原始时期,因为鲜血是红的,因而红色与生命相联系,因为旭日和落日是红的,因而红色与光明相联系;又由于鲜血与阳光都是热的,加之红色具有外扩的张力,刺激视觉产生了"暖"的效果,因而红色又具有热和温暖的意义。这些生活的意义后来逐渐被利用于原始的宗教仪式中,如山顶洞人遗骸四周就撒有含赤铁矿的红色粉末,其意不外乎希望人死后能进入另一个光明温暖的世界。这样,原来与生活密切相关且有着具体意义的红色,便逐渐脱离具体的事物内容,而是有了普泛的精神性的形式意味。其后又经过长期的各种精神活动的摹拟、复制,并被运用到艺术中来,由写实再现到写意表现,最终形成为规范化的具有普泛的热烈意义、意味的形式美。

科学形式美的形成也有一个长期的历史—心理积淀过程,借用恩格斯的话来说,科学形式美的形成以及人们对它的审美能力"是长期的以经验为依据的历史发展的结果"。与艺术形式美不同的是,科学形式美不是由外在形式,而主要是由内在形式即"内在规定性"演变而来的。科学审美创造要求以最合理、最恰当的形式表达科学美的内容即客观规律;并在表达同一科学内容的众多形式中,力求选择一种最理想的表达形式。因此,科学审美创造离不开事物的内容及其内在形式(内在规定)两个方面,离开了内在形式的把握,科学审美创造活动就不存在了。科学审美创造活动中的内容及其内在形式实不可分,对内容的追求必须联系它的内在规定即内在形式,而对内在形式的审美观照也必须联系到它所规定的内容。于是,科学家在长期的科学审美创造实践中,将那些开始只是科学共同体对与内容美密切关联的内在形式的看法,逐渐形成一种科学形式美的审美习惯,再经过一系列理论化的过程,就抽象概括成为科学创造的审美要求。这些科学审美要求作为一种审美标准或原则,不断地受到科学审美实践的检验和修正,最终形成了科学审美创造的形式美。譬如,正如色彩、线条、声音是艺术形式美的基本要素(或载体),极其单纯的数是科学形式美的基本要素之一,而最终用阿拉伯数字"1"至"9"来表示自然数,是在世界各国人民长期的对数的使用过程中,确认阿拉伯数在数字的自由组合中(包括相关组合)可以最简洁地展示整个数理世界,构造关于数的一切科学,因而符合简单性形式美法则,具有科学形式美特性。

科学与艺术在形式美上的另一个区别在于,艺术形式美具有象征性特点,而科学形式美却不具备。也就是说,科学形式美只停留在表意的符号化阶段,而艺术形式美则发展到象征阶段。

由于科学审美创造的目的是要揭示客观事物的规律性,合规律性的真应当是明确的,这就决定了科学形式美不能进入到象征阶段。作为原型理论的重要概念,象征不同于符号,符号与其所指对象的关系是清楚的,是能够给予明晰定义的;而象征与所象征对象的关系是不精确的,是不能够明晰定义的。也就是说,象征所呈示的表象与深层结构间的不是一种清晰的逻辑关联,而是复杂、曲折、隐晦的关系,其言不尽意的特征通往人的情感和心灵深处,引人沉思和体味。因此,象征适合于艺术形式美的多义性隐喻,而符号适合于科学形式美的逻辑型明喻。这也是艺术形式美由外在形式演化而成,而科学形式美则由内在形式演化而来的原因。

正如艺术形式美对艺术审美创作具有重要作用一样,科学形式美作为科学求真理性化的要求,一旦形成后也会对科学审美创造实践起着重要的指导性作用。科学家对诸如对称、简单、和谐等科学创造形式美法则的追求,甚至提升到了科学审美理想的高度。"现代科学最引人注目的特征之一就是许多科学家都相信他们的审美感觉能够引导他们达到真理。"[1]与爱因斯坦同时代的理论物理学家韦尔和海森堡以及狄拉克都认为美比真更本质,因为他们觉得在对称、简单、和谐的形式美中往往包含着一种比局部范围或局部时间的真更普遍、更本质的东西,因而如果要他们对科学中的美与真进行选择的话,他们宁可选择美。据说形式美的审美因素在令某些科学家相信华生和克里克的 DNA 结构理论正确方面发挥了作用。华生写道:富兰克林(Rosalind Franklin)"接受这一事

---

[1] 詹姆斯·W.麦卡里斯特:《美与科学革命》,第 108 页。

实:这个结构太漂亮了,以致不能不是真的"。①

当然,无论是科学形式美还是艺术形式美,其发展是一个从简单到复杂、从低级到高级的过程。无论是艺术家还是科学家,在运用形式美进行审美创造时需要结合内容灵活地掌握,形式美的运用应当有助于审美创造,而不是束缚审美创造。石涛曾说:"'至人无法',非无法也,无法而法,乃为至法。"②高明的艺术家不是把形式美法则看作凝固不变的东西,而是善于根据艺术创作的具体要求灵活运用形式美法则。同样,科学创造的形式美法则也不是固定不变的。当代所有的自然科学和社会科学都呈现不断加速发展的势态,新的科学题材层出不穷,科学家不可能用已有的几个形式美法则来对不断发展的科学美加以永久的把握。作为在长期的审美实践活动过程中不断总结、逐步形成的审美创造形式美法则,必须在不断总结科学或艺术的审美经验基础上不断丰富自身,使之成为不断完善的科学或艺术创造的审美标准和审美理想。

---

① 詹姆斯·W.麦卡里斯特:《美与科学革命》,第 110 页。
② 《石涛画语录》,见杨辛、甘霖:《美学原理新编》,第 199 页。

§2 对称性形式美法则

对称性是人们在长期认识自然和审美活动中所产生的一种古老观念。对称性思想可以追溯到人类的原始时代,几乎与人类文明有着同样悠久的历史,无论从旧石器时代的石器造型和饰物上,还是新石器时代的陶器上,都可以发现留有对称性思想的文化遗迹。可以说,对称性法则主导着一切原始艺术和一切装饰艺术。譬如,从世界各地出土的古老艺术,尤其是古代波斯艺术,以及从古希腊到中世纪初的西方艺术等,都具有对称的特征。我国商代人面纹方鼎、兽面纹方鼎在狞厉中显示出深沉的历史力量,同样表现了对称整齐的形式美。

最早从理论上探讨对称性问题的是古希腊时期毕达哥拉斯学派。整齐、对称也是我国古典主义的美学原则。一般认为,对称是比整齐一律这一最简单的形式美规律较为复杂的形式规律。因为整齐一律是具有众多相同的个体单元的一致和重复,它构成形式美的感性质料的量的关系,即黑格尔所谓的"外表的一致性"。①但对称不像整齐一律那样具有众多相同的个体单元,也不像整齐一律那样雷同和单调,它既有一致重复的一面,又在一致中契入了"差异",形成了平衡对称。正如黑格尔所说:"一致性与不一致性相结合,差异闯进这种单纯的同一里来破坏它,于是就产生平衡对

---

① 黑格尔:《美学》(第 1 卷),第 173 页。

称……由于这种结合,就必然有了一种新的,得到更多坚定性的,更复杂的一致性和统一性。……要有平衡对称,就须有大小、地位、形状、颜色、音调之类定性方面的差异,这些差异还要以一致的方式结合起来。只有这种把彼此不一致的定性结合为一致的形式,才能产生平衡对称。"①总之,对称性形式美法则是平衡法则的特殊形式,是事物中相同或相似形式因素间相称的组合所构成的绝对均衡,它比整齐一律这一量上单纯一致的形式美法则显得较为自由和更为集中。

我们知道,黑格尔是排斥科学美的,他之探讨对称性形式规律是从艺术的角度出发的。但事实上,对称性形式美法则不仅对艺术、而且对科学审美创造同样具有重要的意义。公元前6世纪的毕达哥拉斯,作为第一位着眼于自然而非神祇的思想家,他深深认识到,大自然给出的解答总是寓于几何学或其他数学概念之中的,而这些概念或其引申,都反映出内在的对称与优美。他不仅在音乐的悦耳和声中发现了各基音间的数学关系,还发现了普适于空间和时间各处的有关直角三角形的科学定理,这些都激励着后世的哲学家和科学家去崇拜对称等完美形体的内在美。柏拉图极为推崇毕达哥拉斯的宇宙观。他使这样的观念广为人知,即视在界的无数各种形状的物体,实际上是由有限的几种理想的基本形状形成的。位于其哲学学说中心位置的是这样几种形状:正圆形、正球形、正立方体、正四面体、正八面体、正十二面体和正二十面体。柏拉图的这些具有普遍对称的完美形体的概念,加上借助欧几里得几何学形成的严密的组织空间的自洽体系,又进而演化成为一

---

① 黑格尔:《美学》(第1卷),第174页。

种新的观念,即构筑成宇宙的这些理想形体,乃是代表着真、善与美。①

到了近代和现代,对称性更以其形式美法则在科学创造中的奇特作用而格外引人注目。1979 年诺贝尔物理奖获得者温伯格就曾指出,物理学最有希望的探索方向就是透过现象界及其表层去发现隐藏在事物深处的对称性。他说:"一个理论可能具有高度的、在我们日常生活中又是隐而不见的对称性。我认为在物理学中没有比这样一种想法更有希望了。"②另一位物理学家瑟林(Walte Thirring)认为,作为现代理论物理学相对论和量子力学两门学科的智慧结晶,场被认为是比可见粒子更为深一层实在体,而"我们在这深一层的场中要寻求的是秩序和对称"。③

至今,无论在艺术还是科学领域,对称形式美法则具有重要作用已成公认;但人类为何自原始时代起便注重对称性,则是见仁见智。有人从自然科学的角度进行解释,认为对称来源于同一宇宙法则。从科学观点看,地球上的一切事物都受重力影响,最稳定的一种形状就是对称。对称的物体由于两边相等和相同,与地球引力达到了最好的平衡。生物、动物和人之所以都沿着对称路线进化,正是依照了宇宙的平衡规律(宇宙本身就是一种动态平衡)。世界上的物种进化在采取对称的体形上不约而同,而各种文化在采用对称性形式法则上也是心有灵犀一点通。刘勰可能正因为体会到了自然和社会事物的对称来源于同一宇宙法则(神理),所以

① 参见伦纳德·史莱因:《艺术与物理学》,第 62—63 页。
② 夏宗经:《简单·对称·和谐——物理学中的美学》,湖北教育出版社 1989 年版,第 44 页。
③ 伦纳德·史莱因:《艺术与物理学》,第 284 页。

在《文心雕龙·丽辞》中论证了骈体文在宇宙学上的合理性:"造化赋形,支体必双,神理为用,事不孤立。夫心生文辞,运载百虑,高下相须,自然成对。"

另有人从生理学角度来解释对称性形式美法则的起源,认为对称性在很大程度上体现了人类自身造型的特点,是与人的发育正常、健康以及生命力旺盛相联系的。古希腊美学家早就指出:"身体美确实在于各部分之间的比例对称。"①普列汉诺夫在分析原始民族产生对称感的根源时,指出人的身体结构和动物的身体结构是对称的,这体现了正常、健全的生命发育。只有残废者和畸形者的身体是不对称的,体格正常的人对这种畸形的身体总是产生一种不愉快的印象。他还举出原始的狩猎民族,由于它们的特殊生活方式,形成"从动物界汲取的题材在他们的装饰艺术中占着统治的地位。而这使原始艺术家——从年纪很小的时候起——就很注意对称的规律"。他举出"野蛮人(而且不仅野蛮人)在自己的装饰艺术中重视横的对称甚于直的对称"②,这是由于人和动物的对称在很大程度上是横向对称,同时也说明人类所固有的对称感觉正是由人和动物的生理学的对称样式养成的。

还有人从心理学的角度来寻找对称性形式美法则的来源。桑塔耶纳在分析为什么横向对称占优势时就是从客观对象刺激生理感官,并进一步影响心理的方面考虑的。我们从拉丁字母中能找到各种类型的对称:如 A、M、V、Y、T 等是纵向对称;B、C、D、E、K 等是横向对称;N、S、Z 为绕性对称;而 I、O、H、X 则同时具备这三

---

① 《西方美学家论美和美感》,商务印书馆 1980 年版,第 14 页。
② 普列汉诺夫:《没有地址的信,艺术与社会生活》,见杨辛、甘霖:《美学原理新编》,第 185 页。

种对称属性。在观看这些字母时会对我们心理上产生什么影响呢？桑塔耶纳分析道："为了某种原因，眼睛在习惯上是要朝向一个焦点的，……如果对象不是安排得使眼睛的张力彼此平衡，而视觉的重心落在我们不得不注视的焦点上，那么眼睛时而要向旁边看，时而必须回转过来向前看，这种趋势就使我们感到压迫和分心。所以，对所有这些对象，我们要求两边对称。我们却不感到需要垂直的对称，因为眼睛和头脑观察事物，从顶到底就不从左到右这么方便。一个对象摆在面前，上下不等也不会引起左右不等所引起的这种运动趋势和心情烦躁。"因此，桑塔耶纳把眼部肌肉平衡而感到的舒适和省力，看作在某种情形下对称价值的根源。①也许，汉语文字的创造者早就悟出了桑塔耶纳的这一对称价值，因而在许多中国古代文字中都采用了左右对称结构，如《说文解字》中的帝、员、富、帛、琴、罪、丝、卯等。

　　像桑塔耶纳这样从生理引起心理反应的角度去探讨对称形式美法则的人还大有人在。他们认为对称可以产生一种极为轻松的心理反应，因为它给一个形注入了平衡、匀称的特征，即一个好的完形的最主要的特征，从而使观看者身体两半的神经作用于平衡状态，满足了眼睛和注意活动对平衡的需要。从信息论的角度看，对称为形灌入了冗余码（redundancy），使之更加简化有序，从而大大有利于对它的知觉和理解。② 阿恩海姆从生理与心理的对应性方面对于对称的平衡性作用提出了自己的见解："一个观赏者视觉方面的反应，应该被看作是大脑皮层中的生理力追求平衡状态时

---

① 桑塔耶纳：《美感》，第61页。
② 见滕守尧：《审美心理描述》，第119页。

所造成的一种心理上的对应性经验。"①

　　然而,正如阿恩海姆所说,上述关于对称平衡的理论中没有哪一种可以说是完善的。它们分别只注意到了自然的或身体与心理的某一种特殊的倾向,因此,都不能真正说明对称性形式美法则的真正根源。在解释人类对于对称平衡的需要的时候,"必须把这种需要与那些更广泛的范围中的人类普遍经验一致起来,必须放在一个更为广泛的范围中去看待这种平衡现象。"②在我们看来,如果把上述各种理论都置于人类自古以来的生活和社会实践的大范围、大背景中去加以考察,就会变得融会贯穿和容易理解了。也就是说,对称平衡的形式美法则的形成,是在长期的自然的、生理的进化过程中,从自然的、生理的形式经由合规律性和合目的性的生活、劳动活动形式,最终积淀为心理的、审美的形式,是人类文明历史积淀的心理成果。它一旦形成,便会对人类的科学、艺术等一切审美创造活动产生重大的影响和作用。

2.1 科学对称性形式美法则与创造

　　科学的对称性形式美法则的形成来源于自然界客观存在的形态及其运动图像所具有的广泛的对称性。概括而言,自然界客观存在的对称性主要表现为时间对称和空间对称两个方面。在自然界我们可以发现时间上的对称,如地球自转与公转带来的昼夜交替及春夏秋冬的四时代序等。大自然更处处慷慨地向我们展示了它自身空间的对称性,如雪花有着完美的六角形晶体的对称,植物

① 鲁道夫·阿恩海姆:《艺术与视知觉》,第36页。
② 同上。

的叶子、芦苇竹子一类植物的竿、腔肠动物等是轴对称，一些矿物的晶体、植物的年轮、花瓣等都是中心对称，以及人体、鸟、兽、鱼、虫等都具有左右对称。无数对称的自然现象使物质世界充满了特殊的美感，并逐渐形成了对称性形式的审美标准。

在长期的认识自然和审美实践过程中，人们一旦抽象出了对称性这一形式美标准，又会反过来以这一思想为指导，去更广泛更深入地探寻自然界客观存在的对称性形态及其运动图景。毕达哥拉斯学派在对各种自然物质的本质研究过程中，认为体现出圆周与中心间的绝对对称与和谐的圆是最美的。他们从最大对称性审美标准出发，认为天体运动的轨道是圆形的，而大宇宙与小宇宙的对应性实际上也应当看作是对称性这一形式美标准的必然结果。亚里士多德也把对称性看作自然界形式美标准。他在《诗学》中表述美的定义时，把美的一般形式归结为秩序、匀称与明确。亚里士多德还把绝对对称与和谐的圆的审美标准用于自然天体的观测研究中。他曾提出过一个十分复杂的、由球体一个接一个地在其他球体内部运动的体系，以使所有球体各自都沿着完美的正圆形运动。亚里士多德的老师柏拉图曾猜测如果将物质不断地分割下去，最后遇到的只是数学形式，比如用各种三角形组成的正多面体，其根本属性是对称性。柏拉图认为究其正多面体的本原不是物质，而物质世界倒是由这些对称的图形所构成。如火元素是由正四面体所构成，土元素是由立方体所构成。受柏拉图美的理念的影响和启发，海森堡在构思量子论的数学表述时，直到晚年还试图把基本粒子的本质归结为对称性。

科学对称性的审美标准到了近现代有了更进一步发展。1848年，法国科学家巴斯德发现了左旋晶体与右旋晶体的对称美，如同镜像之间的对称性一样。巴斯德发现的镜像对称,拓展了自毕达哥拉斯以来对称美概念的外延。1863 年,德国有机化学家维斯里辛努斯根据实验,断定左右旋晶体一定是由于原子在空间的排列不同而造成的。晶体结构化学的发展证明很多元素存在镜像对称,这样,镜像对称就可以看作是有机化学中一个普遍有效的结构形式美了。客观存在物质空间结构的对称性形式美引起了 19 世纪物理学家的普遍兴趣,寻求晶体所有可能的对称方式也便成了理论晶体学的基本问题之一。这一问题由俄国著名晶体学家和几何学家费多洛夫顺利解决。他在研究中舍弃了晶体的全部物理性质,将晶体的原子系统代之以几何体规则系统,从而将物理学的美学问题转化为几何学的美学问题。费多洛夫在科学审美创造中把各种可能的对称性分解为各种对称要素的组合方式,其分解的思想是现代群论的一个重要思想。每一个对称要素组合方式对应于一个空间群,群的研究实际上就是结构的对称性研究。

客观存在对称性不仅在晶体学中得到明证,在其他科学研究中也颇受重视。比如热力学中,按照熵原理(即热力学第二定律),在任何一个孤立的系统(即不与外界发生交换的系统)中,它的任何一种状态,都是活动能量的一种不可逆转地减少趋势所最终达到的状态。整个宇宙都在向平衡状态发展,在这种最终的平衡状态中,一切不对称的分布状态都将消失。依此而论,一切物理活动都可以看作是趋向对称平衡的活动。物理学家 L.L·怀特对熵的原理的普遍适用性深信不疑。在他这一原理的基础上又提出了一种作为一切自然活动基础的"统一性原埋"。按照这个原埋,"在那些孤立的系统中,不对称逐渐减少"。另外,在心理科学领域中,格式塔心理学家们也得出了一个相似的结论:每一个心理活动领域都趋向于一种最简单、最平衡和最规则的组织状态。弗洛伊德在解释他提出的"愉悦原则"时也曾说过,他坚信一个心理事件的发动是由一种不愉快的张力刺激起来的。这个心理事件一旦开始之后,便向着能够减少这种不愉快的张力的方向发展。①

当然,应当指出的是,科学领域中所谓的对称性不是客观世界本身,而是人对客观存在的抽象认识,对称实则是物质世界在人脑中的一种映像。迄今为止,人们对客观存在的对称性有各种各样的抽象认识,但归纳起来,不外定性对称和定量对称两大类。定性对称又可进一步分为形象对称和抽象对称。形象对称包括自然界客观存在的形式对称和科学实验形式、研究成果形式的对称。如凯库勒的苯环结构式、华生-克里克 DNA 双螺旋结构、门捷列夫周期表等形式上的对称。科学史上,许多科学家都爱好在自己的科研中体现出形象对称性来。如天文学历来喜欢用对称的几何图形来表示行星运动的轨道,最早的便是用了人们最易接受的完美和谐的图形:圆和椭圆。在数学中,更表现出了无穷无尽的数与形的形象对称性。笛卡尔建立的解析几何便是在数学方程与几何图像之间建立的一种对称。麦克斯韦电磁场方程、哈密顿正则方程等显示了数学符号及公式的形象对称。可以说,数学中的中心对称、轴对称和平面对称形成了数学形式美的重要标志。

科学的对称性形式美的价值更重要的是体现在科学基本概念、基本定理和定律的合规律性真的对称性上,即科学的抽象对称性方面。如法拉第揭示电磁对称,狄拉克预言的电荷共轭对称,爱因斯坦相对论揭示的空间与时间对称,以及基本粒子物理学中的

① 参见鲁道夫·阿恩海姆:《艺术与视知觉》,第37页。

物质与反物质对称等。科学的抽象对称性反映了科学对立统一的双方的一种平衡对称关系。这种对称已非外在感性形象上的对称性,"已不能像在柏拉图的物体中那样,简单地用图形或画像来说明"①,而必须依赖更深刻的科学理性来加以把握。

随着科学理论的深入发展,抽象对称性在理论构造中的作用变得日益重要起来。许多科学理论都是依据基本原理的抽象对称性建立起来的。如现代信息理论就是依据建立在输入与输出的抽象对称性而建立的。苏联控制论专家列尔涅尔指出:"信息论的一个重要性质是它的唯一性与对称性:$I(X,X)=0$ 和 $I(X,Y)=I(Y,X)$ [$I(X,Y)$表示随机变量 X 中关于随机变量 Y 的信息量的测度]。其对称性意义是:"在收到信号中所含的关于被传输信号的信息量,等于被传输信息中含有的关于所收到信号的信息量。"②又如,爱因斯坦的相对论是建立在时间与空间的抽象对称性基础上的。开普勒行星第二定律实际上就是一种时间和空间乘积的对称性,其一般表述为:行星在相同时间内扫过的空间面积相等。当我们进一步推进到微观世界,则就会看到量子力学与量子场论的抽象对称性。海森堡认为,如果说阿拉伯清真寺里艺术高超的花纹装饰表示了高度的对称性的话,那么,"正如那些由宗教产生的花纹表示宗教的精神一样,在量子场论的那些对称性中也反映了由普朗克的发现所引入的自然科学时代的精神。"③这个精神就是"从一些简单的数学对称性质来理解的物质的原子结

---

① W.海森堡:《严密自然科学基础近年来的变化》,上海译文出版社 1978 年版,第 169 页。

② A.Я.列尔涅尔:《控制论基础》,科学出版社 1981 年版,第 72 页。

③ W.海森堡:《严密自然科学基础近年来的变化》,第 171 页。

构"。

科学理论中的形象对称与抽象对称有密切的关系,可以看作是形式对称与内容对称的关系。在科学审美创造中,抽象对称的合规律性真的概念和原理常常是通过形象对称的公式符号和模型图像来具体表达的,如在解析几何中通过数学方程与几何图形的形式对称来体现它们内在的合规律性真的抽象对称性。科学审美活动中形象对称性的巧妙利用,不仅可以为在两个描述同一科学内容的理论之间作选择提供基础,而且往往有助于科学家对事物抽象对称性的认识、把握和揭示。科学家有时会直接通过对称的直观图像来抓住事物内部深刻的对称性,如狄拉克用鱼在水中的跳跃来反映反粒子的产生和湮灭。

定量对称性又可称为变换不变性。数学上将两种情况通过确定的规则建立起对应性关系,称之为从一种情况向另一种情况的变换。所谓定量不变性就是假定某一现象(或系统)在某一变换下不改变,则该现象(或系统)具有该变换所对应的对称性。德国数学家 F. 克莱因(Felix Klein 1849—1925)在发展定量对称性科学审美思想方面作出了贡献。他在 1872 年提出的著名的"爱尔兰根纲领"中认为,几何学就是研究在给定变换群下不变的空间性质,从而实现了各种几何学的统一。20 世纪初发现了洛伦兹的不变性的物理学对称原理后,物理学家们逐渐认识到了变换不变性和物理学对称性之间的内在联系。正如数学史家 M. 克莱因(Morris Klein)所说:F. 克莱因"强调变换下的不变性,这个观点已超出数学之外而带到力学和一般的数学物理中去了。变换不变性的物理问题,或者物理定律的表达方式不依赖于坐标系的问题,在人们注意到麦克斯韦方程经洛伦兹变换的不变性之后,在物理学思想中都变得十分重要"。[1]

定量对称性或者说变换不变性形式美法则的运用,导致科学领域(特别是在物理学领域)出现了一系列划时代的科学成就:伽利略变换的不变性导致牛顿力学;阿贝尔规范对称性导致电磁学;非阿贝尔规范对称性导致非阿贝尔规范场;洛伦兹变换的不变性导致狭义相对论;坐标变换的不变性导致广义相对论;超对称性导致费米子和玻色子之间的相对性的理论。狄拉克在论及变换不变性的形式美法则时进一步展望道:"变换理论的采用日益增长,是理论物理学新方法的精华,它首先用在相对论中,后来又用在量子理论中。进一步前进的方向是使我们的方程在越来越广泛的变换中具有不变性。"[2]

当我们在探讨科学定量对称的不变性时,很可能会想到科学中最明显的不变性,即守恒。我们可以在数学、物理学、化学中见到许多常数,如、e、c、h、g……它们可以看作是科学守恒思想的数字表达。我们还可以在科学理论中见到许多守恒定律,如质量守恒定律、能量守恒定律、动量守恒定律、角动量守恒定律、电荷守恒定律、重子数守恒定律、轻子数守恒定律、宇称守恒定律、同位旋守恒定律、CPT 守恒定律等等。所有这些守恒定律和常数,反映了自然本质的不同方面,但又都有一个共同的特点,即它们都同一定的不变性联系在一起或对应着,总是表现了物质世界演化过程的基本性质和关系的一种稳定性、相对不变性。

守恒和对称一样,都是大自然和谐统一的美妙见证,也都是自

---

[1] M. 克莱因:《古今数学思想史》第 3 册,第 344 页。

[2] 狄拉克:《量子力学原理》,第 4 页。

然美的本质在科学中的形式表现。二者虽不是同一个概念，但在科学审美中有着本质上的等价和形式上的互蕴关系。守恒的形式美可以包含在对称形式美之中，或者说守恒是最简单的对称。从形式美的形式规律来看，守恒的特点是稳定性、不变性、一致性和统一性；而对称的特点用黑格尔的话来说，是更多规定性的、更复杂的一致性和统一性。守恒的稳定性、不变性、一致性和统一性是对称的基础，并在对称中起主要的作用。数学家诺塞曾从理论上证明守恒与对称是等价的两个概念，即对于每一个守恒量就必定有一种与之相应的对称性；同样，对于每一种对称性，也必定有一个与之对应的守恒量。例如，能量守恒定律与时间均匀性或时间平移不变性相等价。也即是说，如果一个封闭系统的物理规律不随时间改变，即具有时间平移不变性，那么就必定存在一个可观察的物理量——能量，其总量不随时间改变。同理，质量守恒定律与洛伦兹不变性等价，动量守恒定律与坐标平移不变性等价，角动量守恒定律与坐标转动不变性等价。

在科学审美创造史上，曾经将守恒与对称割裂开来，于是，有的科学家按照守恒形式美法则进行科学创造，有的科学家按照对称性形式美法则进行科学创造。而今我们知道，这两种形式美法则实则存在着互蕴和对应的关系，科学家在审美创造活动中，只要发现研究对象具有对称性，就应当进一步探索它相应的守恒性，反之亦然。某种对称性存在于哪一层次或范围，它所对应的守恒定律就适用于这一层次或范围；当我们在更新的层次或领域发现了对称性时，就应当立刻去寻找与之对应的守恒定律。

在科学审美活动中，科学家、尤其是物理学家经常依据对称性作为理论美的评价标准。如物理学家 A. 基（Anthony Zee）曾写道:"对于已知的两个理论,物理学家认为,一般说来,越对称的理论越美。"①科学哲学家詹姆斯·W.麦卡里斯特在研究了科学理论中的对称性形式美后指出:科学理论可以展示广泛不同的对称性形式。他列举了麦克斯韦、德布罗意和爱因斯坦三种不同的理论美的对称性。他认为,麦克斯韦理论的对称性在于对不同的物理常数形成相似的主张。德布罗意的理论展示的对称性形式是这样一种对称性,如果一个理论把先前与一个实体联系在一起的性质归给了第二个实体,那么由于这种对称性,这个理论同样会把后一个实体的相应的性质归给前一个实体。爱因斯坦赞赏的对称性形式既不同于麦克斯韦方程组展示的对称性形式,也不同于德布罗意的理论展示的对称性形式;爱因斯坦赞赏的并且他判定古典物理理论并不充分具有的那种对称性是这样的一种对称性,借助这种对称性,一个理论就能够对物理上认定等价的事件提供同样形式的解释。②

尽管科学理论有不同的对称性形式,但具有对称性形式美的科学理论却大多是在科学家的对称性科学审美标准的影响下产生的。彭罗斯(Roger Penrose)在评价麦克斯韦方程组所展示出的近乎完美的对称性时说:"看来,这些方程组的对称性和这一对称性产生的审美诉求必定在麦克斯韦完成他的这些方程组的过程中起过重要的作用。"③布朗尼(Michael Bolanyi)认为德布罗意提出与普朗克的公式($E=hf$)相对应的公式($\lambda=h/mv$)是"纯粹依据

---

① 詹姆斯·W.麦卡里斯特:《美与科学革命》,第50页。

② 同上。

③ 同上,第48页。

智力美"①，是主要以对称性考虑为基础的。对称性形式美的审美标准的考虑也是导致爱因斯坦建立狭义和广义相对论的主要缘由之一。爱因斯坦反对在对磁体—导体系统的解释中存在的不对称，因为他把它看成该理论的一个不悦人的特征，因而他在狭义相对论中排除了这种不对称。同样，爱因斯坦提出广义相对论的论文以熟悉的方式开头，它指出现存理论在描述一个特定物理系统的方式上的不对称。除了经验的标准以外，对称性审美标准也在广义相对论的接受中起到了重要作用。依照伯格曼（Peter G. Bergmann）的看法："它的最终采纳，首先是由爱因斯坦本人后来是由物理学共同体，取决于完成了的理论在审美上的吸引力，取决于实验和观测对它的证实。"②洛伦兹则认为："爱因斯坦的理论有最高程度的审美价值，每一个爱美的人都必定希望它是真的。"③

事实上，对称性作为科学审美标准和形式美法则，对认识自然界、建立科学理论具有积极的能动作用，成为许多科学家发现自然界物质形态及其运动图景对称性奥秘的强大动力。从伽利略和牛顿开始，整个物理学就是建立在"真空镜对称"基础上的。不过直到 19 世纪，自从法国天才的数学家伽罗华（Evarist Golois，1811—1832）创立了对称性数学理论——群论后，物理学家们才开始自觉地把追求科学的对称之美，作为一种有效的研究方法和创造途径。杨振宁在接受诺贝尔物理学奖的演说中，曾这样赞美物理学中的对称性："当我们默默考虑一下，这中间所包含的数学推理的优美性和它的美丽的完整性，并以此对比它的复杂的深入的

① 詹姆斯·W.麦卡里斯特：《美与科学革命》，第 49 页。
② 同上，第 228 页。
③ 同上。

成果时,我们就不能不深感到对对称性定律的力量钦佩。"在量子力学的理论诠释中,玻尔对对称性的美表示了特殊的兴趣,这是因为"人们在对称性关系的研究中寻求了前进的途径,而且,从那时起,通过很多种粒子的迅速的相继发现,这种途径已被提到了重要的地位。"[①]爱因斯坦在谈论迈克耳逊的天才发现时说,迈克耳逊的成功在很大程度上要归功于他的艺术家的感触和手法,尤其是对于对称和形式有着敏锐的感觉。在 20 世纪 90 年代,最富戏剧性的科学意外发现要数一个由 60 个碳原子组成的完美对称的足球状分子富勒烯。富勒烯的发现宣告诞生一种新的化学、一系列新的高温超导体,和一些全新的"大碳结构"建筑设计概念。1996年,富勒烯的发现者克罗托、斯莫利和柯尔共享了诺贝尔化学奖。但鲜为人知的是,他们的这一伟大的科学发现,是在受到建筑师巴克明斯特·富勒(Richard Buckminster Fuller)在 1967 年蒙特利尔博览会上为美国展馆而设计的审美对称的"网格球顶"的启示下而做出的。

可以说,对称性思想不仅已成为现代科学精神的重要内容,对称性形式美法则也已成为现代最普遍的精密科学方法之一。不少科学家利用这一形式美法则取得了重大的成功。当代物理学中时空反射对称性和粒子-反粒子对称性的美,是量子力学这朵科学之花所结出的果实之一;而量子力学的发展是从德布罗意关于波与粒子具有对称性这一基点出发的。最初电动力学中静电力、静磁力的平方反比定律公式的发现,就是追求与万有引力定律成反比定律相"对称"而得到的。物理学中,对称性形式美法则不仅在原

---

① 玻尔:《原子物理学和人类知识论文续编》,商务印书馆 1978 年版,第 119 页。

子结构、分子结构以及晶体结构中被广泛应用,而且在基本粒子的研究中也被有效地加以应用。基本粒子中的夸克,除了可以用SU(3)群来分析、保持它的不变对称性外,还可以用其他的群来分析它的另一些不变对称性。为了区别这些不变性的审美特性,物理学家格林柏在1964年提出了颜色对称性和气味对称性的新概念,它们分别描述夸克的两个不同的自由度,从而加深人们对基本粒子对称性的理解。1974年,诺贝尔奖金获得者格拉萧还从对称性形式美出发,预言了粲夸克的存在,并为后来的实验所发现。1984年科学实验进一步发现,还存在底夸克和顶夸克,它们同样具有对称性形式美。

由于对称性形式美法则在科学研究和创造中的重大作用,引发了人们的兴趣和研究。有研究者曾从科学方法的角度指出对称性形式美法则具有三个方面的内容:一是"数学对称法",二是"对称平衡法",三是"对称添补法"。"数学对称法"也即是我们前述的定量对称性中所说的变换不变性方法,它可以通过在更大范围里找到新的对称性来代替原有已经破缺的对称性。确实,正如米勒等所说,对称性形式美法则"支配着理论物理学家创造的数学表述形式,它使我们懂得应该怎样创立理论,才能精确地描述自然界。"①

"对称平衡法"是对具有构成对称关系的部分条件但不具备全部条件的两个概念或事实进行平衡、使之恢复对称性。由于严格的对称性是一种抽象,所以对称性法则的运用总是更多地体现在数学中。科学理论之所以要尽可能地表述成数学方程,这不仅是

----

① F.因曼、C.米勒:《今天的物理学》,第276页。

一种简洁、抽象化的手法,也是一种对称均衡方法的应用。任何一个数学公式或方程的等号两边都是平衡对称的两部分,无论怎样进行变换、分解,这种基本的特征最后都保持不变。根据这一原理,科研工作者便可以在科学审美创造过程中采用"对称平衡法"这一形式美法则来进行科学的研究和创造。同时我们也不难看出,"对称平衡法"与"数学对称法"是密切相关的两种对称性形式美法则。

"对称添补法"是从一个已知的科学概念或事实出发,去推测存在一个与之相对称的未知概念或事实。这一对称性形式美法则运用的光辉范例当数麦克斯韦方程组。麦克斯韦根据法拉第以及库仑、安培、奥斯特等人由实验总结出来的电磁学定律,运用对称性形式美法则,逐步建立了统一而完美的经典电磁学理论。麦克斯韦运用对称性形式美法则预见了电磁波,揭示了场的含义(他当时认为是以太的振动),并且把光和电磁波统一了起来。[①] 难怪彭加勒要大加赞美道:"这是因为麦克斯韦深深地沉浸在数学对称性的感觉之中;如果其他人在他之前没有为对称性本身之美而研究对称性,他能够大功告成吗?"[②]受狄拉克这段赞词启发,我们又可以看出,麦克斯韦方程组中"对称添补法"实际上是"数学对称法"和"对称平衡法"运用的实例,对称性形式美法则的三个内容实则是相互关联着的。

总之,对称性形式美法则在科学创造活动中具有非凡的作用。正是在坚信宇宙美具有对称和谐的基础上,许多大科学家才有了

---

① 参见陈大柔:《科学审美创造学》,第 233—234 页。

② 彭加勒:《科学的价值》,第 269 页。

划时代的科学发现。并且,科学家对对称性形式美法则的信赖,也使他们的一些科学新假说在科学发展史上幸免于难。譬如,从对称性形式美出发引出的概念(如虚数、非欧几何、群)虽曾因一时看不到它们的应用而受人怀疑,但后来都被科学实践证明了其真的基础和善的价值。

2.2 对称性形式美法则与艺术创造

在艺术审美创作活动中,对称性形式美法则同样受到艺术家们的重视和遵循,因为它能给艺术审美带来秩序感、稳定感、庄重感、沉静感和节奏感。由于着重间歇重现的因素,对称把视野划分为若干确定的单位,每一局部都能在较大程度上显露自己的个性,而整体又有明显的中心,因而呈现出一种具有凝聚力和向心力的秩序感。对称性秩序感在各局部不失个性情况下可以衬托中心,如北京天安门两侧对称的建筑,可以衬托出天安门的中心地位。对称性艺术品,其风格稳定、雄健和庄重。安格尔曾赞扬拉斐尔的壁画《波尔塞的弥撒》"充满着华美崇高的对称感。对称这一原则几乎始终为他所遵守,这使他的那些构图呈现着一种庄严而又宏伟的景象"。① 陈望道也说:"对称底特色,先要算到带有镇定沉静等情趣……所以它就随在带有庄重严肃的神情。"②同时,艺术中多个相同或相似的形式因素的重复出现,能表现出较强的节奏感。

对称性在艺术审美创作中的一个最显要作用,或许正在于它给一个完形注入平衡、匀称的特征,让人产生一种极为轻松的心理

---

① 于培杰:《论艺术形式美》,第148页。
② 同上,第148—149页。

反应,"使人称心和愉快"。在原始时期,对称无疑主导着一切原始艺术。但随着艺术的发展,脱离开原始期其严格的对称也便逐渐消失,逐渐被均衡所替代。我们知道,均衡的形式不一定是形式的对称,它可以说是静态对称的一种动态变体,是审美心理的体验。对称使人感到沉静、稳定的秩序,均衡则使人感到运动、节奏的韵律。只是人们一眼就可以从对称的形式看到了外在的均衡,而要想一想才能体会出均衡所具有的内在的对称。譬如我们可以从人的正面五官的静态对称中感受到均衡,却难以从侧面动态的外在均衡中看出对称。实际上,在艺术中,对称和均衡是二而一的东西,均衡是对称的一种发展,是更高级的对称形式美。在云南晋宁县石寨山出土的"西汉盘舞铜器"上所表现的双人盘舞,昂首曲身,足踏巨蟒,体态生动,节奏强烈,变化中又保持了均衡,让人从自由的呼应中感受到内在的对称美。

与艺术审美创造领域中的均衡对称相应,在科学审美创造领域中也有着平衡对称问题,比如椭圆、抛物线和双曲线。只是由于毕达哥拉斯、柏拉图、亚里士多德和欧几里得这几位早期思想家太过执着于几何形体的普遍对称,致使这三种属于圆锥截面的几何学被打入了另册,使得圆锥截面的研究课题沉睡了一千五百年。直到意大利画家乔托,他是第一个再度引起人们对这一神秘的几何学领域加以注意的人。乔托认为应当通过圆柱体和圆面来画出圆锥截面,这样便能精确地在运用透视原理时把它们准确地画出来。若是从并非通过圆心并垂直于圆面的角度来看,圆就成了椭圆。由是,出于艺术审美创造的需要,乔托把柏拉图的绝对对称的完美形体弄变了形,却对视向感知科学做出了重大贡献。

当然,关于科学的对称几何形体的变形问题并不是我所要研究的;不过我相信,如果有人要深究下去的话,总可以在艺术的对称与均衡和科学的对称与平衡的比较研究中,感悟出一点什么来的。现在让我们把话题再转回到本节中来。下面,我将通过不同艺术门类的审美创造活动,来展示对称性形式美法则在艺术创作中的独特意义和作用。

首先,让我们来看诗歌创作中对称性形式美法则的运用。最直接的恐怕要数汉语古典律诗了,如五言律诗、七言律诗等。以"平平仄仄,仄仄平平"为基本形式的唐诗,在平仄、押韵、对偶结构、字数等形式方面都有非常严格规定,把诗歌的对称性形式美推上了巅峰。以刘长卿《使次安陆寄友人》的平起七律的平仄格式为例:

> 平平仄仄仄平平,仄仄平平仄仄平
> 新年草色远萋萋,久客将归失跌蹉。
> 仄仄平平平仄仄,平平仄仄仄平平
> 暮雨不知涢口处,春风只到穆陵西。
> 平平仄仄平平仄,仄仄平平仄仄平
> 城孤尽日空花落,三户无人白鸟啼。
> 仄仄平平平仄仄,平平仄仄仄平平
> 君在江南相忆否,门前五柳几枝低。①

诗歌与其他文体的最大区别就在于韵律,而韵律的核心就是声律。达到完备期、成熟期的唐代律诗是从南朝齐永明体发展而来的,永明体的形式特征是声律和对偶,音调的交相错杂和语汇的

---

① 诗中仅"不"、"三"、"君"三字不合典型的平仄,但属可以"不论"之列.

骈偶对称形成动态平衡,这也成了后来律诗最重要的审美特征。作为律诗形式规范诸要素中最重要的原则,律诗的声律系统产生出两种韵律结构:一种是全诗被切分为两段匀称的诗节,另一种是全诗进一步被切分为四段匀称的诗节。在韵律结构的制约下,律诗以某种比较固定的章法结构来安排语义材料,其章法结构呈均衡性。两段式结构要求语义一般以四句分截,语义材料的分布序列既不是递进形式,也不是排偶形式,而是对称转换的形式,如情景对转、开合对转、虚实对转、宏微对转等。四段式结构要求对每半首诗的语义材料再一次切分,但不违反两截对称转换的标准,因此这一次只是同语义内部的细微区分,如景物有远近、俯仰、动静之分等等。可见,律诗章法形成了既上下分截对称转换、又四步相序起承转合的结构;而上下分截各含四句、起承转合各属一联,这在形式上是一种非常均衡的结构。它既不同于中国的古体诗和词、曲,也不同于欧洲的十四行诗和日本的俳句。这里值得一提的是,尽管唐诗大多是不入乐的,但它却是汉语诗歌既脱离了音乐又达到了自身音乐化的极致的产物,唐诗的平仄格律本身就是一首首充满起伏跌宕、抑扬顿挫的绝妙"旋律",正如蒋衡在《乐府释》中所赞叹的:"律诗则与管弦无涉,而天然之乐自存于中!"这不能不说是中国文化史上的一大奇迹。

中国汉语诗歌除了格律诗外,还有民间诗和新诗两大类。这两大类诗歌都非常注重排偶的对称形式,并以此作为辅助手段来强化声韵节奏。其中对偶除了语句结构必须相同或相似方面同排比一样外,还要求字数绝对相等或接近于绝对相等,以表达一个相对立或者相对称的意思。如郑板桥的"春风放胆来梳柳/夜雨瞒人去润花",林则徐的"海到无边天作岸/山登绝顶我为峰"都十分讲究对仗。我国古典律诗有极为严格的对仗要求,历来有"云对雨,雪对风,晚照对晴空,来鸿对飞燕,宿鸟对鸣虫"之说。如被杨伦称为"杜集七言律诗第一"(《杜诗镜铨》)、又被胡应麟誉为古今七言律诗之冠的《登高》,竟八句皆对,"一篇之中,句句皆律,一句之中,字字皆律"①:

> 风急天高猿啸哀,渚清沙白鸟飞回。
>
> 无边落木萧萧下,不尽长江滚滚来。
>
> 万里悲秋常作客,百年多病独登台。
>
> 艰难苦恨繁霜鬓,潦倒新停浊酒杯。

中国古典诗词中,对偶形式很多,除工对外,还有隔句对、交股对、流水对、假对和句中对等等。如白居易的"青山簇簇水茫茫"就是以句中"青山簇簇"对"水茫茫"的句中对。国外的诗也常运用对偶。如瑞士沃尔夫冈·凯塞尔在他的《语言的艺术作品》一书中,就引了这样一个例子:"这一个太怯懦,那一个太大胆;只有天才/在清醒中变得大胆,在自由中变得虔诚。"(《机智与理智》)他将这种句式称之为"对偶倒置式",并举了下面这个"紧密地完成了一个平行的行列"的例子:"灵魂也爱享受,精神还有需要,/文雅包含力量,心灵进入崇高。"(《人道》)

在新诗中对偶的使用,已大不如古典诗歌中那么广泛了,且新诗中的对偶不再一定是像律诗中那样有严格的规定,往往是宽式的,常常会扩大、引申,形成新诗的对称美感。如郭沫若的《天上的

---

① 《唐诗鉴赏辞典》,第586—588页。

市街》头一节:"远远的街灯明了,/好像闪着无数的明星;/天上的明星现了,/好像点着无数的街灯。"笔者《心潭影》中也有一首《无题》①:

无　题

1

再吹不响我的心笛

海螺已躺在尘埃

海螺躺在了尘埃

再听不到波涛的澎湃

2

街灯已经熄灭

黎明还没到来

黎明还没到来

伊人仍在等待

　　以排偶式对称形式美为特征的新诗,其对称形式可分为以下几种:一种是行无定字,但长短行有规则地变化,如徐志摩的《半夜深巷琵琶》;第二种虽然也是行无定字,但其每行的字数却是有规则地变化的;第三种对称排列,是每节中都有一行诗在固定的位置上重复出现,如朱湘的《梦》中,就有"梦罢"这一行不断地出现在每节第四行的位置上。朱湘以自身诗歌创作的实践,主张通过诗行排列的对称实现内部节奏的协调一致。他说:"诗行的匀配便是说

---

① 陈大柔:《心潭影》,第119页。

每首诗的各行的长短必得按一种比例,按一种规则安排,不能无理
的忽长忽短,教人读起来时得到紊乱的感觉,不调和的感觉。"①确
实,我们不能把对称均衡仅仅视为诗的外在形式,其实在它的"背
后",隐藏着与之相和谐的内在感情;平仄和对偶等虽然表现在诗
的视听形式上,而在它的"上空",则回应着内在情绪、情感节奏的
铿锵音调,让我们在感受诗歌的对称形式美的同时,深切体验到它
的直入人心的力量。

　　与诗歌相比,绘画的对称性形式美则更为显见而醒目。叶浅
予在《画余论画》中说:"双峰夹峙,两小无猜,金童玉女,并蒂莲花,
各不相争,互不相让,对立统一,是正局的一种形式。此是合成双、
成对、均匀的意愿。"②对称性形式美法则在绘画中的运用主要表
现在构图对称、色彩对称及构图加色彩的对称三个方面。当然,在
绘画中我们很少见到像现代派法国画家维·瓦萨尔利的丙烯画
《VP—119》、《MELA》等那样的具有严格对称结构的画,大多只能
做到大致结构对称,如达·芬奇的《蒙娜丽莎》采取三角形构图,
《最后的晚餐》也以耶稣为中心形成对称结构。绘画构图的对称性
更多的是从均衡的视角去加以审美。1856 年由安格尔创作出来的
《泉》这幅可称为构图均衡对称的典范。《泉》画所表现的是一个手
托水罐成正面姿势站立着的姑娘的形象。阿恩海姆在分析这幅画
时指出:"人体的整个形状展示出一种以垂直轴为中心的对称,但这
个对称无论在什么地方都没有得到严格的实现(除了脸部这一完美
无缺的典型之外),不论是她的胳膊和乳房,还是臀部、膝部和双脚

---

① 谢利文:《诗歌美学》,第 355—387 页。
② 同上,第 38 页。

都是对某一潜在的对称加以来回摆动的结果。"阿恩海姆还分析了
该画人体的"两个胳膊肘是以一条倾斜的轴线为对称的",以及该画
"精心创造出来的与有机体的自然结构相矛盾的上下两个半部的
对称"。①（见图中篇-1）

图中篇-1

　　在同一本书中,阿恩海姆还以马蒂斯的画《奢侈》为例分析了
绘画色彩的对称形式美（见图中篇-2）。在《奢侈》这幅画中,有三
个女人的形象,两个靠近前景,第三个则位于靠后景处。背景在水
平面上被分成三个主要区域:包含着一件白色外衣的橘红色前景;
位于中心部分的绿色水域;由微紫色的天空、白云以及分别是紫红
色和橘红色的两座山岭组成的背景。这样,整幅画的底部色彩与
顶部的色彩看去就对称起来了。处于最近的前景中的那件白色的
外衣与背景中的白云大致对称;前景中的橘红色的地面与背景中

---

　　① 　鲁道夫·阿恩海姆:《艺术与视知觉》,第204—206页。

的橘红色山峰对称；那裸露的黄色躯体也是上下对称。这几种互相对称的色彩中心支点是后景处娇小女人手中拿的那束位于中心的花。这束花的位置与那个最高的女人的肚脐是平行的，这就使人更清楚看到了，这个标志整个人体中心的肚脐在帮助确立整个构图的对称轴时所起的作用。这种对称，有助于抵消各种风景的形状重迭造成的深度效果。①

艾尔·格雷柯的《圣母同圣伊乃斯和圣泰克拉在一起》，可谓同时考虑构图和色彩都符合对称性形式美法则的代表作。该画的构图骨架是对称的，圣母位于整幅画的上中部的中心位置上，由两侧对称的天使簇拥着；而另外两个虔诚的圣徒则面对面地坐在画的下半部，不仅两人的坐姿对称平衡，而且他们的手平衡对称地摆放着。这幅画不仅有明显的以圣母、圣子为中心轴的布局对称形式，而且整幅画也可见色彩的对称性，最显眼的要数圣母那件硕大的蓝色外衣被圣子和红色衣衫对称地分为两个部分。总之，我们可以看到，在格雷柯的这幅画中，由于形状各部分达到了完美的对称，再与具有对称性色彩美之间进行密切配合，就生动地再现了宗教态度两面性：即神灵的启示和默默沉思、被动的承受和主动的消化、对神的皈依和意志的自由三个方面。"由于作品在整个看来是对称的，这就使得这种两面性的人类态度与那种在上帝和人、上天的主宰和下界的服从之间所达到的和谐状态完全一致起来。"②

---

① 鲁道夫·阿恩海姆:《艺术与视知觉》，第506—507页。
② 同上，第512页。

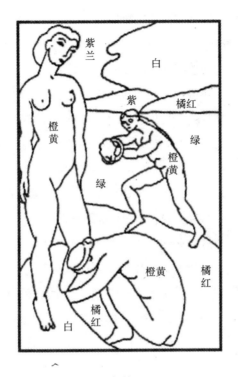

图中篇－2

对称性形式美法则也存在于音乐这样高度抽象的艺术中。音乐中有所谓的对称乐句,如运用重复手法的《延安颂》是节奏上的对称,《酒干倘卖无》属旋律对称。ABA 的三段式曲式是最常见的对称,如二胡独奏曲《江河水》,就是以第二段落为中心轴,前后两段处于对称的两端,以缓慢低沉的曲调来倾诉出悲愤幽怨的情绪,只是第三段在再现第一段的旋律时,把悲愤之情表达得更为强烈。音乐中还有更为复杂的对称性结构,如舒伯特的《孤居》,其五个段落的结构模式为 ABCBA,被称为"拱形结构"曲式。再复杂的有传统的回旋奏鸣曲式,其 ABACABA 模式对称之中又有对称,以

C 为中轴,两端是对称的,各端再以 B 为轴,又可构成对称。另外,一首赋格(一种曲体形式,在其中三个或更多的声部演唱或演奏作为同一主题的变奏的短句)有若干大致的对称性,在不同的声部之间交换这些短句使得该作品大致保持不变。

音乐中可称得上是古典对称形式美典范的,当数莫扎特的《费加罗的婚礼》中凯罗比诺(Cherubino)送给伯爵夫人的情歌:每一乐章都有反向运动,每一个轻声的叹息都蕴涵着向上的力量。这首美妙的旋律的简单的音质和重复的姿态,它的跳跃和衰落都暗示出清白与希望的混合,犹如一支回荡着对称美的轻柔舞曲。在莫扎特的另一个钢琴奏鸣曲中使用了一组变化的主题,如果我们要在某一点上将这个主题砍掉,我们就会感到不完整。每一个音乐动作都有另一个音乐动作在呼应:头两个配合后两个;头四个配合后四个;头八个配合后八个。这里面有一个平衡观念和对称法则在起作用。甚至这里的节奏的运动都有一个规律,有一个伴着适度的幽雅变化的脉搏。这就是一种音乐修辞的形式美法则。如果这个匹配的数量改变了,如果这个旋律线突然发生了一个意想不到的跳跃,如果有些奇异的音乐成分悬在那里没有呼应,这首乐曲风格本身就会遭到破坏。[1]

最常见、最显眼的对称性形式美在于建筑艺术中,如宫殿城堡、寺塔庙宇、亭台楼阁、桥梁街道等等。远至公元前二千年的巴比伦城,近至 20 世纪芝加哥的西亚斯大楼;简至古埃及的金字塔,繁至梵蒂冈圣彼得大教堂,都运用了对称性形式美法则。从宗教

---

[1] 参见爱德华·罗特斯坦:《心灵的标符——音乐与数学的内在生命》,第 82—83 页。

文化角度来看,不同宗教文化的建筑千姿百态,但大都符合对称性原则:希腊神庙是对称的,基督教堂是对称的,伊斯兰的清真寺是对称的,印度的佛塔也是对称的。再从中西宫殿建筑来看。西方如法国的凡尔赛宫是对称的,美国的白宫是对称;中国如故宫也是对称的。紫禁城特别强调中轴线和对称,它的主要建筑正好坐落在北京城中轴线的中部,甚至太和殿里的皇帝的宝座都正好处在中轴线上。其它相对次要的建筑则沿中轴线层层铺展,如文华殿、武英殿在外朝两侧对称分布。其实从《史记·秦始皇本纪》和杜牧的《阿房宫赋》来看,中国的古典建筑就不是以单个的个别建筑为目标,而是以建筑群体为特征,而群体建筑内部则是整齐而又对称的,钩心斗角却不孤立,远近高低互成呼应,形成了中国古典建筑审美规范。

一般而论,建筑中原形、正棱锥形的塔为轴对称,其鸟瞰图则为中心对称;庙宇、宫殿、楼阁则多为平面对称;桥梁稍有些特殊,常常从下面和侧面都能找到对称平面,而这两个平面恰好垂直。从建筑整体结构来看,也有不对称的,如莫斯科的瓦西里·希拉仁教堂、西藏的布达拉宫以及现代的一些建筑,但细审这些建筑的局部,仍能找出许多对称形式来。因为,从美感效应来说,"建筑物细部上的任何不必要的不对称都会使我们感到很不舒服"①。比如,作为中国传统建筑有机组成部分的窗棂,其图案从装饰艺术的角度来审美就具有非常巧妙的对称性。对此,诺贝尔奖获得者李政道在《科学与艺术》一书中有过探讨,有兴趣的读

---

① 奥古斯丁语。见谢利文:《诗歌美学》,第385页。

者不妨一阅。①

可以这么说,凡是有艺术审美创造的地方,都有对称美的展示和对称性形式法则的运用。譬如舞蹈艺术,中国古典舞蹈中的双山膀、双托掌、双提襟、双飞燕大跳以及芭蕾舞手位中的一、二、三、七等都是对称的。舞蹈的对称表现主要不在动作上,而是表现在构图方面,如群舞中人数相等队形也相同的两组演员,分别面向2点和8点做方向相反的同一动作,就构成了动态对称;群舞中人字形、八字形、方阵形、圆形、横线交错等也构成了舞蹈队形的对称。又譬如在现代的广告艺术②中,有不少是运用对称形式进行表达创意,产生视觉冲击力,并获得独特的广告效果的。如下面这幅公益广告(图中篇-3)就是作者通过黑白色彩的对称分布,以及文字的对称排列的独特艺术手法,来取得宣传节约用水的广告效果的。

2.3 科学和艺术的对称性破缺与创造

我们在上面详细探讨了对称性形式美法则及其在艺术和科学中的功用,但并不等于说,不对称在审美创造活动中就是"丑"的,就是要加以排斥的。事实上,破缺、失衡、变化、混沌等等,在一定条件下也能转化为审美活动的范畴。如果说传统的艺术和科学领域较多偏好整齐、对称、一致、均衡的形式美的话,那么,现代艺术和科学也同时喜好破缺、混沌、失衡所造成的美。比如现代派艺术

---

① 见李政道:《科学与艺术》,上海科学技术出版社 2000 年版,第 146 页。
② 广告的组成要素中虽也有技术和经济的成分,但从其创新性、独特性、艺术性和欣赏性的方面来说,广告仍可以作为一个艺术门类来进行审美.

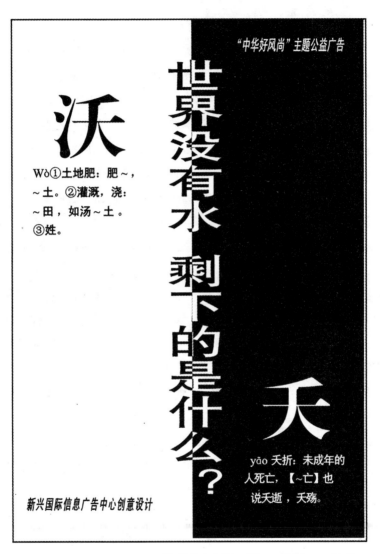

图中篇-3

就高举反传统、反理性的大旗，追求怪诞和奇异之美；而对称性破缺也已在科学界引起越来越多的科学工作者的关注，含有"非对称"、"对称性破缺"标题的科学论文不断增加。

就艺术审美创造而言,对称虽比齐一稍微自由,可以呈现出一种稳定、有序、庄严的风格,但艺术的对称结构总让人觉得严整有余而活泼不足。由于构图中的每一点都受着对称中心(轴、平面)异侧对称点的牵制,因而在表达飘逸洒脱、自由生动的艺术风格方面暴露出了它的局限性、不灵活性。桑塔耶纳在指出对称形式的不足时说:"有些事物太微小或太分散谈不上格局,对称对于它们就无甚价值,一条林荫大道的对称是庄严而动人的;但是在一个大花园,或者一个城市的设计,或者一条走廊的边墙,在多种多样的景色中,对称就产生单调之感,而不是景色统一的效果。"①因此,艺术家们欲要求得更为自由的表现形式,就必须突破对称的限制。

让我们来看弘仁的山水画。弘仁(1610—1664)创建了几何山水画的中国学派。如图中篇-4(a)是他的一幅作品,尽管本文无法充分表现出原画的风采,画中对岩石的分层结构的刻画仍清晰可见。这幅画向我们显示出了内在的近似左右对称。但若是将画的一半与它的镜像组合,则得到另外一种完全对称的效果[如图中篇-4(b)]。弘仁的画是对自然的抽象表达,它看似对称实则突破了对称;因为完全对称的画面不仅与任何自然景观毫无共同之处,在画面的审美上也给人以单调、呆板而不生动的感觉。②

在诗歌艺术中,现代诗人们为了追求灵活变化而又不失诗的节奏和韵味,大多采用了对称与不对称相统一的原则。尤其是自

---

① 桑塔耶纳:《美感》,第63页。
② 见李政道:《科学与艺术》,第145页。

 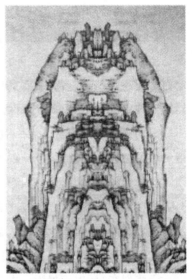

图中篇-4(a)　　　　图中篇-4(b)

由体诗的追求者,为了避免单调,同时又避免散漫,他们摸索出了一个办法:他们力图使诗行、诗节的组合突破模式的束缚,依顺情绪的内存流势,自由、随意而多变;但让脚韵不变,一韵到底,使之散中有整,变化中有规律,从而更强化了外在声韵节奏适应内在情韵节奏的性能。例如李瑛的《茫茫雪线上》:

一条雪线,一片奇寒,

一条雪线,封锁天山,

猛烈的雪崩,骇人的冰川,

把多少秘密隐向人间。

该诗第一和第二句的对称密度很大,且每句自身是半对称的,

这种双重的对称有点类似律诗中的"四柱对"。第三句尽管自身对
称,但与第一、第二句音节不等,便不是双重对称。这并非作者做
不到双重对称,只要把第三句中的两个"的"字删除便可构成双重
对称。但很显然,作者采取对称破缺来回避过分单一的对称节奏;
到第四句与任何一句都不对称,则更进一步打破了单一的节奏。
不过我们也不难感受到,这种外在节奏对称性的破缺,却依顺了作
者内在的情感流向,增强了诗的内在韵律。

前面我们说过,汉语古典律诗有着非常严格的规定,形成了既
上下分截对称转换、又四步相序起承转合的结构。然而,即使是在
律诗这块美丽而狭窄的疆域纵横驰骋、出奇制胜、扛鼎主盟的杜
甫,其律诗法度也是最精严,又是最富变化的。杜律章法的善于变
化不仅体现在"巧生于规矩之中",更在于打破四句分截的规矩,运
古于律,推陈出新,创造出许多变格。譬如他在诗中常突破律诗上
下分截的对称形式,而采用二六分截式等形式,以求纵横变幻,妙
趣叠出。如他的一首《耳聋》诗:

> 生年鹖冠子,叹世鹿皮翁。
>
> 眼复几时暗,耳从前月聋。
>
> 猿鸣秋泪缺,雀噪晚愁空。
>
> 黄落惊山树,呼儿问朔风。

这首诗没有四四对称分截,而是上二下六分截。起头二句来得突
兀,忽然的就举出了两名古之隐者:"鹖冠子"和"鹿皮翁"。杜甫在
这里似欲以隐者自居,寓含出世之意,属社会性主题。然而,颔联
却并未继写愤世嫉俗之词,而是急转到"眼暗"、"耳聋"的生理现
象。后六句总离不开眼耳,与首联二句的主题有着极大的差异。

这种二六分截式打破了语义材料上下分截的均衡状态,实则往往是诗人强烈的情感差异所导致的。隐者的出世本是对世俗的激愤,本应以保全真身为要旨,但杜甫却以身体的残缺为幸事,说耳已聋听不见猿鸣雀噪而幸免愁泪,却又为眼尚明还能"惊"山树之黄落感到惋惜,这与一般隐者视万物而不心动的情感趋向是大不相同的;诗人否定真身,否定自然,实乃是动真心、动大情的表现。这种强烈的情感反映到章法上,便形成了转折错位、与韵律结构不相吻合的失衡结构。① 试想,如果精于律诗法度的杜甫墨守成规,在这首诗中采用对称的上下分截法,还会产生出如此震撼人心的艺术效果吗?

让我们再来探讨科学审美创造活动中的非对称和"对称性缺失"问题。我认为,之所以越来越多的科学工作者重视对称性破缺的研究,首先是基于对科学创造审美特性之一的相对性的认识②。自然界和科学理论的对称是相对的,我们决不可将"对称性"作肤浅的和绝对的理解。我们在上面讲过,对称是在一定变换下的不变或守恒。如果对此作绝对的理解,则最对称的该是一切变换下都不变的状态,也就是处于绝对静止没有任何发展变化的状态。但自然界并不存在这样的对称。黑格尔指出:"人的身体组织有的部分至少是整齐一律和平衡对称的。我们有两只眼睛,两个胳膊,两条腿,同样的坐骨,肩膀骨等等。在其他部分情形就不如此,例如,心、肺、肝、肠等等就不是整齐一律的。"③其实,黑格尔的这番话是从艺术审美角度而言的,从科学审美角度来看,人的四肢、双

① 参见骆寒超主编:《现代诗学》,第117—119页。
② "科学审美创造的相对性",参见拙著《科学审美创造学》之第三章第七节。
③ 黑格尔:《美学》(第1卷)第2版,第175页。

眼、双耳及自然界的叶子、花瓣等都不是绝对对称的,只是大体相当、相应、均等而已。1961 年,两位神经外科医生博根(Joseph Bogen)和沃格尔(Philip Vogel)通过治疗癫痫病而发现了人的左右脑功能的不对称性,大脑的每一侧控制着身体相反的一侧的功能:左脑控制着右手,而右脑控制着左手。另外,天文学家也使人找到了自然天体的对称性破缺:月亮、太阳及太阳系行星,还有夜幕的天空上群星的分布位置都不一样。总之,自然界并不存在严格的绝对对称性,而是有微小破缺的对称性。在我国举行的第二次"科学与艺术"研讨会上,其主题就是"镜像对称与微小不对称"。

就自然科学而言,各种理论几乎都是在研究自然界错综复杂的对称性和对称性破缺的种种表现。现代科学中所经常提及的对称并非是绝对的对称,而是与非对称相联系的对称。因此,作为一种结构和形式上美的原则,科学理论所反映的对称性必须接受客观事实的检验。比如在求解方程中,从开方得到的对称的两个平方根不一定都具有物理意义。又如,狄拉克根据电与磁的对称性提出磁单极子的假设,许多国际上一流的物理学家至今还在试图证明它。在没有得到客观事实的验证之前,我们只能从审美的角度感受其形式美,而不能将它指称为真理。

事实上,科学研究中发现先前理论存在对称性破缺的不乏其例。最著名的要数宇称守恒定律的否定。20 世纪 30 年代,从某些原子反应过程中归纳出的宇称守恒定律是以微观过程中正反粒子的严格对称性为基础的。但杨振宇和李政道却发现了基本粒子在其弱作用中有左右不对称的变化。以后把宇称守恒修改为宇称和重子数联合守恒。1964 年又被美国物理学家菲奇和克罗宁发现的 CP(正负粒子的对称与左右的对称)破坏实验所否定。由于自然过程中的时间是不能逆流的,自然界的发展、演化总是伴随着种种对称性的破坏。这反映在自然科学理论中,对称性不但依存于一定的条件和限度,而且对称方面的统一程度也是很不相同的。对于各种具体的、特殊的自然过程,某种对称或守恒成立与否都依条件为转移,也可以说是相对的。李政道曾在西安博物馆看到汉代竹简之中,将"左右"写为"左㔶",联想到弱相互作用条件下宇称不守恒,有感而书道:

> 汉代㔶系镜中左,近代反而写为右;
>
> 左右两字不对称,宇称守恒也不准。[①]

我们这里再举一例。爱尔兰科学家哈密曾从科学审美的角度把牛顿力学方程改造成对称而简单的正则方程。诗文造诣颇深的他在丹兴克天文台任职时曾集中精力研究过一种"四元素",这很像是诗歌那种对仗工整的方块组合。如果把这种工具应用到哈密动力学中,根据他制定的运算法则,可以得出两个共扼量的代数乘积的不对易关系:$pq - qp = C$。这样,哈密顿从对称中发现了奇异!他所追求的数学美在这里达到了一个新的境界,它扩大了初等代数的运算关系。1925 年,海森堡在建立量子力学时,把上面的不对易关系应用于力学问题,得出微观粒子运动的不对易关系:

$$pq - qp = \frac{H}{2\pi i} (h \text{ 为普朗克常数})$$

像哈密顿这样,在对称的科学理论中发现奇异,从而把科学理论带到一个新的境界;或者说是在研究对称的破缺中发展,具有很

[①] 李政道:《科学与艺术》,第 147 页。

重要的科学审美创造价值。这也是人们在科学研究时重视对称性破缺的另一个重要的原因。我们前面所讲的变换不变性方法（数学对称法），就是通过建立新的扩大变换不变性，在更大范围里找到新的对称性来代替原有已经破缺的对称性，亦即如图中篇-5所示：

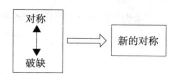

图中篇-5

科学理论较低层次对称性的破缺和较高层次对称性的建立，往往意味着科学理论的重大突破。比如在发现了弱相互作用下宇称不守恒之后，在物理学上又建立起了 CP 联合守恒。又如麦克斯韦在没有任何实验根据的情况下，按电与磁的对称性形式法则，在安培定律中加上了位移电流矢量，后来经过赫兹和亥维赛的两次简化，呈现出优美异常的形象对称性。可是，狄拉克却指出，该方程组从形式看起来很美，但在描述电荷的那一项，没有相应的带磁荷的项来代替它，也即是说狄拉克在人们普遍认为异常优美对称的麦克斯韦方程组上看到了对称性破缺。于是，狄拉克进一步从对称性形式美法则的科学审美信念出发，大胆地给麦克斯韦方程组添上了磁荷这一项，这样就使原来的麦克斯韦方程组具有了更高层次的对称，同时也极可能意味着科学理论面临着一次重大的突破。

整部科学史和人类的认识辩证发展过程都表明，绝对对称的科学理论是不存在的，人们总能在任一理论的某一环节上发现某种对称"破缺"。我们可以把科学理论的发展看作是由一系列稳定的逻辑性进展和若干次质的大飞跃所构成。逻辑性进展基本上是按传统的法则从以往的概念和结果中推导出来的,其结论仍是处于原有理论结构之中。而质的大飞跃就意味着必须引出全新的观念,这往往是原有理论的不完备性所引起的,因而也是科学理论体系中出现"破缺"的原因。当某一种理论被实践证明发生了破缺时,新的科学审美活动便紧接着开始了,即在新的条件和情况下,探寻其科学理论具有什么新的对称性。每一次运用对称性形式美法则追求新的对称性形式美,都表明人类对自然界美的认识及其理论成果有可能达到更高的阶段。

在此,我想引用英国皇家学会员、量子物理学家戴维·玻姆的几句话,因为这几句话总结和提升了我的上述观点和认识。这位科学思想家在其《论创造力》的著述中写道:"序不是一种纯主观的性质……具有客观的基础","结构实质上是序在多个水平上的等级系统","自然界是一个创造过程,其中不仅总有各种新的结构,而且总有各种新的结构序在形成";"无论是天然的还是人造的,一切结构发展的基本原理显然是:每一种序只具有近似的和有限的对称性。一种序的对称性破缺或变化的规则系列是另一水平序的基础,如此递升到较高级水平。"①

最后,我想把李政道提出的当代科学的重大问题之一再次提出让大家思考:"为什么理论越来越对称,可是实验越来越发现不对称"?"为什么我们要相信'对称'?我们生活的世界充满了不对称。这个矛盾怎么理解?"将之相应地延伸到对称性审美问题上来,就是:对称的世界是美妙的,对对称性的审美欣赏贯穿于人

---

① 戴维·玻姆:《论创造力》,第8—11页。

类文明之中,但世界的丰富多彩又常在于不那么对称。这似乎也是一个难解的矛盾题。李政道在回答其所提问题时给出了"一种理解方法,就是最多的'非对称'的可能性是跟完全的'对称'是一样的,就是完全的'对称'会产生最多的'非对称'"。李政道以棍子的弯曲为例,解释了这个看起来好像是矛盾的提法,认为它不但不矛盾,而且"很可能我们的宇宙就是这样的"。①这当然不是一个终极的答案,因此就有劳读者诸君多牺牲些自己的脑细胞了。

---

① 参见上海教育出版社出版的《青年科技回顾与展望》一书中李政道"物理学的挑战"第三部分.

§3 简单性形式美法则

简单性与对称性一样,也是人们在长期的认识和创造实践活动中产生的一种古老的观念,两千多年来一直在哲学和美学思想中扮演着重要的角色,并在科学和艺术的审美创造中发挥着重要的作用。早在毕达哥拉斯学派就笃信自然界有着"简单、和谐"的完美形式,并试图用科学的审美观念来发现和论证自然规律。直到爱因斯坦,仍把简单性这一形式美法则运用于科学理论的求真构造中。罗森(N. Roson)曾回忆道:"爱因斯坦一生都相信人类的理性能够获得描述各种物理现象的理论。在构造一种理论时,他采取的方法与艺术家所用的方法具有某种共同性。他的目的在于求得简单性和美(而对他来说,美在本质上终究是简单性)。"[①]

简单性同时又是一个在哲学中争论不休、众说纷纭乃至含义模糊的概念,连爱因斯坦亦曾坦言永远不会说自己真正懂得了自然规律的简单性所含的意思[②]。更何况,科学与艺术作为审美创造的两大领域,二者性质不同、目的不同、方式有别,且媒介材料各异,作为形式美法则的简单性概念也就有着不同的意义和作用。

然而,无论是科学还是艺术,是物质生产还是精神创造,以最少的材料最经济的形式达到最大的容量是它们共同追求的目标。

---

① 赵中立等编:《纪念爱因斯坦译文集》,上海科学技术出版社 1979 年版,第 228 页。

② 见朱亚宗:《伟大的探索者——爱因斯坦》,人民出版社 1985 年版,第 223 页。

科学和艺术的审美创造,都同样遵循着这样的一条经济学的普遍原理——"极值原理"。

在科学审美创造上,符合"极值原理"的简单性可以有多种多样的表现:可以像狄拉克希望的,由于赋予系数和指数以简单值而表现出数字方面的简单性;可以像信奉牛顿学说的物理学家所希望的,由于对广大范围的现象引用同样的解释性定律而表现出解释方面的简单性;可以如马赫期望的,由于只要求数目很少的不同的物质实体而表现出本体论上的简约性;又可以像爱因斯坦希望的,由于只以数目很少的独立公设为据而表现出逻辑上的简单性。比如莫里斯·柯恩和艾恩斯坦·纳盖尔就说过:"说一个假设比另一个假设简化一些,主要是指在第一个假设中所包含的那些独立成分的数目,比第二个假设中少一些。"①J. B. S. 霍尔丹也指出:"在科学思考中,我们采用那种能够解释所有考虑到的事实并能使我们预言同类新事实的最简单的理论。"②总之,尽管科学的简单性形式多种多样,它总是在不同方面力求遵循经济原则的节省律,即力求以尽可能少的原始概念、假定和符号的使用,去尽可能多地包括所研究的现象,以达到科学的目的。例如普朗克公式 $E = hv$,总共只用了四个符号,便把量子物理纷然杂陈的现象世界整理出了一种井然秩序。这便符合了科学的简单性形式美法则。

简单性作为科学审美创造的法则,有着极为丰富的内涵。如果我们把科学美学思想史上关于简单性的认识分析和归纳一

---

① 鲁道夫·阿恩海姆:《艺术与视知觉》,第 68 页。
② 詹姆斯·W. 麦卡里斯特:《美与科学革命》,吉林人民出版社 2000 年版,第 127 页。

下的话,便可发现,科学审美创造的简单性法则的形成经历了一个发展的过程,并包含着三个层面的意义:其一是从科学形容对象即自然现象本身方面而言的客观存在简单性,反映了自然界客观存在的一个基本的内在特性,它是科学创造简单性形式美法则的客观基础;其二是从科学创造主体的认识方面而言的科学思维简单性,即作为对客观存在的形态及其运动图像所具有的广泛的简单性的反映,科学审美创造主体便相应形成了以简单性法则去认识和把握客观事物及其运动规律的简单性科学思维方法和能力,如简单性科学分析与综合、简单性科学审美直觉等,它们是科学创造简单性形式美法则的主观基础;其三是从科学创造主体对客体认识的科学概括和表达方面而言的理论建构简单性,它是简单性形式美法则在科学审美创造中的具体体现,也即在上述主客观简单性基础上,产生了科学理论建构的简单性形式美法则,主要有逻辑简单性法则和数字简单性法则。对简单性这三个层面理解的有机统一,就构成了作为科学审美创造重要规律之一的简单性形式美法则的科学美学概念。

　　艺术审美创作同样遵循简单性形式美法则,并把极值原理看成是一条最高原理来追求。鲁道夫·阿恩海姆把艺术领域内的"极值原理"叫做"节省律",他在《艺术与视知觉》一书中的同一个地方指出了艺术与科学不同领域所遵循的"节省律"的不同意义:"在科学研究方法中所遵循的那种节省律(或经济原则),要求当几个假定都符合实际时,就应该选择那个最为简单的假定。""在艺术领域内的节省律,则要求艺术家所使用的东西不能超出要达到一个特定目的所应该需要的东西,只有这个意义上的节省律,才能创造出审美的效果。"①"当艺术形象的结构特征的数目减少到最少时,所产生的往往是一些简单的、规则的和对称的式样。"②古今中外,艺术家们都在以不同的方式寻求着以尺幅之间写万里江山、些许笔墨寄无限深情的途径和方法。所谓万取一收、以一当十、以少总多、以少胜多;所谓计白当黑、疏可跑马、无寻处皆成妙境;所谓含蓄、尚简③、"文约而事丰"、"意多而约出之"④;所谓诗歌如采镭,"为了一个字开采几千吨字矿";所谓"用最小的面积惊人地集中了最大量的思想"(巴尔扎克语)等等,都是艺术领域遵循简单性形式美法则,对艺术"极值原理"的不同追求。

艺术作为一种创造性的精神劳动,不单要创造出生动的个性化形象,还要讲究思想与艺术量和高度的概括性。比如绘画,明末清初八大山人清脱笔墨的写意画,表达了画家的国破家亡的难言之痛,含不尽之言于景外,化景物为情思,意境空阔,含而不露,是极值原理的卓越体现。在中国画发展的历史长河中,文人画曾被认为是中国画的最高境界,而"简"是文人画中较具代表性的,是体现"士气"的一种特质。在国外,贝尔的"简化论"是阐释塞尚等人画风的一个十分重要的关键。贝尔高度推崇"印象派之后"的艺术价值,而且十分敏锐地看到并从理论上指出,这种新的画派之异于以往的"写实"(具象、再现)画风的最主要之点,在于他们把笔下所"摹仿"的物象加以艺术的"简化",进行一种艺术的"变形",这种

---

① 鲁道夫·阿恩海姆:《艺术与视知觉》,第 68 页。

② 同上,第 176 页。

③ 唐代著名史学家刘知几,曾经从历史记载的角度,指出叙事"尚简"的主张。

④ 方车树《昭昧詹言》:"陆伸昭云:事多而寡用之,意多而约出之。"又"(姜白石曰:)学有余而约用之,意有条而约以用之。"见《辞章与技巧》,人民日报出版社 1985 年版,第 227 页。

"意匠经营"的崭新方法,开创了现代绘画的新纪元。又比如诗歌,更是遵循简单性形式美法则的"节省律"。"生者为过客,死者为归人"。仅仅十个字,李白便高度概括了地球人的普遍世界处境。作为诗人哲学家,李白力求写出的每个汉字所包容的思想感情要最多最大,不可不谓艺术创作的节约大师。再比如戏剧和影视,也是信奉极值原理的,即在有限的空间和时间之内,力图表达最大量的关系:人与人、人与自身、人与社会、人与自然、人与神。

科学与艺术创造所遵循的简单性极值原理(节省律),之所以具有审美价值,主要有以下四个方面的理由:第一,简单性符合了人类心智结构的发展趋势。阿恩海姆曾指出:"大脑领域中所存在的那种向最简单的结构发展的趋势,能使知觉对象看上去尽可能的简单。"[1]格式塔心理学发现,知觉活动本身有一种压倒一切的倾向——简化倾向。而"知觉经验实际上却是在刺激物的结构与大脑区域中存在的向着简化结构发展的趋势之间的相互作用中产生出来的"。[2] 可以说,审美创造主体从想象、思维、评价等心理活动到整个实践活动,都具有简单化倾向,这种倾向因来自生物进化过程中的适应和人类改造世界活动中的实践而根深蒂固,无怪乎对称、均衡、圆等简化形式会使人产生美感了。

第二,科学中的简单性不仅因符合了心智结构的发展趋势而在科学家中形成了简单性审美标准,而且许多物理学家相信简单性审美标准具有揭示科学理论对真的亲缘性的效力,一个科学理论的简单性质就是它的一种审美性质。例如,爱因斯坦似乎相

---

[1] 鲁道夫·阿恩海姆:《艺术与视知觉》,第73页。
[2] 同上,第74页。

信——用艾尔卡那（Yehuda Elkana）的话说，在理论选择中，"简单
性等价于美"。① 爱因斯坦把简单性作为鉴别科学理论的一个重
要审美标准，即要通过最少个数的原始概念和原始关系的使用，来
达到科学的目的。彭加勒也早就说过，因为简单性与伟大性（深远
性）都是美的，所以他特别愿意寻求简单之事实和大（深远）之事
实。

第三，在艺术中，简单性之具有审美价值，不仅在于它吻合了
人类审美心理的结构，而且还因为简单性形式还显示了它在对抗
自然的各种干扰力和破坏力的斗争中占优势的力量，这种力量使
我们感受到崇高和伟大的美感。阿恩海姆举例说，当我们在海滩
上散步时，看到贝壳或鹅卵石等规则的东西就想捡起来，但对海滩
上的类似梳子或罐头盒一样的工业品毫无兴趣，因为工业品的简
化性是通过低廉的代价而得到的，是由外部强加给物体的，而不是
在与自然力的搏斗中生成的。②

第四，科学与艺术的简单化将更增强其审美张力。阿恩海姆
指出："不同时代和不同艺术家的作品，其中蕴含的张力的大小也
不相同。"一般而言，"使一个式样简化，就意味着减少这个式样的
内在张力"。③ 也就是说，在审美创造中，使同一质的结构特征的
数目减少，审美张力也随之减小；而如减少不同质的结构特征的数
目，则审美张力将更加减小。但在艺术或科学活动中，我们可以在
相同的有限容量内，通过减少（精减）同一质的特征，而增加不同质
的特征，从而让审美张力不减反增。另外，在艺术创作上，巧妙的

---

① 　詹姆斯·W.麦卡里斯特：《美与科学革命》，第 132 页。
② 　鲁道夫·阿恩海姆：《艺术与视知觉》，第 79 页。
③ 　同上。

简化可以产生出"此处无声胜有声"、"无景处皆感妙境"的审美效果,从而大大增强美的张力。

下面,我们将就科学和艺术活动中的简单性形式美法则及其作用,进行较为详细的阐述。

3.1 科学简单性形式美法则的主客观基础

科学审美活动中简单性法则的形成是有其主客观基础的,其客观基础是指科学研究对象在本质上具有简单性,即这种简单性反映了自然客观存在的一个基本的内在特性;其主观基础是指人类心智沿简单性发展趋势而逐渐形成的科学主体的简单性科学思维能力。

客观世界纷繁复杂,扑朔迷离,它历经了漫长的历史演变,积淀了丰厚的历史底蕴,从结构简单、缺少个性的基本粒子到高度复杂、浩渺无垠的天体宇宙,从仅仅依赖本能生存的单细胞动物到善于利用和改造环境积极拓展生存空间的人类,大千世界呈现在我们面前的是一幅恢宏壮阔、绚丽多姿的五彩画卷,它具有鲜明的层次性、高度的复杂性和无限的丰富性。然而,自然界中的一切事物、一切现象都不是孤立存在着的,它们之间总是有着直接或间接、线性或非线性、必然或偶然的内在联系并相互作用,从而使整个外在界呈现出简单与和谐,显现出统一性和规律性来。也就是说,透过丰富多彩的自然现象,我们总能找到它们内在的客观规律和简单性本质。

科学研究对象的简单性反映了自然界客观存在的一个基本的内在特性。本体论的客观存在简单性思想在古希腊时期就有了明确的表示,原子论即是这一阶段的重要标志。从简单性观念出发,毕达哥拉斯认为数是万物的本源，而泰勒斯则认为水是万物的本源。中国在古代也已产生了简单性科学哲学思想，认为世界万物都是由一种最简单的"本源"组成并发展起来的。如《周易》就把"太极"看作是最初、最简单的世界组成的本源，庄子则把"道"看作是组成世界万物的本源。古人在寻求自然界物质运动现象的概括时，都相信他们采取的是最简单的方式。这种古代朴素的自然观建立在直观地、笼统地把握对象总画面的一般性质上，尚不足以说明构成总画面的各个细节，也说不出其所以然来，但"简单性"这一信念却给人以一种朦胧的美感上的满足。

客观存在简单性在后来的发展中沿着唯心主义解释和唯物主义解释两个方向进行。唯心主义的解释认为，世界的美是按最简单的美学原则构造出来的，所谓"上帝不作没有用的事"。在柏拉图主义与基督教神学的影响下，欧洲中世纪的学者更相信是按简单性法则来安排万物之运动的。譬如他们坚信行星是按最简单的圆形轨道行进的，光的入射与反射是按 1∶1 的简单方式进行的。显然，这样的"简单性"并非是自然界本有的，而且带有主观唯心主义的色彩。另一种唯物主义的解释认为，世界万物是按照最优化系统的进化路线发展起来的，宇宙的进化方向与环境之间最佳的匹配，便构成了一种简单性的美。比如格式塔心理学家柯勒就认为，某些自然事物形式中的简化性，是由创造这些事物的那种力的简单分布状态造成的。[①] 尤其是在经典物理学诞生之后，人们借助于观察和实验，更加相信一切物体都是由最简单的粒子（原子或基本粒子）复合组成，而物体及其粒子的运动则都沿着最简单的路

---

① 见鲁道夫·阿恩海姆：《艺术与视知觉》，第 78 页。

径。如光沿着直线传播,行星和抛物体沿着几种曲线(圆、椭圆、抛物线、双曲线)运动;所有生物(不管是动植物还是微生物)都是由细胞构成。在科学发现的基础上,客观存在简单性这一科学美学思想便在经典科学时期成为许多自然科学家的基本信念。牛顿作为这一时期的杰出代表,在其名著《自然哲学的数学原理》中明确写到:"自然界不作无用之事,只要少做一点就成了,多做了却是无用;因为自然界喜欢简单化,而不爱用什么多余的原因以夸耀自己"①。在科学研究上,牛顿努力从所有可能的合理中去寻找宇宙万物运动最简单的原因,他坚信自然界习惯于简单化,各类自然现象之间有它的内在相似性,大自然总是要保持自身的和谐一致。

现代一些科学大家仍然把相信自然界中有一种最终的简单性当作自己的最高信念,他们不仅在理智上坚持客观存在简单性,而且对大自然的内在简单性充满着一种不可遏制的激情。1926 年春天,海森堡在同爱因斯坦的一次长谈中涉及到了简单性、美和真理的美学标准诸问题。爱因斯坦问海森堡:为什么在这么多关键问题还完全没有解决时,能够对自己的理论具有那么大的信心?海森堡答道:"正像你一样,我相信自然规律的简单性具有一种客观的特征,它并非只是思维经济的结果。""……我坦白承认,我被自然界向我们显示的数学体系的简单性和美强烈地吸引住了。你一定也有这样的感觉:自然界突然在我们面前展开这些关系的几乎令人震惊的简单性和完整性……"②

许多与爱因斯坦同事讨的物理学家在谈到简单性问题时,都

---

① 塞耶:《牛顿自然哲学著作选》,上海人民出版社 1974 年版,第 3 页。
② 《爱因斯坦文集》(第 1 卷),第 216—217 页。

会满怀敬意提及爱因斯坦对客观简单性的深刻理解与深厚信仰。爱因斯坦对宇宙自然简单性的那种真挚感情,曾影响了整整一代的物理学家。他们在客观存在简单性信念的支持下,尝试着通过这一桥梁去揭示自然美的真正奥秘。于是,简单性不仅成了科学创造主体对自然本质的一种反映形式,而且成了自然美在科学中的形式美表现;客观存在简单性也就因而成了科学审美创造的简单性法则的客观基础。

作为对科学研究对象的客观存在简单性的反映,科学创造主体在主观上便相应形成了简单性科学思维方式。在科学思维方面,人们对"简单性"的意义有着不同的理解:一种理解认为科学创造主体对自然界美与真的认识是按照最简单的原则进行的;一些科学家甚至认为宇宙的真与美是人的主观思维(设想)的产物,是科学家预先约定了一些简单的符号体系,然后再强加给自然界的。另一种理解则是在承认客观存在的简单性基础上,在尊重客观事实和客观规律的基础上,使自己的主观思维按"简单性"原则去认识和把握自然界的真与美。譬如在经典科学时期,科学理论的简单实际上被看成是客观存在简单性的反映,认为两者之间存在对应关系。

在我看来,科学审美创造简单性法则来源于自然界客观存在的形态及其运动图像所具有的广泛的简单性,科学创造主体将其运用到科学的理论研究中来,便在主观思维上形成了以"简单性"法则去认识和把握客观事物及其运动规律的简单性科学思维方法和能力。简单性科学思维主要包括科学思维经济原则、分析与综合简单性思维和科学审美直觉简单性思维三个方面。

我们先来看科学思维经济原则。科学思维的经济原则可以追溯到亚里士多德。亚里士多德特别强调公理化方法,他认为一个完美的科学理论可以通过严格的演绎证明得出,而作为演绎起点的公理或公设则越少越好。亚里士多德还把这一简单性思想应用到生物结构的科学审美活动中去,提出了自然界的经济原则。他认为自然界是十分注意经济和节约的,从不做无益的浪费的事。比如动物不会同时生有利齿与角,是因为只要有一种保护自己的武器就可以了,多了就不符合自然经济的原则。亚里士多德的这一自然经济原则,实际上是客观存在简单性思想的表现,但对后辈的科学审美创造实践影响甚大。

中世纪英国哲学家和神学家、唯物论者威廉·奥卡姆反对将简单性思想人为地、自发地置于自然界中的倾向,他认为简单性原则只应用于人对自然界的认识上,主张把简单性的重点从自然过程转移到所提出的关于自然过程的理论上,而且提出了要利用简单性作为形成概念和建立理论的科学审美标准。这样,简单性在奥卡姆这里就完成了从客观存在简单性思想向主观思维简单性思想的过渡。具体而言,奥卡姆提出了对亚里士多德的自然经济原则不同的理解,他认为在知识领域中,若无必要,不应增添前提假设的数目,同时还要淘汰多余的概念。经院哲学的烦琐论证都是无用的赘物,在认识过程中没有必要存在,主张用"经济原则"把它们统统剃掉;并建议在说明某类的两个理论中,应当选择更简单的。这就是被称为"奥卡姆剃刀"的科学审美原则。比如欧几里德几何学就是符合"奥卡姆剃刀"科学审美标准的科学艺术品。

德国著名科学家和哲学家莱布尼兹,在继承亚里士多德关于自然的经济原则思想的同时,又发展了"奥卡姆剃刀"的简单性原则,提出了"最大和最小原则"这一支配自然界的经济原则。莱布尼兹认为,美好的世界是根据最大和最小的原理构成的,自然界从来不用麻烦和困难的方法去做那些可以简易完成的事情,而是要以所谓最小的费用获得最大的效果。整个太阳系的运动是这样,生物之所以具有多种多样的形式也是因为这样。在莱布尼兹这一从自然经济原则向科学思维经济原则过渡的理论影响下,费尔玛于1662年发表了光在反射和折射中的最小光程差原理;莱布尼兹自己于1668年提出光沿着阻力最小的路径前进的原理;莫泊丢于1744年发表了最小作用量原理等。在这个有着最大多样性的宇宙中,各种事物均以最小的路径运动,正是简单性这一科学审美创造法则揭示出来的自然界的奇迹。

马赫是从研究者智力活动方面来理解思维经济这一特性的。他所提出的"思维经济原则",对简单性这一科学思维的经济性特点表现得最为充分。马赫认为,思维经济原则是一种普遍适用的原则,可以存在于一切科学活动领域。他指出,一切科学都是通过事实在思维中的摹写和表现来代替或节省经验的,这样的摹写较之与经验事实直接接触更为简易,而且在一定条件下可以代表经验。马赫甚至认为,作为传授科学的工具,语言本身就是一种经济的手段;而且教育、数学、力学、物理学以至原因与结果这样的范畴,也都具有经济的功能。在他看来,由于人的生命短暂和记忆力有限,任何一项名符其实的知识,如果没有最大限度的思维经济都是不可能得到的。因而,可以把科学看成是一个由最小值寻求最大值的问题,即是花费尽可能经济的主观思维,对客观事实做出尽可能完整的陈述。

马赫的这种思维经济原则,可以从唯心主义和唯物主义两种不同的角度进行解释。列宁在《唯物主义和经验批判主义》中批驳了马赫主义的唯心本质,但在谈到"思维经济原则"时,列宁也慎重地指出,当思维正确地反映客观真理时,它就是"经济的"。从认识的角度来说,主观思维能动性决定了人类在认识的道路上有可能找到一条少有迷误且较为经济的认识途径;从科学审美创造方法论的角度来说,只要遵循科学的探索与研究方法,人类就可以在认识真理的道路上少走弯路,且获得尽可能多的思维成果。这也正是我们探讨科学审美创造简单性法则的意义所在。

我们再来看分析与综合简单性科学思维。科学创造主体在主观思维方面的分析与综合简单性实质,是一种科学审美创造的经济思维能力,它让科学家把研究对象的要素从纷繁复杂的客观世界中分解出来,并概括出一种简洁的规律和理论。如若最终抽象出的理论最简单、则其理论最真最美。比如,从人类自古希腊时发现摩擦琥珀可以吸引轻小物体时算起,二千多年来积累了许多有关电、磁、光的知识,但这些知识由于杂乱无章而不能让人产生美的享受。直到麦克斯韦方程组问世后,建立起统一而完美的经典电磁学理论,才给人们带来了科学的美感。据说法拉第在看到麦克斯韦这组方程式时,为公式如此简单明了地表达了电磁的关系而感到惊讶。再如,开普勒的行星运动第三定律的数学公式:$T^2 = D^3$,当我们知道开普勒是从前人和同时代的大量而又十分凌乱的观察资料中找到奇妙的"2"与"3"时,我们就会更加赞叹这一公式的简洁与优美了。这实际上是主观思维的分析与综合简单性所产生的悦人的美感。海森堡在谈到这种科学美感时曾指出:"一大堆杂乱无章的细节由于出现了一种联系而几乎马上变得井然有序了。这个联系基本上是非常直觉的,但就它的本质来说,仍然是极其简单的。凭借它的完备性和抽象性,它立即就会使人感到信服——那就是说,使得所有一切能够懂得并说出这样一种抽象语言的人都心悦诚服。"

物理学史上曾有两个分析—综合简单性产生的科学典范:一个是牛顿力学,一个是爱因斯坦狭义相对论。在经典物理学中,人们普遍推崇包括力学运动三定律和万有引力定律在内的牛顿力学是简单的典范。从形式上看,牛顿力学并不比开普勒的行星运动三定律和伽利略的自由落体定律、惯性定律显得复杂,却概括了天体和地面的力学运动,概括了开普勒和伽利略定律,以简单性科学思维完成了"科学史上第一次大综合",牛顿理论也就显得比伽利略和开普勒的理论更简单、更深远、更美。20 世纪初,爱因斯坦则在更高的层次上建立了狭义相对论,把牛顿力学作为一种宏观低速状态下的特例而包含其中,将物理学引向一个新的简单性科学美的高度。

当然,我们所谓的分析与综合简单性的经济思维,与马赫的思维经济原则的唯心主义解释是不一样的。我们所谓的分析与综合简单性思维,不是把主观简单性加到客观事物身上,而是对客观规律简单性的主观简单性的综合和抽象。爱因斯坦亦曾说过:"马赫的思维概念可能包含部分真理,但是我觉得它的确有点太浅薄。""他的简单性这一观念在我看来也太主观。实际上,自然规律的简单性也是一种客观事实,而且正确的概念体系(scheme)必须使这种简单性的主观方面和客观方面保持平衡。"① 爱因斯坦认为,思维经济不是人的主观意识的随意创造,而是自然界最经济结构的抽象,思维经济实际上是主观和客观

① 《爱因斯坦文集》(第 1 卷),第 212、214 页。

两方面平衡的结果。

在客观存在简单性和主观思维简单性基础上，各类科学都以分析和综合的简单经济形式安排和发展相应的理论框架。譬如从最简单的氢元素开始讲化学物质结构，从最基本的细胞分析整个有机体，从牛顿三大定律推演整个经典力学等等。这些理论体系因其简单经济而具有较高的科学审美价值。

在简单性科学思维中还有一种特殊的思维，这就是简单性科学直觉思维。科学直觉是科学创造主体进行审美创造的特殊思维形式。许多大科学家都具备科学直觉这一宝贵的科学创造特质，而其中就包含了对自然界客观存在简单性的惊人的科学审美直觉能力，或者叫科学审美直觉简单性思维力。

爱因斯坦曾被许多科学家称为科学研究的艺术家，他所具有的超人的科学审美直觉简单性思维能力则更令人赞叹不已。德布罗意就赞美道："他能够一眼看穿那疑难重重、错综复杂的迷宫，领悟到新的、简单的想法，使得他能够吐露出那些问题的真实意义，并且给那些黑暗笼罩的领域突然带来了清澈的光明。"[①]在创立相对论这一光辉理论的过程中，爱因斯坦的科学审美直觉简单性思维曾起过十分重要的作用。狭义相对论的基础只有光速不变原理和相对性原理两个假设，这两个假设并非逻辑推理的结果，而是爱因斯坦通过科学审美直觉简单性能力"领悟"出来的。因为公理或假设的数目究竟少到什么程度才具有简单性并能满足体系的要求，并不存在先定的标准和推演的条件，而只能凭藉科学家的经验和直觉能力。

[①]　赵中立等编译：《纪念爱因斯坦译文集》，第249页。

在我看来,科学审美直觉简单性思维是一种特殊的科学思维方式,包括直觉的判断、想象、选择、预测和启发;是无意识、非完全逻辑性或超逻辑的、借助于模式化"智力图像"(具有某种程度抽象的、模式化了的"形象")的思维;是感性和理性、形象和概念、具体和抽象的辩证统一认识过程的渐进性的中断和瞬时飞跃;是科学创造主体在对研究对象整体审美过程中,直接地洞察到自然界客观存在简单性本质规律性东西的中介。具有这种特殊科学思维能力的科学家,能以最直接、最经济、最简单的途径逼近真理。如法拉第、德布罗意、玻尔、海森堡、华生和克里克等一大批一流的科学家,正是通过科学审美直觉简单性方法贡献出了电磁感应定律、物质波理论、原子结构理论、矩阵力学和 DNA 双螺旋结构等杰出的科学艺术品。

3.2 简单性形式美法则与科学创造

科学简单性形式美法则形成的主客观基础决定了它将在科学审美创造的求真构造中发挥非凡的作用:以最经济的途径逼近真理,以最简单的形式描述真理。

科学审美创造的最大使命就是发现自然界的客观存在简单性规律,并以最简单的方式将其表述出来。毕达哥拉斯学派就曾笃信自然界有着"简单、和谐"的完善形式,并试图用科学的简单性审美观念来发现和论证自然规律。直至爱因斯坦,仍把简单性法则运用于科学审美创造之中,运用于科学理论的求真构造之中。罗森在(N. Roson)回忆爱因斯坦时说:"爱因斯坦一生都相信人类的理性能够获得正确描述各种物理的理论。在构造一种理论时,他采取的方法与艺术家所用的方法具有某种共同性。他的目的有赖于求得简单性和美（而对他来说，美在本质上终究是简单性）。"①
爱因斯坦自己也多次谈到："我们可以用某些简单的普遍适用的法
则来认识客观实际"，"客观世界中的深层次的朴素关系可以用简
单的逻辑概念加以阐释和理解"。②　如果说科学思维简单性和客
观存在简单性奠定了主客观基础的话，那么，科学理论的概括和描
述简单性则是在这一基础上形成的简单性法则在科学审美创造过
程中的具体体现，它被科学创造主体广泛应用于科学理论的建构
之中，主要有逻辑简单性和数学简单性两种。

　　我们先来看科学理论建构的逻辑简单性法则。爱因斯坦指
出："科学的目的，一方面是尽可能完备地理解全部感觉经验之间
的关系，另一方面是通过最少个数的原始概念和原始关系的使用
来达到这个目的（在世界图像中尽可能地寻求逻辑的统一，即逻辑
元素最少）。"③在批判马赫主义思维经济基础上，爱因斯坦从哲学
认识论和科学方法论的角度，提出了作为其科学方法论核心的理
论建构的"逻辑简单性"概念：即是指科学"体系所包含的彼此独立
的假设或公理最少"。④

　　爱因斯坦把科学看成是这样的一种企图，它要把我们芜杂无
序的感觉经验同一种逻辑上贯彻一致的思想体系对应起来。在这
种体系中，单个经验同理论结构的相互关系，必须使所得到的对应
是唯一而令人信服的。所以，形式概念的科学方法之不同于日常

　　①　赵中立等编译：《纪念爱因斯坦译文集》，第228页。
　　②　海伦·杜卡斯、巴纳什·霍夫曼：《爱因斯坦短简缀编》，第90、91页。
　　③　《爱因斯坦文集》第1卷，第344页。这里的"原始概念和原始关系"是指"基本
概念和基本关系"。按照爱因斯坦的理解，"原始"是直接同感觉经验相对应的，"基本"
是逻辑推理的"基础"，两者的意义有严格区别。
　　④　《爱因斯坦文集》第1卷，第299页。

生活中所用的方法,不是在根本上,而只是在于概念和结论有较为严格的定义,在于实验材料的选择比较谨慎和有系统,同时也在于逻辑上较为经济。逻辑上较为经济指的是这样一种努力,它要把一切概念和一切相互关系,都归结为尽可能少的一些逻辑上独立的基本概念或公理。

总之,逻辑简单性之应用于科学理论建构的核心,就在于基础的逻辑结构上的简单性。一个科学理论体系只要其逻辑结构上是简单的(即逻辑元素最少),那么,不管其形式体系如何庞大,推论如何众多,仍不失为一个具有逻辑简单性美的科学理论。广义相对论尽管有令人望而生畏的数学形式,但由于它的基础假设只有相对性原理和光速恒定原理两条,它便是一个符合逻辑简单性美的物理学理论。济布也认为,科学的基本概念应当是"那些非常简单而有效的概念"①。他的热力学体系虽然庞大,但基础仅由热力学第一和第二两条原理构成,因而同样符合科学审美创造的逻辑简单性法则。当然,我们在对一种理论的简单性进行审美评鉴时,不能光看独立的基础逻辑元素的绝对值的多少,还要考察其理论体系的复杂程度。比如有各自独立的逻辑元素个数相同的甲、乙两种理论,如若甲理论比乙理论复杂深广,则我们认为甲理论比乙理论更具逻辑简单性。另外,我们还应把独立逻辑元素的多少与该理论所能描述的经验范围有多广联系起来评价一种理论的逻辑简单性。在独立逻辑元素数目相同的情况下,那种描述经验范围广的理论,较之描述经验范围窄的理论就更具逻辑简单性了。

科学审美创造实践还表明:逻辑上简单的理论不一定都是正

---

① 周林等:《科学家论方法》第 2 辑,内蒙古人民出版社 1985 年版,第 177 页。

确的,但一个正确的理论却往往是逻辑上简单的。爱因斯坦也曾说过:"逻辑上简单的东西,也就是说,它在基础上具有统一性。"①这样,当一个新的理论尚未获得事实和实验支持时,其理论建构上是否具有逻辑简单性就往往成为科学家是否支持和坚信这种理论的主要理由。因为科学家们相信:当世界图景中的逻辑元素最少、最简单时,这个世界就可以达到最大的逻辑统一;世界图景的统一性映射在人的认识活动中,其逻辑上的统一性与逻辑元素的简单性完全是一致的;一个真实的理论最终总会呈现出逻辑简单性。随着科学理论的进一步抽象概括和深入发展,理论与经验之间的关系会相处日远,而科学审美创造的逻辑简单性法则在科学理论建构中的作用则会愈来愈重要。比如,广义相对论所提供的四维弯曲时空图像,大大超出了人们的感性经验,其正确性不易得到经验的确证,至今还只有三个实验事实可以对其正确性做出判定。但由于广义相对论具有逻辑简单性及数学表述的完备性等卓越的形式美,而为科学界所广泛推崇和接受。

爱因斯坦曾把逻辑简单性看成是"一切理论的崇高目标"。逻辑上的简单性、统一性、唯一和完备性,被爱因斯视作科学理论中的重要审美标准。爱因斯坦晚年只要谈及相对论这一闪烁着人类理性抽象逻辑演绎之美的光辉理论时,就会流露出一种会心的微笑和激动。他晚年时常提及逻辑简单性。他认为,如果我们能在某一科学领域找到最少数的独立逻辑元素(基本概念和基本关系),并从它们出发去逻辑推导出这一科学领域中其它各种概念和关系,则这些独立逻辑元素对这门学科而言,就是自然科学家所努

---

① 《爱因斯坦文集》第 1 卷,第 380 页。

力寻找的统一基础,也是科学家所追求的科学美的境界。可以说,科学理论体系中所含的独立逻辑元素愈是简单,则这个理论体系就愈美。当世界图景中的逻辑元素最少和最简单时,这个世界图景就可以达到最大的逻辑统一。

纵观科学史,科学理论的建构总是循着逻辑简单性方向发展和前进的。尽管科学理论从形式上看变得愈来愈庞大,但它总是沿着螺旋式不断向更高、更广、更深层次递进的;无论从总体上还是各个层次上看,其基础逻辑是朝着不断简单性的方向发展的。而科学家在科学审美创造的理论建构中不断追求逻辑简单性的同时,还促进了科学理论不断向更深刻化和更体系化方向迈进。天文学中,从托勒密到哥白尼再到开普勒的进展;物理学中,从光谱、辐射、物质结构理论到量子力学的进展,以及从开普勒、伽利略到牛顿力学再到相对论的进展,无一不是从理论体系上向着逻辑简单性方向进化的。在理论群中,形式越简单、逻辑越严密的理论,往往适用范围越广,包含的信息量越大,理论的耦合性越强。

我们再来探讨一下科学理论建构的数学简单性法则。该法则可以由马赫的经济原则引申而来。马赫认为,对经验的描述必须运用经济的原则,并把它作为科学统一的目标。他认为,达到最大限度时的抽象思维率最高,也最经济。理论思维抽象程度最高的当属数学,因此数学就是最经济的思维,科学的任务就在于用数学函数来描述或描写经验事实之间的依存关系。结合马赫的这一经济思维原则,彭加勒在探求数学美的过程中,把简单性改造成了形式美法则,并把数学简单性这一形式美看作是科学家们探索自然的原动力。于是,数学简单性形式美法则就成了达到建构科学理论目的的最经济、最简单的手段和途径。

随着各门自然科学抽象化程度的增大,其数学化进程也在加快步伐。数学越来越成为描述经验、表达理论和建构科学体系的语言和工具。科学家在长期的科学审美创造实践中发现,反映客观世界的科学理论常常可以用简单的数学概念或数学关系式表示出来,客观规律常常具有一种简单性的数学形式美。$E = mc^2$,这是爱因斯坦提出的关于物体的质量与能量之间满足质能关系的数学公式,我们不难感觉到它的简单性的数学形式美。爱因斯坦在创立光辉的相对论过程中,同样成功地运用过数学简单性形式美法则。爱因斯坦自己这样讲述道:"按照广义相对论,在纯引力场中的质点运动定律用短程线方程来表示。实际上,短程线是数学上最简单的曲线……""场方程的建立,在数学上归结为可以服从引力势 $g_{\mu\nu}$ 的最简单的广义协变微分方程的问题。这些方程是这样确定的,它们应当包含关于 X_v 的不高于二阶的 $g_{\mu\nu}$ 的导数,并且这些导数只是线性地进入方程。考虑到这个条件,我们所考查的方程自然就成了牛顿引力理论的泊松方程向广义相对论的转换。""如果我假定这连续区里有一种黎曼度规,并且去探求这种度规能满足的那些最简单的定律,那么,我就得到了空虚空间里的相对论性的引力论。"① 类似的例子不胜枚举。在很多场合下,人们为了寻找到科学理论,只须找到简单的数学概念和数学关系就能达到目的;或者可以说,寻求科学理论建构的方法问题,常常可以还原为数学简单性这一形式美法则问题。

在科学理论建构中,数学简单性与逻辑简单性一样,同是科学审美创造简单性法则的具体体现。事实上,数学与逻辑有着密切

---

① 《爱因斯坦文集》第 1 卷,第 187、316 页。

的联系,逻辑的演绎和归纳正是从数学中发展而来的。自毕达哥拉斯学派以来,数学家坚信数学具有内在的逻辑统一性。如狄拉克就特别重视科学理论的内在逻辑一致性,孜孜不倦地追求理论内在的数学逻辑美。但人们对数学简单性与逻辑简单性的科学审美评鉴是不一样的。由于数学简单性显然要比逻辑简单性来得更抽象、更简洁、更美,因而人们在运用它们时,对数学简单性有着更高的要求。丹麦数学家詹森就曾撰文指出:数学的一个优点是可能用有限量的原理和规则概括当前的数学知识。与此同时,我们在数学这棵大树上造就新的分支,它们以简单优美的方式与其他分支连续在一起,使整棵树显得清晰而又简明。不过,对数学简单性的认识取决于人们对科学美的欣赏水平。对于甲来说是成功的简化,对于乙则是一场灾难,因为后者看不到这种简化意味着什么,也不明白充分理解这种优点及其应用需要具备多少有关对这棵树其余部分的知识。因而,詹森认为,在运用数学简单性法则解决科学问题时,不仅要求从简单的观点看是美的,而且从尽可能减少错误和滥用这方面看也应该是美的。[①] 另外,数学大师冯·诺伊曼也曾要求一个数学定理或数学理论,不仅能用简单和优美的方法对大量的、先后彼此毫无联系的个别情况加以描述和进行分类,而且期望它在"建筑"结构上也是"优美"的。[②]

翻开科学史册,我们不难发现,某一科学理论在尚不具备实验数据支持的情况下,人们进行选择的依据便是数学简单性与逻辑

① L.施密特勒等:《新数学学科产生和发展的重要内因和外因》,《自然科学哲学问题丛刊》1983 第 1 期,第 25—27 页。

② 中国科学院自然科学史研究所数学史组等编译:《数学史译文集》,上海科学技术出版社 1981 年版,第 123 页。

简单性。并且,由于数学简单性更符合科学的审美要求和审美理想,因而更易为科学家们所依赖和选择。如对狄拉克解决相对性电子理论的成功,人们往往就归因于他对数学简单性形式美法则的信赖。确实,作为科学理论建构和描述方式的数学语言,能有效地反映客观世界内在的规律性并反映理论内部结构合理性和逻辑严密性,能够不求助于直接经验而由相应的具备了基础逻辑简单性的命题体系推导出深刻而精密的结论,因而被众多具有科学审美创造品质的科学家们所青睐,并深信其真实性。海森堡在与爱因斯坦讨论共同感兴趣的简单性、美及科学理论的审美标准时,说过这样一段意味深长的话:"如果自然界把我们引向极其简单而美丽的数学形式——我所说的形式是指假设、公理等等的贯彻一致的体系——引向前人未见过的形式,我们就不得不认为这些形式是'真'的,它们是显示出自然界的真正特征"[1]。如此,我们对现代物理学经常会出现下面的情形就不足为怪了:即"先导出一个方程,然后讨论它的物理含义"[2]。

在科学审美创造中,由于数学能以最简单的形式涵盖最丰富的内容,数学简单性形式与现实世界的运动方式和结构特征有着广阔和内在的联系,因而导致几百年来各门科学一直处于不断加速数学化的进程之中。从牛顿力学到拉格朗日、哈密顿和雅可比的分析力学,从一百年前瓦尔拉代数方程组到现代阿罗和德布鲁的拓扑学形式,无一不显示出这种科学的数学简单性形式美的趋势。不仅如此,随着数学向各个学科领域的不断

---

① 《爱因斯坦文集》第 1 卷,第 216 页。

② 杨振宁:《美和理论物理学》,《自然辩证法通讯》,1988 年第 10 期,第 1—6 页。

渗透,它还以自身无穷的魅力引起愈来愈多的社会科学家们的兴趣和尝试。

科学理论对实在的探求和把握是永无止境的,简单性形式美法则作为科学的一种固有信仰和深挚信念,如同浩瀚星河中那颗熠熠闪亮的启明星,它引领着科学家们不断地以最经济的途径去揭示自然界的奥秘,不断地提出更真更美更合理的世界的简约图式,不断地寻求一个能展示世界统一性的简单而自洽的方程,寻求一种统一的理论,并由此而引发了物理学领域的一系列革命性变革。牛顿力学揭示了天上和地上运动规律的统一性,麦克斯韦方程揭示了电与磁的统一性,爱因斯坦的广义相对论揭示了时空、物质、运动和引力之间的统一性,而现代物理学正在走向自然界四种基本相互作用的统一,走向粒子物理学的统一。盖尔曼对此充满信心,他说:"虽然粒子物理学还没有一个世纪的历史,但我们可能处于这样的阶段,粒子物理学的统一已经初见端倪,一个单个的原理可望预言基本粒子已观察到的多种多样的存在。"①

3.3 简单性形式美法则与艺术创造

契诃夫说:简洁是才华的姐妹。艺术作品愈简约,愈内涵,就愈有意境,愈具审美张力。但同样是审美创造,艺术在运用简单性极值原理上与科学是有着很大不同的。科学是以概念、公式、图样来抽象事物的本质而取得普遍概括性极值的,其"信息束"越高度压缩,所使用的逻辑元素和符号越少则越符合简单性法则。艺术

---

① 《夸克与美洲豹》,湖南技术出版社 1999 年版,第 173 页。

是借助美学观念以形象信息来概括事物的特征,它在抽象和综合事物的审美属性的同时还更溶注进作者的思想感情,因此它对简单性极值原理的追求在目标、要求和特点上与科学迥然有异。比如,艺术不以表面符号的多寡来判断其是否简约,当简处,自应惜墨如金,以片言而明百义;但有时,艺术却要用墨如泼,以百言而穷一义,它同样符合艺术的精练之道和极值原理。否则硬要苟简,是有悖于简单性形式美法则之真义的。诚如《庄子》所言:"长者不为有余,短者不为不足。是故凫胫虽短,续之则忧,鹤胫虽长,断之则悲;故性长非所断,性短非所续。"

艺术审美创造的共性在于它通过形象或意境的创造来曲折、间接地反映主客观世界。但艺术本身是一个庞大复杂的审美系统,其内部组织是极其复杂的,因而艺术在追求简单性极值原理上不仅与科学有异,而且在艺术系统内部也实际上既存在着目标、要求的差别,又存在着达到这些目标和要求的方式方法和手段上的不同。不过,无论哪一种类型的艺术,总不外是内容和形式的有机统一。如果从内容和形式的角度来看艺术的简单性极值原理的运用,则刘勰的"熔裁"理论倒是非常的生动而贴切。刘勰在《文心雕龙·熔裁》中说:"规范本体谓之熔,剪裁浮词谓之裁;裁则芜秽不生,熔则纲领昭畅,譬绳墨之审分,斧斤之斫削矣。"刘勰用冶金和缝衣来形象地比喻文艺的精炼和简化。"熔"指的是内容上的熔铸,即古人所谓的命意,今人所说的艺术手法和表达。

清人魏禧在《日录论文》中有一段话,可以更浅近地说明"熔裁"理论:"东房言作文者,善改不如善删,此可得学简之法。然句中删字,篇中删句,集中删篇,所易知也;善作文者,能于将作时删意，未作时删题，便省却许多笔墨——能删题乃真简矣。"①这里所说的删字、删句、删篇，是指形式上的剪裁和精炼；而删言、删题则是指内容上的熔铸和精炼，内容上的熔铸要比形式上的剪裁要难也更重要。也就是说，艺术构思上的"炼意"要比艺术形式上的"炼句"更难也更有意义。纵观文艺发展史，古今中外的艺术家们在艺术思维上"练意"和追求简单性极值原理的途径和方法极其多样而丰富，但最主要、最常见的有个性概括类、特征取精类、虚实相生类、交叉辐射类②和蕴藉含蓄类五种。

　　个性概括类的简单性法则是一种最常用的艺术思维方式，指的是以一当十，以少总多，寓普通于特殊，寓共性于个性，寓一般于个别。当然，不同艺术品种的特点和创作方法不同，其个性概括的思维方式也不一样。就文学而言，个性概括有古典主义、现实主义与浪漫主义的不同。我国古代文学宝库中有许多人物个性的精炼描写。譬如司马迁就是一位卓越的语言艺术家，他的语言艺术技巧，仿佛那些卓越的画家们所运用的白描的手法，通过简洁而富有表现力的线条，勾勒出一个个性格鲜明、栩栩如生的画像。如我们大家熟知的长于治军而又猿臂善射、勇冠三军、因而被匈奴人称为"汉之飞将军"的名将李广，就被司马迁用简洁而精炼的笔墨，雕塑得栩栩如生，神采四射。再举《世说新语》中的《忿狷》篇为例：

　　　　王蓝田性急。尝食鸡子，以箸刺之不得，便大怒，举以掷

　　①　《辞章与技巧》，第 325 页。
　　②　参见李欣复：《审美动力学与艺术思维学》，华中工学院出版社 1987 年版，第 272—278 页。

地。鸡子于地圆转未止,仍下地以屐齿蹍之。又不得。瞋甚,
复于地取纳口中,啮破即吐之。王右军闻而大笑曰:"使安期
有此性,犹当无一毫可论,况蓝田耶!"

这节文字描写一个特别性急的王蓝田,仅用了55个字,仅仅通过
王蓝田吃鸡蛋便把人物性格写得淋漓尽致,特别传神。另外,我国
古典文学中有不少浪漫主义的经典作品,通过假想性的个性化概
括,塑造了一个个"神似"的典型形象,如《西游记》中的孙悟空、猪
八戒,《聊斋志异》的狐仙精怪等等。它们所追求的简单性艺术极
值即是以一种虚幻、荒诞的审美形式,在其中容纳进有广泛社会意
义的普遍性和人生哲理。

特征取精类的简单性法则主要是为求以少总多、以局部得整
体而创造出来的一种经济的艺术思维方法,其扇形的艺术结构方
式不断由外入内、由形及神,直到形神相通,获得一个聚光的审美
焦点。《淮南子》中早就有谨毛失貌,取其"君形者"的艺术总结。
东晋著名画家顾恺之又提出"四体妍蚩,本无关妙处;传神写照,正
在阿堵中。"(《世说新语》)苏轼据此进一步提出传神论,认为个性
可显于目,也可呈于眉须、口鼻。他和欧阳修都从不同角度在绘画
领域倡导了传神写意画的主张。

"画龙点睛"这个成语众所皆知。《神异记》中说张僧繇画龙点
睛,霎时雷电大作,点睛的龙竟然破壁飞去。这个神异的传说虽属
于子虚荒诞,但其中蕴蓄着平凡的哲理,概括了艺术创作的以特征
取精的形式美法则。画龙点睛便能"通体皆灵",而要塑造禀赋七
情六欲、有着微妙复杂心灵世界的人物形象,其点睛就更是传神写
意的关键所在了。早在古希腊时期,苏格拉底就认为"一个雕像应

该通过形式表现心理活动"，并提出"能不能把这种神色在眼睛里描绘出来"的问题。文艺复兴时期达·芬奇也写道："眼睛叫做心灵的窗子"[1]。我国五·四时期鲁迅先生也指出，要极省俭地画出一个人的特点最好是画他的眼睛。在《药》这一短篇小说中，鲁迅只用了眼光像"刀"和"一个浑身黑色的人"等简练形象的语言，便写意式地勾勒出夜间一个杀人者的凶残的脸相和阴森可怖的形象。我国古代《史记·廉颇蔺相如列传》完璧归赵部分，曾写到"怒发冲上冠"、"持其璧睨柱，欲以击柱"，简短几句，便把相如的英雄形象及相如向秦王献璧后而又取回璧并厉声斥责秦王的场面描绘出来，何等生动有力！

虚实相生类简单性法则是指以无胜有，以白代黑，以虚寓实、虚实相生，它是艺术审美创造的辩证法。中国传统美学和艺术讲意境、重神韵，追求一种意在言外、趣在画外的韵外之致、景外之旨；而于无画处见妙笔，在空白处做文章，也为中国历代优秀文学艺术所乐道、所追求、所实践。邓石如论字画，明确指出："字画疏处可以走马，密处不使透风，常计白以当黑，奇趣乃出。"齐白石作画，常以"计白当黑"、"宁空勿实"为绝。袁枚评诗，曾断言："凡诗文之妙处，皆在于空。"（《随园诗话》）刘熙载论词，曾肯定道："词之妙莫妙于不言言之。"（《艺概》）

虚实相生法又可分为艺术品的局部与局部之间的虚实对照又相生和作品整体内部与外部的虚实互见两种方法。绘画中的无景处皆成妙境，书法中的计白当黑，园林艺术中的"借景"，戏曲中的虚拟和空白背景等都属前者。而不着一字、尽得风流，化景物为情

---

[1]　蒋孔阳等：《美与艺术》，第171页。

思,寄妙理于画外,言有尽而意无穷等则皆为后者。如中国山水画发展到宋元时简约疏淡成了特别标举的审美境界。这里的"淡"不是一般意义上的平淡,而是有所保留,是深藏不露,是以虚带实,以有尽之形来表达无尽之意,因而这是一种境界,是艺术功力达到相当高超的标志。举南宋马远的山水画为例,其画布局简洁,笔力苍劲,意境深远。马远善于用部分表现整体的艺术手法,对自然景象进行大胆的概括和提炼,造成虚实相生的效果。由于他的画往往都留有较多空白,后人就以其常画边角之景而冠之"马一角"的绰号。再举绘画一例,作家老舍曾以"哇声十里出山泉"的诗句为题,请艺术大师齐白石作画。白石老人思索一阵,随后一挥而就:画面上一抹远山,一股激流从山涧乱石中泻出,水中浮游着几只小蝌蚪。画面上没有出现"蛙",然而欣赏者却自然而然地联想到"十里"山泉流,"蛙声"传阵阵。笔虽未到意已至,意境的简约含蓄在这幅画中获得了虚实相生的艺术效果。

诗歌的创作也讲究虚实相生,它要求诗人精于炼意炼句,笔随意转,意藏诗中,或意溢诗外。诚如朱光潜所指出的那样:"世间有许多奥妙,人心有许多灵悟,都非言语可以传达,一经言语道破,反如甘蔗渣滓,索然无味。"[1]诗歌创作常用"跳跃"来取得虚实相生的艺术效果。在诗的首尾之间,节与节、行与行之间,甚至在诗的字、词之间,常常进行大幅度的跳跃,为读者留下想象、联想和创造的艺术空间。诗的"跳法"很多,有依据诗意顺势而跳的"正跳",有"言在对面意在此"的"反跳",有使诗意升华的"上跳",也有使诗意深化的"反跳",还有首尾呼应的远距离的

---

① 谢文利:《诗歌美学》,第 429 页。

"远跳"和同一个诗行中几层意思之间的"近跳"等等。① 一般而言,诗歌"跳跃"的跨度越大,留下的艺术"空白"越多,则诗就越言简意深,越具有审美张力。在这个意义上,鲁·布拉卡指出:"一首诗的质量往往能因为简单的数量删减而直接提高。"艾青则提倡:"尽可能地紧密与简缩,——像炸弹用无比坚硬的外壳包住暴躁的炸药。"②

　　虚实相生的简单性法则在其它类型的艺术审美创造中也被广泛应用着。如影视艺术就常运用虚实结合,蒙太奇隐喻的艺术手法,尽量做到含无穷之味,不尽之意,让欣赏者思而得之。譬如美国影片《魂断蓝桥》,其背景是第一次世界大战,却没有一个表现战争场面的镜头,背景完全虚化了。片中仅有的一次空袭也采取了虚实结合的表现手法,即发出空袭警报的声音,见到夜间探照灯的光柱,以及在地下铁道传来隐隐约约的高射炮的声音。影片在表现女主人公玛拉被迫伦为妓女之情景时,也是以虚代实:夜色中,玛拉伫立在滑铁卢桥边,依着栏杆,静静地望着河水。画外响起一个陌生男人的声音:"小姐,今晚天气不怎么样吧? 现在雾散了,天气好了。"玛拉转过身,不知该怎么办? 那个男子:"散散步好吗?"玛拉艰难地一笑,身子动了动(化出)。在这里,艺术家避实就虚,把妓女的卖身生涯,丑恶的夜生活全"藏"到镜头之外去了,让观众去思考,去寻求答案。这种以虚代实、以隐为显、以藏为露、引而不发的艺术表现手法,不仅符合高尚的审美趣味,而且以最经济的手笔包容了相当大的意义和意味。

---

① 谢文利:《诗歌美学》,第455—458页。
② 同上,第423页。

交叉辐射类的简单性艺术思维,是指艺术家按照自己的艺术主张,有意识地把故事情节和人物形象或时空错位地交叉在一起,或多头并进地分枝岔展开,或互相错合地复叠在一起,以求取向多角度、多体面、多层次辐射的艺术效果。这种思维看上去复杂,实则简化环节、浓缩内容、减去抽象说教,达到扩大艺术容量的目的。这一艺术创作法则在现代艺术中经常使用,并形成了体系流派,如立体派、抽象派、荒诞派等。在古代和近代文学艺术中也有所表现,特别是长篇巨制,如《红楼梦》、《三国演义》、《人间喜剧》、《战争与和平》等,其中人物故事和人物形象错综复杂,人际关系纵横交叉,且在一个大的主题中又有许多小的主题,体现了艺术家思维的立体性、开放性、动态性和多维性。

一部杰出的作品,往往是很难用一两句话说清主题的。如杜甫的诗"万里悲秋常作客,百年多病独登台",就是用极为经济的笔墨表达了丰富的生活内容,让人浮想联翩,难穷其味。故罗大经评注道:"万里,地辽远也;悲秋,时惨凄也;作客,羁旅也;常作客,久旅也;百年,暮齿也;多病,衰疾也;台,高迥处也;独登台,无亲朋也。十四字之间,含有八意。"如今,宛如一部交响乐似地由几个不同声部组成复合的多层次的主题,已越来越成为宏大艺术的重要特征,也越来越为影视艺术家所追求。被誉为电影中的一首优美散文诗的《城南旧事》,就是主题多义性的典型力作。影片以"深深的哀愁,沉沉的相思"为基调,将三个互不关联的故事(疯女秀贞及其女儿小桂子的悲剧,善良赤诚的小偷的遭遇,勤劳忠厚的宋妈的命运),串成一个有机整体,栩栩如生地再现了二十年代古都北京的一幅社会风俗画,让不同年龄、不同身世、不同阅历的观众随同小英子眼睛去观察那个动荡的社会,思考那个已逝的岁月。影片主题的多义性产生了审美张力的多向性,最终形成了一个审美合力,引发出巨大的艺术魅力。

蕴藉含蓄之美是中华民族的一个显著特色,也是简单性极值原理在中国艺术上的出色表现。宋人陈骙在《文则》中说:"文之作也,以载事为难;事之载也,以蓄意为工。"①刘勰在《文心雕龙》中以"隐秀"来论述含蓄:"夫心术之动远矣,文情之变深矣,源奥而派生,根盛而颖峻,是以文之英蕤,有秀有隐。隐也者,文外之重旨者也;秀也者,篇中之独拔者也。隐以复意为工,秀以卓绝为巧。……夫隐之为体,义生文外,秘响傍通,伏采潜发。"②钱钟书先生释"含蓄"为:"画之写景物,不尚工细,诗之道情事,不贵详尽,皆须留有余地,耐人玩味,俾由其所写之景物而冥观未写之景物,据其所道之情事而默识未道之情事。"③通俗而言,含蓄就是言外之意,画外之画,弦外之音,就是以有限的形式反映无限的内容,以简约的形象蕴藉深邃的意境,从而收到"玩之者无穷,味之者无厌"的艺术效果。

实际上,我们上述的以特征取精法、虚实相生法等各种类型的艺术简单性思维方法,都离不开蕴藉含蓄的艺术手笔。再纵观中国艺术史,无论是文学、绘画、书法,还是雕塑、建筑、影视,也都无不讲究含蓄之美。便是新式的广告艺术,也不排除艺术表达的含蓄。诚然,广告因其商业性和大众性,要求简明易懂而不深奥隐晦。但含蓄用之得当,照样能起到引人注目和直观领悟的审美效果。如台湾有一则提醒人们保护森林的公益广告,四个画面分别

① 《辞章与技巧》,第328页。
② 蒋孔阳等:《美与艺术》,第154页。
③ 同上。

由三个汉字和一个宗教符号(十字架)构成:

这是借用汉字本身的形象含蓄性进行创意的广告,其实质是利用语言符号的能指层面来进行构思的。有人在分析这一广告时说,即便外国人不懂汉字,但只要稍加解释,他们不但能理解广告的涵义,而且也非常欣赏这种简洁明了、非常巧妙的创意。从符号学的角度来看,这里的能指层面——汉字的笔划——越来越少,最后变成一个象征死亡的非语言符号(十字架),含蓄地暗示了人类如果不断砍伐森林,会走到自取灭亡的境地。显然,广告中的能指在不断简化中强化了所指,凸现了所指(保护森林),从而在十字架的形象符号上爆发出了巨大的审美张力。

上面我们探讨了简单性极值原理在艺术思维上的应用,主要是从艺术内容的"熔"铸和"炼意"上展开论述的;下面,我想从艺术的表达形式上,并主要是从"修辞"和"炼句"上来谈谈简单性形式美法则的运用。

大凡优秀的艺术总是十分精练的,而精练便是内容丰厚与文字简洁的辩证统一。中国古代文学艺术家不独十分注重炼意,也十分注重炼句。方干曾感叹:"才吟五字句,又白几茎须";贾岛也深有体会:"二句三年得,一吟双泪流";杜甫则发出豪言壮语:"为人性僻耽佳句,语不惊人死不休"。

清人赵翼在评论陆游的诗时指出:"所谓炼者,不在乎奇险诘曲、惊人耳目,而在乎言简意深,一语胜人十白,此真炼也。放翁工夫精到,出语自然老洁,他人数言不能了者,只用一二语了之。此其炼在句前,不在句下,观者并不知其炼之迹,乃真炼之至矣。"①
古人梅尧臣曾道出了炼句的原则,即不仅要"言简意深"还要"意新
语工,得前人所未道者……作者得之于心,览者会以意,殆难指陈
以言也"。② 唯有"意新语工",才能写出"人人心中有,个个笔下
无"佳句来。如李太白的"今人不见古时月,今月曾经照古人",王
摩诘"劝君更尽一杯酒,西出阳关无故人",都是由于读者先有同
感,作者出语新颖而至今脍炙人口。

在艺术审美创造过程中,"言简意深"、"意新语工"不独是诗人
的追求,也为所有艺术家所遵循。美国故事片《简·爱》中有一段
对白许多人耳熟能详,让我们再来回味一下简·爱找到双目失明
的罗彻斯特时两人一段凝练含蓄、感人至深的对白:

罗彻斯特:能呆多久? 一两个钟头,别就走,还是你有性
急的丈夫在等你?

简·爱:没有。

罗彻斯特:还没有结婚,这可不好,简,你长得不美,这就
不能太挑剔,可也怪,怎么没有人向你求婚?

简·爱:我没有说没人向我求婚。

罗彻斯特:懂了,是啊,那好,简,你应该结婚。

简·爱:什么结婚?

罗彻斯特:见鬼,你不是说过你要结婚?

简·爱:没有。

---

① 谢文利:《诗歌美学》,第 430 页。
② 同上,第 431 页。

罗彻斯特：那么迟早有个傻瓜会找到你。

简·爱：但愿这样，有个傻瓜早就找过我了，我回家了，让我留下吧。

这段对白，可谓"炼在句前，不在句下"、"用意十分，下语三分"、"言简意赅，意新语工"的典范。你瞧，在如此简明易懂的对话中蕴涵着多么丰富的潜台词呐！它在表达罗彻斯特和简·爱之间热烈的感情过程中，通过隐回曲折的试探，将罗彻斯特沉着中的焦灼、自尊中的渴望，以及简·爱追求人格平等且不轻易表达感情的丰满性格刻划得栩栩如生，惟妙惟肖。正如唐代诗人刘禹锡所谓"片言可以明意，坐驰可以役万景"。刘知几的一段话用来评论这段经典的对白也很贴切："言近而旨远，辞浅而义深。虽发语已殚，而含意未尽。使夫读者，望表而知里，扪毛而辨骨，睹一事于句中，反三隅于字外。"①

艺术审美创作中，炼句的技巧常常体现在对语言文字巧妙的组合安排之中。常见的艺术炼句技巧有省略、警句、起句、结尾、炼字和修改等几种。唐代著名史学家曾提出叙事"尚简"的主张，他认为叙事简要一要省字，二要省句。东汉王充说："文贵约而指通，言尚省而趋明。"古人为了求得文字的简练，是十分强调要删削"芜辞景句"的。欧阳修《醉翁亭记》稿起初说"滁州四面皆山……"凡数十字，改定后，只说"环滁皆山也"数字，言简而意赅。鲁迅先生非常注重外文的简练，并说：写完后至少看两遍，竭力将可有可无的字、句、段删去，毫不可惜。他在《死》的初稿中写道："在这时候，

———————————
① 《史通·叙事篇》。

我才确信,我是到底相信人死无鬼,虽在久病和高热中,也还没有动摇的。"定稿时则只有以下简短一句:"在这时候,我才确信,我是到底相信人死无鬼的。"

诗人更是注重语句的省略,他们在抒情时酣畅淋漓,像个挥金如土的"阔少爷",但在遣词造句时却是惜墨如金的"吝啬鬼"。如李商隐诗句:"一条雪浪吼巫峡,千里火云烧益州",实际上应写成:"一条(如)雪(的)浪(涛)吼(叫着穿过)巫峡,千里(如)火(的)云(霞燃)烧(在)益州(上空)。"朱光潜先生在谈到作诗的省略和含蓄时说过这样一段话:"温庭筠的《忆江南》:'梳洗罢,独倚望江楼。过尽千帆皆不是,斜晖脉脉水悠悠。肠断白苹洲。'在言情诗中本为妙品,但是收语就微近于'显',如果把'肠断白苹洲'五字删去,意味更觉无穷。"①看来,郑板桥的"删繁就简三秋树",应被诗家视为座右铭。

"凤头、猪肚、豹尾",似乎成了作文的要律,这实际上也是要求文章的开头与结尾要漂亮、干脆而简约。万事开头难,赋诗作文的开头尤其难。因之,我国古代的文艺评论家大多十分重视起句,如谢榛在《四溟诗话》中说:"凡起句当如爆竹,骤响易彻。"李渔在《闲情偶寄》中说:"开卷之初,当以奇句夺目,使之一见而惊,不敢弃去。"沈德潜在《说诗晬语》中也说:"歌行起步,宜高唱而入,有'黄河落天走东海'之势。"诗歌艺术的起句尤其要求引人入胜、打动人心。如北岛的《回答》一诗起句饱含哲理,惊警动人:"卑鄙是卑鄙者的通行证,高尚是高尚者的墓志铭。"起句要有吸引力,这是文学艺术的一个总原则、总目标,广告艺术也遵循这一原则。美国广告

---

① 朱光潜:《艺文杂谈》,见蒋孔阳等:《美与艺术》,第167页。

专家乔治·葛里宾(George Cribbin)十分喜爱自己为箭牌衬衫做
的一则立意新颖的广告:

> 标题:我的朋友乔·霍姆斯,他现在是一匹马了
>
> 正文:
>
> 乔常常说:他死后原意变成一匹马。
>
> 有一天,乔果然死了。
>
> 五月初我看到一匹拉牛奶车的马,看起来像乔。
>
> 我悄悄地凑上去对他耳语:"你是乔吗?"
>
> 他说:"是的,可是现在我很快乐!"
>
> …… ……

在乔治·葛里宾工作的那个年代,衬衫缩水是一件令人心烦的事,
他通过变成马的乔和乔的朋友的对话,别出心裁、奇而不怪地宣传
了箭牌衬衫的非凡特性,生动幽然,让人难以忘怀。乔治·葛里宾
在谈他广告创作的体会时说:"虽然我不能告诉你一个'怎样来写
广告'的典范,可是在你作好一个广告之后,我绝对能告诉你一个
要怎样做的典范。这个标题是否使你想去读方案的第一句话? 而
方案的第一句话是否能使你想去读第二句话? 使你看完整个文
案。一定要作到使读者看完广告的最后一个字再想睡觉。"①
　　俗话说:"编筐编篓全在收口"。结尾是艺术作品有机整体的
收口处。古人既十分重视起句,更十分重视结尾。谢榛说:"结句
当如撞钟,清音有余。"清代戏曲埋论家李渔也对结尾有过一段精

---

① 吴宣文:《现代广告技巧》,宁夏人民出版社 1995 年版,第 162 页。

辟的论述:"终篇之际,当以媚语摄魂,使之执卷留连,苦难遽别,此一法也。收场一出,即勾魂摄魄之具,使人看过数日而犹觉声音在耳,情形在目者,全亏此出撒娇,作临去秋波那一转也。"(《闲情偶记·词曲部·大收繁》)在李渔看来,结尾应像美人撒娇的秋波那样使钟情者神魂颠倒,思念不已。当然,正如形状各具匠心,"不自相犯",结尾也各具特色,互不雷同,或画龙点睛,或转出别意,或就眼前指点,或于题外借形,或拍合,或宕开,或倒唿蔗,或转入佳境。在诸多结尾之法中,人们偏重的还是言简意丰的含蓄。言虽已尽,其韵绕梁,这是文学艺术家炼句以获致精练美的一个关键所在。如杜牧《阿房宫赋》的结尾:"嗟夫! 使六国各爱其人则足以拒秦,秦复爱六国之人则递三世可至万世而为君,谁得而族灭也? 秦人不暇自哀而后人哀之,后人哀之而不鉴之,亦使后人而复哀后人也!"文章的最后两句话,多么意味深长而发人深思啊!

白居易曾主张:"卒章显其志"(《新乐府序》)。在诗歌中,"显其志"的结句多是诗的感性形象经过升华凝成的警语佳句,是全诗的点睛之笔。如李白《梦游天姥吟留别》的结句:"安能摧眉折腰事权贵,使我不得开心颜";苏轼:《水调歌头·中秋》的结句:"但愿人长久,千里共婵娟";秦观《鹊桥仙》结句:"两情若是久长时,又岂在朝朝暮暮。"当然,警句不只在诗篇的末尾,也有在诗首、诗中出现的。但它们的共同的特点是言简意新、言简意深、言简意丰,"立片言而居要,乃一篇之警策"(陆机:《文赋》)。我国古代诗人中,多有"人因句传",甚至因警句而名传于世的。如宋祁被誉为"红杏枝头春意闹尚书";张先被冠以"云破月来花弄影郎中";贺铸因写了"试问闲愁都几许? 一川烟草,满城风絮,梅子黄时雨",而被称为"贺梅子";赵嘏因有"残星数点雁横塞,长笛一声人倚楼",便被杜牧尊为"赵倚楼"。

篇以句成，句以字成。警语佳句的获得，很大程度上得益于炼字的功底。我国古代文人把炼字与炼意、炼句一样，均看作是"锤炼"中的重要环节，是使文章具有精练美的主要途径之一，也因此出现了许多苦吟诗人。方干"吟成五个字，用破一生心"；卢延让"吟安一个字，捻断数茎须"；杜荀鹤"江湖苦吟士，天地最穷人"；孟郊"夜吟晓不休，苦吟鬼神愁"。

蒙古民间谚语说："一个深思熟虑的单词，胜过千百句废话。"譬如《孟子·齐桓晋文之事章》中，用"是罔民也"的"罔"来写国君像张开罗网捕捉鸟兽那样陷害人民，又是何等地形象有力！又譬如《水浒》第三回中描写鲁智深打郑屠，当鲁智深打下了第三拳之后，郑屠就"挺在地上"，一个"挺"字正确地表现出那被打失去知觉的状态，同时又是多么简洁凝练和形象生动。再如鲁迅的《阿Q正传》中有这样一段：

> "这断子绝孙的阿Q!"远远地听得小尼姑的带哭的声音。
> "哈哈哈!"阿Q十分得意的笑。
> "哈哈哈!"酒店里的人也九分得意的笑。

这一段是说阿Q被人欺侮，在"晦气"了一天后，拿调戏小尼姑开心，却得到了酒店里一群人的鼓励。他们同为强者欺侮，却又都喜欢欺侮弱于自己的人，以摧残弱于自己的人开心。为了突出这点，在这里没有比用"十分"与"九分"这两个词儿再经济而又具体、精确的笔法了。

李渔在《笠翁余集》中说到了炼字的原则："琢句炼字，虽贵新奇,亦须新而妥,奇而确。妥与确总不越一'理'字。"沈德潜在《说诗晬语》中也谈到了炼字的原则:"古人不废炼字法,然以意胜而不以字胜,故能平字见奇,常字见险,陈字见新,朴字见色。"沈祥龙在《论词随笔》中也说:"词之用字,务在精择。腐者,哑者,笨者,弱者,粗俗者,生硬者,词中所未经见者,皆不可用。"陆游《诉衷情》中有一句"尘暗旧貂裘",其中的形容词"暗"字是使动用法,既含形容词"暗"的意思,又含动词"使"的意思,一石二鸟,十分简练。孟浩然《临洞庭湖上张丞相》中有一句:"欲济无舟楫,端坐耻圣明。"其中的形容词"耻"是意动用法,也是一石二鸟,省去了许多字、词,表达了"以在圣明之世无所事事为耻辱"之意,非常符合简单性极值原理。传说苏东坡与苏小妹及黄山谷论诗,小妹说"轻风细柳"和"淡月梅花"中各要加一个字作腰。该加什么字好?东坡说加"摇"、"映"二字,小妹认为不够好;东坡再说加"舞"、"隐"二字,小妹还认为不顶好。最后还是苏小妹说出二句,让东坡与山谷皆拍掌称善:"轻风扶细柳,淡月失梅花"。一个"扶"字,形象地描绘出了那种轻风徐来柳枝飘拂的柔姿,给人以一种极其丰富的美感;而"失"字则简切地勾画出那种月色与梅花交融的情景,从而加强诗的感染性,使人感到语尽而味有余,也非常符合简单性极值原理。

我们大多知道"推"、"敲"二字的来历,其实遣词用字的精美,也大多是推敲、琢磨和修改而得的。"诗不厌改,贵乎精也。"(谢榛:《四溟诗话》)文学作品的修改过程,实际上是遵循简单性形式美法则,围绕着炼意而进行炼句、炼字的精益求精的过程。我国古代文论家曾苦口婆心,再三强调修改。如吕本中说:"赋诗十首,不若改诗一首。"(《陵阳先生室中语》)唐彪要求:"文章草创已定,便从头至尾,一一检点。"他形象地比喻道:"盖作文如攻玉然,今日攻去石一层,而玉微见;明日又攻去石一层,而玉更见;再攻不已,石尽而玉全出矣。"(《读书作文谱》)曹雪芹写《红楼梦》时,在"悼红轩"中披阅十载,增删五次,难怪他感慨地说:"字字看来皆是血,十年辛苦不寻常"了。

文学作品经过修改,会变得生动传神。如胡仔在《苕溪渔隐丛话》中记叙的一则古人改诗的佳话:"鲁直《嘲小德》有'学语春莺啭,书窗秋雁斜'。后改为'学语啭春莺,涂窗行暮鸦'。"综观两句,诗人都是在动词上花气力,因而改过后气韵飞动,不可移易。王安石把杜荀鹤的"江湖不见飞禽影"改为"江湖不见禽飞影",也是移挪动词,使"飞"由修饰名词"禽"的附属地位,一跃而为具有动态意义的自主地位,产生了动态美感。有时,诗作经过修改会愈显情真意切。如鲁迅先生《无题》中原有两句:"眼看朋辈成新鬼,怒向刀边觅小诗",后将"眼"改为"忍"、"边"改为"丛",更突显了作者爱憎分明、不畏强暴、"横眉冷对千夫指"的英雄气概。又有时,诗歌经过修改,可以起到画龙点睛的作用。如李嘉祐"水田飞白鹭,夏木啭黄鹂"句,本来是一般的咏景,后经王维点化,改成"漠漠水田飞白鹭,阴阴夏木啭黄鹂",就顿觉情景如画,栩栩如生。可见,修改可以字不增或稍增,却使意更深更有味更具审美张力和穿透力,实则是更精炼和简化了。

南宋诗人戴复古曾经不无体会地写边:"草就篇章只等闲,作诗容易改诗难。/玉经琢磨方成器,句要丰腴字要安。"改诗难就难在既要点石成金,又要勇于割爱,删繁就简,去芜存菁。有一则制鼓歌诀:"紧紧蒙张皮,密密钉上钉,/天晴和下雨,打起一样音。"后由二十字删成为十二字:"紧紧蒙,密密钉,晴和雨,一样音。"最后又减为八字:"紧蒙密钉,晴雨同音。"几经删改,便成了警句。

当然,文学艺术的精简之法,并非说是字句越少越短越好。如果约而不通,省而不明,便成了文章的大病。刘勰说:"善删者,字去而意留……字删而意阙,则缺乏而非覈。"①宋朝陈骙也说:"文简而理固,斯得其简也;读者疑有阙焉,非简也,疏也。"②魏际在《伯子论文》中说得更辩证而确切:"文章烦简,非因字句多寡、篇幅短长。若庸絮懒蔓,一句亦谓之烦。切到精详,连篇亦谓之简。"③这就道出了艺术与科学在简单性极值原理的运用上有着很大的区别。用艾青的话来说,艺术要做到"适度地慷慨,适度地吝啬。"(《诗论》)繁简之道乃是文学、尤其是诗歌创作的一个重要技巧。艺术的精练与重叠、重复并不完全地对立,恰到好处地适度运用叠字、同字、叠词、叠句、叠章和排比等重叠与重复的技巧,恰恰可以玉成诗的精炼之美。李清照《声声慢》的开头,连叠七字:"寻寻觅觅,冷冷清清,凄凄惨惨戚戚。"徐釚在《词苑丛谈》中赞叹道:"真是大珠小珠落玉盘也"。戴望舒《雨巷》中,"悠长"和"哀怨"都进行了重复,但它的重叠和反复不仅加强了诗的韵律之美,更为重要的是使诗的委婉惆怅之情有了感人至深的力量。再如苏联女诗人玛丽娜·茨维塔耶娃写给她丈夫的诗《我在青石板上书写……》中的第二节:

> 在经历过千百个严冬的树干上镌雕,
> 最后——为了让天下人都知道!——
> 你为我所爱!为我所爱!为我所爱!——
> 　　　　　　　为我所爱!——

---

① 《辞章与技巧》,第 305 页。
② 同上。
③ 谢利文:《诗歌美学》,第 465 页。

我大书特书——挥洒经天的虹彩。

诗人再三再四地重复"为我所爱"这带着感叹号的诗句,其对丈夫谢·埃感情之深、爱情之烈溢于言表。难怪爱伦堡这样评价她:"对于倾心的和不喜欢的事物都充满激情"。

阿恩海姆指出:"由艺术概念的统一所导致的简化性,决不是与复杂性相对立的性质,只有当它掌握了世界的无限丰富性,而不是逃向贫乏和孤立时,才能显示出简化性的真正优点。"[1]以"片言而明百义"与"百言而穷一义",只要仔细揣摩,不仅不相互矛盾和对立,实则皆属于精练之道,都是简单性极值原理在艺术审美创造中的表现。并且,我在《科学审美创造学》一书中论及简单性、复杂性与真理性关系时指出:"随着人类思维不断进化和科学的不断发展,科学简单性思想与复杂性、深远性将愈来愈密不可分。"[2]科学审美创造是如此;艺术审美创造更是如此。

---

① 鲁道夫·阿恩海姆:《艺术与视知觉》,第68页。

② 陈大柔:《科学审美创造学》,第216页。

§4　和谐统一形式美法则

和谐统一形式美法则的来源同样可追溯到公元前 6、7 世纪的毕达哥拉斯学派,他们提出了"美是和谐"的观念。此后,古希腊哲学家赫拉克利特也认为,对立面的统一是万物生长发展的动力,美是和谐,是对立统一的结果;亚里士多德则进一步认为,和谐是美好事物的基本特征之一。直到中世纪的奥古斯丁、托马斯·阿奎那、17、18 世纪理性派的鲍姆嘉通,都以和谐为美,视和谐为美的本质。

纵观整个美学思想史,我们可以发现许多艺术家、科学家和理论家对此都有过论述。鲍列夫曾直截了当地指出:"美是一部分与另一部分及整体的固有的和谐";笛卡尔认为:美是"一种恰到好处的协调和适中";夏夫兹博里认为:"凡是美的东西都是和谐的和比例适度的。"歌德也说:"美:凡无须深思熟虑,直接引人愉快的一切事物之适宜的高度的和谐。"意大利浪漫主义作家、诗人福斯科洛则充满激情地说道:"世界上存在一种普遍的、隐秘的和谐,人热切地追求这种和谐,把它当作安慰生活的辛苦和痛苦的必需品。他渴望寻得的和谐愈是完美,享受的欣悦愈是强烈,他的情感便愈加奋发和得到净化。他的理智也从而臻于完美。"①

真正从形式美法则角度对和谐统一进行全面研究并加以阐述

---

① 《论意大利语言·序》,见谢文利:《诗歌美学》,第 392 页。

的是黑格尔。黑格尔明确提出和谐概念中的对立统一规律,把和谐解释为事物质的矛盾中的统一。他指出:"和谐是从质上见出的差异面的一种关系,而且是这些差异面的一种整体,它是在事物本质中找到它的根据的。……各因素之中的这种协调一致就是和谐。和谐一方面见出本质上的差异面的纯然对立,因此它们的互相依存和内在联系就显现为它们的统一。……在和谐里不能某一差异面以它本身的资格片面地显出,这样就会破坏协调一致。"①

黑格尔关于和谐统一的阐释对于我们理解和谐统一的形式规律是颇有启发的。首先,我们知道对立统一规律是宇宙间事物发展的根本规律,和谐美往往不仅仅是依赖相同的、一致的东西,而且常常是依赖对立的、相反的东西所产生、所存在的。这正可借用赫拉克利特的一句话加以说明:"自然不是借助相同的东西,而是借助对立的东西形成最初的和谐。"②

其次,我们知道了多样统一是和谐的基础,多样化中的特殊的、有机的统一就是和谐。"多样"体现了各个事物的个性的千差万别,"统一"体现了各个事物的共性或整体联系。和谐的多样统一体现了人类社会、自然界中对立统一的规律。为什么一切空间图像都可以简化和抽象为点、线、面、体?为什么一切生物有机体都可以找到"细胞"这一简单结构?为什么一切近代微观粒子理论都可以建筑在"夸克"的假说上,且能用"色"、"味"来说明?为什么物质的颜色、化学活性等物理性质和化学性质都与电了的分布、电子的运动状态有关?为什么我们接触到的纷繁复杂的事物都可

---

① 黑格尔:《美学》第 1 卷,第 180—181 页。
② 《著作残篇》,见谢文利:《诗歌美学》,第 359 页。

以用简洁对称的形式来说明或表达？这一切都说明自然界本身就是多样统一与和谐的，整个宇宙是一个多样统一和谐的整体。和谐统一的形式美法则实则是自然美在科学和艺术审美活动中的反映。这就难怪爱因斯坦在其所投入了后半生的关于统一场理论的工作中，"他的目的既不是要诠释未得到的东西，也不是要解决任何悖谬之处。他的目的纯粹是寻求和谐"。① 因为"科学家必须创造全新的观念结构，方能表达可从自然界中发现的和谐与美"。② 科学思想家戴维·玻姆在"论创造力"一文中分析科学家们为什么对自己工作抱浓厚兴趣时指出："他想在自己所处的实在中找到一定的一体性和总体性，或者说整体性，它构成被感觉为美的某种和谐。在这方面，科学家或许跟艺术家、建筑师、音乐作曲家等等没有什么根本不同"。他们"都感到有一种基本的需要，那就是发现和创造某种整体和总体的、和谐与美的新事物"。③

再次，我们知道了多样统一的和谐作为最高级的形式规律，包含了整齐一律、平衡对称、对比与调和、比例和节奏、对立统一等形式规律。如果说对立统一还保留差异、对立，和谐统一则消除了差异的对立面，差异的相互依存和内在联系显为"协调一致的统一"即具体同一。譬如我们漫步在杭州的苏堤上或白堤上，我们可以分别欣赏西湖的各种形式美：一排桃树或柳树的整齐一律之美，桃柳间隔的平衡对称之美，蓝天绿水的对比调和之美，以及各种节奏之美。其时，不同的色彩、声音和事物在对比、调和、节奏中还保留各自的差异面。但若当你站在初阳台、玉皇山或浙大旁的老和山

---

① 詹姆斯·W. 麦卡里斯特：《美与科学革命》，第 228 页。
② 戴维·玻姆：《论创造力》，第 3 页。
③ 同上，第 3—4 页。

上感觉西湖的美,那就是一种多样统一的和谐之美,此刻我们不能将各形式美分割地加以审视,也就是说各差异不能以它本身的资格片面独立表现出来,否则就破坏了和谐之美感。正如三毛所谓:"不可说,不可说,一说即破矣。"这是审美的最高境界。

总之,我们明白了和谐是大千世界和人类社会最高级的形式规律,也是科学和艺术审美创造所遵循的最高级的形式美的法则。审美创造中,和谐性是与统一性密切关联着的,对立统一形式规律是和谐形式规律的基础,和谐形式规律是消除了差异之纯然对立的多样统一。因此,我们只有在深刻认识统一性形式规律的基础上,才能正确理解和把握和谐性形式规律,并进而将和谐统一的形式美法则用于科学和艺术的审美创造之中。

4.1 科学审美创造的统一性

科学审美创造中的统一性法则来源于宇宙的客观存在的对立统一性。作为一位科学家,布鲁诺就深刻感觉到了整个宇宙的对立统一性的美,他曾形象地比喻道:"自然像合唱队的领队那样,指导着相反的、极度的和中等的声音唱出统一的、最好的,你想多美就多美的和音来。"①

宇宙统一性的美是科学美学史上最早提出来的基本概念之一。毕达哥拉斯学派认为宇宙统一于数;赫拉克利特认为世界统一于火,德谟克利特除了提出宇宙统一于原子的设想外,又提出了美的形式与内容的统一;柏拉图认为宇宙美统一于世界;中国古代

---

① 布鲁诺:《拉丁文著作集》,见杨辛、甘霖:《美学原理新编》,北京大学出版社1996年版,第192页。

认为宇宙美通过阴阳五行统一于太一;笛卡尔认为宇宙统一于以太。亚里士多德曾提出美是以有机体为基础的,他认为局部对于整体来说是匀称的和有秩序的,才能见出整体上的和谐统一。

实际上,事物的对立统一是客观存在本身所具有的特性。事物本身的形具有大小、高矮、方圆、长短、曲直、正斜;质具有刚柔、强弱、粗细、轻重、润燥;势具有动静、徐疾、进退、抑扬、聚散、升沉。这些相对的因素统一在具体的事物上面,就形成了对立统一;而所有对立统一事物在宇宙中的有机统一就构成了和谐之美。

整个物质世界是一个统一的客观存在。无论是微观、宏观还是宇称世界、生命与非生命世界、自然与人类社会都是一个统一体。从粒子物理学和天体物理学合流的产物——粒子天体物理学的产生来看,微观和宇宙这样的空间上极小和极大的世界是较为低级和简单的,而生命世界的事物则是比较高级和复杂的,非生命和生命世界是同一物质不同阶段的表现形态,两者也是统一的。再从自然界和人类社会来看,它们都遵循着对立统一的运动规律,比如新陈代谢等,因而两者也是统一的。

物质世界各种客观存在的统一是多样性的对立统一,是通过事物间普通联系而实现的。而其多样统一性又是有着客观的内在同一性基础的,按照老的星云说,宇宙从一团浑沌的星云演化而来,依据新的大爆炸理论,宇宙由一个统一体的爆炸而生,无论怎样,宇宙现在的"多"来自最初的"一"。我国古代老子早就表达了一生二,二生三,三生万物的哲学思想。宇宙万物的多样性正是来自宇宙的太初之一,对立统一的形式美法则也正是来自宇宙事物的内在同一性。

随着科学的不断发展,人们对统一性的认识逐渐从形而上学引申到科学领域中来。许多自然科学家(尤其是当代物理学家们)之所以执着地追求物理世界的统一理论,正是由于他们坚信可以在杂多的世界中见出统一性来。同时,又有众多科学家通过自己的科学审美实践,不断向人们昭示了自然界统一性的美。爱因斯坦之所以主张在世界图景中尽可能地追求逻辑的统一,也正是基于世界的统一性。玻尔在阐述他的互补性原理时,认为互补性原理符合多样统一性的科学审美标准,不仅对于微观世界是适用的,并且对与统计因果联系在一起的宏观世界也具有启发性。狄拉克通过自己的科学审美实践活动,明确指出了自然界各客观存在之间和各现象领域之间必然具有某种本质的和内在的联系,在不同层次和形式的物理规律之间也必定存在一种深刻的统一性,而这种统一性正是自然界统一性之内在美的表现。在这一科学审美信念的支持下,狄拉克致力于矩阵力学与波动力学的统一工作。1926年12月,继薛定谔1926年3月向量子力学的统一性迈出决定性一步之后,狄拉克在引进德尔塔函数后最终完成了这项统一工作。

让我们以DNA分子螺旋结构模型为例,来看一看生物世界是怎样具有统一性之美的。按照华生与克里克的这一模型理论,生物世界统一性的美集中体现在染色体的自我复制上。我们已经知道,从细菌到动植物乃至人类,它们的细胞结构都是相似的。这正是DNA双螺旋结构在生物世界统一美中的重大作用。但如果DNA分子只有严格的复制性,那么生物世界就只有严格的统一性,多姿多彩的大千世界就不存在了。事实上,DNA分子会分解为两个单链,以及这两个单链在再复制的过程中,总会因某种化学物质的作用等偶然因素,而发生一些极微小的疏漏和差错,并由此产生 DNA 分子突变。这种突变一经产生就会不断重复,从而产生与原来 DNA 遗传物质不完全相同的新的遗传物质,于是生物就发生了进化(或退化)。随着生物进化或退化的多样化的积累,自然界就在数十亿年间形成了几千万种各具特色的新物种。可见,DNA 分子双螺旋结构模型,向我们揭示了生物世界存在着多样统一的美妙结构。

不仅在生物世界中有客观存在的统一性,整个物质世界中都普遍存在着。一部科学审美创造史,可以看到自然科学家们分别以各自的科研成就来昭示和论证了宇宙统一性的美。伽利略通过惯性定律将匀速直线运动与静止状态统一了起来;开普勒用行星三大运动定律将行星运动多样性统一了起来;哈雷通过哈雷彗星复归的预言,将彗星与太阳系的其它成员统一了起来;康德与拉普拉斯用星云假设把天体起源统一了起来;牛顿通过建立完整的力学体系将天地间运动规律统一了起来;爱因斯坦的相对论把宏观物理运动统一了起来;狄拉克的相对论电子运动方程把相对论与量子力学联系统一了起来;焦耳、迈尔统一了热与功;法拉第、麦克斯韦统一了电与磁;量子力学统一了微观世界物质运动;波粒二象性统一了波与粒子的运动;夸克理论统一了基本粒子的运动……每一次划时代的统一性科学理论的提出,都会让人们深刻感受到自然界那种潜在的奇妙与统一。

在科学审美活动中,科学家看到了宇宙自然的统一性,并将它运用到科学审美创造中来,逐渐成为科学审美标准和科学创造形式美法则。笛卡尔是第一个成功运用统一性形式美法则于科学创造之中的科学家。在统一性审美标准指导下,笛卡尔努力寻求几何学与代数学的统一。他于 1637 年发表了《方法论》,建立了笛卡尔直角坐标系,并由此建立起了一门用代数方法研究几何学的新兴学科——解析几何,许多古典几何学的内容因此被纳入到代数学的研究领域。笛卡尔所创立的几何与代数学相统一的方法论原则,也就成了今天各门边缘学科在统一性形式美法则指导下得以发展的楷模,并且使统一性形式美法则在科学审美创造中具有了方法论的特性。

在统一性形式美法则指导下,牛顿完成了物理学史上的第一次大统一。在牛顿理论体系中,天体运动和地面运动处于和谐统一之中。牛顿在科学活动中充分利用了他的数学才能及审美能力,并把科学美感转化为表现物质运动状态的微分方程式。这样,就使得很多物理问题可以表达为求解微分方程式,并使科学美的光辉集中反映在了微分方程式的魅力上。正是在这种科学审美背景下,大多数科学家坚信:物质世界的统一性,能够表现在微分方程式惊人的一致上。

彭加勒在大、小宇宙统一性审美思想指导下,一反古希腊时期以大宇宙的统一性来猜测小宇宙的统一性,而是用小宇宙的统一性来比附大宇宙的统一性。如此一来,人们就可以通过一些有限现象的描述和理解去研究更大范围的甚至是一些看来无关的现象。在这统一性审美思想下,彭加勒认为科学所给予我们的并不是事物的真实本性,而仅仅是事物间的真实关系。与此相仿,黑格尔也认为对自然美的观照里,应该有一种内在联系的见解,这就是科学统一性审美标准。当然,这种统一并不是单调的重复和简单的一致,而是以某一个别的有限的方面作为指导原则,去达到对整体、概念和灵魂本身之间关系的美的观照。在审美观照中,主客体双方互相影响、互相适应、逐渐融合。

一部科学美学史让我们看出,面对纷繁复杂的大自然,科学的审美过程不仅是主客双方的同构契合,而且是统一性与多样性不断交替发展的过程。彭加勒指出,每当人们在自然界中揭示出一种新的关系,使得宇宙秩序表现为一种多样化的秩序时,原先并无关系的客观存在之间便通过统一性这一形式美法则而连结了起来。随着科学审美主体认识能力和审美能力的提高,发现了更多的自然美时,原有的统一性的美就产生了缺陷,宇宙图景又趋于多样性。于是,科学审美活动就在这种统一性与多样性的不断交替发展中不断向着更高层次迈进。

许多科学家把在多样性中追求统一性作为自己的科学审美活动的目的。比如门捷列夫认为,化学的目的不仅要描述化合物的多样性,而且要揭示隐藏在复杂现象中的统一性。科学审美创造的根本就在于研究自然界中这种多样的统一性。在这一科学审美思想指导下,门捷列夫把当时已知的 60 多种元素结合成尽可能统一的体系。门捷列夫周期表以原子序数作为统一性依据,使每一个化学元素在周期表中所处位置同其物理、化学性质相适应,这样一来,整个周期表就彰显出了一种统一、有序的和谐之美。依据统一性形式美法则,门捷列夫给当时尚未发现的几种化学元素留下空位,并对其性质作出了科学预言。后来一些新元素的陆续发现,为元素周期表的统一性形式美、并为统一性形式美法则的实用性做出了佐证。

在科学审美实践中,不断得到完善的统一性形式美法则,逐渐成为科学家的一种审美理想,甚至成为科学审美创造的最高的审美理想。彭加勒就曾明确宣称,科学的最终目标是尽善尽美,因而科学真正的、唯一的目标就是追求统一性的美。他甚至断言:在对科学理论美的特征做出判断时,统一性是最根本的特征。19 世纪末,经典物理学已经形成了大一统的局面,光、电、磁的统一性,极大地增强了科学家们追求宇宙统一美的信心。现在,科学家们在进一步探索弱相互作用、电磁相互作用和强相互作用之间统一性的美学特征。一旦找到一种能够统一描述各种相互作用的完整理论,无疑将成为科学审美创造史上一件划时代的大事。

错综复杂的大千世界存在着多样性的美。科学创造的审美性就是要在多样性中追求统一性,即要获得一种统一的宇宙方程式。但在科学审美创造的实践中却往往又想追求多样性。我们只有把统一性与多样性综合起来考察,从多样性中寻求统一性,从统一性中演绎出多样性,才能对丰富多彩的宇宙美作出科学美学的解释,也才能面对纷繁复杂的自然界利用统一性形式美法则进行科学研究和创造。

4.2 科学审美创造的和谐性

前面我们说过,大千世界多样性特殊的、有机的统一便是和谐。科学审美创造的最大使命就是找出自然界的和谐,同时以和谐的方式将其表达出来。于是,科学审美创造的和谐性便有了两重意义:即所表述内容的和谐和表达方式的和谐,它们分别对应于客观存在的和谐和科学理论的和谐。

大自然是有序而和谐的。"宇宙"一词本身就意味着有序与和谐。序是表示事物结构的概念,有序表示事物结构方式是有秩序、有规则的。戴维·玻姆指出:"结构实质上是序在多个水平上等级系统。"[1]他认为这是一条普适的原理,并举例说,电子与核粒子按

---

[1]　戴维·玻姆:《论创造力》,第10页。

一定方式序化而构成原子,原子以各种方式序化而在微观水平上构成各种物质。同样,蛋白质分子以一定方式序化构成活细胞,细胞以一定方式序化构成器官,各器官序化构成有机体,有机体序化又构成有机社会,直到我们穷尽了地球上的整个生命圈,或许最终还扩展到其他行星。

戴维·玻姆同时指出:序不是一种纯主观的性质,涉及序的判断具有客观的基础。① 事实上,我们不难发现客观世界中存在着各种有序状态。寒暑相推,四时代序;陵谷相间,岭脉蜿蜒;劳动张弛,工作急缓,大自然和社会生活都是有规律有秩序的。在微观领域中,原子结构是一个有序的和谐结构,绕核运动的电子都分属一定的层次。在宏观领域,比如晶体就是一种典型的有序的和谐结构。这种由若干平面围成的多面体,具有规则的外形,其各个几何平面之间的夹角是固定不变的。在宇观领域,各种星系和天体尽管进行着复杂的运动,但在一般情况下其运动轨道又是有规则的。经典力学中开普勒的天体运行轨迹、门捷列夫的元素周期表都表明了物质世界的有序性;而耗散结构则揭示了在开放的物质世界系统中,总的发展方向是从混沌走向有序。可以说,有序是和谐的最基本的形式,也是产生和谐的前提。正是客观世界有序的层次性、对称性,组成了宇宙结构的和谐。

宇宙和谐的提出是一个古老的美学命题。毕达哥拉斯把宇宙的秩序与和谐看成是数学的本质,所谓和谐的美实质上是以严格的数量关系表示出来的和谐性。于是,要求通过数和数的关系来探索自然界的规律即秩序与和谐,几千年来一直影响着科学界的

---

① 戴维·玻姆:《论创造力》,第 8 页。

审美活动。赫拉克利特发展了毕达哥拉斯和谐性思想,但他认为这种和谐应当是变化的、斗争的、运动的和谐,而不是静止的、绝对的、僵化的和谐;整个宇宙的秩序也不是像毕达哥拉斯说的抽象的数的秩序,而是客观物质(归根结蒂是火元素)运动的一种秩序。德谟克利特也是按照秩序与和谐的美学思想来建构他《原子论》科学理论体系的。他认为美的本质在于有条不紊、匀称、各部分之间的和谐、正确的数学比例和秩序;原子不同的排序决定了物质的性状。直到卢瑟福,通过 α 粒子的散射实验提出了可以用太阳系(大宇宙)的和谐与秩序,来类比原子内部(小宇宙)的和谐与秩序,这一科学成果的获得,也是在思考宏微观宇宙的和谐与秩序这一科学美学的问题上进行的。

宇宙的和谐不仅是呈现于整体和局部结构的有机统一,而且还呈现在过去、现在和未来的因果链中。爱因斯坦深信科学美中蕴藏着完美无缺的和谐,但这种完美的和谐并不体现在万能的人之中,而是体现在永恒不息地运动着的宇宙物体之中。这种运动着的宇宙物体的秩序与和谐的根本原因在于普遍的因果性。未来同过去一样,它的每一个细节都是必然的和确定的,宇宙的秩序与和谐也总是由各种事物内部和外部的必然性所决定的。现代科学发现,渺远的事实就是宇宙历史的映象,从粒子到宇宙都有其合乎规律的来龙去脉。现代宇宙学把广义相对论和量子理论、统计热力学结合起来,描绘出了一套自洽的、可观测宇宙的演化过程。物质世界演化的进化性、周期性、守恒性和开放性等合规律性的特征,构成了宇宙演化的和谐。

宇宙的和谐还体现在人与自然的和谐共生上。就科学创造活动而言,其和谐就体现在科学审美创造主客体之间的和谐统一上。

科学家作为科学创造主体本身就是和谐的宇宙的一部分。美国天文学家迪克认为,人作为智慧的生命体,是特定宇宙环境演化到一定阶段的产物。他还发现我们所在的环境之所以能演化出生命和智慧,依赖的就是自然界一些基本常数值的巧妙配合。这当然不能只看成是偶然的巧合,而是反映了宇宙中各部分之间的和谐共生的必然关系。这种和谐共生的关系又反映在人类能认识并利用自然规律为自己服务,同时能有意识地维护自己的生存环境和宇宙的和谐。

作为科学研究的客体,自然宇宙的和谐性不仅使许多科学家在理智上坚持它,而且在内心深处对它充满着一种不可遏止的激情。爱因斯坦曾说,这种追求自然和谐性的感情,同自古以来的一切宗教天才对宇宙和谐膜拜的感情无疑是非常相像的。爱因斯坦自己不但相信宇宙的和谐是客观存在的,而且还坚定地相信它们是可以被认识的。彭加勒也指出过:"……我所指的是一种内在的美,它来自各部分的和谐秩序,并能为理论所领会。"①美国数学家维纳曾明确地说:"数学的伟大使命就是在混沌之中去发现秩序;而物理学家的目标,是要去寻找一幅图示,以使他能用一个有规律的模型去描述一个混沌的宇宙。"②苏联物理学家米格达尔则更明确地指出:"科学的美在于它逻辑结构的合理匀称和相互联系的丰富多彩。在核对结果和发现新规律中,美的概念证明是非常宝贵的;它是自然界中存在的'和谐'在我们意识中的反映。"③

明白了宇宙客观存在的和谐性,及科学家对于和谐的客观规

---

① 刘仲林:《论科学美的本质》,《天津社会科学》1984 年第 1 期。
② 《科学学概论》,科学出版社 1983 年版,第 277 页。
③ 刘仲林:《论科学美的本质》,《天津社会科学》1984 年第 1 期。

律的知觉并非是纯私人的判断,我们就能从新的视角来理解这样
的事实:在长期的科学审美实践中,人们认识到并掌握了客观事物
的和谐性规律,并且这种和谐性符合了人类审美活动的需要和审
美实践的目的,于是这渐渐形成为科学的和谐性形式美法则,又运
用到科学研究和创造中去,形成和谐的科学理论。正如戴维·玻
姆所言:"真正伟大的科学家毫无例外地在自然界的结构过程中看
到了一种美得无法形容的、广泛的序和谐。这种知觉在效力上很
可能至少不下于有些心灵活动,它们导出定义严密的理论和公式,
便于准确计算物质的细微特征。确实,每一种伟大科学理论的根
源,都在于知觉到某种极为普遍与基本的特征,从而揭示出自然序
之和谐性。这种知觉一旦获得系统而形式的表达,就被称为'自然
定律'。"①

科学理论的和谐首先在于其体系内部的自洽性。所有被称为
"伟大的科学艺术品"的科学理论,都有着惊人的内在结构自洽性。
就内在结构方面而言,和谐本质上是逻辑的正确性、构造的严密性
和整体的协调性。海森堡曾经定义:精密科学中美的含义就在于
"一部分与另一部分以及整体之间的和谐"。在论及理论体系的
"逻辑简单性"时,爱因斯坦常把它与"和谐性"相提并论。这种理
论体系和谐性的重要标志,就是体系内部不存在"内在的不对称
性"。欧几里德几何可谓是科学史上具有"逻辑简单性"、结构精巧
严密的和谐科学理论的第一个范例。牛顿力学也由于其具有体系
结构上的"和谐性"而表现出一种高度统一的"逻辑美"。牛顿用分
析的方法得出了力的概念,以及关于力的三个简单定律;他又用综

---

① 戴维·玻姆:《论创造力》,第12页。

合的方法得到了力学的其他结构。牛顿用归纳法获得了力学的有关基本概念；又用演绎法从这些基本概念和定律出发，建构出了整座完善和谐的科学大厦。

从动态发展来看，具有和谐美的科学理论还应当有向未知领域开拓延伸的巨大能动性。这种功能使它可以做出尽可能多的科学预言和假设，并逐渐为科学审美实践所一一证实。比如麦克斯韦电磁理论所导出的电磁波的预言、量子力学所导出的正电子的预言，最终都为科学实验所验证。具有和谐美的科学理论还应有向应用领域广泛渗透的能力，能衍生出较多的应用理论及应用技术。如现代遗传学向应用技术领域渗透而出现了遗传工程。总之，一个为众人交口赞美的科学艺术品，往往在内在结构和谐性和外在功能和谐性间具有高度统一性。相对论、量子力学、分子生物学等都是具有高度统一的科学美的珍品。

科学理论美的和谐性的发展，也表现为自然科学理论不断统一的趋势。理论物理学发展的历史就是一部不断整合统一的历史。从伽利略、牛顿、麦克斯韦、爱因斯坦等一代又一代物理学大师的理论革命，向着物理学大一统目标前进已经成为许多物理学家的共同信念和科学理想。数学领域中，尽管经验主义、形式主义、逻辑主义和直觉主义从各自不同的角度看待数学的统一问题，但仍有一些数学家在以高度的热情投入到建立统一的数学体系的理想事业之中。在生物学领域，19 世纪的细胞学说和达尔文的进化论对生物学作过一次统一，而现代分子生物学的发展，又为建立更为和谐统一的生物学理论奠定了基础。

科学理论的和谐美与科学审美创造的艺术性是密不可分的，和谐的科学理论是在和谐性形式美法则指导下建构出来的。控制论创始人诺伯特·维纳将数学家加工逻辑材料比喻为艺术家雕琢顽石,只有通过创造性劳动才能使那些毫无生气的材料富有生命和意义。彭加勒认为科学家在构造理论时总是选择那些最能反映宇宙和谐性的事实,正如艺术家在模特儿的特征中选择那些使图画完美并赋予它以个性和生气的事实。国外一些科学家以诗一般的语言来赞美 DNA 分子双螺旋结构柔和流畅。生物学家则赞誉DNA 结构完全符合科学的和谐性形式美法则。华生自己曾说过,他与克里克建立 DNA 模型时,科学审美准则和美的刺激因素起了不少的作用。

在天体理论发展史上,哥白尼日心说的胜利,在很大程度上要归功于和谐性形式美法则。当托勒密的天体运行体系显得越来越不和谐时,哥白尼按照和谐与秩序的审美标准,向人们展示出了日心说这样一幅和谐而有序的宇宙图景。在《天体运行论》中,哥白尼宣称自己的理论比托勒密理论有更高的内在和谐性。1587 年第谷在致天文学家罗斯曼(Christoph Rothmann)的一封信中也认为,哥白尼在某些领域要远胜过托勒密,"特别是就适当性的设计和假说的简洁明了的和谐而言"。[①] 正是由于哥白尼日心说具有和谐性,因而它很快为开普勒所悦纳。但开普勒在随后的研究中注意到太阳实际上并不正好在宇宙体系的中心,只是靠近这个中心。于是,开普勒便在和谐性形式美法则指导下,以椭圆轨道取代了哥白尼的同心圆轨道。这似乎是对和谐性形式美法则的挑战,实则是对和谐性形式美法则的更高层次上的发展。

一个和谐的理论即使暂时还得不到强有力的实验支持,也不

---

① 詹姆斯·W.麦卡里斯特:《美与科学革命》,第 210 页。

能就此轻易认为是毫无意义的,甚至加以否定;相反,一个具有惊人和谐美的理论总是值此得重视的,它很可能是一个具有科学审美价值的理论存在。如19世纪黎曼、波耶和罗巴切夫斯基等人根据欧氏平面几何学的和谐体系,采用类比方法建立的非欧几何学,尽管在逻辑上的严密和自洽不容置疑,但因限于当时的水平,人们无法对它的功能进行检验,在长时期内被怀疑为"不真"的假说。直到爱因斯坦建立了广义相对论,才把黎曼几何的和谐体系同广义相对论新奇的物理思想结合起来,使科学理论和谐美达到了一个新的境界。

当然,科学理论的和谐性也是相对的,一个新出现的和谐理论往往包含着某些不和谐的因素。如若在某一领域的科学理论达到绝对完善和谐,则该领域的科学将就此终结。1930年,奥地利数学家哥德尔从逻辑上证明了:任何一个无矛盾的逻辑体系不可能是完备的。这意味着一个绝对完美和谐理论体系在事实上是达不到的。当我们努力建造和谐完美的理论时,势必会留下不和谐的因素;而一旦我们发现了原先科学理论和谐性破缺,则就意味着更高和谐性境界的科学理论即将产生。比如,达尔文的生物进化论科学地解决了神创论种种荒谬可笑的矛盾,展现给人们和谐的生物世界图景。但达尔文也留下了自己无法解答的理论"破缺"。于是,非达尔文主义便运用现代遗传学和分子生物理论对生物进化论问题进行新的科学探讨,以期建构起新的生物和谐理论。

纵观一部科学发展史,所展现给人们的实则是一部追求和谐统一的科学长卷。由于整个宇宙结构是层次性与混沌性、对称性与破缺性、有序性与无序性的对立统一,因而,科学的和谐性是一个动态发展的概念。在一般情况下和谐表现为层次性、对称性、有序性;而在一定的历史条件下,原有的层次性、对称性和有序性的和谐会被打破,于是,以前被人们认为是非和谐的混沌、破缺、无序便可能成为在更高层次建构新的和谐统一理论的契机。物质世界就是这样在动态建构中表现出其结构的和谐性的;科学的和谐性形式美法则也是在这种动态发展中不断建构起和谐的科学理论大厦的。科学家们相信:未知的世界和未来的科学理论一定比目前的世界及其科学理论更美、更和谐、也更值得向往和追求。①

4.3　和谐统一形式美法则与艺术创造

与科学的和谐统一形式美法则有别,尽管有序性、层次性等也是艺术和谐美的要素,但艺术审美创造所遵循和谐的统一形式美法则主要包含对称与均衡、比例与节奏、对比与调和等形式规律。

毕达哥拉斯学派在提出"美是和谐"观念的同时,也指出了"和谐起于差异的对立";同时期的赫拉克利特将对立统一的观点运用到艺术审美活动之中,他说:"自然是由联合对立物造成最初的和谐,……艺术也是这样造成和谐的……绘画在画面上混合着白色和黑色、黄色和红色的部分,从而造成与原物相似的形相。音乐混合不同音调的高音和低音、长音和短音,从而造成一个和谐的曲调。"②同样,中国古代也提出了以和谐为美的思想,并把多样统一所造成的整体和谐视为美。如早在公元前 8 世纪,史伯在回答郑桓公的问题时就提出了多样统一的审美法则:"声一无听,物一无义,味一无果,物一不讲。"③这里所谓的"一"有"单一"、"单调"的

---

① 具体参见《科学审美创造学》。
② 杨辛、甘霖:《美学原理新编》,第 194 页。
③ 《国语·郑语》。

意思,即是指单调的"一"的色彩和声音形式产生不了审美张力,无法引起和形成音乐和色彩的审美感受。只有当声音的高低、长短、轻重等诸多对立因素结合在一起形成和谐,才具备美的张力并让人产生美感。

多样统一的和谐性形式美法则不仅在西方美学家那里被反复提出和论述,而且被中国的文艺理论家和美学思想家所不断揭示。晋代葛洪在《抱朴子》的《博喻》篇中提出了"美多"的见解,所谓"妍姿媚貌,形色不齐,而悦情可均;丝竹金石,五声诡韵,而快耳不异。"他在《辞义》篇中又再次指出:"八音形器异而钟律同,黻黼文物殊而五色均。"刘勰集前人之大成,提出"博而能一"的审美命题,即是多样统一的形式美法则。他既反对形式因素的"贫"和单调,又反对形式的结构组织的"杂"乱无章。他认为,艺术形式应是"驱万涂于同归,贞百虑于一致。使众理虽繁,而无倒置之乖,群言虽多,而无棼丝之乱;扶阳而出条,顺阴而藏迹,首尾周密,表里一体。"①中国古代书法理论中也有所谓"和而不同,违而不犯"的观点。古代大书法家王羲之在书论中曾指出:书法如像"算子"般划一和单调,便失去了书法的审美意趣。他说:"若平直相似,状如算子,上下方整,前后齐平,此不是书。"②因而中国的书法家往往追求一种"不齐而齐"的艺术效果。在泰山岱庙内的一块碑上所刻米芾书写的"第一山",便是在参差中求整齐,在变化中又能保持统一的具有和谐美感的书法艺术代表作。明代袁宏道把多样统一的形式美法则运用于插花艺术,认为"插花不可太繁,亦不可太瘦,多不

---

① 参见吴功正:《小说美学》,第 383—384 页。
② 杨辛、甘霖:《美学原理新编》,第 192 页。

过两种三种,高低疏密,如画苑布置方妙。置瓶忌两对,忌一律,忌成行列,忌以绳束缚。夫花之所谓整齐者,正以参差不伦,意态天然"。又说诗文的整齐也是如此。"如子瞻之文,随意断续,青莲之诗,不拘对偶,此真整齐也。"①

和谐统一形式美法则在艺术创作中已被艺术家们广泛地运用,特别是在音乐、绘画、诗歌和建筑这几个典型艺术样式的审美创造中起着重要作用。譬如在传统的音乐和声中,和谐是其基本特征,因为和谐的声音能给人愉快、舒适的心理感受。欧洲最早的多声间圣咏就是使用八度、四度、五度和声,因为这三个音和间的融合度最高,它们之间的和谐协调能让人感受到宗教的纯净、崇高和神圣。美国的《纽约时代》杂志的首席音乐评论家爱德华·罗特斯坦曾指出:"和谐和旋律配合成为精巧的音乐探索的工具。"②

我国古代画论一贯重视主体的流动贯注的气韵和多样统一的和谐情趣。这从我国古代名画《清明上河图》中可见一斑。整个画面人流如潮,但却井然有序、连贯一气。中国五代顾闳中的《韩熙载夜宴图》,也是运用和谐统一形式美法则于绘画艺术的经典之作。画面上宾客咸集,歌妓如云,但却各具情态又相互关联。你瞧,画中众多人物表情虽都集中在"听"琵琶演奏上,但每个听者的面部表情、姿态乃至手势的表情也都各不相同。他们有的侧首、有的回眸,有的倾身,有的凝神,表现出不同的审美感受。正中的中年人右侧的三个人,则全是侧身回顾,依人物高矮从上而下形成一个斜坡,把注意力都倾注到演奏者的手上,同时也把人们注目的焦

---

① 杨辛、甘霖:《美学原理新编》,第 194 页。
② 爱德华·罗特斯坦:《心灵的标符——音乐与数学的内在生命》,第 84 页。

点引导到演奏上。画面上众多人物尽管地位、身份和个性殊异,但看上去丰富而不紊乱,统一而不单调,正是符合了和谐的形式美法则。类似地,我们知道达·芬奇的《最后的晚餐》则是西方绘画史上运用多样统一形式美法则的典范。当耶稣对在座的十二个门徒说出"你们中间有一个人将出卖我"时,犹如一石激起千层浪,引发了众门徒的不同反应:有的关心,有的同情,有的愤慨,有的痛惜,有的震惊,有的追究,而犹大则表现出畏惧和恐慌,他侧身将面部隐藏在阴影中,一手紧握着钱袋,以及案上被碰翻的罐子,更强化了其紧张感。画面的构图不仅从耶稣两侧人物的姿态表情上体现了多样统一,而且在动与静、明与暗的对比上也显出了多样统一。如耶稣表情姿态倾向于静,其他人物则倾向于动;耶稣背后是一面明亮的门窗,通过明暗对比使耶稣的形象异常醒目。耶稣两侧门窗的对称和人物安排的对称,不仅增强了其所处的中心位置,而且使得动荡的画面保持了一种安定感和多样统一感。

文艺复兴时期阿尔伯蒂在论述建筑艺术时曾说:建筑艺术的美"就是各部分的谐和"。我们不难从西方的帕台农神庙以及巴黎圣母院感觉到建筑多样统一的和谐性。帕台农神庙是雅典卫城建筑群中的一座,也是卫城中最华丽的建筑。勒·柯布西埃赞美帕台农神庙道:"每个部分都是确切的、显出高度的精确性、丰富的表现力和良好的比例",是"在全世界的任何时代里没有能与之比拟的建筑。"巴黎圣母院是12世纪中期最大的哥特式教堂之一,也是法国首都的标志性建筑。用石头雕凿成的巨大花窗和布满石肋间的彩色玻璃,使得这一建筑的正面是如此完美动人,而那些被称为"飞扶壁"的支撑拱、小尖塔以及多边形的后殿都拱卫着正殿,使这座庞大的建筑从任何一面看上去都非常的匀称、和谐而完美。如果要例举出更为庞大的建筑群,则非中国的故宫莫属。故宫整体的和谐,主要是通过形体、空间、色彩等一系列的对比手法,而造成了多样统一性的。如在宏伟的天安门城楼下,巧妙地安置了两间火柴盒子式的小屋,形成了大小对比;为了烘托太和殿的崇高和威严,周围采用了低矮连续的回廊,形成了高低对比;为了烘托太和殿的精雕细刻,屋顶藻井的各种图案更是细密繁复,这与殿外大面积单色红墙和黄色琉璃瓦形成了繁简对比;此外还有明与暗、动与静、曲与直等等对比,从而使整个紫禁城既体现出了威严磅礴的气势,又给人以多样统一的和谐美感。如果在黄昏时分从景山顶上眺望故宫,那夕阳的余晖洒落在高低起伏、纵横交错的屋顶瓦海上,你定会为东方建筑群体的巨大、和谐的魅力而赞叹不已。

　　建筑艺术的和谐性不仅要求建筑本身的各部分要和谐统一,而且要求建筑表现形式与周围环境也要和谐统一。因为建筑艺术不仅是世界上最大的空间造型艺术,而且还是诸艺术样式中最讲究实用性的艺术,它不是孤立存在的个体,必须与周围的景观和环境相互协调,才可能成为自然空间的有机组成部分,也才使得建筑的艺术审美境界更为深远和广阔。譬如苏州四大名园之一的网师园,其建筑环境有山、有水、有亭、有阁、有桥,在十亩土地之间多样统一地存在着。其深幽的环境和平静的池水,正体现出了中国园林艺术的佳境。风声水声、树影云影、鸟语花香、亭榭楼阁相互交映成趣,让人充分感受到江南园林的艺术魅力。

　　为了在小说形式上体现多样统一的和谐性审美特征,中国古典小说审美理论提出了"犯中见避"的审美见解。所谓"犯",就是在创作时有意运用重复;所谓"避",就是做到同中见异,而并非简单的重复,更非雷同。"犯中见避",即指在艺术审美创造时于重复中求变化，多样中见统一。毛宗岗在《谈三国志法》中说："作文者以善避为能，又以善犯为能。不犯之而求避之，无所见其避也。唯犯之而后避之，乃见其能避也。……孟获之擒有七，祁山之出有六，中原之伐有九，求其一字之相犯而不可得。妙哉文乎！譬犹树同是树，枝同是枝，叶同是叶，花同是花，而其植根安蒂，吐芳结子，五色纷披，各成异采。读者于此，可悟文章有避之一法，又有犯之一法也。"①如果说"犯"法是重复的话，"避"法则是在更高层次上的重复，是在相近的共同性中表现出差异性、个别性，而众多的个别性差异和联系就形成了多样化的丰富性，导致了和谐的美感。《三国演义》中多次写到了火攻的战争场面，《水浒传》中有"宋公明三打祝家庄"，《西游记》中有"三调芭蕉扇"，我们都不难在其"犯"中见"避"。

小说文学的审美创作，其多样统一的形式美法则不仅体现在形式的第一要素语言上，而且还表现在章法的多变与结构的交错起落上。刘熙载在《艺概·文概》中认为："文如云龙雾豹出没隐现，变化无方。"写作章法唯多变幻而不拘一格，方能见其丰富多彩。明代高儒在《百川书志》中评论《三国演义》："陈叙百年，该(概)括万事。"其结构形式从话说天下的逐鹿中原到三国归晋的江山统一，虽依社会进程描写上百年历史，但虚虚实实，相得益彰，直叙倒叙，交为互用，章法的多变形成了错综复杂的主体结构。在《西游记》中，我们不仅看到众多个性化的人物形象，而且可以看出其交错起落形成主线分明又副线多样的布局。如我们耳熟能详的"孙悟空三打白骨精"，以唐僧师徒同白骨夫人的矛盾为主线，又安

---

① 吴功正：《小说美学》，第387页。

排了唐僧和孙悟空之间、孙悟空和猪八戒之间的矛盾的两组副线，从而显出了其多样性与丰富性。作者吴承恩抓住了唐僧这一使主副线网织起来的关节点（交叉点），从而使主副线之间互相牵引、互相制约，虽情节纷繁多样而不杂乱无章，显得既犬牙交错和和谐整齐，极具形式美的特征。这一审美特征我们几乎在所有文学巨著中都能见到，如《红楼梦》，如《战争与和平》，《安娜·卡列尼娜》以及《约翰·克利斯朵夫》等等。

让我们再来看一下和谐统一的形式美法则在诗歌创作中的应用。福斯科洛在《论意大利语言·序》中说道：尽管"每一种艺术形式所具有的独特的和谐，都是富于表现力的，因而也是富于感染力的；但是，诗歌的感染力是更强烈的，因为它集中了一切形式的和谐"。[①]英国诗人柯勒立奇在其《文学传记》中认为诗人想象力的特点就是在殊异中追求和谐统一，"在使相反的、不调和的性质平衡或和合之中显示出自己来"，"它调和同一的与殊异的，一般的与具体的，概念与形象、个别的和有代表性的，新奇和新鲜之感与陈旧熟悉之物，一条不寻常的情境和一种不寻常的条理，永远清醒而坚定的冷静与热忱深刻而强烈的感情"。[②] 沈从文早在 1931 年《论朱湘的诗》一文中，认为"朱湘的诗可以说是一本不会使时代遗忘的诗"，而朱湘本人则是主张通过诗行排列的匀称，来实现内部节奏的协调一致与和谐。他说："行的匀配便是说每首诗的各行的长短必得按一种比例，按一种规则安排，不能无理的忽长忽短，教人读起来时得到紊乱的感觉，不调合的感觉。"[③]朱湘所追求的

---

① 谢文利：《诗歌美学》，第 359 页。
② 孙绍振：《审美形象的创造》，第 482—483 页。
③ 谢文利：《诗歌美学》，第 387 页。

诗的"调合",便是和谐统一。

诗的和谐,包括其内容方面、形式方面,以及形式与内容的统一和谐等等,都将给人以舒适、流畅和赏心悦目的审美感觉。譬如"蝉噪林愈静,鸟鸣山更幽"的诗句,其中包含了林木的整齐一律或平衡对称、包含了动与静的对比及调和等诸多形式规律,而又统一在幽静的意境之中,给人和谐的美感。又如美国黑人诗人休斯的一首诗:

> 夜是美的,
>
> 我民族的肤色是美的;
>
> 星星是美的,
>
> 我民族的眼睛也是美的;
>
> 太阳是美的,
>
> 我民族的灵魂也一样是美的。

该诗看上去每一句都是平实的,但由于其内在的对比,黑夜和太阳、灵魂和肤色之间的反差,以及多样统一的效果,构成一个有机的和谐结构,从而在整体上产生了杰出的艺术效应。这里不仅没有任何一行诗、任何一个意象是可有可无的,而且还预示了许多没有写出来的意象和意境。

总之,和谐统一的形式美法则的运用,可以增添各类艺术的审美特征和审美感受。那么,在艺术审美创造过程中,怎样才能达到对立统一和多样统一的和谐呢?我认为,必须处理好三个关系,即生发关系、主从关系和整体性关系。所谓生发关系,形象地说就像树的根与干、枝、叶的关系。譬如前面所举的《韩熙载夜宴图》,其中众多人物的不同姿态和表情,都是由听弹琵琶这一情节引发出来的。又譬如《最后的晚餐》,十二门徒的各种反应也都是由耶稣的一句话"你们中间有一个人将出卖我"而生发出来的。每个个体的表情和姿态都有其相对独立性和差异性,又在全体的氛围中显示出来,共同形成了该艺术品所特有的艺术魅力。

所谓主从关系,是指艺术形式美的诸多因素中有一个中心,其它因素都围绕这个中心组织安排和展开,从而达到多而不乱、繁而不杂的和谐统一的形式美特征。譬如前面所举小说的主副线关系就是指的这一关系。在《安娜·卡列尼娜》中,作者安排了安娜与渥伦斯基的爱情主线,又配置了吉提和列文的副线与之对照。在《红楼梦》这部伟大的巨著中,所有"金陵十二钗"与宝玉的关系,都是围绕宝玉与黛玉这一主体关系而组织、安排的。建筑艺术则可以让我们最直观地感到主从关系的和谐统一。大凡对称性的建筑,都突出了中间的"主"和两边的"从"。如埃及三座金字塔并列,正中上座是主,两边是从;北京天安门,城楼是主,两边的观礼台是从;日本凤凰寺,高大的主体是主,三面延伸体是从;缅甸佛塔,高大的主体是主,四面延伸体是从。在复杂的单体建筑中,如"巴黎圣母院"等西方教堂建筑是主从结构多姿多彩的典型。

所谓整体性关系,是指艺术要在局部与整体、内在和外在、形式与内容上要达到和谐统一。黑格尔在论述对立统一的形式规律时指出:这"是一种本质上的差异面的整体,不是仅仅现为差异面和对立面,而是在它的整体上现出统一和相互依存的关系"[1]。这

---

① 黑格尔:《美学》第1卷,第178页。

就是说,多样事物的差异、对立的互相依存和统一,是要在整体中显现出来的。阿恩海姆也曾强调:"和谐在下面一种意义上说来是必不可少的,这就是,如果一幅构图的所有色彩要成为互相关联的,它们就必须在一个统一的整体中配合起来。"①艺术中一个要素若脱离了整体,则便失去它在整体中所具有的功能,而整体的功能大于各个要素的功能相加的总和。《淮南子·修务训》中以西施为例说明了审美对象内在外在特点整体性协调的道理:"今夫毛嫱西施,天下之美人。若使之衔腐鼠,蒙蝟皮,衣豹裘,带死蛇,则布衣韦带之人过者,莫不左右睥睨而掩鼻。尝试使之施芳泽,正娥眉,设笄珥,……则虽五公大人有严志颉顽之行者,无不惮恍痒心而悦其色矣。"唐代著名诗人李商隐亦曾说:"倾国宜通体,谁来独赏眉。"若将这一人体美学观点用于艺术形式上,则有李清照的"破碎何足名家"之说。我国古代文艺理论中对长篇小说的形式作过如下概括,即所谓"横云断峰"法。也就是说,文学艺术中各个要素、各个局部都有其相对独立的功能,但它们实则是一个整体。在审美创作中,如能做到"横云断峰"和"峰断云连"的辩证统一,则便趋于整体的形式美了。这时在观赏者面前所显示的是一座立体的交叉桥,既有时间连续的旋律,又有空间联结的和声。

其实,审美主体的心理便是一个整一的结构,每一种审美心理现象都是这一整体结构活动的表现和活动的结果,因而它在审美活动过程中必然地存在着统一的趋向,存在着和谐统一的内在需求,同时对不和谐怀着天性的排斥和厌弃。譬如我们对《红楼梦》

---

① 鲁道夫·阿恩海姆:《艺术与视知觉》,第 478 页。

里的呆霸王薛蟠的"哼哼韵"曲子就会感到俗不可耐、令人作呕。至于这位呆霸王的"行酒令",什么"女儿悲,嫁了个男人是乌龟"、"女儿愁,绣房钻出个大马猴",则不仅让人感觉到其所选形象及创意与"绣房"环境不相和谐,而且同以美为本质特征的"诗"这一词更是格格不入的。

但是,我这里必须着重指出的是,艺术审美心理的和谐统一的需求、和谐统一的趋向,并不等于和谐统一的必然。不和谐统一的事物并非一定不能进入艺术,更非一定不能审美。在此,我要对自毕达哥拉斯学派以来就存有的"美是和谐"、和谐即美的理论要加以纠正或补充,以更正一种非此不美的错觉和偏见。其实,自古以来,无论在科学领域还是艺术领域,除明显可见的和谐之美外,也不乏有奇异之美和怪诞之美。科学中,奇异与和谐是一对对立而统一的科学美的范畴。正如弗兰西斯·培根所说:"没有一个极美的东西不是在调和中有着某些奇异。"[1]科学理论的奇异性审美特征来源于科学思想的独创性和科学方法的新颖性,重大的科学奇异往往导致科学理论的革命,因而科学的奇异是向更高级的科学和谐境界发展的标志。同样,艺术中,怪诞与和谐也是一对对立而统一的艺术美的范畴,是艺术美的两种不同风格和情趣的形态表现。我们不仅可以对怪诞不和谐加以审美,而且可以对之进行艺术的审美创造。

西方艺术家中,雨果和罗丹可谓是两位怪诞艺术大师。他们喜欢用奇丑的外形来表现深沉的内美。罗丹曾说:"自然中认为丑

---

[1] 陈望衡等:《科技美学原理》,第116—117页。

的，往往要比那认为美的更显露出它的'性格'，因为内在的真实在愁苦的病容上，在皱蹙秽恶的瘦脸上，在各种畸形与残缺上，比在正常健全的相貌上更加明显地呈现出来。"也许正因此，他的《老妓》被人们赞誉为"丑得如此精美的艺术"。雨果认为，美和和谐是平常普通、到处可见的，而丑怪则是千变万化的，它虽与万物协调却同人不相和谐。只有让滑稽丑怪与崇高优美、可怕与可笑奇妙地结合在一起，让"鲵鱼衬托出水仙；地底的小神使天仙显得更美"，才能使人们从不协调不和谐中强烈地感常受到美丑是非善恶，从而获得真正美的享受。而这样的作品，他认为必然会"呈现出崭新的、然而不完整的面貌"。所以他总是追求不和谐美的表现作风。通过《巴黎圣母院》，人们不难从外丑内美同外美内丑多重的强烈对比之中，从作者不协调不和谐的表现风格内里，深切地感受到一股巨大的审美张力———一种疾恶向善的积极奋发的精神和力量。

就我国的文学艺术史而言，从"语怪之祖"的《山海经》、"寓真于诞"、"怪生笔端"的《庄子》、"独往独来"、"开合极变"的《离骚》，到李白升天乘云、无所不至的抒情浪漫诗、苏轼神仙出世、舌底翻澜的词赋，再到汤显祖因情成梦、因梦成戏的《牡丹亭》，吴承恩幻中寓真、变化多端的《西游记》和蒲松龄谈狐说鬼、揶揄人世的《聊斋志异》，直到扬州八怪的书画诗文等作品出现，向来有着奇幻怪异、不和谐美的优秀美学传统。在这些形式诡异的作品中，隐含着疾恶如仇、向善如流的自由主义精神，因而至今读来仍有催人奋发、激人向上的感化力量。

我认为，奇异怪诞的不和谐之所以能够进入艺术的审美活动之中，原因有以下几点：首先，和谐性形式美的本身有一个否定之否定的演化发展过程。纵观文艺发展史,奇异怪诞的文艺总是在格套严整、规范有序的文艺发展到饱和状态时会突然涌现并与之抗衡,甚至取而代之。无论是唐代中叶韩愈开始提倡怪怪奇奇、陈言务去、词必已出、戛戛独造的文艺,还是明代中叶李贽、公安三兄弟提出反理窟、写童心、不拘一格、独抒灵性的思想,从而出现浪漫不拘、荒诞失正的诗文戏曲,相对于它们前期格律森严的文艺都是如此。西方在三一整律、和谐完善的古典主义之后,便出现了狂飙突进运动所创制的浪漫不协调文艺。现代派荒诞艺术也是对其前期写实主义文艺的反动。因此,可以说奇异怪诞的文艺是审美历史长链上的一个个重要的否定性环节,具有对过于规范的、刻意求工的、"和谐"到死气沉沉、失却灵性的传统文艺的否定和批判,从而促使文艺审美向更高层次和谐进化发展。

其次,所谓艺术的和谐性其实是人们审美心理感受的一种概括,随着人们审美心理的日趋丰富和复杂,"和谐性"这一概念也会有所变化,原先认为不和谐的东西,在异时异地便可能变得和谐了。以音乐为例,古希腊之后数世纪,西方教堂曾禁止使用三重音这样一个音程,称其为 diabolus in musica ,即音乐的魔鬼,认为是粗糙的、难解的、不和谐的。但后来,随着音乐艺术的发展和人们对音调认识的宽泛,人们理解了如何用曾一度受禁或几乎不用的音调来构建音乐作品。有人甚至认为和谐音和不和谐音并不对立,比如舒恩伯格就认为,它们的定义"只依靠分辨的耳朵熟悉久远的泛音的不断增长的能力,从而扩展什么是和谐的概念"。这样,曾一度是不和谐音的第三音程现在完全和谐了;曾经被禁用的三全音音程在许多 20 世纪音乐中就像五度音程一样被坦然应用。"音乐甚至认为:不和谐是音乐体系结构中噪音的存在,而噪音被加以控制和利用之后，这噪音就转化成了音乐。"①如一首古典乐曲在演奏中被德彪西印象主义的声音打断，这会使我们感到不习惯，感到一种空间被另一种空间穿透，但制作这样的不协调却是整个 20 世纪以来先锋派艺术家坚持不懈的创作行为，并已经成为后现代主义的一个明显的决定性特征。实验审美心理学家瓦伦汀曾做过对不和谐音的适应实验结果表明，"如果其时间很长，则对于不和谐音的某种适应就会出现，就像在欧洲音乐史上曾经出现过的那样，我们从中可以看到由允许先前被禁止的音程进入到作品中而标志的进步，一度被认为是粗陋的不和谐音已经可以在现代音乐中自由运用。""不和谐音确实会逐渐显示出不同的特性的。它们的确经常被人感到是和谐的。"②

奇异怪诞的不和谐之所以能够进入艺术审美活动之中，我认为还有一个与主体审美心理机制密切相关的原因：即主体的审美需要中先天就具有变异求新的功能。人类的审美心理功能系统是一个复杂的组织，和颜悦色固然能引起愉悦之感，奇异怪诞同样会产生兴奋和快慰。在好奇心理基础上，审美心理发展了对神秘莫解、莫名其妙的蕴义的特殊爱好。那些志怪、滑稽、乃至荒诞的艺术形式后面，正是隐含着某种捉摸不透、难以言传的喻义，才具有不朽的魅力。诚如清人叶燮所言：艺术之美"妙在含蓄无垠，思致微渺，其寄托在可言不可言之间，其指归在可解不可解之会"。庄子寓言散文中那种"以谬悠之说、荒唐之言、无端崖之辞、时恣纵而不傥，不以觭见之也"的表现手法和特点，不正是寄寓着种种灵活

---

① 爱德华·罗特斯坦：《心灵的标符——音乐与数学的内在生命》，第 111、194 页。

② 瓦伦汀：《实验审美心理学》，第 264 页。

多变、深邃不露的意念情趣,才令古今名士爱不释手的吗?[1] 当然,奇异荒诞并不等于虚无,在怪诞的形式背后寄寓着深刻的意义和意味。黑色幽默、荒诞戏剧、荒诞小说如《秃头歌妇》、《变形记》、《呼啸山庄》、《第二十二条军规》等,它们在揭示人性的淡漠隔阂、生活的荒谬绝伦、人生的无意义等方面,是带着含泪的幽默和诙谐的戏谑的,它们引发人们从荒谬背理的逻辑中进行深沉的哲理思考。因此,这些深邃优秀的怪诞奇异不和谐作品,比之和谐统一之作要更具审美的张力,比之真实可信之作在审美的品格和价值上要更上一个层次。

总之,我们将和谐统一作为艺术创作的形式美法则,并不排诉和否定怪诞不和谐的艺术形式的存在;同时,我们又不认为怪诞与不和谐是艺术审美的指归和目的,怪诞的不和谐的艺术形式的出现和发展,是为了艺术在更高层次上和谐地演化并臻美。

----

[1]　参见李欣复:《审美动力学与艺术思维学》,第106—113页。

下篇:科学与艺术审美创造的交融

科学与艺术的碰撞点很可能是创造性奇迹出现的地方。①

——斯诺

科学使全世界得以交流知识,而艺术则是一切科学的皇后。②

——达·芬奇

越往前进,艺术越要科学化,同时科学也要艺术化。两者从山麓分手,回头又在山顶汇合。③

——福楼拜

---

① 鲁道夫·阿恩海姆:《视觉思维》,第440页。
② 伦纳德·史莱因:《艺术与物理学》,第67页。
③ 周昌忠编译:《创造心理学》,第183页。

§1 科学与艺术关系的嬗变

也许,读者的内心深处会一直存有这样的疑问:作为人类精神文明的两股巨流,科学与艺术之间真的会有密切的关系吗? 艺术的形象性和情感性与科学的概念性和精确性,在人世间的诸多事物中难道还有比这二者更南辕北辙的吗?

我的回答是肯定的:科学与艺术是人类文明之树上结出的两只硕果。表面上,它们有着各自鲜明的特征和难以调和的对立性,但站在更高的境界或从更深的深度上看,它们的根是同出一脉的。这个生命力极强的、无处不伸张以汲取营养的"根",正是人的本质力量之所在——审美创造。

关于科学与艺术的异质同构关系,人们曾做过不少形象而美妙的比喻。诺贝尔奖获得者李政道教授认为,科学与艺术"就像一枚硬币的两面。它们共同的基础是人类的创造力,它们追求的目标都是真理的普遍性。"因此,"科学和艺术是不可分割的"。[1] 无独有偶,早在 19 世纪,英国著名博物学家赫胥黎也认为:"科学与艺术是自然这块奖章的正面和反面,它的一面以感情来表达事物的永恒的秩序;另一面,则以思想的形式来表达事物的永恒的秩序。"[2]史莱因则更拟人化地把科学与艺术比喻为人的两张面孔。

---

① 李政道主编:《科学与艺术》,第 138 页。
② 爱德华·罗特斯坦:《心灵的标符——音乐与数学的内在生命》,"总序"。

据神话所记古罗马人创造了一个有两张面孔的男性神祇雅努斯，他在空间中占据着在任何时刻上既能向前看又能向后看的位置，并且对空间和时间能同时进行看视。史莱因认为，我们每个人也都应当像这个雅努斯一样。他说："如果人们将艺术看成是一张面孔，物理学是另一张面孔，那么，这两个领域提供的视界，会使人类改变看待世界的方式。艺术与物理学提供的图像看上去方向不同，但艺术家和物理学家都向人类描述着实在的统一的图景。"[①]

史莱因所谓的从不同方向去描述实在的统一图景，便是艺术与科学的审美创造。尽管科学与艺术看上去似乎如此大相径庭，但它们面临着的是同一的大自然，在二者的实践活动中都将受到实在的美的规律的制约，因而无论在审美创造的内涵与外延上都有着相含、相通、互补、互促之处。众所周知，科学审美创造的实质，就是探索大自然的奥秘，希腊文中"物理学"的意思即是"自然"。而按照左拉的定义，艺术是"在特定情绪下感受到的自然"。因此，19世纪俄国著名女数学家柯瓦列夫斯卡就认为，数学家和诗人同样以现实世界为蓝本进行审美创造。诗人和数学家的共同之处在于能看到别人看不到的东西，而且看得更深刻些。鲍德温（James Baldwin）就曾说过："艺术的目的在于揭示隐藏在解答中的问题。"戴维·玻姆（David Bohm）则与之响应："就物理学充满真知灼见而言，它实在是艺术。"这也正如小说家纳博科夫（Vladimir Nabokov）所言，"科学无不幻想，而艺术也无不真实。"[②]

艺术与科学的互补、互促的关系，在自上个世纪初起的中国学

① 伦纳德·史莱因：《艺术与物理学》，第520页。
② 同上，第1、2、3页。

术界、文艺界也同样受到了关注。1921 年，蔡元培在《北京大学日刊》上发表了"美术与科学的关系"一文，从知、情、意的关系上论述了艺术（美术）与科学不可偏废。梁实秋（1903—1987）认为文学与科学虽然分工不同，但要携手共进，"文学要吸取科学的知识，科学也要'人化'"。李广田（1906—1968）则明确指出："文学与科学不但不是势不两立，而且是可以互为表里，携手并进的。"鲁迅先生不仅大力主张文理互补，提倡"学理科的，偏看看文学书，学文学的，偏看看科学书"，而且还指出了科学与艺术在发展曲折前进的规律性上有一致之处："所谓世界不直进，常曲折如螺旋，大波小波，起伏万状，进退久之而达水裔，盖诚言哉。且此不独知识与道德为然也，即科学与艺术之关系亦然。"[①]这里要补充一个与科学概念有密切关联的非常有意义的艺术现象，即中国"物理"一词最早出处之一为唐代伟大的诗人杜甫的如下诗句："细推物理须行乐，何用浮名绊此身。"据此，李政道等认为：杜甫的这一"非凡的诗句道出了一个科学家工作的真正精神。不可能找到比'细'和'推'更恰当的词来描述对物理的探索。由此可见，在整个中国历史长河中，艺术和科学一直不可分割地联系在一起的"。[②]

　　然而，尽管古今中外都不乏有识之士在倡导和呼吁科学与艺术审美创造的互补共进，尽管有诸多大科学家、大艺术家在身体力行地证明科学与艺术审美创造合力的神奇与伟大，我们也仍然会听到因囿于自己的专业而缺少沟通、或因语言符号不同而存在着隔阂的人们那里所发出的不同的声音。一些科学家无暇顾及或不

---

　　①　张博颖、徐恒醇：《中国技术美学之诞生》，安徽教育出版社 2000 年版，第 41、43、47、48 页。

　　②　李政道主编：《科学与艺术》，第 141—142 页。

屑顾及艺术审美活动,而一些艺术家则更为超脱地认为精神世界才是他们值得遨游的领地。于是,科学与艺术似乎便分裂为两种不同的文化和两个彼此无缘且无法逾越的领域。早在1959年,英国作家查理士·斯诺在"两种文化和科学革命"的演讲中就指出了科学与艺术的两极化倾向:一极是艺术家,另一极是科学家,彼此隔着一堵互不理解、甚至相互嫌弃、反感、指责对方的"墙":艺术家指责科学家不懂生活,只是一种崇高肤浅的乐观主义;科学家则指责艺术家没有预见性,与一切有理性的事物格格不入。

斯诺对艺术与科学所形成的对立的两极文化深感痛心,认为这样对于所有的人都会是明显的损失,因为会使实践的、道德的和创作活动的所有成果都白白浪费掉;而只有这两个系统的文化交汇才会激起创造的浪花。斯诺的担忧和期望固然不无道理,但他也许并没有意识到,科学与艺术的分化除了这两大领域本身固有的截然不同的专业特性外,还有着极其深刻的历史的原因的:二者在人类精神文明史上曾经历了合分的嬗变过程。

科学和艺术同时起源于人类社会的早期。由于人类童年期对自然的认识、改造以至审美享受是直接同一的,因此就无所谓科学活动或艺术活动,它们孕育在一个共同体中,体现在一个具体同一的活动之中。譬如远古时期原始人制造和使用的石斧和陶器,便是真、善、美三位一体的最直接最明确的证明,尽管它们是极其原始、极其低级的科学与艺术在真善美上的统一。原始社会中由于人们处于恶劣的环境、加上知识的贫瘠和蒙昧,于是便发展起了祈天保佑的图腾崇拜。这一幼稚的形式既折射着人战战兢兢地想探究大自然和了解自身的欲望,又包含了虔诚的情感和具有某种意义的形式,于是,在这原始宗教的框架内,科学和艺术悄悄地生发了根须,并萌发了嫩芽。也就是说,原始的艺术与科学一体化地孕育于原始宗教的母体之中。

　　直到古希腊时期,人们在概念上还没有对科学与艺术做出严格的区分,因为二者都还没有完全从自然哲学中分化独立出来。"艺术"一词在英语中为"art",源于拉丁文"ars",而"ars"则是从希腊文"τεχνη"一词的翻译而来。"τεχνη"和"ars"都表示一种制作某个东西的技艺,还可表示统领军队、鼓动听众、吟诵诗歌的技艺。在中国,古老的字典《说文解字》中把"艺"写作"藝",篆书则象形地写成是一个人手持树苗种植的样子。"藝"的本义是种植,引申开来泛指人所掌握的各种技能、技术,包括周时六艺(礼、乐、射、御、书、数)以及卜祝巫匠这类人所掌握的本领。可见,无论古代的中国还是西方,艺术和技术(可以视作科学的前身)的概念及其内涵是完全同一的,二者的意义涵盖于"艺"中。而且,在古希腊,这种"艺"建立在技术内容的理性和规则基础之上,那些脱离技艺规则仅是凭灵感或幻想所做的事是被排斥在"艺术"殿堂之外的。比如,产生于缪斯灵感的诗歌创作是不能划入艺术范畴的,而通过理性和掌握专门知识就可以学会的演讲和诗歌吟诵则被接纳为艺术。[①] 可见,原始的技艺既非真正意义上的"科学",亦非我们今天所谓的"艺术"。直到古希腊时期,杰出人物几乎既可谓科学家又可谓艺术家,如亚里士多德、德谟克利特等便是杰出代表。也正是在这样的背景下,才出现了善于用自然科学方法研究'艺术'问题的毕达哥拉斯学派。

　　随着社会生产力的发展,人类为了生存和发展需要条分缕析

---

① 参见陈望衡等:《科技美学原理》,第 423—426 页。

地去认识和体察自然的细节——分工出现了。同时,语言和文字的发展使得一部分人可以专门从事脑力劳动,开展对客观世界内在规律的研究和总结,或者探讨在劳动中交流思想感情的形式。于是,艺术和科学逐渐地自立门户,分道扬镳。这种艺术与科学的分化在古希腊时期已渐露端倪。比如在艺术方面产生了埃斯库罗斯、索福克勒斯、欧几庇得斯三大悲剧诗人和被称为古希腊喜剧之父的阿里斯多芬等为代表的大艺术家,形成了古希腊艺术高峰。科学则从哲学中初步分化出来,形成了以欧几里得几何学、阿基米德力学、托勒密天文学为代表的古希腊科学高峰。尽管如此,从总体上看古希腊乃至以后的很长一段时期内,科学与艺术还没有形成各自完整的体系,尤其是在千年的中世纪科学与艺术都被宗教禁锢着并成为其统治的工具。

直到文艺复兴运动的出现,这种统一才达到了光辉的顶峰,涌现出了一大批艺术与科学相通的巨人,而"巨人中的巨人"便是达·芬奇。他的名画《最后的的晚餐》是世界艺术宝库中的珍品,他还是雕刻家和音乐家,甚至是最早的男高音歌唱家。在科学上,他在矿物学、物理学、生物学和解剖学、生理学等领域里都做出过创造性的贡献,并且在建筑、水利、土木、机械和军事等方面都有建树。难怪人们在称赞这位把科学知识和艺术想象结合起来的大师时说,上天将美丽、优雅、才能赋予一人之身。无独有偶,在东方中国,亦曾出现过这种集科学和艺术于一身,具有巨大审美创造力的旷世奇才,他就是地动仪和浑天仪的创造者、东汉天文学家张衡。他曾算得 $\pi=3.1466$,绘制过一幅流传好几世的地形图。作为中国文学史上有很高地位的文学家,五、七言诗的创始和汉赋的转变都离不开张衡的贡献,他的《二京赋》颇负盛名。他还曾是东汉六大画家之一。"数术穷天地,制作侔造化。高才伟艺,与神合契。""万祀千龄,令人敬仰。"这是人们对张衡的崇高评价。张衡和达·芬奇的巨大成就,令人无可置疑地意识到,在审美创造活动中,科学与艺术有其相通之处,而他们便是二者融合的光辉化身。

伟大的文艺复兴运动造就了像达·芬奇、阿尔勃莱希特·丢勒等众多的集艺术、科学于一身的巨匠,而这些大师的审美创造活动又极大地推动了近代艺术与科学的发展和分化。在经历了哥白尼日心说取代托勒密地心说的天文学革命、伽利略—牛顿力学批判亚里士多德物理学的革命等科学史上发生的第一次深刻的大革命,以及能量转化和守恒定律的发现、细胞学说和生物进化论的提出和电磁理论的创立和发展之后,科学不仅从自然哲学和宗教神学中解放出来,而且在发展趋向上与艺术发生了分化。这时,科学与艺术在原始宗教的中介作用下结成的低水平统一体瓦解了,各自成为相对独立的、完整的体系。而艺术也开始结束过去那种技艺不分、重"术"轻"艺"的境况,美以及美的创造者(如画家、雕塑家、建筑师)不仅受到了社会的尊重而且成为超出匠人的优越者,艺术的殿堂只有审美创造者才能自由地进入,而工艺制作者们只能带着一脸的虔敬在门外张望,偶尔获得恩准进内观摩都会让他们激动和赞叹不已,要在其中占有一席之地那简直是一种天大的奢望。事实上,文艺复兴之后,工艺家们也一直在为实现这一奢望而不懈地奋斗着;直到今天,诸如工业设计才以并不明确的身份伸进了一只脚。总之,文艺复兴使艺术无论在内涵还是外延上都产生了一次翻天覆地的革命性变化,使艺术在意义和意味上真正与美和审美结在一起;概念变了,名词只不过沿袭而已。

自文艺复兴运动起科学与艺术的分化,应被视作人类精神文明的一次突破藩篱的进化。因为任凭以往那种低水平统一活动一成不变地持续下去,有限的人体的生命就无法在这漫无边际的活动中达到较高的质量,人的本质力量也无从得到充分的施展和挥发。科学与艺术的历史性分野使它们都相应地找到了自己对象化的途径,为今后几百年内科学与艺术的迅猛发展提供了前提。

然而,我们也不能不看到,科学与艺术的分化使人在专业领域迈进的同时,也使人分化了心智,分化了审美和求知。人们成为分工的奴隶,创造性受到了很大的局限,看不到科学与艺术之间的本质关系和内在联系,使感性认识与理性认识完全对立起来。美学学科的创立者鲍姆嘉通就明确提出:任凭理性认识到的完善,例如一个数学演算式的完善是科学所研究的真;任凭感官认识到的完善,例如一朵玫瑰花的完善是艺术研究的美。后人沿着鲍姆嘉通的美学研究和审美创造的路标前进,结果使得艺术与科学的大道相距愈加遥远。康德认为一朵花的美的鉴赏完全可以离开它的生物学的结构;而黑格尔则把科学美排斥在他的美学体系之外,他断言科学与艺术很少有共同之处。于是,在这样的理论指导下的艺术活动与自然科学的鸿沟就越来越大了。艺术家在自己情感和想象的道路上自由驰骋,而科学家则在理智和事实的道路上昂首迈进。他们在各自领域中做出令人瞩目的成就的同时,又不免出现了斯诺所深感痛心的现象:艺术与科学互相的蔑视和反感。艺术在追求审美之中疏远了规律,科学在追求规律之中遮蔽了审美。人类原本统一的精神世界被分裂了,人类原来统一的审美创造的本质力量被割裂开来了。

于是,人们逐渐意识到这样无论对于艺术家还是科学家都是一种损失,只有交汇才能产生更为巨大的审美创造力。于是,人们期望着科学与艺术、科学家与艺术家在更高层次上再一次统一起来。在斯诺之后,弥合科学与艺术两种文化之分裂的呼声日见其盛。当代科学史的奠基人萨顿就将科学学史视为沟通两种文化的桥梁。在实践上,德国物理学家赫尔姆霍兹拉响了科学与艺术联姻的前奏。他提出了音乐谐和理论之后,对声乐理论的系统研究取得了重大进展,同时又大大促进了乐器制造上的革新。进入 20 世纪,科学审美创造中的艺术因素以及艺术审美创作中的科学因素同步增长,科学审美创造的艺术化以及艺术审美创作的科学化,已为越来越多的科学家和艺术家所肯定。科学与艺术,在经历了合分的历史性嬗变之后,又在美的张力的作用下走到了一起。正应了所谓“天下大势,久合必分,久分必合”。

§2 艺术之于科学审美创造

　　伟大的科学家——这就是诗的创造、哲学家的辩证法、研究者的艺术这样一些力量的合力。这是苏联科学家季米里亚捷夫在谈到艺术的审美性和想象力是造就伟大科学家时所说的话。翻开科学史册,我们不难发现如爱因斯坦、海森堡、卢瑟福、狄拉克、彭加勒等一大批爱好艺术、重视审美性的科学家的身影。在他们的科学研究过程中,严密的逻辑思想与丰富生动的艺术想象互相渗透;在他们的科学研究成果中,也都因染上了艺术色彩而极具审美价值。

　　物理学家霍夫曼在评价爱因斯坦的科学审美性时指出:"爱因斯坦的方法,虽然以渊博的物理学知识作为基础,但是在本质上,是美学的、直觉的。我一边同他说话,一边盯着他,我才懂得科学的性质。……他是牛顿以来最伟大的物理学家;他是科学家,更是个科学的艺术家。"[①]爱因斯坦的儿子汉斯·A.爱因斯坦(也是一个物理学家)在说到他的父亲对理论美的敏感性时说道:"他的性格,与其说是我们通常认为的科学家的性格,还不如说更像是一个艺术家的性格。例如,对于一个好的理论或者一项好的工作的最高赞赏不是它是正确的,或者它是精确的,而是它是美的。"[②]爱因

---

　　①　周昌忠编译:《创造心理学》,第193—194页。

　　②　詹姆斯·W.卡里斯特:《美与科学革命》,第116页。

斯坦自己也曾不止一次地在科学审美意义上对设计精巧的迈克尔逊—莫雷的"以太移实验"（这一实验证明了光速在不同方向上相同，成为爱因斯坦狭义相对论思想的实验基础之一）予以高度赞赏，认为这"在很大程度上要归功于他（迈克尔逊）对科学的艺术家的感触的手法，尤其是对于对称和形式的感觉"。"我总认为迈克尔逊是科学中的艺术家。他的最大乐趣似乎来自实验本身的优美和使用方法的精湛。他从来不认为自己在科学上是个严格的'专家'，事实上确也不是——但始终是个艺术家。"① 而爱因斯坦自己的科学成果，也被人们看成是伟大的艺术珍品。卢瑟福在 1932 年说的一番涉及科学活动艺术化的话就极具代表性：

> 我坚决主张：不妨把科学发现的过程看作是艺术活动的一种形式。这一点最好地表现在物理科学的理论方面。数学理论家依据某些假定并根据某些得到透彻理解的逻辑规则一步一步地建立起了一座雄伟的大厦，同时依据他的想象力清楚地揭示出大厦内部各部分之间隐藏的关系。从某些方面看，一个得到良好塑述的理论毫无疑问是一件艺术产品。一个美妙的例子就是著名的麦克斯韦的动力学理论。爱因斯坦提出的相对论，撇开它的有效性问题不谈，不能不被看成是一件伟大的艺术作品。②

为人类做出杰出贡献的科学家们的感悟，确凿无疑地向我们

---

① 《爱因斯坦文集》第 1 卷，第 491、561 页。
② 詹姆斯·W. 卡里斯特：《美与科学革命》，第 11 页。

传达了这样的信息:科学愈是与艺术紧密结合,它就愈具有审美创造的力量。在我看来,不仅艺术的美感和审美素养与科学思维方式就如同左手对于右手的谐调配合一样,影响着科学家的审美创造活动,而且,艺术审美活动本身也会给富有艺术气质的科学家以各种重要启发,甚至直接推动和导致科学的发展和创造。

2.1 艺术审美素养对科学家的影响

英国皇家学会会员、量子物理学家和科学思想家戴维·玻姆在《论创造力》一书中坦言:"我个人发现,与艺术家交谈、通信并欣赏他们的作品,对于我从事科学研究大有裨益。"[①]另一位大物理学家玻恩则以自己为例来谈艺术修养对科学美感培养的重要性,他说:

> 我个人的经验就是,很多科学家和工程师都受过良好的教育,他们有文学、历史和其他人文学科等方面的知识,他们热爱艺术和音乐,他们甚至能够绘画或者演奏乐器……用我自己做例子来说吧,我熟悉并且很欣赏许多德国、英国的文学和诗歌,甚至尝试过把一首流行的德文诗歌译成英文;我还熟悉欧洲其他国家,像法国、意大利和俄国等国家的作家。我热爱音乐,在我年轻的时候,钢琴弹得很好,完全可以参加室内音乐的演奏,或者同一个朋友一起,用两架钢琴演奏简单的协奏曲,有时候甚至和管弦乐队一起演奏。我读过并且继续在读关于历史、关于我们现在社会的经济著作和政治形势方面

---

① 戴维·玻姆:《论创造力》,第42页。

的著作。①

　　在诸多艺术样式中,音乐似乎与许多大科学家结下了不解之缘,其科学审美创造过程充满着与音乐相辅相成的姻缘。因发现天王星而闻名的威廉·赫歇尔生在一个音乐之家,他本人是一位风琴手,成为天文学家后他既精于人世的音乐,又迷恋天体的"音乐"。普朗克在童年时即表现了突出的音乐才能,他与海森堡和玻恩是熟练的钢琴演奏者。海森堡曾谈到理论物理学的理论美同音乐的美感有密切的联系,他常常在休息的时候一连几个小时弹奏舒曼或李斯特的曲子。他在创立量子论中使用种种符号、公式,所作的演算竟然能同他专心致志的音乐演奏奇妙地穿插进行。现代科学的拓荒者、耗散结构理论的创始人普利高津也是从小就喜爱音乐,弹钢琴一直是他着迷的艺术爱好。诺贝尔奖金获得者、德国外科专家亚伯·琴罗兹是一位非常出色的钢琴家,大作曲家勃拉姆斯的新作品常常由他试奏。英国著名心理学家铁钦纳精通音乐,曾任康内尔大学代理音乐教授,每星期天晚上都在自己家中举办音乐会。我国著名天文学家戴文赛也是颇有音乐造诣的人,既能弹琴还会作曲。其他如普朗克、赫尔姆霍兹、波尔兹曼、韦斯科夫、奥斯特瓦尔德、斯米尔诺夫、能斯脱等等有杰出贡献的科学家,都表现出了对音乐的极大爱好。

　　这里我们不能不提到一位科学巨匠爱因斯坦。他在一个充满音乐氛围的家庭中长大。小时候妈妈弹琴他就在一旁如痴如醉地倾听。他的妹妹是一个职业钢琴演奏者。爱因斯坦把音乐视作他

---

　　① 周昌忠编译:《创造心理学》,第 194—195 页。

进行科学审美创造的催化剂,无论去哪里旅行总要带上他的小提琴。1939 年,他在回答一个机构询问他的音乐爱好的问卷时写道:"巴赫,莫扎特,还有一些早期的意大利和英国作曲家的作品是我所喜爱的","舒伯特是我所喜爱的作曲家之一","舒曼的小型作品对我有吸引力,因为这些作品有独创性并富于情感","我感到勃拉姆斯的若干浪漫曲和室内作品真是不错,结构也好","我钦佩瓦格纳的创造性"。同时,爱因斯坦对这些音乐家及其作品进行了颇有见地的评价。1950 年,他在回复一项意见征询时用英语写道:"我在现代音乐方面的知识十分有限。但在一点上我深信不疑:真正的艺术是以有创造精神的艺术家不可遏止的创作冲动为特征的。"①爱因斯坦觉得科学与音乐具有共同的特性,它们都充满了对宇宙奥秘所寄托的丰富幻想。那些古典音乐大师的作品引导他开阔思路,并启迪他去想象和创造。晚年他常对人们说,他从音乐中看到了一个具有秩序、和谐和法则的世界。音乐的和声、复调、旋律、音色和情致,让他的相对论成了"一首激动人心的交响乐"和"伟大的艺术品。"

美国著名音乐评论家爱德华·罗特斯坦在他的"音乐与数学的内在生命"的研究专著中指出:"音乐和数学无论以何种方式,有史以来一直都是纠缠在一起的。历代数学家和物理学家都感受到了这种亲和力。……欧几里得在 2000 年前就惊异于这种奇妙的结合。"②为什么众多科学家(尤其是物理学家)如此酷爱音乐?这同他们的科学美感和创造性思维有什么特殊关系?我从三个方面

---

① 海伦·杜卡斯、巴纳什·霍夫曼:《爱因斯坦短简缀编》,第 100—103 页。

② 爱德华·罗特斯坦:《心灵的标符——音乐与数学的内在生命》,"引言"。

来试图回答这一问题。首先，正如科学哲学家卡尔纳普所总结的那样，物理学家的符号和方程式对实际现象世界的关系，就好像音乐和乐谱对于唱出来的声调和歌曲的关系。或者，古希腊时代的库里普什的一段话能说明问题："音乐是对立因素的和谐统一，把杂多导致统一，把不协调导致协调。"①音乐中的旋律变化、和声变化、调式变化，实际上都是协调与不协调的对立统一，最终表现为具体和谐。而构造理论物理学等各种科学理论和假设，也正是追求对立统一之和谐美的智力旅程。两者这一点上相通互助了。其次，音乐对于外在世界的表现基本上是从本体象征的角度，即构建具有外在世界动态特点的音响世界与其进行整体对应。也即是说，音乐不以局部的细节的模仿与真实来展示现实，不追求像绘画与雕塑等其他艺术样式以与客观形似来表现对象，它深入到客体的内核来完整映射它的内在本质。正如叔本华所言："世界在音乐中得到了完整地再现和表达。"②因而，音乐美的旋律与世界万物的规律有着内在的、本质的、整体的联系，科学家感到自己在音乐审美活动中可以提高把握客体整体结构和内在规律的能力。比如开普勒由于相信大自然的内在美，必定像音乐那样令人神往，因而用数学公式（$T^2 = D^3$）谱写了行星运动的"天体的音乐"。第三，格式塔派心理学家鲁道夫·阿恩海姆在论述一切事物都存在力的结构时指出："造成表现性的基础是一种力的结构……那推动我们自己的情感活动起来的力，与那些作用于整个宇宙的普遍性的力。

---

① 《西方美学家论美和美感》，第 14 页。
② 何乾三选编：《西方哲学家文学家音乐家论音乐》，人民音乐出版社 1983 年版，第 122 页。

实际上是同一种力。"①音乐可以通过各种表现因素组成的动态结构、力的模式与能量的变化来比拟物理世界的力的基调和变化发展的动态。因此,音乐形式美的张力具有直入人心、深入生命内在的力量,无论在形式质料和形式规律上都要比其他艺术样式的美的张力更能刺激和激发科学家们进一步去探索宇宙结构和谐美和物理世界有序的动态美。科学家在音乐美的张力的作用下,可以把对美的感受力、领悟力转化为追求真理、探究内在规律的动力与直觉把握能力,转化为科学审美创造的直觉力。达尔文在《自传》中曾提到:"音乐常常迫使我紧张地思考我正在研究的问题";而大哲学家卡尔·波普尔在《无穷的探索》中不止一次地提到音乐对他的启迪:"在所有这一切中,关于音乐的思索起了相当大的作用","在我的生活中,音乐是一个突出的主题。"②

　　文学和绘画等其他艺术素养对科学思维的发展及科学家的审美创造性也有着不可忽视的作用。达尔文除对音乐有强烈的美感外,还很爱好诗歌,尤其喜欢密尔顿的《失乐园》。薛定谔是个戏剧爱好者,在科学上成名后还发表过一卷诗作。维纳喜欢做虚构人物的写作练习,曾写过一部小说。诺贝尔很崇拜大诗人雪莱,并发表过长篇叙事诗《兄弟们》。19 世纪英国伟大的数学家汉密尔顿酷爱读诗写诗,他认为创造几何概念就像做诗。我国数学家华罗庚和苏步青在诗文上很有造诣。苏步青幼年时就喜爱历史和文学,特别是古典诗词,他曾说,我是数学家中最好的文学家,也是文学家中最好的数学家。化学家杨石先一有时间就翻阅古典诗

---

　　① 阿恩海姆:《艺术与视知觉》,第 625 页。

　　② 参见罗小平、黄虹:《音乐心理学》,三环出版社 1989 年版,第 82—86 页。

词,他认为搞科学的人不能不谈点文学,尤其是诗词。地理学家和
气象学家竺可桢则不仅热爱诗歌,而且在古诗词中获得了物候学
方面许多发现。尤其值得注意的是,在爱因斯坦步入晚年后,有人
请他将对自己在思想上影响最大的人物排一下顺序,爱因斯坦作
答如下:"陀思妥耶夫斯基(F. M. Dostoyevsky)对我的影响超过所
有的思想家,也超过了高斯。"据爱因斯坦继女说,爱因斯坦最喜欢
陀思妥耶夫斯基在 1880 年出版的小说《卡拉马佐夫兄弟》。在这
部小说中,曾有这样的一段话:

> 因此我告诉你,这个人就是信奉上帝。不过你要注意一
> 点:如果上帝是存在的,而且他真的创造了这个世界,那么,我
> 们都能看出来,他的世界是按照欧几里得的几何学创造的,他
> 给予人的思维是按照空间只有三个维度的概念创造的。然
> 而,历史上曾经有过若干几何学家和哲学家——这种人今天
> 也仍在出现着,而且不乏名家,他们怀疑整个宇宙——或不如
> 更广些,怀疑整个存在——是否只是按照欧几里得的几何学
> 形成的。这些人甚至敢于梦想让两条平行线在无限远的什么
> 地方交到一起,而按照欧几里得的原理,平行线是根本不会相
> 交的。我的结论是,既然我连这些东西都闹不明白,我也就不
> 可能了解上帝。我只是谦卑地承认自己无从解决这类问
> 题——既然我的头脑是欧几里得式的,又怎么有本领解决不
> 属于这个世界的问题呢?

爱因斯坦承认这位小说家对自己的影响超过了第一位非欧几
何的发现人,这无形中确立了陀思妥耶夫斯基作为文学艺术家是

第一位谈论第四个维度与非欧几何学的重要人物。[①] 我们在后文中会看到,许多的艺术作品中都做出了科学的预言,或者直接揭示了科学规律。

关于绘画审美素养对科学家及其审美创造的作用,我想引出美国数学家道格拉斯·霍夫斯塔特的如下的一段话便是可说明问题:

> 我第一次知道埃舍尔的名字是在十多年前。那时我津津有味地看着诺贝尔物理学奖金的获得者杨振宁博士所著的小册子《基本粒子发现简史》。我特别注意到杨振宁先生在前言中对埃舍尔先生允许他采用《骑士图》表示深深的谢意。我被这张图深深地吸引住了,因为埃舍尔以优美的图形及其镜像巧妙地表现了对称性的原理。这些原理在物理学的世界中起着极为重要的作用。可惜,迄今为止,中国人一般还不熟悉埃舍尔作品,但是在西方他是一位别具一格、极有影响的画家。埃舍尔创造了一系列富有智慧的图画,其中有许多画体现了奇妙的悖论、错觉或者双重的含义。因此,在埃舍尔作品的崇拜者中间有许多数学家也就不足为怪了。当我们慢慢欣赏埃舍尔的画并在其中发现那些美妙的数学原理时,那是一种多么愉快的享受啊。[②]

大体来说,艺术审美素养对科学家的科学活动有以下三个方

---

① 伦纳德·史莱因:《艺术与物理学》,第 338—339 页。
② 霍夫斯塔特:《GEB——一条永恒的金带》,四川人民出版社 1984 年版,第 3—4 页。

面重要影响。首先,艺术美的张力能激发和调动科学家进行审美创造的欲望。我们在前面谈关于音乐美的动力作用时便有所提及。这一点,蔡元培先生亦早有论述。他谈到:"常常看见专治科学,不兼涉美术的人,难免有萧索无聊的状态。……因为专治科学,太偏于概念,太偏于分析,太偏于机械的作用了。"这样"不但对于自己竟无生趣,对于社会毫无爱情;就是对于所谓的科学,也不过'依样画葫芦',决没有创造的精神"。这"就要求知识以外,兼治美术。有了美术的兴趣,不但觉得人生很有意义,很有价值;就是治科学的时候,也一定添了勇敢活泼的精神"。①

艺术审美素养能极大丰富科学家的想象力和创造性思维。关于这一点鲁道夫·阿恩海姆是这样认为的:一旦我们认识到创造性思维在任何一个认识领域都是知觉思维,艺术在普通教育中的中心地位便变得十分明显了。对知觉思维能力的最有效的培育是由艺术创作家提供的。科学家和哲学家可以警告他们的学生当心陷入纯粹的文字游戏中,坚持让他们多想象一些适当的和有着明晰结构的模型。但他们在这样做的时候,并不一定拒绝艺术家的帮助,因为艺术家在展示如何组织一个视觉式样方面都是专家,艺术家了解形式的多样性变化,以及创造这些多样性形式的技巧,他们具有培养想象力的手段。他们习惯于将复杂的东西视觉化,他们喜欢以视觉形象来构想现象和问题。②

科学审美想象与艺术审美想象之间并没有截然分明的界线,二者可以通过在大脑中的泛化而相互启发。玻尔在分析艺术之所

---

① 《蔡元培文选》,北京大学出版社 1983 年版,第 137 页。
② 鲁道夫·阿恩海姆:《视觉思维》,第 427 页。

以能丰富科学家想象的原因时说，这是因为艺术能给科学家们提
示逻辑系统分析所达不到的和谐。他认为文学、音乐和造型艺术
的表现方法是连续的，不像科学那样追求定义的准确，从而为科学
想象的幻想提供了较多的自由，科学家便能在这种自由和谐的创
造性思维情境中做出重大的科学发现和创造。歌德常常把诗歌或
戏剧的创作激情引向科学创造，这时艺术家的丰富想象力便大大
有助于他获得成功。歌德在一次散步时看到一棵扇形棕榈树，在
科学审美想象中，叶子变成了茎、花……他发现，植物的形态在生
长中是变化的，在变化中保留着某种原始的形式。譬如，这棕榈树
的树冠就保留着叶子的形态，叶子发展成为植物就像蛹发展成蝴
蝶一样，它身子的形态保留着蛹的特征。于是，歌德在科学审美想
象的先导下提出了"植物变异试释"理论。

这是我要再举一个十分有趣的例子，就是基本粒子物理研究
中的"夸克"取名。当美国物理学家盖尔曼在为令人困惑的基本粒
子分类时，出乎意料地从艺术作品中借用了"夸克"一词。"夸克"
原本是小说《芬尼斯的彻夜祭》中的俚语，德文原意是指社会底层
人物吃的带臭的软乳酪，有着几种味道与颜色。而"夸克"的物理
性质正好形象地与此相合，这便使科学语言有了重大突破，标志着
科学研究从长期受制的机械符号语言中解放出来，开始通向暗含
妙义的形象化的语言大门。在 1969 年授予盖尔曼的诺贝尔奖状
中，明确肯定了这一科学语言上的突破就像是量子物理学上的突
破一样重要。它的成功鼓励科学家们从艺术语言中去汲取营养，
培养和发展丰富的想象力，充分利用艺术语言符号的巧妙性和美
感，去思考五彩缤纷的大千世界，从而使自己的科学审美想象既具
概括和逻辑性，又具生动和鲜明性。

艺术审美素养还有助于科学家形成自己独特的科学表述风格。哈密顿是英国继牛顿之后最伟大的数学家和物理学家,同时在诗文上造诣颇深。他曾以写诗的激情来研究四元素理论,其构造就如同诗歌的格律和韵律一样。奥地利杰出的理论物理学家薛定谔多才多艺,他的科学审美理想是毕达哥拉斯式的音乐和谐,而这一审美理想又十分鲜明地体现在他的科学成果上。人们早已知道,琴弦、风琴管的振动符合声波的波动方程。一个波动方程只要附加一定的数学条件,就可产生出一个数列。薛定谔决意从音乐式的科学审美理想出发,创造一种新的原子理论。最终他如愿以偿,求得了一个十分美妙的电子的波动方程:

$$\frac{\partial^2 \Psi}{\partial x^2}+\frac{\partial^2 \Psi}{\partial y^2}+\frac{\partial^2 \Psi}{\partial z^2}+\frac{\partial \pi^2 m}{h^2}(E-v)\Psi=0$$

薛定谔方程一经问世便立刻轰动了物理学界,因为它把电子的波粒二象性完美地统一起来了。人们只要用这个方程求出一个具体系的解来,就可以得到这一体系的全部信息,其客观效果就如同音乐中拍频所产生的频率差效果一样。因此,人们在对薛定谔方程进行审美评鉴时,认为它具有音乐式的科学审美创造风格。

2.2 艺术审美活动对科学的促进

丹麦女艺术家路里恩·维哲斯(Louwrien Wijers)与科学思想家戴维·玻姆作过一次关于创造力本性的深刻对话。当维哲斯提到"许多人相信创造力总是与艺术相联系"时,玻姆说:"创造力与艺术、科学、宗教相联系,也与生活的每一个方面相联系。我认为从根本上说,一切活动都是艺术。科学则是一种特殊的艺术。……艺术无处不在。'art'(艺术)一词拉丁语含义是'to fit

（适合）'。关于宇宙的整个观念在希腊语中意指'序'，它实际上是个艺术方面的概念。"①麦克卢汉则进一步认为："无论在什么领域里，自然科学也好，人文学科也好，谁能把握住自己活动与行为的要旨，谁能领悟出当代新知识的意义，谁就是艺术家。"②

当然，若是谁把玻姆和麦克卢汉的上述话理解为科学是艺术的一部分，艺术审美活动涵盖一切智性活动，我们肯定是不会赞同的。但如果从另一个角度，从一切审美创造性活动中艺术具有"一种孕育力"而言，从艺术家作为"先驱者"，其审美活动具有"为未来开路"功能而言，我们就不能不承认玻姆和麦克卢汉的话还是具有一定深刻性的。史莱因在他的《艺术与物理学》一书中就明确宣称："艺术是宇宙精神的独一无二的先行官"；"在预想实在方面，艺术通常是先于科学的"。在这部被认为"令人激动且富于洞察力的关于艺术的著作"中，史莱因还引用了艺术评论家休斯（Robert Hughes）和夏尔丹等人的精辟论述。休斯认为："所谓先驱之迷的本质，在于艺术家是先驱者；艺术的最重要的作用，是为未来开路。"夏尔丹指出："简单地说，艺术代表着人们日益增长的活力中最为先进的领域，在这个领域里，一些新生的真理凝固定形，变得生气勃勃，然后在某个时候得以公式化并被人们所接受。"③

具体到艺术对科学的作用而言，早在 20 世纪初王显诏就认为："艺术不但可以救济科学之弊，而且是求真之一大径路，并能予科学以直接或间接的一个有力的帮助。"④在我看来，艺术家们不

---

① 戴维·玻姆：《论创造力》，第 121 页。
② 伦纳德·史莱因：《艺术与物理学》，第 502 页。
③ 同上，第 6、14、457 页。
④ 胡径之：《中国现代美学丛编》，北京大学出版社 1987 年版，第 129 页。

仅常以科学为主题，直接推动人们对科学活动的兴趣和热爱，而且可以通过艺术的审美形式来表达科学内容，从而使科学内容形象、生动，易于理解；艺术审美活动不仅可以启迪科学家的审美创造，而且可以直接参与科学活动，在二者精美的合作中诞生出伟大的科学艺术品。

在美的张力作用下，艺术审美活动往往能触发和推动科学审美创造。在文艺复兴时代，画家们曾面临着一个如何把三维的现实世界忠实地、正确地绘制到二维画布上的重大数学问题，对这一问题的研究导致了透视法和立体几何的诞生。为了在绘画中精确地再现人体美，人体比例的研究促使解剖学、人类学、人种学的发展，最终导致哈维发现人体血液的循环，并奠定了西方医学发展的基础。现代解析学的发展——在微积分的抽象的基础上扩展的数学领域——是部分地受到企图描述颤动琴弦的运动启示的。现今人们广泛关注的全球性生态问题，最初就通过美国女科学家卡尔逊的一本小说《寂静的春天》才引起人们注意的。便是在我国的古典诗词中，亦有许多让人们在欣赏之余值得进行科学思索的问题。

"春蚕到死丝方尽，蜡炬成灰泪始干。"这是我国唐代诗人李商隐（约公元 813—858）那首脍炙人口的七言律诗《无题》中的名句。我国著名文学家周汝昌先生对这一名句曾作过精彩的注释："春蚕自缚，满腹情丝，生为尽吐；吐之既尽，命亦随亡。绛蜡自煎，一腔热泪，蒸而长流；流之既干，身亦成烬。有此痴情苦意，几于九死未悔，方能出此惊人奇语。"并称此诗句有"惊风雨的境界，泣鬼神的力量"。在李商隐的名句中，本就蕴含十分有趣的现象，而周汝昌如此精美的解释，则又引发科学家们从力学角度思考这样的问题：蚕丝真的是"吐"出来的吗？蜡烛在燃烧时为什么总要"流泪"？结果表明：蚕腹中的胶状丝液，形成结实而又漂亮的蚕丝的主要条件是拉力。蚕丝不是"吐"出来的，而是通过蚕嘴巴的流量调节用力拉出来的。仿生学使人们在现代化学纤维工业中模仿蚕做的工作，用"拉伸"的办法制造尼龙和涤纶等合成纤维。而如何又快又好地拉出丝来，正是流变学中"拉丝流动"所研究的内容。①

　　艺术家在审美活动中，以科学内容为其审美创作的主题，其艺术品美的张力将直接激发人们对科学的兴趣和热爱，推动科学的发展。18 世纪曾是崇拜理智、科学和科学知识的世纪。诗人们在歌颂科学本身的同时也歌颂了卓越的科学家。写科学诗歌的作品在当时的法国特别流行；而科学的积极力量的主题在罗蒙诺索夫、拉季舍夫、卡拉姆津等俄国文学作品里得到了具体体现。进入 19 世纪，科学和技术上进一步的巨大成就引起了普希金密切的关注。在普希金作品里，对科学技术各领域中的成就的兴趣和他在创作上对生活的全面掌握有机地结合起来，这种全面性构成他艺术天才的突出特点。科学技术胜利发展的主题在沃尔特·惠特曼的作品中得到了有力的表现，诗人在他那些充满激情和乐观主义的诗篇里用赞美的笔调写到被称为蒸汽和电的时代的重大科技成就：

　　　　看哪，在我的诗歌里，无数的大汽船

　　　　　　正在航行……

　　　　看哪，在我的诗歌里，广大的内陆的城池和土地，

　　　　　　有着宽整的道路，以及钢铁和石头的建筑，

　　　　　　不断的车辆和贸易！

---

① 参见王振东、武际可：《力学诗趣》，南开大学出版社 1998 年版，第 10—13 页。

看哪,有着许多金属滚筒的蒸汽印刷机和

横穿大陆的电报机,

看哪,在大西洋的深处,美洲的脉搏通到了欧洲,

欧洲的脉搏也通过来。

《《从巴门诺克开始》）

在惠特曼的作品里,对科技成就的歌颂是同对富饶的世界的愉快感觉、同对人和审美创造性劳动的强大力量的提示交织在一起的,而科技本身则往往作为时代的一种最富有表现力的标志。在 19 世纪的另一些作家中,写那些与科技相关的问题时,经常把它与社会正义、伦理道德、人类幸福等重大问题结合起来。比如雨果在涉及到科学发展的主题时着重指出,科学的成就要求做出巨大的努力和不小的牺牲。各种成就经常是同深刻的失望联系在一起的。在生活中,幻想家和科学家常常是并排行走的。到了 19 世纪末 20 世纪初,另一位大文豪托尔斯泰则把对科学和艺术的道德要求、把研究它们的作用和意义时的道德标准提到了首位。托尔斯泰晚期认为,科学和艺术一样,可能有真的,也可能有假的;只有那种能使所有的人尽可能更完善地、更合乎道德地度过一生的知识才是真正的科学。这里,文学艺术家们不仅以艺术形式为载体使人们关注科学,而且为科学造福于人类指示了方向。①

人类进入 20 世纪以来科技发生了革命性变化,大大加快了人类文明的进程,深深影响人类生活的方方面面,同时也激发了文学

---

① 〔俄〕米·赫拉普钦科:《艺术创作,现实,人》,上海译文出版社 1999 年版,第418—425 页。

艺术家们的审美创作热情。我们肯定不会忘记,徐迟的一篇《哥德巴赫猜想》,把一个复杂的数论问题、一个数学家(陈景润)对科学追求的艰辛历程描写得清清楚楚,激发起了多少青年对科学的热爱。其实,在此之前,英国西蒙·辛格著就的《费马大定理》,就曾精彩描写了另一个更为著名的数论问题。这里,我要特别介绍在20世纪末的一次艺术与科学相携相拥的新奇盛会,这就是为庆祝清华大学建校90周年而在中国美术馆举行的"艺术与科学国际作品展"。来自19个国家、32所高校的566件优秀作品,以绘画、雕塑、艺术设计、书法或综合艺术等形式和手段,出色地表现了科学发现和科学精神。其中,著名画家李可染为了称颂人类已有可能通过RHIC(相对论性重离子对撞机)来探求宇宙的起源和真空的复杂性,创作了《核子重如牛,对撞成新态蕴含科学内容的画》(见图下篇-1①)。

图下篇-1 《核子重如牛,对撞成新态蕴含科学内容的画》,李可染作

这是一幅表现静态和动态相辅相成的杰作。画中两头牛抵角相峙,似乎是完全静态的,但蕴含在这幅画中的巨大能量是显而易

① 李政道:《科学与艺术》,第35页。

见的,这能量将随时释放而变成激烈的运动。犹如可能由 RHIC 所激发出的真空中充满了能量的涨落那样,其复杂动力学状态被它表观的静态性质所掩盖。这种激发的复杂性同宇宙产生的最初瞬间,即一百多亿年之前"大爆炸"时的情况相同。

在"艺术与科学国际作品展"上,另一位画家吴作人教授创作的《无尽无极》(图下篇-2①)以"现代太极图"赋予了阴阳二重性以更深的含义,寓意世界是动态的,宇宙的全部动力、所有物质和能量都产生于静态的阴阳二极的对峙。而太极似乎是静态的结构,蕴育着巨大的势能,可以转变为整个宇宙的动能。与这一艺术形式蕴含的寓意相对应,现代科学中凝聚态物理的前沿集中于最近在量子霍尔效应和高温超导中的新发现。这两种现象都与本质上具有二维强电作用的材料密切相关。

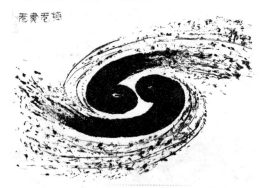

图下篇-2 《无尽无极》,吴作人作

在这次作品展上,有两件体现物质与生命的美与力量的大型雕塑作品非常醒目。一件是著名科学家李政道为表现电子对撞时

---

① 李政道:《科学与艺术》,第21页。

的情景而创意的大型雕塑《物之道》，另一件是著名艺术家吴冠中根据科学家发现的蛋白质结构所创意的大型雕塑《生之欲》。李政道关于《物之道》的创意说明颇为深刻："道生物/物生道/道为物之行/物为道之成/天地之艺物之道"。同样，吴冠中的"生之欲"创意说明也含义隽永："似舞蹈，狂草/是蛋白基因的真实构造/科学入微观世界提示生命之始/艺术被激励，创造春之华丽/美孕育于生之欲/生命无涯，美无涯。"关于生命的科学美的张力，激发了艺术家创造的强力欲望；而所创作出来的艺术品形式美的张力，又使人们在欣赏之余更加热爱科学，热爱生命。

在普及科学、推动人们热爱并献身科学的高尚事业中，科普作品功不可没。1818 年玛丽·雪莱发表的《弗兰肯斯坦》，被公认为是科幻小说形成独立文学流派的分支。其后经法国儒勒·凡尔纳(1828—1905)和英国赫伯特·威尔斯的发展，曾经把千百万青少年引上崇尚科学的道路，许多著名科学家都是首先从科普作品或科幻小说中接受科学启蒙教育的。控制论创始人维纳非常爱读科幻小说，尤其是凡尔纳的作品。这是因为凡尔纳在自己的科幻小说里不仅成功运用了当时已经形成的科学观点，同时还大胆提出了自己新的思想和假设，并大多得到了科学证实。这位"奇异幻想的巨匠"，被誉为"能想象出半个世纪甚至一个世纪以后才能出现的最惊人科学成就的预言家"。科技创造及其巨大的内在潜力是威尔斯这位艺术家和政论家的文学创作最重要题材之一，只是我们在读他的《时间机器》、《星际战争》和《狄得自由的世界》等作品时，发觉他与凡尔纳和惠特曼的作品中贯穿着征服世界的开朗的乐观主义不同，这些作品对人类自身充满着深深的忧患意识，在社会悲观主义和对美好未来的希冀间摇摆不定。

　　高尔基曾评论科学小说是人类预见未来现实的一种惊人的思考能力。科幻作品除了具有激发人们探索科学技术的兴趣外,还能培养建立在科学基础上的丰富的审美想象力,启迪智慧。我国古代神话《淮南子》和《山海经》中,都包含有丰富的古代科学知识和科幻色彩。《淮南子》中记载着家喻户晓的"嫦娥奔月"的故事,表达了人类渴望遨游宇宙的美好愿望。牛顿把这一科学幻想变成了科学的预言,而"阿波罗"登月飞船则实现了人类的宿愿。在《艺术与科学国际作品展》上,数位艺术家从中国古代神话和寓言获得审美创作的灵感,用艺术形式来表达科学内涵。如常沙娜教授就以她擅长的敦煌石窟画风格,创作了"雷神引高能"画。中国神话中的雷神寓意着一个巨大能量的生产者,像静电加速器那样,以逐渐积累电荷的方式获得很高的能量。刘巨德教授所作《大鹏》则是从庄子《逍遥游》中获得启发:"北冥有鱼,其名为鲲……化而为鸟,其名为鹏。鹏之背,不知其几千里也;怒而飞,其翼若垂天之云。"此画表现了"唯宇宙之大膨胀,始生鹏"的人类自古以来探索宇宙奥秘的不懈科学精神。另一位艺术家鲁晓波依据汉砖上的朱雀浮雕,用现代二维手法描绘了汉代寓言中的"朱雀"(图下篇-3[①])。画中变形处理的朱雀的羽翼显示出丰富的三维细节,意指只有仔细研究二维的外表,才能真正了解三维的内涵。另外,朱雀是古代兵阵中前队的旗子标志,鲁晓波借用这只张开双翅、其背后透射出一个玄妙的多层世界的朱雀,寓意着腾飞于宇宙间的物理科学的最前沿。

---

　　①　见李政道:《科学与艺术》,第41页。

三十位艺术家的作品极具审美张力和创造性,其科学性的艺术表现达到了惟妙惟肖、炉火纯青的地步。

图下篇-3 《朱雀》,鲁晓波作

在一些杰出的艺术作品中,不仅寓意着科学涵义和科学精神,而且直接就表达了科学的内容,使科学的深奥之意在艺术样式的载体中显得形象、直观和易于理解。由于 20 世纪科学的革命性发展,相对论、量子力学等寓于物理公式后面的科学概念委实太奇特了,它们需要借助全新的表达风格,才能为公众所了解。而一些现代艺术大师则是在自己并不曾真正意识到的情况下,用自己同样充满革命性的全新的图符语言,在创造出的无声的形体中表述了物理学家们悟出的难以言传的概念。

1915 年,当人们首次面对爱因斯坦的质能和弯曲时空的一体化方程时，整个科学界被震惊得说不出不出话来。有人曾劝爱因斯坦创造一种直观的视觉隐喻来帮助人们理解他的科学思想，他却回答说"根本就没有这种东西"。法国数学家阿达马（Jacques Hadamard）曾向爱因斯坦讨教其思想方法，后者似乎是想强调他与众不同的思维过程和对语言缺乏信心，爱因斯坦写道："文字和语言，不管是写下或者是说出来，在我的思想机制中似乎都不起任何作用。"的确，时空、量子突跳和质能所弯曲的时空这些东西，离开人们日常生活的经验是如此遥远，因而除了极少数人，普通的人脑是无法接受它们的，并且也似乎只有用抽象的数学符号才能把相对论的概念精确表达出来。

然而，就有一位画家，一位被人们视为艺术界科学品味不足第一人的西班牙画家达利（Salvador Dali），用他构思出色的近乎怪异的作品，为新物理学那缺乏视觉表述的语言创造出了一套急需的图符。在《不可知论的象征》（1932年）（图下篇-4）一画中，达利极其准确地表明了光束在经过有质物体近旁的弯曲时空时会发生什么情况。画中一把被拉得非常长的银匙宛如是一束从右上角射入图中的光线。然后，这把代表光线的银匙穿过与外界隔绝的黑暗空间，空间中只有一个小小的、模糊不清的物体。银匙的又细又直的手把在那个有质物体的旁边拐了个弯，然后再次变成直的。前面那小小的匙口上带有一个异常小的发生相对论性时间延长的钟表，表面上的时间永远停在6：04上。

在这幅超现实主义的图画里，达利表达了弯曲光线、弯曲空间和凝固时间的思想。史莱因认为，在所有的美术作品中，大概再也找不到一幅图像能比《不可知论的象征》更直观地描绘出质量对其近旁的时空所产生的效应了。

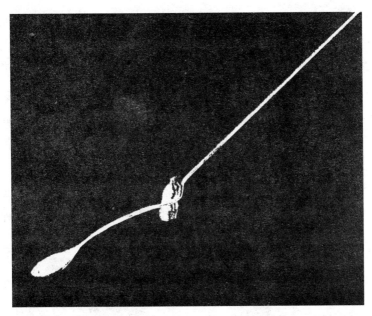

图下篇-4 《不可知论的象征》,达利作

其实,在《不可知论的象征》之前,达利曾作过另一幅著名的画:《永恒的记忆》(1931 年)(图下篇-5)。这幅超现实主义的绘画,把时间的两种常见的代表物——钟表和砂粒——放到了一起。这幅画的引人注目之处,是几只表皆处于熔坍状态,背景则是象征时间之砂的孤寂沙漠。为了突出画上的时间图像,达利还加进了一群爬行的蚂蚁,且它们的特殊形体如同沙漏。沙漏、砂粒和钟表都与时间相关,但这种关联并不明显,只有当观者回过头来思考时间的本性和意义时才会被觉察出来。画中香蕉皮似的软坍坍的钟表(其上有耐心爬行的蚂蚁)在伸延向远方的广袤沙滩上方熔坍。计时表所表现出的柏油般的熔塑性,使人们仿佛能觉出时间这条无形河流有可能淤塞以至断流。假如我们知道,使爱因斯坦得以重新构筑空间、时间与光这三个基本概念的，关键在于理解接近光速状态下时间发生膨胀的本质，那么我们就不难理解，当初如有人请爱因斯坦推荐一幅以图示方式来表现相对论性时间膨胀的画的话，爱因斯坦定会认为非这幅《永恒的记忆》莫属了。不过，说句实话，我弄不太懂的是，达利这位总是被爱恋、神秘主义、性和梦幻弄得颠三倒四的艺术家，是在怎样的心态和念头下，创作出这些以传统的文字方式难以表述的观念图符，而又能触动人们集体心态并产生共鸣？也许，像爱因斯坦的相对论等科学内容，在我们常态中生活的人看起来就具有神秘的梦幻性质……艺术和科学的两种文化精华，在常人看似神秘莫测的表象下对应或交融在一起了。

图下篇-5　《永恒的记忆》，达利作

若要再举一个以艺术图符精巧地表达科学内容的例子的话，我当举姜斯的《从 0 到 9》(1961 年)(图下篇-6)这幅画，它也对爱因斯坦的时、空、光的新观念做出惊人的视在解释。在姜斯众多的以字母表与数学级数为主题材的绘画中,这幅画向自亚里士多德以来最神圣不可侵犯的信条之一——数字序列的不可变更性——提出了挑战。传统信条认为,算术级数是最根本的数字序列。在时间领域和空间领域里,1,2,3,4……按部就班地出现,是同时的反面。姜斯却将这两个相反的概念合并在一起并使之互补。他巧妙地画出一幅叠在一起的所有基数,并使它们叠压得无法一一分辩。在数字式钟表上,无论是秒针还是时针,其所指示的时间是一个接一个先后有序地出现的,而在姜斯的画上,数字叠成整齐的一套同时出现。我们知道,根据爱因斯坦的相对论,只有在一种情况下所有时间可以被同时感常受到,这就是乘上光速行驶的列车行进。在光速 C 下,列车窗外的一切事件会叠套在一起被同时观察到,如同姜斯图中的所有数字。纵观整个艺术史,《从 0 到 9》可谓是对时空连续统在 C 下具有同时性观念的最精确的表述。①

图下篇-6 《从 0 到 9》,姜斯作

我们还可以发现,在另一种语言艺术载体中,也能够很好地表

---

① 参见史莱因:《艺术与物理学》,第 407—411、264—266、299—301 页。

达科学见解和内容，这就是诗歌。中国民间有一种算法叫做神仙算，韩信点兵，又叫诸葛亮隔堵算；国际上称为中国剩余定理。它用了下面诗歌形式的四句口诀：

> 三人同行七十稀，五树梅花廿一枝。
>
> 七子团圆真月半，除百另五便得知。

这种诗歌形式的口诀既表达了科学内容又便于记忆运用。现在，中国剩余定理已被用于编码，用剩余码设计的计算机能快速地进行加、减、乘，并能进行校验、容错等。这正应验了帕屈理齐的观点："凡是科学、技艺，以至历史所包括一切题材都是适合于诗的题材，只要那题材是用诗的方式来处理的。"[1]诗人惠特曼曾尝试用诗歌来表现热力学第二定律而受到美国科学界的欢迎。身兼文学家和科学家的罗蒙诺索夫在《试论由电的作用力而形成的空气现象》一文中说，他的关于北极光的理论最初是在 1747 年发表的一首颂诗中谈到的。其实，早在古罗马时期的科学家、哲学家和诗人卢克莱修就创作过一部诗体论文：《论物性》。今天，人们仍然在沿着他们所开创的科学艺术化审美道路前进着。

2.3 艺术对科学的预见和反映

1996 年，中国高等科学技术中心举办了"复杂性与简单性"国际学术研讨会。艺术家吴冠中从清代国画大师石涛的"自一以万分"画论名句中凝练出"简单与复杂"的科学内涵。他以点、线挥洒

---

[1]　朱光潜：《西方美学史》(上卷)，人民文学出版社 1979 年版，第 161 页。

神韵,千变万化,化静为动,犹如乾旋坤转,为会议奉献了一幅具有现代风格的抽象招贴画,取名为"流光",并为此画题写一首诗,其中有:"点、线、面,/黑、白、灰,/红、黄、绿,/这些最基本的元素,/营造极复杂的绘画,/求证科学:简单与复杂。"李政道教授经与吴冠中教授切磋后,将诗略加修改为:"最简单的因素,/营造极复杂的绘画,/它们结合在一起,/光也不能留时间。"恰恰就是"光也不能留时间"这一句,表示了艺术家的审美想象可以超越目前科学定理的范围,具有科学预见性。①

史莱因在对艺术与物理学的大量关系密切的现象研究后认为:"尽管各种知识学科都能做出预言,但艺术有一种特殊的先见之明,其预见性要超过物理学家的公式。科学上存在这样的情况,即科学发现出现之后,人们发觉它对物质世界的描述早已被以往的艺术家以奇妙方式放入了自己的作品。"在同一书中史莱因还说:"如果说艺术家们的直觉最先预告了在宇宙精神这个更大实体中所发生的动向,那么,就可以变为艺术家们本身发挥了预言家的独特作用,而时间之灵就是通过他们才显露出来的。富有想象力的艺术家们由于能够觉察到我们其他人还不能觉察到的事物,他们便接受了从这个精神宝库散发出的一些原理,并通过他们的艺术向世人宣告。"②

在文学艺术中,就有许多科学预见的例子。唐朝方干《送僧归

---

① 按相对论,光速为一切速度之最,如观察者以光速运动,相对的时间完全停留.故李政道等以"光也不能留时间"一句,表达了科学审美想象可以超越目前科学理论的范围.参见李政道主编:《科学与艺术》,第 61 页。

② 伦纳德·史莱因:《艺术与物理学》,第 6、456 页。本节中下面许多的例证都将参见史莱因的这部著作.

日本》诗中有"西方尚在星辰下,东域已过寅卯时"诗句,在一千年前就预见到了长安与京都的时差。南宋辛弃疾有一首词《木兰花慢(中秋)》:"可怜今夕月,向何处?去悠悠。是别有人间,那边才见,光影东头。在天外,空汗漫,但长风浩浩送中秋。飞镜无根谁系?嫦娥不嫁谁留?"他说我们这边的月亮落下去了,在另外一个世界的东方才能看见。这不正是在说地球是圆的吗?而屈原在他的千古绝章《天问》中则早就推断地球必须是圆的。这里抄录其中两段:

> 九天之际,
> 安放安属?
> 隔隔多有,
> 谁知其数?
> ······
> 东西南北
> 其修孰多?
> 南北顺橢
> 其衍几何?

诗中的"九天"指天球的九个方向:东方昊天,东南方阳天,南方赤天,西南方朱天,西方成天,西北方幽天,北方玄天,东北方鸾天,中央钧天。李政道等认为,该诗第一段屈原推理出天和地必须都是圆的,天像地蛋壳,地像蛋黄(当然其间没蛋白),各自都能独立地转动。在第二段诗中,屈原更进一步推测地的形状可能偏离完美的球形。屈原问道:在东西为径南北为纬方向上哪向更长?

换句话说,赤道圆周比赤径圆周长还是短? 然后他又问道,如果沿赤道椭圆运动,它又应当有多长? 可见,公元前4世纪的屈原,得出地必须是圆的这一结论后,还能继续想象出地是扁(或长)椭球的可能性。因此,李政道等把《天问》视作为"完全可能是唯一的基于几何学的分析、应用精确的推理,并且以气势磅礴的诗句写成的最早的宇宙学论文之一"。①

国外的文学著作中,这类科学预见也不鲜见。与托尔斯泰同时代的艺术家赫伯特·威尔斯有着科学家的渊博知识,常把科学和技术的创造及其巨大的内在潜力作为自己文学创作的最大题材。他在长篇小说《获得自由的世界》中就预见到了对原子能的运用,包括用于军事目的。斯威夫特(Jonathan Swift)在《格利佛游记》书中,曾言之凿凿地杜撰说火星有两个卫星,并详述了它们的轨道。而一个半世纪后,1877年美国天文学家霍尔(Asaph Hall)真的发现了这两颗卫星,而且证实它们的轨道与斯威夫特戏称的情况接近得令人吃惊。

爱伦坡(Edgar Allan Poe)是一位忧郁的诗人,也是一位出色的小说家。他在写出《金甲虫》后便发明了一种新的小说形式——侦探小说。他在写于1846年的长篇玄学散文《醍醐灌顶》中,表现出了对实在本性的叫人惊叹的先见之明:

> 空间与时间实为一体。宇宙作为整体,有可能经历着在各方面都能与其各物质组分同样辉煌的时期。……为此,星体应当从看不见的星云转变为可见的存在……在产生和结束

---

① 李政道主编:《科学与艺术》,第142—143页。

不可胜数的复杂变化中复归暗淡。所有的星体都应当这样做，应当有时间彻底完成如是的神圣使命，在此期间，注定要回归一统的一切，一个个按照与距离的平方成反比的速度走向不可避免的归宿。

这段文字的第一句一下就点出了相对论的核心内容，即空间和时间结合成时空连续统，比爱因斯坦早了 60 年。其余部分则预言了膨胀着的宇宙，这一天体物理中至关重要的概念几乎过了整整一个世纪才被天体物理学家们普遍接受。①

在天体物理学中，"黑洞"和"奇点"等现象引起了被人们赞誉为 20 世纪继爱因斯坦之后最伟大物理学家霍金的高度关注，并越来越成为天体物理学中热门的重大课题。"黑洞"这个名称是 1967 年惠勒定下来的。当一颗巨大的恒星被黑暗的、看不见的重力"扼死"后，光和物质皆化为乌有，只留下"尸体"轮廓的痕迹，惠勒便把这种像鬼魂一样存在的遗留物叫做"黑洞"。自天文学家们在 1971 年确定出第一个超密恒星尸体的位置以后，"黑洞"就一直吸引住众多公众的想象力，这是一种我们人类的三维感官在无法避免的局限性面前感到无可奈何的想象。生物学家哈丹(J. B. S. Haldane)曾经评论说："宇宙不但比我们所想象的更古怪，而且比我们所能想象的更加古怪。"哈里森则颇有诗意地把黑洞描写成

---

① 史莱因：《艺术与物理学》，第 349 页。相对论说明，一旦摆脱了生存环境地球对速度的限制，时间和空间便是互补的一对紧密相联的存在：当时间扩展时，空间就会收缩；当时间收缩时，空间就膨胀。1908 年，德国数学家闵可夫斯基(Hermann Minkowski)用公式表述了时间和空间的这种反逆的关联，由是揭示出空间和时间属于一个体系，而时间是该体系的第四个维度. 这个体系得名为时空连续统，或简称为时空。

"无底深渊的怪物"。比他们早得多,斯威夫特便在如下的诗句中似乎有先见之明地在描述一个"黑洞":

> 统统消灭,全部吞食,
> 直到我最后把这个世界吃掉,
> 才算找到一顿丰盛的美餐。①

与文学相比,我发现在美术和绘画中有着更多的科学预见的事例。虽然画家们对物理学等科学领域的现状和理论知之甚少,他们几乎是在与科学界全然脱节的状况下进行创作的,但他们给世界带来了新的符号和图像,用之帮助世人把握新概念的意义。许多画家们通过审美想象创造出的图像及其寓意,令人惊异地适合于被后世物理学家嵌入有关物质实在的概念框架之中,并被证明乃是当时尚未问世的科学的前驱性思维方式和科学预想。每当这些先于科学的预想被学术味十足的科学期刊表述出来时,人们才发觉这些对物质世界的描述早已被以往的艺术家以奇妙的作品方式表达过了,尽管有关的科学新概念其实并未在这些艺术家本人的心智中成熟。

我们再以天体物理学的"黑洞"为例,还在物理学家们完全接受"黑洞"可能确实存在这个想法之前,就有一群折衷派艺术家已经开始探索创作没有形象、没有色调、甚至没有明亮部分的抽象画的可能性了。20 世纪 60 年代纽约一位与现代艺术对立的艺术家莱因哈特(Ad Reinhardt)便在全黑的绘画艺术中找到了关于现实的极限陈

---

① 史莱因:《艺术与物理学》,第 420 页。

述的完善隐喻。在莱因哈特的画展上，每一面墙上都是挂着完全相同的全黑绘画。莱因哈特坚持认为，这种全黑的油画说出了一切想要说的东西，因为它什么也没有说。正像"黑洞"那样，莱因哈特的全黑绘画既包纳了一切——空间、时间、能量、质量和光，却又什么东西也没有。尽管这位坚持了一生的画家的作品遭到了刺耳的批评和粗暴的否定，但他却预先找到了一种后来被天体物理学家们说成是物理现实的奇异客体——"黑洞"的正确表达方式。

在早期抽象派画家中，有一位名叫马尔克（Franz Marc）的画家说过一句非常带有象征意味的话："蓝色的本性是孔武有力的；它是强壮的，属于灵魂领域的。"20世纪出现过一批批以创作蓝色为主色调画的画家，自称为"蓝骑士"、"四蓝士"、"蓝玫瑰"等等。其中野兽派画家马蒂斯最为出色，因为他最出色地把握住了蓝色的本质。在他的名画《舞蹈》中，马蒂斯以天青石色为单一背景，给画面上五个跳着奔放轮舞的酒神侍女提供了活力洋溢的气氛。该画的背景上浓烈的蓝色有着惊人的先知先觉，因为物理学家是在这幅画问世后才发现，核能的表征色彩正是蓝色。人们从核电站摄得的原子反应堆的照片美丽而带有震慑力，其威力巨大的核能发出的正是无声的神秘的蓝光。而就在马蒂斯《舞蹈》一画中表现了不可思议的蓝天之后的第二年，爱因斯坦终于解决了困扰科学家长达数世纪之久的一个极其基本的问题——天空为什么是蓝色的？1910年，爱因斯坦发表了一篇有关"临界乳白色"的论文，用复杂的公式解释出天空呈蓝色这一现象的物理机制。①

立体派艺术家通过拼贴画和雕塑作品，在爱因斯坦之前表达

---

① 参见史莱因：《艺术与物理学》，第212—214页。

了空间是一种同质量相互作用的几何形态。1913年,毕加索和布拉克通过引入一种既非绘画(空间)、又非雕塑(质量)的全新艺术形式。这种被称为拼贴画是绘画和雕塑的巧妙的混合物。拼贴画虽然也是挂在墙上的,但却由一些材料的碎片组成,用胶合剂拼贴在一起,形成了能朝观众凸起的结构,从而扩大了平面画板的两个维度,提供了真正凸出的第三维。而传统的透视法绘画,其成功的关键只是在于产生再现第三维的错觉。毕加索的《吉他》就是拼贴画的代表之作。而不久之后,爱因斯坦也就在物理学中提出了全新的维度概念。正如毕加索的拼贴画重新定义了"物体"在空间中的位置那样,爱因斯坦也证明了,物质——物体的位置——只不过是时空的某个强大的曲率,提出了空间是一种几何形态这一卓越见解。①

　　立体派艺术家所作的拼贴画,第一次在艺术史上创造出一种特殊的三维物体,也是自乔托以来在艺术中出现的第一个新的维度概念。在乔托之前的漫长岁月,西方人深受四位大思想家的影响,他们是:毕达哥拉斯、柏拉图、亚里士多德和欧几里得。这几位早期思想家非常执着于几何形体的普遍对称,将正球形、正立体、正四面体、正八面体、正十二面体和正二十面体位于其哲学学说的中心位置,致使哥白尼须在自己的日心说中加进大量的圆套圆的环圈结构,才能使观测到的各行星的运动轨道与这一理论达到一致(这种比托勒密体系有着更多繁复本轮、均轮的日心说,因其不符合科学审美简单性法则而不易被人接受),也致使椭圆、抛物线和双曲线这三种属于圆锥截面几何学的课题沉睡了1500年(据说

------

① 参见史莱因:《艺术与物理学》,第431—433页。

亚里士多德曾写过一本关于圆锥截面的书,但没留传下来)。乔托是第一个再度引起人们对这一神秘几何学领域加以注意的人。出于艺术的需要,乔托通过圆锥截面画出的椭圆,把柏拉图的完美圆形弄变了形,而这恰是对视向感知科学的重大贡献。两个半世纪后,丹麦天文学家第谷(Tycho Brahe)精确地记录下了行星在夜空游荡的线路,并把自己许多的观测记录遗赠给了开普勒。为什么第谷对行星运动的精细观测结果与哥白尼的日心理论并不一致?开普勒经多年研究后得出的结论是:认为上帝只用正圆周和正圆球设计宇宙这一看法是一个教条,应当予以摒弃。开普勒同先人哥白尼一样,采取了艺术家的改变视点的方法。他设想自己位于火星上,并以那里为基点重新考察地球的运动。这一活动让他进行了 900 页的计算,终于得出了惊人的结果:行星的运行轨道是椭圆的,而且位置是偏心的。开普勒的行星运动的定律就这样解开了天界之谜。这一在科学界引起巨大震动的卓越见解发表于1618 年,时值乔托出自直觉提出精确描绘自然的关键是锥体截面后 300 年,以及阿尔贝提提出包括锥体截面基本知识在内的透视原理的有关细节后将近 200 年![1]

　　下面,我要隆重推出三位现代派艺术的杰出人物:马奈(édouard Manet)、莫奈(Claude Monet)和塞尚(Paul Cézanne)。因为这三位画家不仅是如许多艺术学家所认为的那样是现代艺术的先行者,而且也是 20 世纪发生科学革命性突破的值得颂扬的先知。在塞尚去世的前一年,爱因斯坦在德国《物理学年鉴》上发表了关于狭义相对论的论文。尽管爱因斯坦对现代艺术并无多大兴趣和感情,但从他那

----

[1]　参见史莱因:《艺术与物理学》,第 62—66 页。

些有关空间、时间和光的优美公式里所推导出的许多结论来看,这些结论与马奈、莫奈和塞尚所带来的现代艺术革命如出一辙。

在马奈那个时代,欧几里得的几何体系仍占据主导地位,认为空间是无限而没有边界的。虽然德国年轻的数学家黎曼(Georg Riemann)曾提出过一种非欧空间,但在黎曼几何内物体处于弯曲空间,其形状会因所处空间位置的不同而发生变化,而这与欧几里得的直线性公理是不相容的,因而在西方人所接受的欧几里得式视觉世界中是不存在的。1863 年,马奈在非官方的"落选沙龙"展出了大幅油画《草地上的午餐》(图下篇-7)。这幅画除了没有主题、没有情节外,还有其更微妙、更富革命性的特色。马奈在画中故意违背了透视原理的一系列具体定则:位于画后部池塘里洗濯的女子的身高完全有悖于透视原理;整幅画没有中景部分,使前景和背景失去了联系;对阴影的处理也不一致,让光从两个方向来到画布上。这幅具有"不道德"的刺激性内容,再加上陌生的缺少"逻辑一致性"的构图方式,不仅对建立在理性和透视原理之上的整个美术范式提出了质疑,而且也对亚里士多德的逻辑和欧几里得的空间提出了无声的挑战。其后,马奈又在《图依勒雷花园的音乐会》(1862)和《船》(1873)等另外一些作品里向观众展现了多种看视世界的新方法。在《图依勒雷花园的音乐会》中,画面上取消了竖直线,也没有表现水平线条,画中的每棵树木的躯干都是弯曲的,马奈的目的主要是想以此改变观众的空间意识。更进一步,马奈在《船》这幅画里,第一个在西方把被认为是笔直的水平线画成了一道微弯的弧线。当时距"弯曲时空"这一概念出现和进入物理世界还有 50 年的时间,而这位先知先觉的艺术家却在 19 世纪 60年代里便预见到了。

图下篇-7 《草地上的午餐》

　　莫奈是与马奈同时代并同样富有于革新精神的画家,也是文艺复兴以来第一个对时间这一维度进行重新探讨的艺术家。1891年莫奈开始再三地画同一场景,每次都是在不同时刻内画空间的同一地方。他先后在 40 幅画中表现了某一座教堂的入口处。如果按时间顺序看去,一座存在于时间内的教堂便出现了,而且是在三维空间内。莫奈通过系列画将变化引进了在绘画艺术中一直被凝结的时间。他曾画了一个草垛在 20 个不同时刻的画,以展示草垛是如何随季节而变化。莫奈认为,对物体若只是再现其在某个凝滞时刻的状态,是不能从本质上真正把它表现出来的,要知道事物的整个情况,就必须使其不但经历空间,还必须历经时间。这样,莫奈通过以明亮的色彩表现出的无声的图画,先于所有人把握住有关时间的一个重大真理:物体的存在,除了需要有空间的三个维度外,还需要有一个时间维度。出于对时间的侧重,莫奈把转瞬即逝的现在作为印象捕获住加以放大,并名之为"瞬时化"。莫奈常在画画时专注于目前白驹过隙的时刻,将暂态的印象放慢速度,使逡巡的印象得以表现在画布上。这比爱因斯坦的时间相对性理论——当观者以高速运动时,目前时刻发生膨胀,而行动得以放慢——早了将近 40 年。

除了时间,莫奈还在绘画中引进了有关空间与光的本性的新内容。他是经院后传统中最早摒弃欧几里得取向矢量这一极重要概念的画家之一。他被人们记得最清楚的贡献是在光这一领域,因为他总是试图在露天环境下而不是在画室这一人为环境下捕捉住真实的光。在古希腊文中,"眼"和"光"是同一个词。莫奈曾说希望自己生来是瞎子而后来得见光明,这样就可能观察这个世界而无需知道所见为何物,从而更充分地领略光与色彩的美。莫奈认为,色彩——其实也就是光——应当被尊为美术之王。非常有意思的是,在科学领域中,光也被爱因斯坦推崇备至。我们很难设想,假如没有光和光速不变的概念,会有"相对论"的诞生。光束是宇宙中唯一不会发生弯曲、淡化或改变的东西。在广义相对论中,光速不仅是把质量与能量结合在一起的纽带,也是把物质和能量结合在一起的纽带。时空和质能,这两个双料实体便都由光束的速度这种似是而非的胶水粘合一起,使得广义相对论可以用短短的一个方程式表达出来:空间就是时间等于物质就是能量。

塞尚是第三位开拓现代艺术的大师。塞尚一生都致力于在绘画中思考时间、光与物质三者之间的关系,并且与莫奈恰恰相反,在作画时去除时间这一维度的变数。随着笔下作品的发展,对构图布局的兴趣最终导致塞尚完全置"瞬时化"效果于不顾,而后期作品中放弃了直照光的作用，则更加重了时间的消失感。塞尚通过自己的审美实践向传统的光的本性的设定提出了挑战，其具体做法是去掉了以往绘画中一向得到表现的光的投射角，而这一做法又同时向过去有关时间和空间是两个先验性构体的设定提出了质疑。在空间问题上，自古以来空间被看作是被动的容器，不会随物体的任意摆放而受到影响，同时也不对物体施加影响。而塞尚则在作品中使宽广的空间面与同样宽广的质量面交织在一起，由此表达出物体不仅是画中的重要组成部分，而且是受空间影响的。塞尚还以破坏直线的整体性的手法，来进一步改变人们对于空间的概念。到了后期，塞尚曾以一座法国的圣维克托瓦山为静物模特儿，从不同的视角画这座山，且每幅画布上的空间视角各不相同。史莱因在谈到塞尚在艺术上的科学预见性时将马奈和莫奈联系起来称赞道：

> 就绘画为科学发现开了路、搭了桥而言，塞尚对圣维克托瓦山的描绘与莫奈对草垛的勾勒是互补的：莫奈通过一系列画作展现出位于同一地点的物体如何随时间而变，塞尚则给出了物体从不同空间观察时的结果。不言而喻的是，塞尚要把画架安放到不同的地方，就需要有时间的变动；莫奈要画出空间中同一物体的不同版本，也得等时间变了以后再回来。现代艺术中的这种多重展现的手法，是马奈首先表现在画上的，又经莫奈和塞尚两位大师各沿不同的方向加以发扬光大。①

---

① 史莱因：《艺术与物理学》，第 130 页。另外参考该书第 111—112、114、116—119、126—128、130—132、143—147 页.

塞尚和马奈、莫奈这三位现代艺术的巨擘,通过形与色预示出了狭义相对论的全新内容,将有关实在的新原理带进了画布。如果我们乘上一辆飞驰的列车,并让其速度逐渐增至光速,则我们对窗外景物的视觉感受将会越来越与这三位先知先觉大师的绘画风格符合起来。换句话说,三位绘画大师的关于时间、空间和光的美术视角,与其后物理学家推敲出的有关空间、时间和光的新概念,符合得可以说丝丝入扣。塞尚等大胆和创新的绘画,虽然在当时遭到了公众和艺术批评家的一致嘲笑和非难,但都在若干年后,由令世人拜倒的科学巨匠爱因斯坦用笔和纸所进行的优美计算予以了证明。届时批评家们才恍然大悟,他们其实是幸运目睹了未来形状的第一批观者!

至此,也许读者不难看出,艺术家在艺术审美活动和审美创造过程中不仅能预见科学的发展,而且有些艺术品本身就是科学内容的艺术表达,艺术家们用艺术审美的符号反映了客观的内容及其规律性。比如在爱因斯坦发现重力是一种错觉上面,现代艺术就先行了一步。在惠更斯提出光的波动说之前,文艺复兴后的画家格里马尔迪(Francesco Grimaldi)便在 1665 年注意到,在不透明物体阴影的边缘处,可以看到窄窄的一圈圈干涉条纹,他设想这是光在流动时形成的涟漪。一个多世纪之后,托马斯·扬(Thomas Young)才得出了光具有波动性的肯定性结论。画坛怪杰凡高曾对"巨大阳光效应的重力"感到惊奇,并在自己的艺术作品中表达了光有重量的观念。不久,这一思想便由爱因斯坦通过著名的科学公式 $E = mc^2$ 而加以表述。

就我的研究发现而言,在艺术审美活动中直接反映客观规律方面文学作品要多于绘画艺术。与莫奈集中关注眼前白驹过隙的时刻相仿,陀思妥耶夫斯基也专注于人生中一个短暂的时期,使转瞬即逝的时刻膨胀,让一个有先后的东西不分先后地同时出现(《罪与罚》是其代表之作),它们都比爱因斯坦的时间相对性理论早了近 40 年。乔伊斯作为与爱因斯坦同时代人,在《尤利西斯》这部长篇小说中,娓娓叙述了一个昼夜所发生的事情。他在另一部著作《为芬尼根守灵》中,读者要读完通篇才知道开端部分是结尾的另一半,使读者产生沿着一条兜绕的河流又流回故地的感觉。这实际上是直截了当用文学形式发展了黎曼时空的往复性。爱因斯坦则用黎曼抽象方程式来研究黎曼时空连续统。若要描述以光速运动时所能观察到的时空连续统情景,就难有比乔伊斯的如下一段叙述更准确的了:"沿着一代复一代的洞谷而下,我们会发现自己在向前看时,看到自己的后脑,正如在到处都是镜子的迷宫里的情况一样,一个接一个分不出头尾。"①而另一位卡洛尔则在《镜中世界》一书中通过心情沮丧的兔子嘟囔出了一句最简结地概括以光速运动状态下时空连续统情况的话:"我越快走,就越落后。"②非常有意思的是,卡洛尔是英国剑桥大学的数学家道奇生(Charles Dodgeson)的笔名。他在其一炮打响的童话《爱丽丝漫游奇境记》中便生动形象地描述了时空连续统,早于狭义相对论改变人们对实在看法 40 年。

尤其令我惊喜又自豪的是,在我们这样一个出品过不朽的唐诗宋词的东方文明古国,在其诗赋辞章中蕴含了丰富的科学内容。我国物候学创始人竺可桢曾指出,白居易的名篇《赋得古草原送

---

① 史莱因:《艺术与物理学》,第 355 页。
② 同上,第 167 页。

别》道出了两条物候学规律：草的荣枯有周年的循环；这种循环以
气候为转移。生物学家徐京华指出，李白在诗作《将进酒》里抒发
了对时间的感慨，而实际上揭示了自然过程所体现的时间不可逆
的方向性，即所谓的"时间箭头"。

在天津大学王振东教授和北京大学武际可教授这两位力学专
家合著的《力学诗趣》这本小册子中，我发现了许多包含在古典诗
词中的自然规律。譬如唐代诗人韦应物（737—约 792）的一首《咏
露珠》五言绝句："秋荷一滴露，清夜坠玄天；/将来玉盘上，不定始
知圆"，就是描述一滴露珠在荷叶面上不润湿的力学现象。韦应物
的另一首优美的山水诗名篇："独怜幽草涧边生，/上有黄鹂深树
鸣；/春潮带雨晚来急，/野渡无人舟自横"，最后七个字既形象又真
实地描绘了在河中荡漾的小船因要处于一个稳定平衡的位置，它
总要横在河里。这就涉及一个非常复杂的流体力学问题。直到
19 世纪末 20 世纪初，经过许多力学家的努力，才较为精确地描述
了这一早在 1100 多年前就为诗人描述过的自然现象。又如南唐
中主李璟的丞相冯延巳（903—960），在他那篇让人经久不衰传诵
的《谒金门》诗中，开头一句"风乍起，吹皱一池春水"这一千古绝
句，实际上就是定性地描述了近代流体力学研究的"风生波"这一
流体运动的不稳定性问题，其简化的模型亦称为 Kelvin — Helm-
holtz 界面不稳定性问题。再有张继那首《枫桥夜泊》："月落乌啼
霜满天，/江枫渔火对愁眠。/姑苏城外寒山寺，夜半钟声到客船。"
也许人们没有想到，这首脍炙人口的绝唱概括了一个科学事实：夜
间的声音传得远。用现代科学的方法研究声，大约要在这首诗后
的 1000 年。那时，欧洲有一种说法："英国的听闻情况比意大利
好。"1704 年，出了两位认真之人：一位是英国牧师 W. 德勒，另一

位是意大利人阿韦朗尼,他们合作对两地的声音传播情况进行了实测,结果证实两国的声音传播差别不大。1738 年,法国科学院测得了比较准确的声速。1200 多年前的"夜半钟声到客船"的诗句,其概括的科学事实不断为后来的科学发展所证实,让我们不能不在反复吟诵之时,叹服其艺术美与科学美的珠联璧合。①

---

① 王振东、武际可:《力学诗趣》,第 36、44—45、50—53、78—85 页。

§3 科学之于艺术审美创造

莎士比亚在其戏剧《朱利奥·凯撒》的第二幕第二场中有段凯撒和仆人布鲁特斯的对话:"凯:……现在几点了? /布:凯撒,已敲过八点了。"事实上,在公元 1 世纪根本没有报时钟。莎翁以自己的生活经验写他之前 1600 多年的事,由于没有注意计时器的历史发明进程,这位公认的大文豪闹了一个如同我们现在写莎翁打电话一样荒唐的笑话。

上述文艺轶事告诉了我们一个很简单的道理:艺术审美创造离不开科技知识和科学理论的基础,否则便会因其"离谱"失真而使审美性大打折扣。英国斯宾塞在论证科学知识的价值时认为,无论哪种艺术都是以科学为根据的。没有科学就不会有完美的艺术创作,也不会有充分的审美欣赏。这决非无稽之谈,任何艺术都要有一定的关于物质、能量、时空、速度以及力等方面的科学知识。譬如,视觉艺术要涉及自然界及人类的感觉器官,要研究几何学、光学、生物学、生理学、透视原理等方面的知识;音乐艺术要依赖复杂的声音结构,需要研究物质对于声波的激发与吸收、乐器的声学特征和声音的物理性能;至于文学语言艺术,高尔基曾坚定地劝告青年作家要取得各门科学的基础知识。

随着科学技术的进步和发展,艺术无论在思想内容、表现形式,还是表达方法上都不可避免地会受到科学的影响和触动。

科学史上每一次历史性的变革,都会引起人们世界观的改变,同时深刻地影响了艺术家的思想及其创作内容,甚至改变其艺术风格。现代的许多艺术愈来愈成为科学独特的审美镜子,现代的许多艺术创作内容也愈来愈同新的科学假说和新的科学思想结合在一起,并且随着科学的数学化、抽象化发展而变得抽象起来。典型的例子就是现代抽象派艺术的形成。依照抽象主义理论家们的见解,抽象思维的发展,科学认识方面直观性的减少和缺乏,使得艺术在感性和激情上趋于淡漠。科技发展和生活节奏的加快,使得原来由情感与理智、感性与理性相结合而产生的艺术及其形象,转变为形象思维的公式,转变为象征,转变为抽象的概念,从而大大改变了艺术本身原有的性质和艺术文化各种现象的本性。比如,随着理性因素越来越多地渗透并深入到艺术创作之中,我们越来越强烈地感觉到艺术语言那种逻辑、抽象和科学的叙述风格,甚至出现了让艺术语言接近精确的科学语言的尝试。儒勒·凡尔纳就在当时数学最高成就的影响下,在创作长篇小说《底儿朝上》时禁不住引用了积分学的公式。在绘画上,以安格尔(Jean Auguste Ingres)和大卫(Jacques Louis David)为代表的"新古典主义"画家信奉笔直坦荡的空间与清楚精确的逻辑。新古典时期的写实主义(运用透视原理对真实物体观察与表现)加上牛顿的经典力学,成了理性时代绘画进行观察和思考的唯一方式。

科学技术的发展不仅可以改变艺术家的创作思维和表现手法,而且可以不断为艺术提供新的媒介和载体。物质媒介是艺术审美创造的基础和前提,材料与工具则是构成艺术物质媒介形式的两大要素。作为艺术产品显要的物质载体,材料媒介的形式质料直接影响着艺术作品的审美特质。而艺术的材质从石器时代到陶器时代，再到青铜器时代，每一次更替都与科学技术的进步分不开的。最早的文学先是口头流传，然后写在竹简或木牍上；绘画则是刻在石壁上。造纸术为文学和绘画等许多艺术提供了轻便的载体材料，而印刷术使艺术可以不胫而走，传播四方。当今的电视媒介，则是现代科技为艺术的腾飞所做出的最大贡献。

俄国巴赫金在其文艺理论研究中强调材料上的"非审美本性"，从而对"艺术中的技术因素"加以否定。他认为艺术中的材料就像物理学的空间、几何学的线条和图形、动力学的运动以及声学的声音一样，虽然在创造审美客体时非常重要，但是，艺术中的物质性的东西、布局性手段、所产生的艺术印象（效果）都不具有审美性。① 对此我们不予赞同。当代美国美学家乔治·桑塔耶纳非常形象地说道："假如雅典娜的神殿巴特农不是大理石筑成，王冠不是黄金制造，星星没有火花，它们将是平淡无力的东西。"在法国艾菲尔铁塔建成前，人们主要欣赏石材的建筑，而铁材只用于细部装饰。对材料的不同审美观使不少人把这个高 300 米的铁塔看成丑陋的怪物，甚至包括莫泊桑和左拉等在内的著名艺术家都联名要求在博览会闭幕后拆掉。后由于通信、气象学研究等功利性用途才得以幸存。然而，逐渐地，由于表现铁材特性的形式开始改变建筑审美观，艾菲尔铁塔便从一个怪物一跃而成了法国的标志性建筑和"偶像"。当然，材料媒介对艺术审美特质的影

---

① 巴赫金：《文学作品的内容、材料与形式问题》，《巴赫金全集·哲学美学》，中国社会科学出版社 1996 年版，第 346—347 页。

响并不具有绝对的意义,艺术家一方面遵循着材质自身的审美特性,另一方面也依靠凿刀和画笔等工具媒介改造和驾驭着材料,使之符合自己的审美构思的需要。与材料媒介直接进入人们的审美视野不同,尽管工具媒介较前者更多地赋予了艺术品以特定的审美性,它却是一个隐含的物质媒介形式,充当着"幕后英雄"的角色。毋庸置疑,这个"幕后英雄"的能耐,与其科技的含量密切相关。

科学技术的发展,还促进了艺术形式的嬗变。如果我们以某一科技代表某一时期文化的话,那么,我们已从原始社会的陶文化时期,经历铜文化时期,迈入了我们今天的电子文化时期。电子文化时代高科技的飞速发展,对艺术形式的嬗变起了巨大的促进作用。首先,现代科技为艺术审美创造提供了新的物质技术手段和比凿刀更加得心应手的工具媒介,促成了崭新的艺术形式和艺术种类的诞生。如光学的发展导致了摄影艺术的产生;声、光、电子学等方面取得了重大成果,出现了影视新型综合性艺术。20世纪50年代以来还出现了电声乐器、电子音响、电脑音乐等等,大大增强了音乐的审美张力和表现力,MTV则大大扩展了音乐的表现手法。其次,艺术与现代科技结合后产生了原有艺术门类的裂变,在原有艺术的基础上产生了新质艺术。当传统艺术遭受冷落或感觉到会被淘汰时,便向科技靠拢以革新自我、寻找出路。比如传统戏剧利用现代科技的声、光、电以及计算机等,在舞台布景、灯光效果、音响节奏上都发生了质变,使古老的艺术焕发了现代青春。

事实上,只要我们放眼望去,就不难感觉到,科学技术的发展不仅拓展了艺术审美活动的领域,丰富了艺术创作的表现力,增强了艺术的审美张力,推动了各门艺术的发展,而且,随着数学化向各个领域的不断渗透,随着计算机科学和网络信息化的不断深入,艺术将在许多地方都可能如同 20 世纪初与科学同时发生革命性变化那样,在新世纪里再一次面临革命性的变化和发展。

3.1 科学对各类艺术的影响

美国控制论专家唐纳德·克努特曾说:为了有利于进步,应当"不断努力使每一个艺术门类变为科学"。[①] 这固然是不可能的,因为倘若艺术丧失了它的情感特质和审美独特性,那么它也就失去了自己真正的审美张力,失去了直入人心的力量。但有一点不容置疑的:今天,科学技术已如此深刻地影响着各类艺术,以至于无论哪类艺术家如果忽视了科技进步,就意味着降低自身的艺术品味和魅力。

关于音乐艺术,德彪西曾将其某些作品说成是"音乐化学中的新发现";马克斯·韦柏(Max Weber)则称"音乐应被看成是现代西方自然科学的对应物"[②]。韦伯这位著名的社会学家倒也颇有见地,不过我想更进一步说:音乐就是科学的对应物。音乐是振动的和谐与和谐的振动,它没有材料媒介只有工具媒介,而其工具媒介的产生和发展从来就离不开振动发声的科学原理。无论东方还是西方,早期的自然科学都是从观察天体运行迈出第一步,由是,乐器的发声与天体的周期变化这两类看似风马牛不相及的事物,

---

① 米·赫拉普钦科:《艺术创作,现实,人》,第 444 页。
② 爱德华·罗特斯坦:《心灵的标符——音乐与数学的内在生命》,第 194 页。

古今中外都联系在一起。中国古代在官修的廿五史中,总是以显著的篇幅记载描述天体运行的历与乐器发声的律,合称律历志。不少封建统治者本身就是这方面的专家,例如清朝皇帝康熙通晓天文和乐律。在西方,从地心说到日心说直到牛顿力学的诞生,才成功地精确地解释了行星运动的轨迹,并为乐器发声理论的研究奠定了基础。据说,开普勒天体运行第三定律的伟大发现,是受到了他家乡巴伐利亚民歌《和谐曲》的启发而获得科学创造灵感的。如是,音乐与天体运行的密切关系可见一斑。难怪开普勒要将那不朽的天体运行第三定律称为"行星运动的主旋律"了。总之,天体运动的精确化描述,促进了乐器的线性振动理论的研究;而天体动力学模型建立,则推动了乐器非线性振动理论的发展。

自从伽利略通过观察教堂大吊灯,并通过实验得到了单摆周期与摆长关系的物理定律,从而在技术上实现了亚里士多德的"循环运动是一切运动的尺度"时起,人们就可以用这个尺度考察比天体运行周期快了约 1010 倍的乐器的快速运动了。法国僧人马森(M. Mersenne,1588—1648)进行了弦振动的实验,得到了弦长与振动频率的关系。之后有拉格朗日、达朗贝尔、赫尔姆霍兹等对弦、板和其他各种乐器进行了大量实验与理论研究。1877 年英国人瑞利的《声学理论》的巨著集前人研究之大成,概括总结了弦、板、管等的振动与发声,产生了现今关于线性振动理论的主要内容。之后,科学家理查德·弗斯提出了分数法作曲的新理论并付诸实践。他认为音乐中的时间相关与物理学所谓的 1/f 噪音一致,而一部乐曲就如同一个线性制图问题。弗斯根据自己的理论不断谱出了具有福斯特风格的乐曲。他还用同样的方式试将中国乐曲进行变化,让中国学生听起来既耳熟又新鲜。到了 20 世纪,近代非线性电子管振荡器用于乐器的制造产生了电子琴。1920年,一位苏联学者发明了差频式电子琴。60年代后,由于三极管、集成电路的出现和振荡器性能的改进,新式电子琴可以模仿任何乐器的音色,一架电子琴便可达到一个乐队的宏大音响效果。

考古发掘证实,我国约8000年前就已有笛,7000年前就已有埙这种古老的吹奏乐器;之后有钟、磬、鼓、琴、箫等等。中国的胡琴可谓是弓弦乐器的始祖。在音乐理论上,也早在《周易》中就有"同声相应,同气相求"的记载,可谓共振原理的萌芽。在《汉书》等中有弦乐器音阶的"三分损益"的记载,简单说明了音阶同弦长的关系。北宋沈恬在《梦溪笔谈》中记载了琴瑟上调弦时的共振实验:"欲知其应者,先调诸弦令和,乃剪纸人加弦上,鼓其应弦则纸人跃,他弦不动。"明朝皇太子朱载堉在世界上率先提出了十二平均律,这些对音乐发展的贡献都是很了不起的。[①] 但由于中国历代统治者视科学技术为"奇技淫巧",在音乐研究上没有形成精确的表述方式,因而甚至连振动的周期、频率、音速等基本概念也不是首先在中国准确形成的。谈起来,我们这些悠久文明古国的炎黄子孙不免为之心酸。

接下来,我们要更加详细地谈及美术与科学的关系,因为它不仅是在工具媒介上,而且在材料媒介上,甚至表现手法上,都较音乐有着与科学技术更为显要的关联性。早在新古典主义时期的英国风景画家康斯太布尔就曾说过:"绘画是一门科学,人们应当以探求大自然定律的精神来从事它。因此,我们为什么不把风景画创作视为一门自然哲学,把风景画作品视为科学实验呢?"

---

① 参见王振东、武际可:《力学诗趣》,第126—129页。

在科学进步的影响下,西方画坛产生出各样与科技密切相关的艺术流派。首先是现实主义和印象主义将新的客观态度带入了艺术,他们重视技法的作用,强调艺术家应成为在其领域中具有一技之长的专家。印象派画家把作画看作是某种试验,是对解决问题方式的探索。比如塞尚就视自己的每幅画为对一种视觉问题的研究。每个后期的印象派都在探索如何将新发现用于创造新的表现形式的手段。塞尚的艺术之路产生了绘画几何的新概念,它成为 20 世纪抽象艺术的重要预兆和立体主义艺术的起点。如果说印象派同科学思想的发展不存在直接相互关系的话,那么立体派和后来的抽象艺术的理论家们则明确言称,"新"艺术是以 20 世纪物理上的伟大发现作为自己的主要原则的。立体派理论家之一伽勃曾就这一问题写道:

> 当我们按照立体派的绘画观察世界的构想时,我们就会发生像我们进入我们只能远远看到的那所房子一样的情况——这所房子是令人惊异的,辨认不出的和令人惊异的。于是发生了如同在新的相对论破坏了物质与能量,空间与时间,以及原子的秘密与银河系的奇迹之间的界限时物理世界所发生的那样的现象。①

以勃拉克、毕加索为代表的立体派艺术家认为,艺术的对象和自然科学的对象成了混合的东西,渗透、包含着人类意识的几何学和数学规律,成了立体派艺术家们注意的目标。他们把实物世界

---

① 米·赫拉普钦科:《艺术创作,现实,人》,第 430 页。

分解成许多单独的组成部分、再以新的形式将它们"粘贴"起来,这不仅与科学家的研究和创造相类似,而且,这种惊人的绘画新形式要求观画者以新角度设想空间和时间的方式,引导人们重新思考有关实在本性,因而,立体派可谓是通过图像表现相对论原理的革命性"新"艺术形式。

抽象派艺术家马赛尔·勃里昂也阐述了与伽勃类似的思想:"绘画中的无定形艺术是专门研究核能的科学家们的实验中出现的爆炸的等价物。"[1]他把无定形艺术理解为抽象艺术,并认为是艺术文化很高的成就。抽象派、连同未来主义和超现实主义流派,都主张在艺术中利用相对论、量子力学等现代自然科学的各种成就,主张艺术应适应现代科技的进步,并按照现代自然科学所达到的成就来"改造"自己。抽象派艺术家中最富创新精神的当数波洛克(Jackson Pollock),他的绘画《编号26A:黑与白》是在审美灵感的巅峰状态,用挥、甩、泼、滴等方式将色汁靠癫狂的身体落到画布上,如同印度教湿婆大神的创世之舞,让中国的"狂草"书法也自愧不如。波洛克不专注于表现图像,而集中反映创作过程看不见的时刻,画面的无定形是对自己在现在时刻上能量化为运动的心理图案记录,其滴洒出的线条具有一种审美张力的灵活性,让人找不到起点和终点,而这正是相对论的时空连续统概念的重要内容。波洛克以其艺术实践复述了物理学家发现的真理:场是无形的,场比粒子更为重要,过程比物体更为根本。波洛克的视界就如同场那样是一种看不见的"张力",在他最有名气的作品中根本没有画任何"东西",只是表现出能量与张力,唯其也就更具有审美性,让

---

① 米·赫拉普钦科:《艺术创作,现实,人》,第430页。

人体验到近于幸福的激动感,或感受到体内出现突如其来的能流涤荡。

现代未来派艺术的代表人物杜桑,对 20 世纪的新物理学始终抱着强烈的好奇态度。1967 年,当有人问起他是否仍对第四个维度发生兴趣,杜桑答道:"是的,这是我的一点小小的罪孽,我不是数学家,却在读一体关于第四维的书,由此发现自己对这个维度实在太幼稚无知。这样,我做了些扼要的笔记,告诉我自己已然看明白,我原先打算搞出点什么来的想法委实是幼稚无知得不得了。我做不来这样的事。"①尽管杜桑的作品以表现时间为主,但对空间也有深刻的反映,他似乎直觉地知道空间和时间形成了一个连续统。杜桑对 n 维几何和第四个维度的兴趣,最出色地体现在他的谜一般的作品《大块玻璃》(1915—1923)上。这幅又名《新娘的衣服被单身汉们脱光》的作品的最大创新之处,是杜桑全然放弃了画布而以透明玻璃代之。效果是观者不仅能看到画在玻璃上的二维图形,还能透过玻璃看到后面的具有三个维度的真实世界。杜桑很早就表现出寻求绘画新方式的浓烈兴趣和想象力,科学性使他为数不多的作品在不关心科学的人看起来蒙上了一层神秘色彩,并一直为多数后继艺术家奉为经典。他本人也凭其开山祖师式的作品,同马蒂斯和毕加索一起,成为 20 世纪艺术界的精英和三位一体的巨头,被供奉到偶像的地位上。

如果我们从绘画媒介和技法上加以考察,同样也能看到科学影响艺术的清晰辙痕。我们知道,基督教有关时间、空间和光的观念,统治了西方世界的思想达一千年之久,科学被一种独特而复杂

---

① 史莱因:《艺术与物理学》,第 248 页。

的神学信念体系所取代。到了中世纪后期,随着科学文化的逐步复苏和文艺复兴,佛罗伦萨出现了一位称为"启迪人类心智与精神"的人物,他就是画师乔托(1276—1337)。乔托虽未动用大量几何公理加以解释,但在绘画这一平面艺术上恢复了欧几里得的空间观念。于是,沿袭了中世纪上千年的扁平画面,一下子得到了深度这第三个维度。在乔托死后一个世纪,阿尔贝提(Leon Battista Alberti)发表了一篇有关透视学的论文,论文中大量运用了欧几里德几何学的原理,以帮助后世的艺术家掌握这一新技术。埃文思(William Ivins)在其《美术与几何》一书中写道:"这是个不曾为古希腊人掌握的观念。这一原理在被阿尔贝提提出时,人们对几何学是如此无知,以至于他不得不对'直径'和'垂直'两个名词做出解释。"①自乔托开始,经阿尔贝提归纳与提高的透视原理,是艺术史上的一个革命性里程碑,是对古希腊艺术的一次超越,而不仅仅是"复兴"。透视原理这一令人惊奇和愉快的科技进步,出现后一如我们今日的计算机一样受到了热情的欢迎。法国艺术院的艺术理论家费理班曾经声言:"透视学是如此至关重要,说它是绘画的命脉委实一点也不过分。"②

在阿尔贝提关于透视学的论文中,抓住了透视学的关键,即"没影点"的存在。所谓"没影点",是指两条位于三维空间内的直线在被投射到二维平面(比如画布)上时,就不再是平行的,而是会在地平线那里相交于一点。在文艺复兴初期,科学家中曾有人悄悄质疑过欧几里得那条惹麻烦的第五公设,即平行的直线无论怎

---

① 史莱因:《艺术与物理学》,第48页。
② 同上,第89页。

样延伸也不会相交。直到阿尔贝提的透视学原理提出后将近 200 年，也就是 1639 年，法国数学家德萨格(Gérald Desargues)终于发现了一条几何学定理，这条与透视学原理的精确表述有关的新几何学定理容许两条平等线相交于一点，从而科学地说明了"没影点"的存在。但早在 15 世纪，艺术家就在透视学的影响下，将没影点设立为风景画创作的一个重要因素了。

在阿尔贝提论文发表的同时，佛罗伦萨另一位艺术家弗兰西斯加(Piero Della Francesca)把阴影引进了绘画。而在此之前即便偶尔画阴影的画家也不懂得，在运用透视原理的空间里，阴影起着组织画面的作用。贡布里希(Emst H. Gombrich)在评述这位意大利画家的革新时说道："弗兰西斯加在绘画中完完全全地掌握了透视原理。……不过，除了有关几何学方面的种种处理绘画空间的技术之外，他还加进了一种同样重要的新术，即对光的处理。"①由于认识到阴影的重要性，文艺复兴时期的画界便致力于提高表现阴影的技巧，并发明了一系列有关光与阴影的新的美术词语，如"明暗法"等。而 16 世纪的巴洛克派大师卡拉瓦乔(Cara-vaggio)就是一位大量运用明暗法的巨匠。

谈到光对绘画的作用，我们知道，自从穴居人作出第一幅画以来，光便一直是观看美术品的必要前提条件。但它只是作为审美欣赏而存在的，在艺术审美创造中的作用是完全被动的，是仍取决于空间和时间这一自欧几里得以来的绝对时空体系的相对成分。爱因斯坦的关于时—空—光的关系，则使古老的牛顿时空范式发生了革命。与此相应，后期抽象表现派画家劳申伯格(Robert

---

① 史莱因：《艺术与物理学》，第 48、89、49 页。

Rauschenberg)在自己许多富有创意的作品中,恰好反映了爱因斯坦的时空和光的关系,光将时空连续统中空间与时间这两个可塑性的成分联结到一起,并赋予它们以形式。比如,劳申伯格早期曾尝试同他的艺术家夫人,连同几名模特儿一道在阳光下置身于晒图纸前,由是发明了一种是本身参与创造的形式。在劳申伯格夫妇那里,光取代了油彩,成了新的艺术媒介。

自从牛顿第一次将太阳光用三棱镜解分成七色光谱以来,科学领域的光学物理研究为画家揭示了光与色彩的奥秘。过去的素描只有酱油色,引进色彩后,印象派便开始了色彩革命,他们确信画由光和色而不是线条和形状构成。马奈对光和色彩以及两者间的相互依赖关系提出了新的概念。但爱因斯坦的相对论又给人们带来了有关光的概念的变化,同时也造成人们对色彩的诱人新看法。传统曾根深蒂固地认为,色彩是物体本身所固有的本性之一;而狭义相对论却说色彩也是相对的。以相对论速度离开观察者的物体会呈现光谱红区一端的色调,驶向观察者的物体则呈现蓝区一端的色调。于是,爱因斯坦在艺术家和科学家都感到惊讶的眼光中,将色彩从光波的反射这一严格的限制下解放了出来,让其在很高的相对论速度下随心所欲地变化。爱因斯坦广义相对论还有另一个极不寻常的结果,就是质量也会对颜色产生影响:朝着有质物体前进的光会发生蓝移,而背离有质物体运动的光则发生红移。在绘画上,这一原理就意味着物体会对其周围空间的颜色产生影响,因此,同有质物体并列的空间的颜色便具有相对的明暗关系。毫无疑问,爱因斯坦的新物理学为绘画艺术开辟了新的前景。

绘画是否出色,材料媒介是其重要的因素,材料作为载体在绘画中长期扮演着间接的技术角色。无论是传统绘画还是现代作品，都是不见原作便难以明了不同的材料、材质所给予我们的视觉的光彩和美感。绘画的材料媒介是底子和颜料，而颜料与绘画风格有着比底子更为切近的关系。大体来说，颜料可分为水质和油质两种，水质颜料大多是矿物性和植物性的，用于中国画、水彩画等，使画面明丽淡雅，起到清水出芙蓉之效，因而精于表现与抒情；油质材料大都是化学性的，用于西方的油画，使画面浓烈辉煌，起到错彩镂金之效，因而长于再现与描绘。在漫长的绘画发展过程中，人的观念和认识变化总是与科学技术和社会生产力发展水平的结果密切相关的，或者说画家所使用的材料及对材料的认识决定了画家的观念和技术。在科学技术水平较低的年代里，画家们面对几种、几十种色料或色粉的简单而又贫乏的绘画材料，只有靠智慧和超凡的技艺才能获得画面的丰富、完美的艺术效果。随着科技的进步，新的化学合成为画家提供了更多更鲜亮的颜料，使其可以随意选择并直接使用来得到画面的丰富和完美的艺术效果。如果没有工业化大生产出品的现成颜料，印象派的外光思想能否在画面上实现还得打个问号。进入 20 世纪 20 年代之后，高科技工业化的迅猛发展，直接影响了西方艺术家艺术观念的变化，意识到材料媒介本身的审美价值及内涵的精神意义，材料本体成为人们关注的直接思考与对话的重要形式，从而引发了架上画从二维艺术扩至多维艺术的重大突破，使艺术家丰富的想象力和创造力得以充分发挥。

艺术的材料媒介不独在绘画中愈来愈受重视，在雕塑等其它形式的艺术中也倍受重视。黑格尔将雕塑归入古典艺术，按照他的概念，雕塑是指物质材料与精神内容的和谐统一体。雕塑的材料媒介是占三维空间的实物性物质，如石、泥、铜、铁、木、象牙等，较之绘画审美有着特殊的重量感和质地感，即便是同一构思，不同的材料也会创造出不同的艺术风格和审美性。罗丹曾着意探索过材料美感与形式的意味的新结合。他的《老妓欧米哀尔》通过青铜材料给作品增添了沧桑、悲凉的意味，而少女的《思》及恋人的《吻》则使用的是大理石材料，这种石材的天然美感与作品意蕴相一致，给人一种纯洁、无邪的感觉。不用多说，雕塑所使用的材料媒介，与科学技术和生产力发展水平是相关的，只要听听"石器时代"、"青铜文化"等名词，便知道二者的关系非同一般。

与雕塑材料媒介的体积和硬度相适应的是雕塑的工具媒介。雕塑概念来自拉丁文 Schlpere，本意是"去掉"、"塑出"，反映了雕塑二字最基本的含义就是"减"与"加"，正好与数学的最简单的加、减概念相合。传统的"加"、"减"雕塑工具固然与科学技术水平有关，现代的高科技更为现代雕塑艺术提供了神奇的功法。一批美国艺术家花了十年时间，在南达科他州美拉尔的一座两千英尺高的山峰上，雕刻了华盛顿、杰斐逊、罗斯福和林肯四位历史上杰出总统的巨大石像。据说这一雕塑的制作不是采用以斧凿和刀锤为主的传统技术，而是通过现代科学的精确计算，采用先进的定向爆破技术把多余的石块抛到预定的地方。在雕像的鼻子部位，爆炸后的"毛坯"只留下一英寸左右的加工余地，真可谓鬼斧神工。写实主义艺术借用科技和自然环境的力量，增强了传神效果和艺术震撼力。

与雕塑一样，建筑艺术所取用的材料媒介亦是占三维空间的物质实体，只是其庞人的体积是雕塑不可望其项背的。巨人体积所带来的客观上的坚固和稳定性要求，使得没有一种艺术能像建筑那样与物质材料的力学性能保持着密切的关系，一部建筑的历史在某种意义上可以说是建筑材料进化的印记。古希腊采用了坚固而沉重的石料,古罗马混凝土的发明是建材史上的一次飞跃,中世纪的哥特式教堂加进了铁架来完成它"整体的庞大与细节的繁复"建筑,19 世纪末钢筋混凝土的应用,使古典建筑那种厚重墩实的造型让位于舒展、轻灵的风格。20 世纪 30 年代以来,随着科技的发展和新型建材的与日俱增,被誉为"凝固的音乐"的建筑艺术出现了多种新的思潮,并使建筑学成为科技、艺术乃至哲学交汇点上的一门现代化、艺术哲学化的科学。布鲁塞尔原子球展览馆、蓬皮杜艺术和文化中心等是现代建筑艺术中的杰作,它们把哲学思想、现代科技和艺术在审美上融为一体,并且富有时代的新奇感。悉尼歌剧院被认为是后现代建筑中最成功的科学艺术品之一。它之所以成为建筑史上里程碑式的瑰宝,很大程度上在于它的设计者、丹麦青年建筑师伍重坚持建筑艺术与科学之理相结合的原则。特别是屋顶那精心设计的使人在高空观赏的"第五个立面",使悉尼歌剧院成为现代科学意识与现代派艺术的完美结合的结晶。这座如诗如画的、给人以巨型雕塑美感的建筑,被誉为人类历史上的第八奇迹。

其他各种艺术的进步,也莫不与科技进步相关。舞蹈、戏剧等舞台表演艺术,在道具、布景、灯光、音响、场地各个方面也都充分利用和享受了现代高科技带来的成果,从而突破了时空的限制,更具动人心弦、震撼人心的力量。就连以文字符号为主要载体的文学艺术,也与科学技术的发展脱不了干系。且不说纸笔等物质媒介是科技进步的产物,就连文学家的观念意识、作品内容和表现方法也都受到身处那个时代的科技水平的局限与影响。科学曾是19 世纪末 20 世纪初影响中国文化的最为重要的力量之一,是 20

世纪初中国文学的主要资源，以至于当时人们在谈论小说时多少总喜欢牵扯上"科学"小说以作陪衬。可以说，"科学"的介入，为现代中国的知识生产以及文学发展奠定了基础。关于文学家对科学知识及方法的重视，我想引用契诃夫的一句话就足够了，这位俄国大作家在一次给友人的信中写道："我不怀疑研读医学对我的文学活动有重大帮助；它扩大了我的观察范围，给予我丰富的知识……由于熟悉自然科学和科学方法，我总让自己小心、谨慎，凡是可能的地方，总是尽力按科学根据考虑事情，遇到不可能的地方，宁可根本不写。"①

与上述艺术相比，摄影和电影、电视，更有赖于随着科学技术成长的"幕后英雄"（工具媒介）的作用。自1839年法国画家、物理学家达盖尔照相法发明以后，人类复制现实的能力产生了破天荒的飞跃。摄影镜头随着科技的发展在不断改进，现代科学技术提供的镜头光学质量无与伦比，用计算机计算研制的镜头把各种可能的畸变和球象差、慧形象差、像场弯曲等等降低到最低限度。电子时代的来临，使图像摄制从手工工具到机械工具逐步向电子（数码）工具转换，图像创制真正进入从必然王国迈向自由王国的境地。在照相机发明的基础上，电影摄影机又使人类对现实的"复制"由静态方式跨越到动态方式。电影艺术比摄影艺术更深刻的本质在于摄影机所造成的运动。自从1900年英国史密斯首次变换镜头视点拍摄同一场景以来，科技的发展使摄影机的运动形式变得十分丰富多样。从摄影机与物象的距离来看，有远景、全景、中景、近景、特写等，每一种距离都创造出独特的审美张力和审美

---

① 周昌忠编译：《创造心理学》，第177页。

情感；从摄影机的直接运动形式上看，有拉、推、摇、甩、跟等，观众在随之移动的时候产生一种身临其境的立体感和真实感。随着现代科学技术的发展，必将还会给电影、电视艺术提供越来越丰富多样的技术手段和艺术语言，使它们更容易吸取其它艺术的表现因素，不断拓展其表现空间的广度和表现力度的深邃性。

如今，站在 21 世纪的起跑线上回望上个世纪的艺术景观，我们发现它很像一个现代化发展迅速的城市：古老的城区承载着众多传统的艺术品种，其中不乏名门望族的古园府第，但由于时间的销蚀和空间的逼窄而渐显苍老。在旧城的周围，新的城区正在崛起，其中数千年来闻所未闻甚至从未想象到的许多艺术新物种正蓬勃地生长起来，向老城区的显要地位提出挑战。颇具诱惑力的影视、MTV 等电子传媒艺术尚方兴未艾，随后而起的网络艺术则更引人瞩目，再一次推动着艺术的生态革命走向了新的境界。究其艺术生态产生巨大变化的原因，乃是科学技术发展所引起的主流传媒的转型导致了艺术主导符号形态的更迭，这种携带着科技鲜明特征的艺术符号形态以无法抵御的力量挤占着发展中城市的要津，从而促使艺术生态格局发生变化，迅速而有效地改划了艺术城堡中各个门类品种的版图界域。正是通过现代社会的电子和信息高速公路，高科技对各类艺术产生了重大影响，并由此形成一个世纪以来艺术生态急剧变化的内在动力学机制。

3.2 数学化与艺术

数学是科学的经典学科，而且几乎与科学的所有学科都相关甚至密切相关，因此形成了各门科学的数学化趋势。这里我们将就数学化对艺术审美创造的影响考察一番。

古老的毕达哥拉斯学派曾十分赞赏波里克勒特的一句格言:
"成功要依靠许多数的关系",并认为这一格言适用于任何一门艺
术。达·芬奇身兼艺术巨匠和科学大师两种角色,他在自己伟大
的审美创造实践中深切体会到上述格言的真实性,他说道:"谁也
不能断言说,有什么东西既不会用到任何数学,也不会用到任何建
立在数学基础上的知识。"①抽象表现主义艺术的代表康定斯基认
为"一切艺术的最后的抽象表现是数字",认为美学形式的基础是
数学。法国文艺批评家丹纳亦曾就艺术的数学化问题发表过见
解,他认为一切艺术创作都涉及整体和部分的关系,表达这些关系
不可避免地要采用数学方法。无论是音乐还是雕塑和建筑作品,
都是经过艺术家组织和变化而构成的一种数学关系。

丹纳所谓的艺术审美创造中整体和部分之间的数学关系,最
主要的就是和谐的比例关系。公元前 6 世纪的毕达哥拉斯学派在
将宇宙万物数理化的同时,也是对宇宙万物形式化。他们从形式
美的视角来探讨艺术审美与创造的规律性,比如他们认为"一切立
体图形中最美的是球形,一切平面的图形中最美的圆形"。这样,
毕达哥拉斯学派就不但把数学的比例与和谐应用于音乐研究,而
且还推广到雕塑、建筑等其它造型艺术形式中去。他们最早发现
了"黄金分割"规律,即把黄金分割成长宽具有一定比例的长方块,
认为这样被分割的黄金段形式最美。1509 年,与达·芬奇同时代
的帕乔里认真研究了数学中的"中外比"问题,发表了《神妙比例》
一书,认为黄金分割不但可以运用于透视,而且可以运用于人体各
部分之间的关系;不但可以运用到建筑结构的设计上,而且可以运

---

① 史莱因:《艺术与物理学》,第 74 页。

用到绘画艺术上。达·芬奇的朋友卢卡·帕希奥里（Luca Pacio-li）把"黄金分割率"称为"上帝的比例"。开普勒则写道："几何学有两大笔财富，一个是毕达哥拉斯定律，另一个则是将线分割成了极有意义的比例。前者的价值我们把它比作黄金，后者则是贵重的珠宝。"①

在古希腊时期，苏格拉底、柏拉图和亚里士多德等思想家都曾把比例与秩序、限度一道视为美的根本。古希腊雕刻师已然精确掌握了人面和人体各部位间的比例，并且按其审美理想把人的面部沿纵向分成八等分，眉毛以上是三等分，眉毛以下是五等分。公元前5世纪的雕刻师波利克里托斯（Polyclitus）写过一本名为《规则》的著作，在比例关系上给出了人体各部位间的尺寸。他还建议将这些比例关系的数值作为整个美学的基本要素，并在审美创造实践上雕成一尊《持矛者》雕像，以具体说明各条"规则"。

古希腊对数学的比例关系的审美追求不仅体现在雕刻上，更体现在其建筑上。古希腊的神庙便是按5比8的"黄金矩形"比例营造的。最典型的要数距今2400多年前建造的帕提农神庙。这座建筑因其造型端庄、比例匀称而被视为典范。特别是神庙的列柱，总共64根洁白的大理石圆柱，环绕神庙形成一个回廊，圆柱的比例经过精心设计，它的高、宽和间距都符合"黄金分割"。公元前1世纪的古罗马时期，建筑师兼作家维特鲁威（Marcus Vitruvius）还在《建筑十书》中提出，要使庙宇的建筑物看上去壮观，应当取法人体的黄金分割比例，因为人体各部分间的比例是最完美和谐的。"黄金分割"比例的应用，还影响到了哥特式大教堂的设计方案。

———————————

① 爱德华·罗特斯坦：《心灵的标符——音乐与数学的内在生命》，第145—146页。

"上帝的比例"还被运用在绘画艺术中。比如印象派画家乔治斯·修拉（Georges Seurat）就被这一神奇的比例深深吸引，从而应用在他的美术作品当中。纵观绘画艺术的数学化进程，其杰出的代表人物非达·芬奇莫属，他把涵盖着比例的几何学、透视学原理运用到绘画艺术中去，认为绘画必须掌握几何学的点、线、面、体和投影的原则，对后世的艺术发展产生了深远的影响。到西方18世纪理性时代的写实主义，透视原理已将美术定格为几何学，以至于在不少画家看来，尺寸和定理的地位高过了直觉。艺术家也和物理学家一样，用数学来组织空间。在整个理性时代，写实主义一直占据主导地位，透视原理如日中天。讲求形式的大小花园，如凡尔赛宫内的各个庭院，莫不取法欧几里得的几何学和牛顿严格的数学过程。风格派大师蒙德里安是构成艺术先驱，他的作品以严谨的线条和几何体的构成为特色。他把艺术作为一种如同数学一样精确表达宇宙基本特征的直觉手段，而他的这一思想则直接受惠于苏恩梅克尔的《造型数学的原理》等科学哲学著作。

在中国的绘画中，也有关于几何学原理的运用。《红楼梦》（程甲本）第42回薛宝钗谈论贾惜春画大观园时说："第二件，这些楼台房舍，必要是界画的。一点儿不留神，栏杆也歪了，柱子也塌了，门窗也竖起来，阶砌也离了缝，甚至桌子挤到墙里头去，花盆放在帘子上来，岂不倒成了一张笑话儿了。"薛宝钗所说的"界画"，是指一种以宫殿楼台为主体的传统画，因画家作画时以界尺为线，所以叫界画。元代人汤垕在《画论》中说："世俗论画，必曰画有十三科，山水打头，界画打底。故人以界画为易事，不知方圆曲直，高下低昂，远近凹凸，工拙纤丽，梓人匠氏有不能画其妙者，况笔墨砚尺，运思于缣楮之上，求合其法度准绳，此为至难。"这里谈的也是关于几何学原理在绘画中的运用问题。

前面我们提到过,塞尚的艺术之路产生了绘画几何的新概念,它成为立体主义艺术的起点,并产生了以毕加索、勃拉克等为代表的立体派艺术。有意思的是,较之以与几何学密切相关的透视原理,同样与几何学相关的立体派绘画观却有着本质性的变化,甚至二者产生了决裂。1938 年,艺术史学者纪涤庸(Sigfried Gideon)发表了如下评论:

> 立体主义与透视原理实现了决裂。立体派看视物体的方式是相对性的,这就是说是多视点的,而且任何一个视点都不具特殊的权威地位。这样分割看视的结果,是物体被从所有角度——上、下、内、外,同时看到。……因此,自文艺复兴开始,多少世纪以来一直行之有效的三个维度,如今又增添了第四个——时间。……物体从若干视点得到表现的做法,带来了一个与现代世界密切相关的内容——同时性。爱因斯坦也在 1905 年上发表了著名的《动体的电动力学》,给出了同时性的严格定义。这二者在时间上是相合的。①

从纪涤庸的上述得到许多艺术界人士支持的观点中,我们不仅看到了立体派与透视原理决裂一说,而且看到了立体派看视物体的方式与爱因斯坦相对论的同时性观"相合"的说法。据说在毕加索和布拉克的朋友圈中有一位保险统计师普兰赛,他认为数学是一种艺术形式,并有资料表明他很爱谈论非欧几何学。这有可

---

① 史莱因:《艺术与物理学》,第 229—230 页。

能证明立体主义画派同被称为"深奥的几何学"的相对论间关系密切。当然,在艺术史学界和物理学界也有人持不同意见,他们认为立体主义同相对论并无瓜葛,二者表面上的相通其实是一种错觉。但不管怎么说,尽管毕加索和布拉克的立体主义同爱因斯坦的相对论没有实质性的接触,在对古典的欧几里得几何学以及建立在此基础上的透视原理的超越与创新而言,二者又有着鲜明的关联性。"立体主义这一表现支离图形的激进艺术风潮与爱因斯坦的公式融合起来,潜移默化地改变着人们看视和认识空间的方式。立体主义结束了独眼巨人只用一只眼睛看视的单一方式。曾被欢呼为艺术领域内最伟大胜利的透视原理,如今只不过是一座台基,从这里将有更高的构筑,实现更恢宏的视界。"①

图下篇 8 《耶稣受难》,达利作

不久,我们将看到,立体派之后的超现实主义画派表现了更不

————————

① 史莱因:《艺术与物理学》,第235页。

遵从透视原理的扭曲空间,与欧几里得几何学背离得更远。达利创作过一幅《耶稣受难》的宗教画,在这幅作于 1954 年的又名《超立方》(图下篇-8)的画上,达利表现了一种奇特的几何体,从而将非欧几何的深奥的观念表现为图像符号。画面上备受折磨的基督和十字架都沿袭了传统手法,但静心一看,基督并没有像传统表现那样被紧贴着钉在十字架上,而是仿佛悬浮在空中,这样,我们因看惯而本已平静的心情一下子又不安起来。再细看一下,原来它的十字架与传统的形状大不相同:沿十字架交叉处前后两个方向各有一个立方体从架体上突兀而出;十字架被分成若干部分,每个部分都是一个立方体。这种独特的立方体在绘画领域里是新手法,而在用到高深数学知识的几何学家那里,这种手法却颇为常见。在数学家开始思考比三维更高维度的几何学时,尽管很难将四维物体想象为三维图景,但仍然能够根据计算得出这个四维立方体(也叫超立方体)有八个立方体,犹如三维立方体有六个矩形面一样。在这八个立方体中,有一个与其他七个各有一个面是共同的(图下篇-9)。用积木就能很容易地搭出一个很好看的结果来,正是达利所谓的十字架。① 画家表现这种与众不同的、非常形状的十字架,更加强了基督受难身躯的浮离效果,从而产生了震撼人心的审美张力。十字架及浮离的两种改变共同烘托了一个具有四个维度的超立方体,由此指向存在于更高层次上的另一种实在。前面我们说过,达利曾是一位被人们视为艺术界中科学品味不足

---

① 四维超立方体在三维空间的图景——也就是投影——是八个三维立方体,其中两个是一内一外套在一起的,另外六个则从上、下、前、后、左、右六个方向嵌在前两个立方体之间。当然,这是指所谓正投影而言,否则形状就会有所变化,但并不是形成十字架式的结构。参见史莱因:《艺术与物理学》,第 266—269 页。

第一人,如果达利确实没有受到当时新科学中自己的精神同道影响的话,那我们只能说,达利是个天才的几何学家,这种天才帮他在艺术领域里发展了科学。

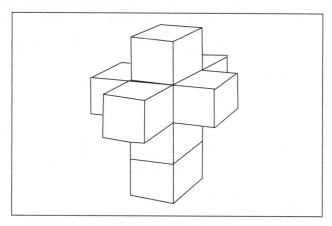

图下篇-9 四维超立方体的三维图景

也许是在艺术与科学两大领域里皆为最抽象的缘故,音乐与数学的关系最为密切,数学化进程对音乐审美创造的影响最大。19世纪数学家詹姆士·约瑟夫·西尔威斯特(James Joseph Sylvester)曾给予数学以与音乐同样的地位。他认为数学"是无限制的……它像意识、生命一样不能被限制在设定的界限之中或被变成永恒效力的定义之中,它似乎蛰伏在每一个单细胞中,在每一个物质的原子之中,在每一片树叶、蓓蕾和细胞中,时刻准备萌发成新形式的植物和动物而生存"。[①] 如此,我们就不难理解西尔威斯特为何要将数学与同样有着无限生命力的音乐联为一体了。这位对自己的高音C非常自豪的有成就的音乐爱好者在一篇论述牛

---

① 爱德华·罗特斯坦:《心灵的标符——音乐与数学的内在生命》,第18页。

顿的文章中写道：

> 音乐不可以被描绘成感觉的数学而数学被描绘成推理的音乐吗？这样，音乐家感受数学，而数学家思考音乐——音乐是梦，数学是工作的生命——各自从另一个世界中获得它的完美，当人的智慧提升到它完满的形式时，它将在一些未来的莫扎特——迪瑞克来特或贝多芬——高斯中发出光芒。①

音乐和数学无论以何种方式，有史以来一直都是纠缠在一起的，其亲和力是因为二者拥有一些共同的技艺、共同的形式和一样的思维方式，并都具有抽象探索方面的特征，在探索中由类推和变奏来引导。贝多芬对单个主题的探索需要抽象和并列的方法；巴赫在其《序曲》的大音程结构中创造了小音程细节的回声。而一个数学家面对同样抽象的形式会提出同样的问题，可能也会作出同样的回答。也就是说，音乐的探索与数学的探索在创造和理解上方法类似。这样，数学以抽象语言便将为我们理解音乐提供有用的隐喻，这种在音乐空间和物理空间之间暗示性的联系，将使我们能理解音乐中的转换和结构是如何起作用的，音乐的"面"和"立体"是如何构成的，我们是如何像"拓扑学那样"聆听音乐的。

历代数学家和通晓数学的物理学家都感觉到了数学与音乐的亲和力。欧几里得早在二千多年前就惊讶于二者奇妙的结合。伽利略曾思索过"为什么一些音调的结合要比另外一些音符的结合更加悦耳"的数学原因。18世纪数学家里昂哈德·欧拉（Leon-

---

① 爱德华·罗特斯坦：《心灵的标符——音乐与数学的内在生命》，第26页。

hard Euler)的同时代人在评说其书时就说它"在涉及音乐家时包含了过多的几何学,而在涉及几何学家时又包含了过多的音乐"。同样地,自古以来都有音乐人注重运用数学手段进行音乐艺术创造。斯特拉文斯基指出:音乐家应该懂得,对数学的研究"就像一个诗人学习另外一种语言一样有用"。肖邦根据自己的经验说道:"赋格曲就好像是音乐中的纯逻辑。"赋格曲最杰出的探索者巴赫也对赋格曲的近邻,常常让他头疼的两重轮唱有很大的偏好。20世纪的数学语言中更弥漫着音乐思想。舒恩伯格(Schoenberg)用来处理数值范围的十二声调的系列方法影响巨大。亚尼斯·施那克斯(Iannis Xenakis)在作曲中使用了复杂的数学理论。音乐学者们借鉴"集合论"、"群"、"组"、"马尔科夫链"(Markor Chains)以及其他一些数学概念,如爱德华·罗特斯坦就认为"音乐符号也构成群"。大卫·刘文是一位在数学方面训练有素的理论家,他在其有名的著作《一般化了的音程和转变》中将音乐概念数学化。[①]

其实,要谈到数学化音乐的影响和作用问题,我们又不免要提及数学的比例,因为音乐的旋律和节奏与数学比例直接相关。有的学者甚至认为"音乐美的决定因素是一定的数学结构",是"数学的比例给音乐以生命"。[②] 据文献记载,早在毕达哥拉斯就从铁匠打铁的音响受到启发,从而测量出不同重量的铁锤发出不同谐音之间的比例关系,并进一步通过琴弦测试出声音具有质的差别,都是由发声体某个方面数量上的差异而起的。例如,当琴弦受到拨动时,它发出的音响高低同弦的长短有关。若将琴弦的长度减

---

① 爱德华·罗特斯坦:《心灵的标符——音乐与数学的内在生命》,"引言"第1—5、68、115页。

② 苏霍金:《艺术与科学》,三联书店1988年版,第120—121页。

为一半,音调就会高出八度音来;如果两弦之比是 3:2,那么这时短弦发出的音就比长弦发出的音高 5 度。在这种数学化的基础上,毕达哥拉斯学派发展并完善了音程理论,制定了音阶。他们认为音乐的基本原则在于数量关系,用数的比例表示不同的音程,而最美的音乐就是数的和谐。

于是,我们知道,早在毕达哥拉斯时期,人们就研究声音和数字、音乐和数学的内在联系。我们不妨可以这样理解:音乐是可听到的数学,而数学是潜伏的音乐。在颤动的琴弦上,和谐与比率的起源有一个数的特征,一种和弦的语言创造一个可以看似数学的秩序的系统和规律。音乐的伟大能量和震撼人心的审美张力就源于从不连贯中创造出连贯——这正是数学微分的反演——对无限小和瞬间不感兴趣,而是以连贯的节奏和旋律来溶汇成澎湃的生命流,发挥直达和穿透心灵的力量。

之后,人们沿着毕达哥拉斯学派的数学化方向继续着音乐和乐器的研究,至 20 世纪之前,与线性振动理论相关的关于弦、板、管的振动与发声的研究成果已然相当丰硕了。但在所有的研究中,还没有涉及一个乐器发声的根本哲理性的问题:如果说物体振动产生声音,而振动总会由于材料的内耗和介质阻尼衰减而最终停止,那么,一个连贯持续的振动或声音将是怎样产生的呢? 对着埙、笛、笙吹的单调的口风和弓弦乐器的弓子的平动又怎能产生连贯周期运动呢? 直到 1927 年,苏联学者安德罗诺夫才指出,在无线电的振荡器中的自激振动可以用法国数学家庞加莱(1854—1912)的极限环来进行数学分析,并在此基础上提出“自振”概念。自振只有在非线性线系统下才会出现,弓弦乐器、管乐器、簧乐器的发声无不都是自振结果。1940 年,E. 霍普夫

(Hopf)将安德罗诺夫的自振概念进行了数学上的概括,形成了安德罗诺夫—霍普夫分岔,从而揭示了动力系统的平衡解和周期解相互转化的内在规律。这样,随着数学化的深入,在非线性振动理论指导下,更精美的振荡器设计了出来,更精密的电子计时器诞生了,并产生了新一代的乐器——电子乐器。电声乐器正是各种复杂振荡器的综合,只要按下琴键,振荡器通过扬声器即可连贯地发出美妙的可以随意延长的乐音,再没有了传统音乐中气短弓尽之憾。

如今,不论是在音乐界、绘画界,还是在建筑和雕塑等其他艺术领域,数学化对艺术审美创作的影响,或者说艺术的数学化倾向,已愈来愈多地为有科学造诣的艺术家和有艺术造诣的科学家所感觉到,并运用于自己的审美实践活动之中。伟大的德国艺术家迪雷就常常用代数来校正自己艺术形象的匀称性;许多著名的力学家则都从事过乐器的研究,如北京大学武际可教授就曾制作过各种尺寸的笛子,并在制作过程中总结出一个如何计算指孔距离的数学公式。① 尤为一提的是德国美学家马克斯·本策,他甚至提出了艺术数学化的纲领:"所有传统概念能够被受控制的和方法上准确的数学概念(数)代替……我们从数学意义、数字意义上不仅反映物质状态的世界;统计美学、数字美学的现代技术,也能从这种数字意义系统反映艺术世界、艺术创造和审美状态的世界。"②

---

① 参阅王振东、武际可:《力学诗趣》,第113—116页。

② 列·斯托洛维奇:《审美价值的本质》,中国社会科学出版社1984年版,第272页。

3.3 计算机、网络化与艺术

让我们把眼光转向当代,即高科技迅猛发展的后工业社会的信息时代。人类的全部知识都可谓信息,艺术信息是其重要的组成部分。信息化自 20 世纪以来经历了两次革命:第一次信息革命是以计算机的问世为标志,迄今已有半个多世纪,第二次信息革命目前正方兴未艾,它的里程碑是计算机的网络化与多媒体及信息高速公路的建设。两次信息革命所形成的电脑和网络时代的到来,不仅使艺术藉以存在的创作手段从传统物质媒介向数字媒介转变,而且让艺术的意义存在方式已经并且将发生深刻的变化。这样一来,科学技术不再仅仅是艺术存在和手段的支撑,即它不再外在于艺术,而是以其"信息 DNA"参与到人与艺术的构造中,成为人与艺术之间关系的一部分,以至于艺术的数字媒介的转换将同时导致人与艺术关系的种种改变。

推论起来,计算机的产生也是数学化发展的结果。17 世纪,德国数学家莱布尼兹作为数理逻辑的创始人,最早提出把数学符号体系应用于逻辑,提出用计算来代替思维,并设想制造"推理计算机"。1945 年底,人类历史上第一台电子计算机诞生,标志着人类在数字化方面迈进了一个新世纪,同时也在艺术审美创造领域带来了一场"换笔"的革命,产生了电脑艺术。1958 年,马科斯·顾特曼创制了 Music—V 程序,是计算机音乐诞生的标志;英国亚柏丁工程学院计算机专家研究的成功,标志着用计算机创作诗歌和小说时代的到来;而 1968 年在英国举办的风格奇特的计算机画展,则宣告了计算机美术的正式诞生。总观因数学化而迅速发展起来的电脑艺术,与传统相比有以下几个显明的特征:艺术媒介数字化;艺术空间虚拟化;艺术想象力与直观性一体化;多种门类艺术一体化。

　　美国麻省理工学院媒体实验室创办人尼葛洛庞帝教授曾预言:现代社会正形成一个以"比特"(bit)为思考基础的新格局,比特作为"信息 DNA"正迅速取代原子而成为人类社会的基本要素。数字科技将改变我们的学习方式、工作方式、娱乐方式——一句话,我们的生活方式。数字化给艺术审美创造所带来的数字媒介,即是由计算机技术发展而来的数字化的艺术构成方式。艺术媒介数字化克服、消解了物质媒介的种种物质特性,用数字"比特"来代替物质"原子"作为新的艺术构成材料或工具,把原子拆解为数字,然后经过信息编码,重新构成一个没有物性的艺术世界。它让艺术家们用鼠标、屏幕替代笔纸来进行艺术创作,让作家们过去那种苦役般的"码字儿"变成轻松的键盘输入。

　　"比特"不是一种实体性材料,而是通过一连串的"0"和"1"的二进制数、根据人的意愿和需要而编排创造出来的"材料"。因而,艺术媒介数字化通过数字"比特"对实在"原子"物质的信息置换,为艺术审美活动创造了一个虚拟的艺术环境,将艺术带入了一个基于现实又游离于现实的数字化世界。传统艺术的客观实在性的物质媒介可以产生出各种各样的艺术表现形式,但只能模拟而无法实现媒介自身的虚拟性转换替代。数字"比特"则不仅使艺术能模拟性地使用而且能虚拟性地使用媒介,实现对物质媒介的和自身的置换,从而实现对传统媒介来说不可能的可能性。这是因为物质媒介作为一种固定的实在体,它是不可随意拆解、替代并重新组合的,而在艺术活动中一旦能将物质媒介数字化、信息化,艺术家就能对媒介材料自由地进行"拆解"、"组合"、"转换",在一系列

"虚拟性"地运用媒介的过程中指向不可能的可能,使不可能的可能在人类历史上第一次成为一种真实性。

艺术媒介数字化的虚拟可以分为三种不同层次和形式。一种是对象性的虚拟,这种最低层次的虚拟在一定意义上是对传统物质媒介形式的现实性模拟。数字模拟并替代了传统的"材料与工具",成了艺术品的物质和信息载体,出现了数字画布、数字画笔、数字颜料等。现在的借助于计算机辅助设计和辅助制作系统(EAD)的艺术设计即电脑设计大多可以归集为这类虚拟。第二种超越现实的虚拟,即对可能性和可能性空间的虚拟。传统艺术媒介载体由于自身的种种局限,使得许多可能的选择和表现方式成为不可能,数字媒介则使各种潜在的艺术可能性得以展开,从而使艺术媒介的运用在时空深度上进入一个更高的层次。基于各种图形绘画软件所进行的艺术审美创作便是对现实性超越虚拟的广泛应用。第三种是背离现实的虚拟,即对现实的不可能的甚至是相悖或荒诞的虚拟。这种最高层次的"虚拟"将它自身的意义或价值体现得最为充分和彻底,因为它为人类提供了一个相对传统媒介形式来说不可能的视觉形式和全新的视觉经验,从而不仅大大拓展了艺术审美创造的选择空间,更新了审美创造的思维空间,而且将艺术本质中的精神性和情感性实现为某种可感知的真实的视觉存在,人类的神秘莫测、离奇变幻的心灵世界通过数字媒介方式在虚拟空间得以淋漓尽致的展示。

虚拟现实(Virtural Reality)是人与计算机生成的虚拟环境进行的交互作用的科技手段,借助它人们可以营造神奇的世界,并可尽情投身其中撷取自己所需的信息,邂逅从未谋面的朋友,发现事物间意料不到的关联。艺术家则可以利用这种"虚幻的真实"和

"真实的虚幻"实现自己的艺术审美想象和创造潜能。比如,传统语言艺术的物质媒介主要是语言文字,作者的形象受制于文字表达技巧,成了一种基于文字魔爪下的思维形式。而借助于多媒体技术和超文本技术的电脑艺术,则可大大减弱对文字符号的倚重。在电脑视窗上实现文字与光色声像的多重对位式套接,不仅使所要表达的艺术内容在同一平台上全方位地、多途径地予以直观性展示,而且可以制作出"视窗中的视窗"、"文本间的文本",以形成电脑艺术的复合文本。流传较广的网络小说《火星之恋》,作者在叙述一个爱情故事过程中,不时插入一些感性的外空音乐和图片,因而使爱情故事更加富有如梦似幻的传奇色彩。这样,作家们曾经孜孜以求的所谓跨文体写作,在多媒体和超文本技术下易如反掌地真正得以实现。而且,由于直观材料的介入使得作品更具有一种逼近真实的实体感和立体感,大诗人在《琵琶行》中的"大珠小珠落玉盘"的精彩描写,便可在鼠标一点之间应声入耳。随着新的计算机多媒体硬、软件的发展,电脑艺术的媒介还能发展到人的嗅、味、触觉,达成真正的审美通感,让人在电脑上体验到心跳、体温、晕眩、过敏等微妙的心理变化,实现西方现代主义绘画的先锋派艺术家所一直期求的人类感觉的全部解放。届时,毫无疑问,艺术品的审美张力、审美感染力都将大大增强。

当今数字化虚拟成像技术也已越来越多地运用在电影艺术创作过程当中。自电影艺术诞生之时起,由于其为人类战胜时间提供了有力武器,巴赞据此将"真实"性原则作为电影的第一本性和电影美学的第一个支点,电影艺术家的想象力都必须首先通过"真实"的过滤网方能获得准入证。传统电影美学的这一铁定戒律使其对沃特·迪斯尼所代表的动画片视而不见,对瑞典先锋派画家艾林格的《对角线交响曲》等无动于衷；而早期一些学养深厚的电影美学家明斯特伯格、巴拉兹等想用电影与真实无关来证明电影艺术的合法性也被电影本身的发展弄得有点灰头土脸。真正足以撬动传统美学僵硬地壳的是数字虚拟技术对电影的"入侵"。1976年，卢卡斯在《星球大战》中首次使用了虚拟技术制作出了传统电影无法完成的特技效果，令人瞠目结舌的对想象中的未来奇观的表现宣告了巴赞美学的结束。其后以卡麦隆、斯匹伯格等为代表的数字化时代电影的领军人物不断出现，制作出了《龙卷风》、《泰坦尼克号》、《侏罗纪公园》、《骇客帝国》、《完美风暴》等一系列由数字虚拟成像技术创造的杰作。数字化时代的电影让我们看到的不再是胶片上所纪录的现实物质世界中的光影变化，而是运用"比特"组合而成的"不可能"的视觉魔幻。它可以弄假成真，也可以幻真成假，于是，人类在电影领域的想象力便获得了充分的解放，它克服了工业时代的科技局限所带来的地心引力，产生了后工业时代信息社会的思接天外、神游八极的第一宇宙想象速度。可以说，正是虚拟成像高科技使"虚拟"在电影这一对人类审美想象力有着先天严格限制的艺术门类中，获得了"介入的特权"。"虚拟"的介入使电影美学发生了彻底的革命，使电影在本质上被不断泛化，这种"革命"和"泛化"实则是以现代化高科技为后盾的"人化"的必然结果。

计算机科学给艺术审美活动所带来的革命性变化已经够神奇的了，而随第二次信息革命兴起的计算机互联网所形成的网络艺术则更让传统艺术家们不可思议。它不仅引起艺术创作、人与艺术的关系的种种变化，而且引起艺术家、艺术品与观众的关系的变化和角色置换，甚至会导致对"艺术"本体意义的再认识。

"网络艺术"(NETART)一词的由来可以说是一个偶然——一个软件发生故障的结果。1995年12月,斯洛文尼亚的艺术家福克·科斯克打开一个匿名的邮件,发现它在传送过程中已经损坏。在由字母数字组成的一团乱麻中,科斯克只能认出一个有意义的词——"网络艺术"。于是,科斯克就用它来谈论在线艺术和通讯,没想到这一词语就像计算机病毒一样在互联网上传播开来。最初的网络艺术是以艺术与日常生活相融的另一种社会空间来构思的,它代表网上文本与图像的共享,以及相互引用与融合等等。掌握WEB技术的网络艺术不仅依赖视觉审美,还更多地仰仗链接、电子邮件和互动式交流。网络艺术家一开始就很有野心,他们像超现实主义艺术家和位置主义艺术家那样在网上发表宣言和引发辩论。他们还在网上盗用身份和克隆网站。被称为"东欧的黑客"的福克·科斯克就曾克隆了Documenta X站点,并说这个偷来的Documenta网站是他的举手之劳,还称网络艺术家是"杜尚的傻孩子"。

1996年,互联网技术很快演变成令人瞩目的文化艺术现象,像？da'web这样有起色的网站可以公开发行艺术作品。到1997年,美国的网络艺术达到爆棚程度。许多有趣的WEB作品被创作出来,其中也不乏严肃之作,如奥莉亚·利亚利纳的《男友从战争中归来》(《战争》)就是一个很高雅的发布项目。加利福尼亚大学艺术史教授列夫·马诺维奇对利用了基础"帧"编程方法的《战争》进行了讨论。他注意到《战争》中对屏幕的视觉暂留,并发蒙太奇。利维利纳的网站鼓励观众自己去实验:在帧里创建帧,以及组成新的文本和图像。因此,很可能会有人认为《男友从战争中归来》是网络浏览器中爱因斯坦蒙太奇理论的更新。

　　我国的网络艺术处于起步阶段,寥寥几支"上酸菜"、"老鼠爱大米"的网络音乐尚不成气候,只有作为网络艺术样式之一的网络小说还小有模样。网络小说是一种用电脑创作、在网上传播、供用户浏览或参与的新型语言艺术。但就目前阶段而言,网络文学不是以网络媒体进行和出版的正式文学作品,只是上网人通过网站和个人主页发表的各种类型的文学作品,而且大多是钟情于网上冲浪的"三W"(无身份、无性别、无年龄)的"网虫"的涂鸦之作。如果要从对象本体上认识这一伴随计算机网络科技的发展而兴起的网络文学的话,我们不难感受到它除了具有电脑艺术所具有的文本载体的数字化特征外,还可以感受到它迥异于传统文学的几个显明特性:全球性;交互性;当下性;动态性;异时异地性。

　　以互联网为标志的第四媒体,通过"比特"的数据运动代替过去"原子"运动,具有了巨大的信息负载量和无远弗届的传播功能,使网络文学形成了不受时空限制的全球特点。在纸面印刷时期,文学的存在是物质化的,人们常用"汗牛充栋"来形容藏书之多,用"学富五车"来比喻读书之广;而网络文学则以电子符号的软载体形式存在于电脑中,传输在互联网上,其作品数量之多、更新和传播速度之快不是以文本载体的数量及其交流速度所能比拟的。几张小小的电子光盘即可囊括一个图书馆的资料信息,使用一条光纤在3～5分钟内就能将人类有史以来累积的知识传输完毕。这样的容量和速度足以让网络文学突破时空的限制,达到"恢万里而无阂,通亿载而为津"的地步。因而 Internet 将成为全世界网络文学家展示作品最大、最贴近普通观众的艺术殿堂。

　　网络文学不仅使人们在全球范围内实现异时异地的个体性创作与观赏模式,而且其创作与观赏具有交互性特点。这种交互包括人机交互和创作者与观赏者互动两个方面。以机换笔、人机对话,实现了人与电脑的交互合作,实现了科技与艺术的融合。这是文学创作手段的脱胎换骨。而在创作与观赏之间,不再是一种不可逆的线性的历时过程,而成了互动的快乐游戏。与传统作家苦心孤诣地"爬格子"大相径庭的是,网络文本的开放性和广域性为广大的文学爱好者提供了一个尽情表现的空间和舞台。文学文本的创作和阅读将在交互性作用下完成。任何人可以任何时候、任何情况下随意地进入和参与到某一作品的创作过程中来,而原作者则无法左右原作品中的情节的发展和人物的命运,最终甚至根本认不出这个"孩子"与自己有什么"血缘"关系。也就是说传统创作过程中独一无二的原初语境失去了,原初的作品在网上始终处于一种被重新配置、重新"翻译"、重新阐释、重新创造的境地,作品永远处在一种动态现时性、当下性的创造过程之中。当年巴赫金所苦心经营的复调小说理念在网络小说中可以轻而易举地实现,而传统的"文学接力"及法国"新新小说派"与网络文学的交互性相较更是远不能及。

网络小说的全球性和交互性特点,一方面满足了人们交流、抒情、创造和表现的欲望,拓展了文学生存的空间和发展的基础,实现了"网络一族"的以网会心;另一方面,网络文学所呈现出的一种"众声喧哗"的态势,也使得文学离传统定义下的本体特征越来越远。文学本体论的问题浅显而言就是写什么,谁来写,怎么写的问题。网络小说则使传统的作者、作品与读者三方的角色产生解体和转换,业已形成的文学普泛化过程,使原先由某个作家独立构思的、具有整体品质的主题、人物、情节、语言、文体、风格等都不一致了,都解体了。首先,传统的"作家"被解体了。数千年来,文学不管如何消长起伏,由于作家对知识话语的垄断,使得作家的自我主体意识和地位自文学诞生之日起便已确立,作者与读者的关系越来越成为类似于牧师与信徒的演讲与倾听的关系,从而使一些作家滋生出一种神圣的优越和贵族心态,"以为自己死了以后也会围在上帝身边吃面包"(鲁迅先生所形容)。但在超文本的数字化网络世界,昔日作家头顶上神圣的光环会被无名者的键盘所击碎,每一位作者都只不过是超文本中的一个节点而已。任何一个上网冲浪者都不能以代言人的身份为人立言,而只能是众声之一种,甚或是众声中一种的一部分。其次,随着作家主体性的虚席,随着作家昔日的桂冠被无名氏的网民所分享,也就是随着作家身份网民化,作品过去那种高雅性被解体了。网络文学再难以整体性哲学和乐观主义思想来建构起理想中的恢宏的精神世界,而只能是一个非主体、反诗意化的世界,一个凡夫俗子随心所欲的世界,一个平面化、平民化的世界。于是,在这个大众的、世俗的、袒露个我的艺术样式的网络世界里,传统的文学审美创作的目的性也被解体了。文学由过去那种载道经国、社会代言变为自娱或娱人,变为人自身体验的表达和个体情感的宣泄,它让人的心灵从衣冠楚楚的包裹下获得彻底的解放,也让社会上弱势群体获得更多的表达和接受的权力和机会。网络文学在消弭了昔日那种激越与雄浑的审美感受的同时,回归到了袒露心性、悦情快意的自由本质。我们有理由相信,在经历过"鸡零狗碎"、"众声喧哗"和"七零八落"的必经发展历程之后,定会感受到屐齿苍台、竹杖芒鞋、细雨骑驴的舒徐和随意,感觉到在高科技的声光电屏上传递出的人文精神的绿地上所散发出的诗意的美。

总之,在计算机网络世界里,过去那种由于人工媒介取代天然媒介而造成的创作与鉴赏的分离被弥合了,作者与读者的间隔被消解了,作家、作品和观赏者变成真正的一体化了。在以电子媒介和互联网技术为强大后盾的网络艺术世界里,传统的作者、作品和读者"死了",无数个作者、作品和读者被激活了。"文变染乎世情,兴废系于时序。"在由于科学技术的迅猛发展而促使艺术审美特性发生变革的时期,让我们牢记车尔尼雪夫斯基那句精辟之言:

> 每一条美都是而且也应该是为那一代而存在……当美与那一代同消逝的时候,再下一代就会有它自己的美,新的美……①

---

① 刘英杰:《数字化时代构架起科学与艺术的立交桥》,人大复印资料《文艺理论》2001年第3期,第53页。

§4 大趋势:科学与艺术的联姻

《圣经》里载有一段通天塔的故事,讲述上古人曾试图通力营造一座抵达天穹的高塔。人类的这一行为震怒了造物主上帝,为了打消芸芸众生竟然认为自己有近乎自身本领的念头,上帝快刀斩乱麻地使所有工匠的语言不复相通,工程便随之解体并停顿了。

《圣经》的这段故事似乎早就隐喻了人类在营造知识通天塔时将会遇到的艰难曲折。由于取向和目的的不同,加之符号概念的迥异,使得科学与艺术在分道扬镳后在各自的道路上讳莫如深,甚至互相猜忌和贬低。这着实让上帝在天上偷着乐,因为这样一来,人类建造知识的通天塔永远只是一个梦想,人类永远只能仰视他而不可企及。

然而,也许要让上帝十分后悔和懊丧的是,他在捏造人类时有意无意地加进了创造的本性,而人类的创造性本质力量却是他无法消除的。随着人类的文明进步,随着科学与艺术相互影响和作用的不断扩大和加深,不甘做井底之蛙的人们又开始跃跃欲试,建立一个知识共同体,而在这一消除媒介、语言乃至思维的界限与隔阂的营造通天塔大融合行动中打头阵的,便正是全世界的科学家和艺术家。

当然,为了说明科学家和艺术家所营造的知识通天塔将给人类带来一个美好的前景,而不是盲目乐观和蛮干,有必要阐明科学上艺术这两种人类独特语言表现上的不同是可以整合的,以及整合的依据和中介是什么。因为不仅是上帝,便连他亲手缔造的人类中的一些优秀分子都在怀疑着,甚至否定了科学与艺术融合的可能性。譬如柏拉图和笛卡尔,前者用一个著名的洞穴比喻,指出我们所感觉到的"真实"的东西只是闪烁跳动的影像;后者则再次陈述了靠内心想象出的视像同外在的真实世界这二者间的不同,笛卡尔宣称纯属我们知觉中的"这里"(他称之为精神实体 res cogitans)和客观世界的"那里"(他称之为客观实体 res extensa)是壁垒分明的。到了 18 世纪,康德(Immanuel kant)则在《纯粹理性批判》一书中强化了柏拉图和笛卡尔的观点,他悲观地宣称,人类被禁锢在自己思想的无法穿越的坚塔里,只能以感官管窥测豹而已,而无法知道世界本身,无法直接体验到所谓的"自在之物"或"本体"。这些对人类认识世界的悲观思想,无异于要人们放弃使科学与艺术携手共建知识通天塔的努力。

尽管人类有这样那样的悲观念头,但其创造性本质力量却始终不曾停止过幻想和追求,并为科学和艺术联手建造通天塔的可能性制造种种依据。譬如在艺术与科学的融合相通上曾有过与神话相关的解释。古希腊,人们把司掌实用性知识的女神叫泰克纳,她同时也是艺术之神,因而在希腊语中艺术一词也可以用泰克纳。希腊语中的语词"创造"(Tikein)同样得自这个神的名字。泰克纳的英文是 Techne,由它演化出了技术一词 Technology,带有一步步进行科学探究的意思。因此,泰克纳(Techne)为科学和艺术创造着双重灵感。另外,曾有不少评论家用"时间之灵"这样一种含糊不清的猜测来解释艺术与科学之间的相互作用。这种猜测说是大气中的凝结物不明确地急剧波动不仅仅使某个场地发生变化,而且会波及人类的整个活动领域,而时间之灵也是这样。① 然而,遗憾的是,无论是神话还是"时间之灵"的概念,都无法解释科学与艺术为什么能相通相融,更无从说明科学与艺术相互联系的中介是什么。为此,我们将在下面尽可能阐明科学与艺术整合的可能性依据,及其二者整合的纽带和中介。

4.1 科学与艺术整合的依据

在本节中我们将探讨科学与艺术整合的基础及融为一体的内在依据和历史依据。我们认为,科学技术的快速发展是艺术和科学之所以能够整合的重要基础。科学与艺术自从哲学母体中分离出来后,随着社会生产力的发展和分工的细化,二者的关系经历了合分的嬗变过程。科学与艺术的分工在人类文明进程中曾有过积极的作用,它使二者都发展得越来越精致、丰富而有效。但分化到了一定的程度,又会给人的创造力的发展带来不利和阻碍。因为这种分工具有"限制人的、使人片面化的影响"②,它把个体生命的完整性割裂开来,在着力开发和使用某一方面机能的同时,压抑甚至扼杀了其他方面的机能,造成人的畸形发展。随着人类历史的进程,人们开始越来越注意到并且趋向于否定因过分分工所带来的人的片面发展的弊端,而科学技术的大大发展则给克服分化的弊端提供了有利的条件。

科学技术的高速发展大大强化了人类自身的本质力量,使得人们能越来越自由地从事认识自然、社会和改造自然、社会的多种

---

① 参见史莱因:《艺术与物理学》,第 447 页。
② 《马克思恩格斯选集》第 3 卷,人民出版社 1972 年版,第 446 页。

实践,大量的边缘学科、交叉学科及系统工程的出现,以及科技成果向人文社会科学领域的渗透,使得过去超脱地遨游于精神世界的艺术再也无法阻挡科学的威力和魅力,转而寻求与科学联姻以期突破和新生;相应地,科学则在作用于艺术的过程中得到了施展与丰富。也许,达·芬奇早就预见到了这一历史必然,因而这位集科学与艺术于一身的巨匠早在500年前就指出:"科学使全世界得以交流知识,而艺术则是一切科学的皇后。"①

科学与艺术之整合,如果从深层次思考,其实是有着内在依据的,这种内在依据正是科学与艺术的内在统一性,因为二者同作为人的创造活动,其间本来就存在着有机联系的。由于艺术与科学有着各自独特的语言形式,有着各自特有的符号库和符号用法,使得二者在表观上显得风马牛不相及,而实质的关联性变得十分隐蔽。然而,值得注意的是,有不少词语在科学与艺术中都同时被用。如"光"、"色"、"力"、"张力"、"质量"、"空间"、"体积"、"密度"和"关系"等常被用于物理课堂上的名词,也会作为对视觉艺术进行描述的用语常挂在美术讲解员的嘴边。数学公式少不了等号,而不少艺术家也用"画等号"作为一个基本比方。"场"是物理学中的概念,有人在思考建筑艺术本质时则产生了"建筑场"的观念,用它来说明许多建筑艺术的现象。②

在中国古典诗词中有许多善用流体的流动来抒发和流露情感的精美绝句,如李白的《将进酒》、《金陵酒肆留别》诗,李煜的《虞美人》词、王安石的《桂枝香·金陵怀古》词、苏轼的《念奴娇·赤壁怀

---

① 史莱因:《艺术与物理学》,第67页。
② 赵鑫珊:《从人脑看科学与艺术》,见《文汇报》2001年5月17日。

古》词、辛弃疾的《南乡子·登京口北固亭有怀》词等等；在文学创作上甚至产生了"意识流"流派。而在科学发展史上，亦有许多将其比拟流体流动进行研究的例子。如电学和磁学在早期都曾比拟为电流体和磁流体来研究电磁现象，后来又用流场来比拟电场和磁场。在光学研究上，也有比拟流体波动的"波动说"。在天文学研究上，将星际空间分布着的许多细小物体与尘粒称做为"流星体"。

不仅在词语和概念上，甚至在许多原理上，科学与艺术也有相通甚至相同之处。正如史莱因在《艺术与物理学》一书中所指出的那样："美术上的透视画法也好，科学中的图像也好，有关的主要几何学原理是基本相同的。"[①]所有这些，都揭示出了科学与艺术之间原先藏而不露的内在关联性。

以上我们只是从科学与艺术的创造表现来看二者之间的关系，实际上，如果我们把科学与艺术真正看作为同是人的创造性活动，都是在人脑的主观性作用下形成的话，我们则可以在更深层面上看到科学与艺术整合的内在依据。这里先要说明的是，人脑是物质的东西，但它却可以产生精神、心理等主观性的东西。在20世纪前，为所有艺术领域奉为瑰宝的"主观性"字眼曾被各个科学领域一概视为洪水猛兽。随着科学的发展，"主观性"终于闯过了两大领域的分水岭。因为爱因斯坦指出，在很高的相对论速度下，色彩会随运动随心所欲地变化。爱因斯坦宣称：某种存在可以对此观测者而言是"真实的"，而对被观测者而言是"虚幻的"，真实或虚幻仅仅取决于观测者的视点。所谓客观世界，一旦主观的观察者改变对它的运动速度和方向时，竟然会改变大小、形状、色彩和先后。因

---

① 史莱因：《艺术与物理学》，第47页。

而,显然地,人脑的主观性将同时会对科学和艺术产生影响。

下面我们将从人脑的结构和功能来看科学与艺术整合的可能性。早在 17 世纪,数学家帕斯卡(Blaise Pascal)就把脑力的动作分为"突然领悟"和"分析推理"两类。但直到 1864 年,神经病学家杰克逊(John Hughlings Jackson)才猜测到人脑两个半球有着不同的功能,并进行观察,在此基础上人们逐渐弄明白了大脑两个半球的不对称性。1981 年,美国人斯百瑞(Roger Sperry)由于成功揭开人脑两个半球的部分秘密,并证明了两个半球是高度专门化的而荣获诺贝尔生理学和医学奖。

斯百瑞认为,人脑的左、右半球分管着人的不同行为,就好比中国古代有左、右丞相分管着不同部门。右脑控制着左手,它的第一个功能特性是"生存";左脑控制着占优势的右手,它们关注的是行动而不是生存。具体而言,右脑半球的功能主要为:非语言能力;音乐天赋;绘画和图像识别能力;直观和把握空间的能力;把握全体和综合的能力。左脑半球的功能主要为:语言功能;数字和计算的功能;文字和理论思考并形成观念的功能;抽象和分析的功能;把握时间前后顺序的功能。当然,上述区分只是一个大致的轮廓,大脑左右半球功能的实际情况要远为复杂。我们今天对人脑的机密或机制仅仅是窥见了冰山的一角,因为人脑的秘密是科学的最后的秘密,甚或是世界的最后的秘密,当我们对认识和洞悉世界的人脑的机密一览无余时,科学便临终了。

从人脑左右半球的功能特性我们不难看出:艺术基本栖息于右脑,科学主要存在于左脑。如果说人脑的左右半球分工是高度专门化且不可沟通的话,则艺术与科学的整合便无从谈起。然而,我们注意到这样的事实:即一些科学家尤其是大科学家都"患"有"思维错位症"。以爱因斯坦为例,按理说他分析自然现象的能力和形成观念的能力非常卓越,左脑应特别发达。但有趣的是,爱因斯坦常常不是用语言而是用非语言(如图形)进行思考的,而且是以一种跃迁的方式,完成后再将它转换成语言,即从右脑转到左脑。法拉第也是一个善于用右脑进行物理概念思维的怪才。如同爱因斯坦在思考时脑海里经常出现一幅幅奇奇怪怪的画面一样,法拉第是用一幅幅具体生动的画面把握电磁现象的,从而产生了著名的法拉第线。他似乎是直观地看出了自然界的深层真理。与常人不同,法拉第、爱因斯坦等"思维错位"的大科学家,其右脑比左脑大一些。

进一步的观察和研究表明,大多数创先河的科学家的创新灼见都是在灵感一闪中获得的,他们不是按逻辑过程一点一滴进行分析推敲,而是在思维渐进过程的中断中一下子便若有神助地出现了,然后再转换到左脑给出严谨的科学定理或数学公式。在这个意义上,爱因斯坦认为:"逻辑思维并不能做出发明,它们只是用来捆束最后产品的包装。"[①]与此相应,艺术本应在右半脑内产生,但实际上艺术家也需通过左脑的工作,亦即借助把握顺序、分析和思考及语言功能,才能使艺术最终具体化为艺术品。艺术的设计中心和创作间是在右半脑,工作中心和成品间则在左半脑。

艺术创作和科学创造的实践表明,正常情况下人脑两半球是亲密无间地联合工作着,它们不可能按照其不同的功能而完全分开。人的左右大脑始终互补地进行着统一的创造。这就为科学与艺术的整合在人脑生理机制上提出了深刻的内在依据。其实,在科学中互补原理是量子力学先驱玻尔为了将量子物理学中若干古怪成分

---

① 史莱因:《艺术与物理学》,第 503 页。

协调到一起而提出来的。按照玻尔的观点,对立的内容并不总是矛盾着的,它们可能是在更高层次上的真理的互为补充的两个方面。玻尔的弟子惠勒也鼓桴相应,提出精神与宇宙各自都不能脱离对方独自存在,因此也构成了互补的一对。互补原理的出现,使笛卡尔认为壁垒分明的"这里"和"那里"合到了一起。人脑左右半球的互补,则使科学与艺术的创造活动能够融为一体。并且,愈是左右半脑互补、互动和通力合作,则所发挥出的人的本质力量愈强,生命质量愈高,对人类的贡献也愈大。除伟人爱因斯坦外,达·芬奇也是我们耳熟能详的杰出人物,他不仅将大脑半球各行其是的功能互补互联,而且两个大脑半球几乎具有同等功能,使他成了一个以不同于大多数艺术家的方式去感知空间和时间的"双人"。他可以一心二用,并且可以同样流利地写正字和写反字(即字的镜像),令今天仍主要靠大脑的这一半或那一半工作的人们惊羡不已。另外,我们还可以举出横跨科学与艺术两大领域做出重大贡献的"全脑人",如歌德、罗蒙诺索夫、奥马尔·海扬以及中国的张衡等。尽管在人类历史上过一遍筛子,这样的"双人"仍只是凤毛麟角,但也足以说明,在人类的创造性活动中,左脑和右脑、凝思与遐想、科学与艺术、狄俄尼索斯与阿波罗之间,是完全能够互补、互动、整合和一体化的。

如果说人脑的互补及科学与艺术的内在统一性是它们可以融为一体的内在依据,那么,人类创造活动的伟大实践则为科学与艺术的整合提供了确凿的历史依据。自古至今,我们都可以看到许多科学与艺术联姻的范例。中国古代精美绝伦的青铜器、瓷器、漆器都是艺术与科学技术高度融合的结晶。古代的一些织物、油漆图案上都绘有天象、星宿。有关世界上第一次发现新星的记录是在公元前13世纪刻在一片甲骨上的,目前这片甲骨收藏在台湾"中央

研究院"。甲骨上"新大星"(见图下篇-10 中框内)三字中的"新"字
包含有一个箭头,指向一个很奇怪的方向。这一生动的艺术象形文
字强调了科学发现的创新性,同时也显示了科学发现与艺术表达的
一致性。形状精美悦目的中国古代玉璧和玉琮都是绝妙的艺术品,
但人们都不知道它们的来源,诺贝尔奖获得者李政道则将它们推测
为是某种更古老的天文仪器的艺术表现。① 按中国的传统,玉璧代
表天,玉琮代表地。《周礼》中有"以苍璧礼天,以黄琮礼地"之说。
值得庆幸的是,我们至今仍保有着这些精美的商代玉器,正是通过
它们,我们才得以一瞥祖先的科学与艺术珠联璧合的成就。

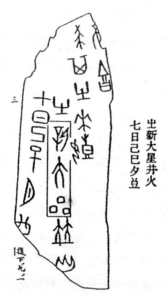

图下篇-10 记载公元前 13 世纪一次新星爆发的一片中国古代甲骨

---

① 李政道主编:《科学与艺术》,第 142—145 页。

历史到了近现代,科技的天平从东方古国向西方倾斜。自 18 世纪末科学与艺术开始分野后,在 19 世纪又由德国物理学家赫尔姆霍兹吹响了联姻的前奏。赫尔姆霍兹提出了音乐谐和理论以后,对声乐理论的系统研究取得了重大的进展,同时又大大促进了乐器制造上的革新。20 世纪以来,由于科学技术取得了更为迅猛的发展,科学通过技术更多更深地渗透和介入艺术领域,同时使很多科学家如爱因斯坦、彭加勒、狄拉克、海森堡等人从各自的科学研究实践中发现了很高的科学审美价值,因而他们竭力呼吁科学与艺术的重新综合,并身体力行。在这一时期,科学家常常借用可供视觉的艺术性的图式来具象地显示某一事物的规律性和科学理论,从而诞生出一件件科学艺术品。

譬如,美国物理学家惠勒就认为可以用艺术性的形状来表示高度抽象的方程。他在浏览用精美的空间形式图来表示黎曼 ξ 函数的数学书时,觉得"真是一种享受"。相应地,英国生物学家梅达沃认为形式的和谐总是体现为一种数和量的和谐,因而艺术的形状也可以用精确的数学语言来描述。比如图下篇-11 中的一对类似山羊角的美丽图形,可以用如下的数学方程来描述:[①]

$$(X+CY^2)^2+(Z-Y^{2/3})^2 = a(K^2-Y^2)^3$$

图下篇-11 类似山羊角的美丽图形

科学史上最具有艺术美感效应的科学模型莫过于英国物理学

---

① 见陈望衡等:《科技美学原理》,第 412—414 页。

家克里克和美国生化学家华生共同设计出来的 DNA 分子双螺旋结构模型(图下篇-12)。从外型上看它就仿佛是一座让人欣赏的螺旋式楼梯,但又并非楼梯的写实和造像,在这儿美的几何图也是生物世界的美的源泉。每一个 DNA 分子由两条互相缠绕着的多核苷酸长链组成。脱氧核糖及磷酸排列在每条链的外侧,碱基(A、G、T、C)在内侧。两条长链上的单核苷酸的碱基相互配对,A—T 为一对,G—C 为另一对。这就形成了十分美妙的互补对称。在每一个 DNA 分子中,嘌呤的总数总是与嘧啶的总数相同,即 A+G =C+T,这体现了分子生物学中的守恒之美。① 精妙的 DNA 分子双螺旋结构模型自创造以来,就一直以其简单性、对称性、统一性和真理性的科学美学标准令人赞叹不已,有的科学家甚至用诗一般的语言赞美其结构模式柔和流畅的艺术性。

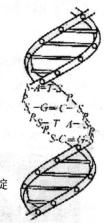

A:腺嘌呤
G:鸟嘌呤
T:胞腺嘧啶
C:胞嘧啶

图下篇-12 DNA 分子双螺旋结构模型

科学与艺术联手创造的更为奇妙的例子,当属那个本来就很

---

① 参见徐纪敏:《科学美学》,湖南出版社 1991 年版,第 418 页。

奇妙的 DNA 分子双螺旋结构,竟然还能够变成 DNA 音乐! 日本癌症研究中心代谢研究室主任林健志和射线增减研究室主任宗像信生,在进行 DNA 分子研究时觉得,将庞大的碱基排列数据输入计算机十分乏味,而且经常出错。他们的艺术审美素养使他们想起音乐不仅可以给人带来乐趣,而且能有助记忆,便产生了用音符来代替 DNA 分子中碱基排列顺序的想法。他们选择了"2、3、5、6"四音符代替相应的"G、C、T、A"四个碱基,并用音符表示大肠杆菌中与一种酶(切断 DNA 的酶)有关的基因的碱基排列,结果成了异常动人的乐曲。这一关于 DNA 音乐的论文于 1984 年在英国《自然》杂志登出后,整个生物学界都震动了。其后又有不少的研究者加以效仿,有些科学家还专门创作了 DNA 变奏曲准备公演。诺贝尔奖获得者、美国霍普金斯医学研究所的特别研究员大野博士预言,DNA 与音乐之间有十分相近的类似性,这也许是揭示 DNA 密码之谜的关键。如果能将萧邦的《葬礼进行曲》翻译成碱基排列,从而人工合成蛋白质,那么人世间就将出现具有特殊功能的新颖蛋白质。这将会是多么新颖奇特的科学与艺术的合作!

如今,科学正在通过与艺术合作的途径,并发挥二者互补的功能进行宇宙探索。美国向太空发射的"先锋 11 号"两艘宇宙飞船上,携带着由科学家和艺术家联合设计的金属问题卡片,上面描绘了 14 颗脉冲星和我们的相对位置,说明太阳和地球的存在方位;还绘着太阳系的图解,男、女人体的图形。1977 年间,美国又先后发射了"旅行家 1 号"和"旅行家 2 号"宇宙飞船,它们向银河系外太空飞去。飞船上携带着科学家和艺术家设计的联合信息装置,期望这些科学和艺术相统一的信息可以告诉地球外高级生命关于地球、地球人和地球上社会文明等。唱片上录有地球上各种声音:

鸟语、问候语和巴赫的协奏曲、贝多芬交响曲、现代派摇滚乐。其中有一首中国古典音乐名曲《流水》,之所以录用这首曲子,是因为"这音乐描写的是人的意识与宇宙的交融"。科学家和艺术家正在携手共同努力,希望用美的信息唤来外星智慧者的共鸣。

古今中外科学与艺术联手共创的事实,为科学与艺术的整合提供了鲜明生动的历史依据,同时,也为科学与艺术合作发展照亮未来之路。21世纪,人类开始进入到数字化、网络化时代,进入到一个以视觉为中心的文化向以行动为中心的并综合多种感性认识的变革时代,人类的整个知识体系都在新的历史条件下产生了重新调整汇合的趋势。北京大学著名学者季羡林教授甚至指出:随着各学科的边缘化、各门学科之间的联系正日益密切,21世纪文理科不再分科将是发展的必然趋势。在这样一个历史大背景下,艺术与科学也前所未有地需要联姻起来互通、互补、互促。科学需要艺术的激情和灵感,艺术则需要科学的理性和睿智。正如苏霍金所说:"科学能帮助艺术家们拨开虚假和臆测的迷雾,用真理的眼睛去看清世界。而艺术则是形象地反映世界,使科学家得以从另一个角度去看清自己的使命,为探索之美而倾心。"[1]

4.2 科学与艺术联姻的中介

科学与艺术的联姻,必将使人类的创造性潜能得到无限度的释放。上面我们阐述了二者联姻的可能性依据,那么,什么是科学与艺术结合的纽带呢?在回答这个困扰了人类数千年之久的问题之前,让我们先来观赏一幅荷兰画家埃舍尔的妙趣横生的画(见图

[1] 苏霍金:《艺术与科学》,第263页。

下篇-13)。这幅画作于 1938 年,埃舍尔取名为《天与水第一号》。

图下篇-13　《天与水第一号》,埃舍尔

在这幅版画中,埃舍尔以机巧的光学骗局和阴阳双刻技法造成视觉佯谬,从而表达了相反可能通过中介达到相成。画面的两端是白与黑相反两色,其间有一行行重复的鱼和天鹅,它们在形态上渐变,越过画面中央到另一端后就成了相反的东西。艾舍尔这幅画的最妙之处是不用公式,也不用理论,单用图画就驳斥了亚里士多德的非此即彼的排中律这一论断,从而掀翻了 2300 多年前就建立的西方逻辑大厦的一个支柱。

排中律这一古代教喻的拉丁义为 tertium non datur,长期以来一直被视为逻辑学的基石。该观点具体表述一下就是:A 是鱼而 B 是天鹅,如果 A 不是 B,则 A 不能是 B。尽管在 15 世纪,哲学家尼古拉(Nicolas of Cusa)曾试图创立另一种逻辑体系,认为相反的内容是可以实现的,但非此即彼的二元论在西方文化中始终占压倒优势。从公元前 5 世纪的巴门尼德(Parmenides)到他的门徒德谟克里特,再到柏拉图和亚里士多德,直至笛卡尔提出了"这里"和"那里",都一脉相承了非此即彼的逻辑。甚至基督教在吸收了摩尼教的明暗论后,也把世界明确分为"善与恶"、"天堂与地狱"。这些对后世人们思想产生着深刻影响的观念的核心,便是不可能从一极端借助某个中介存在滑入另一极端,因为中介并不存在。针对这一植根于西方人观念深处的哲学盲点,荣格曾发出感叹道:

> 在这一方面,西方落到了所有文化的后面。对于相反通过中介相成,西方从不曾形成过什么概念,甚至连个名称都未曾提出过。而根据中国道教的观念,相反相成是内心体验领域中最基本的内容。①

谁曾料到,让许多思想家感到无奈的非此即彼的二分法,埃舍尔仅凭几幅无言而巧妙的图画就对其将了一军,它简单明了把地说明了,彼此是可以互换的,中介是存在的。如果爱因斯坦和闵可夫斯基要是看到了这幅画,一定会惊叹道:这不正表达了芸芸众生苦于难以理解的时空连续统理论吗?如果鱼代表时间,天鹅代表空间,在时空连续统里,这二者是可以互换的。事实上,尽管艾舍尔从未表示过对爱因斯坦的任何兴趣,但他却在以另一种方式与

---

① 参见史莱因:《艺术与物理学》,第 279 页。

自己的科学界精神同道一起,帮助人们突破植根于思想深处的僵硬强直的障碍,而且比科学来得更直观,更简单,更明了。

在现代物理的两大理论中都有不同事物互换的中介桥梁。爱因斯坦的狭义相对论和玻尔的量子力学互补原理都认为,相反的两者是可能在锤冶下形成分不出彼此的合金,也就是既无开始也无终结的无穷尽的环圈,正如埃舍尔的另一幅妙作《默比乌斯面第二号》所表示的那样。在科学理论中,人们能"看见"时空连续统的先决条件是以光速运动,当我们对时空连续统进行观察,在三维空间内按线性方式发生的各个事件就会表现为同时性的,也就是囊括式的,时间和空间就会互通互换。与此相应,美国哲学家詹姆士(William James)提出了"宇宙意识连续统"的概念,他认为这种连续统存在于更高的维度,并且包纳了各种个体精神。追究起来,詹姆士的"宇宙意识连续统"的概念的提出,又是与玻尔的互补原理及其弟子惠勒提出的精神与宇宙互补不无关系。惠勒对玻尔的二元性理论加以扩展,提出意识和宇宙是一个二元系统的两个方面,它们也同波和粒子一样是互补的一对。意识与宇宙的互补性可以形成詹姆士所谓的"宇宙意识连续统"。

也许,寓于科学理论中的概念太奇特了,加之物理学家在谈论时空连续统时会带上神秘主义者的腔调,更增加了老百姓理解上的困难。这就需要借助一种全新的艺术表现风格,让公众易于理解某种新思想新观念。正如俄国哲学家奥斯宾斯基所言:"要想真正理解与感受到通过现象表现出来的本体,只有靠一种可被称之为艺术家之魂的景性。搞艺术就要研究所谓'玄秘',其实也就是生活中被遮蔽起来的内容。艺术家必须具备超感知能力:他们必须能看到别人看不到的东西。艺术家必须是魔术师:他们必须有本领把只有自己能看到的东西也让别人看到。"①

　　埃舍尔就是一位这样的魔术师,他创作了许多表现空间和时间无休止兜圈子的作品,直观简明地就表达出了常人看似"玄秘"的"时空连续统"、"宇宙意识连续统",同样地,它们也可以表示科学与艺术连续统。在《天与水第一号》中,设若水和鱼代表科学,天和天鹅代表艺术,则在艺术科学连续统里,这二者是可以互换的。如果从玻尔和惠勒的理论角度来看,艺术与科学就和波与粒子一样,是牢牢结合在一起的二元体系,它们是对世界进行各自描述但又互补的一对。将科学与艺术统一整合在一起,会给人带来以诧异始以大悟终的更一体化的认识。

　　至此,读者也许会问:如果说在时空连续统中时空互换的中介是物体在光速下运动,那么,科学艺术连续统的中介是什么呢? 为了阐明这一问题,让我们再一次来审视一下埃舍尔的《天与水第一号》……现在,亲爱的读者,您看到了什么呢? 也许,您会说:我还没看出什么特别的东西,只是愈来愈感到它的美妙……这就有了! 您是在审美中感受到它的美妙的,而埃舍尔,肯定是在其审美标准下画出这幅艺术精品来的;审美,便是天与水、天鹅与鱼、艺术与科学连续统的中介。如同时空在光速 C 下形成了连续统,科学与艺术则在审美活动中形成了连续统。在审美中,科学与艺术具有了同时性、互通性、互换性。

　　美国科学思想家戴维·玻姆在论科学与艺术的关系时便猜测到二者的联结点即在于审美,他谓之"取向美"。他说道:"大多数科学家(尤其像爱因斯坦、彭加勒、狄拉克和其他跟他们一样最具

---

① 史莱因:《艺术与物理学》,第 505 页。

创造力的科学家)非常强烈地感觉到,迄今被科学所揭示的宇宙定律具有极为突出和有意义的美。这意味着他们深深理解,不能把宇宙当真看作是一部纯粹的机器。科学与艺术(其中心取向是美)之间的接合点,可能即在于此。"①

《天与水第一号》这幅画确实非常美妙:美中见妙,妙中有美。美是具有张力的,美的张力使我们在对这幅杰作审美、取向美的过程中,视线下移便滑向代表科学的鱼和水,视线上浮便转换成代表艺术的天鹅和天空。中间没有截然分明的界线,更没有不可逾越的鸿沟,画中的所有事物都卷入在戴维·玻姆所谓的"隐缠序"中。

"隐缠序"的概念是戴维·玻姆提出的一个重要理论。玻姆在回答丹麦艺术家路里恩·维哲斯关于艺术等问题时说道:"每一事物被卷入进整体,甚至被卷入进每一部分,然后又拓展开来。我把这叫做隐缠序(卷入序),它会拓展为一种展析序。""在隐缠序中,每一事物内在地相关于每一事物,每一事物包含着每一事物。仅在展析序中,事物才是分离和相对独立的。""隐缠序意味着每一事物与每一事物之间的相互参与。没有哪一事物是自身完全的,一事物的完全存在只有在参与中方能实现。"②这几段论述玻姆很明确地表达了这样的观点:在卷入或隐缠的水平上,一切在拓展或展析序中看似分离相对无关的事物,具有无破缺的内在相关性,即玻姆所谓的"相互参与性",实在的任何侧面都没有免于相互参与性。为了强调这一点,玻姆进一步阐述道:"佛教哲学的关键之点在于起源相互依存的观念,即一切事物是一块起源、相互依存的。我认

---

① 戴维·玻姆:《论创造力》,第34页。
② 同上,第117—118页。

为这十分接近于隐缠序：一切事物出自同一基础而且相互关联，在其下不存在可定义的物质。"①玻姆的这段话用于论理具有同根同源的人类文明之树上两只不同硕果——科学与艺术间具有相通性、互补性、互换性真是再精当不过的了。

当路里恩·维哲斯向玻姆问及创造力与艺术的关系时，这位科学思想家说道："创造力与艺术、科学、宗教相联系，也与生活的每一个方面相联系。我认为从根本上说，一切活动都是艺术。科学则是一种特殊的艺术……从根本上说，艺术无处不在。"玻姆这里所谓的艺术是指广义的艺术，因此包含了一切活动，同时也包含了科学研究。他从词义学的角度解释道："'art（艺术）'一词的拉丁语含义是'to fit（适合）'。关于宇宙的整个观念在希腊语中意指'序'，它实际上是个艺术方面的概念。"当科学被作为特殊艺术"卷入"或"隐缠"到艺术"序"中时，"艺术（也）关系到科学和灵性"。②

当我读到玻姆的这几段关于艺术、科学与创造的论述时，禁不住再瞥一眼艾舍尔的《天与水第一号》，即刻便更加惊叹其美妙无比了：这幅无言画作不仅表达了科学家时空连续统思想，而且还表达出了玻姆深刻的哲学思想。如果我们把这幅画看作是广义的艺术，则科学"隐缠"在其中，整幅画就是一个隐缠序，一个科学艺术连续统；而当我们将这幅画进行审美展析时，艺术部分以及作为特殊艺术的科学部分就会显现出来，使得这幅艺术品关系到了科学和灵性。而"参与"其中的"审美"既是展析科学与艺术的中介，也

---

① 戴维·玻姆：《论创造力》，第120页。
② 同上，第121页。

是联结科学与艺术的纽带。换言之,"审美"是科学与艺术卷入在隐缠序和连续统时相互参与及互补、互换的中介和纽带。

具体来说,审美对科学与艺术而言,当二者各自在水中游和天上飞时,即各自在展析序状态下,可以充分调动审美创造诸心理形式,依据审美创造的形式美法则,进行科学审美创造和艺术审美创作。此时,二者的审美创造活动是相对独立的,各自有着不同的审美及创造特性。由于美的张力的作用,二者审美创造效能要远大于非审美性创造。但因各行其是,二者的创造又受到相当的局限和制约。当"审美"成为科学和艺术联姻的红娘和整合的中介时,科学与艺术便卷入进隐缠序中,成为"科艺连续统"。此时美的张力将异常强劲而灵活地穿梭于二者之间,消弭了二者明显的界限,使天水一体、鱼鸟合一。人的创造性本质力量便在其中得到空前的伸张和勃发,达到生命无涯、美无涯、审美创造无涯的境地。

如今,人们已意识到并越来越重视在审美中介下的科学与艺术的整合和创造,并为此探索着、实践着。比如在法国尼斯市郊,我们可以看到一座名为"索菲亚—阿基保利亚"的科学艺术城,其中既有画室、工艺品展览馆,也有大学、各种实验室和研究中心,包容了科学家、工程师和艺术家。可以预见,在科艺审美连续统中,未来人都可能成为神话所说的雅努斯,具有两张面孔,但是同一个人;用左、右脑思维,但是一个双面的全脑人。人类知识通天塔的建立,端有赖于涌现出更多的达·芬奇和爱因斯坦式的"双面人"。他们才是真正的通体放射出美的光辉的新新人类。

参考文献

[1]伦纳德·史莱因:《艺术与物理学——时空和光的艺术观与物理观》吉林人民出版社,2001

[2]爱德华·罗特斯坦:《心灵的标符——音乐与数学的内在生命》,吉林人民出版社,2001

[3]詹姆斯·W.麦卡里斯特:《美与科学革命》,吉林人民出版社,2001

[4]鲁道夫·阿恩海姆:《艺术与视知觉》,中国社会科学出版社,1984

[5]鲁道夫·阿恩海姆:《视觉思维》,光明日报出版社,1986

[6]戴维·玻姆:《论创造力》,上海科学技术出版社,2001

[7]S.阿瑞提:《创造的秘密》,辽宁人民出版社,1987

[8]《爱因斯坦文集》(1—3卷),商务印书馆,1976—1979

[9]爱因斯坦:《狭义与广义相对论浅说》,上海科学技术出版社,1977

[10]海伦·杜卡斯、巴纳什·霍夫曼:《爱因斯坦短简缀编》,百花文艺出版社,2000

[11]李政道:《科学与艺术》,上海科学技术出版社,2000

[12]W.C.丹皮尔:《科学史》,商务印书馆,1975

[13]彭加勒:《科学的价值》,光明日报出版社,1988

[14]恩斯特·海克尔:《宇宙之谜》,上海人民出版社,1974

[15]维柯:《新科学》,商务印书馆,1980

[16]T.S.库恩:《科学革命的结构》,上海科学技术出版社,1980

[17]W.I.B.贝弗里奇:《科学研究的艺术》,科学出版社,1979

[18]黑格尔:《美学》(第1卷),商务印书馆,1979

[19]鲍桑葵:《美学史》,商务印书馆,1985

[20]克罗齐:《美学原理·美学大纲》,外国文艺出版社,1983

[21]《西方美学家论美和美感》,商务印书馆,1980

[22]苏珊·朗格:《情感与形式》,中国社会科学出版社,1986

[23]苏珊·朗格:《艺术问题》,中国社会科学出版社,1983

[24]丹纳:《艺术哲学》,人民文学出版社,1983

[25]贡布里希:《艺术与人文科学》,浙江摄影出版社,1989

[26]格罗塞:《艺术的起源》,商务印书馆,1984

[27]苏霍金:《艺术与科学》,三联书店,1988

[28]恩田彰等:《创造性心理学——创造的理论和方法》,河北人民出版社,1987

[29]瓦伦汀:《实验审美心理学》,三环出版社,1989

[30]滕守尧:《审美心理描述》中国社会科学出版社,1985

[31]彭立勋:《美感心理研究》,湖南人民出版社,1985

[32]金开诚:《文艺心理学概论》,人民文学出版社,1987

[33]刘伟林:《中国文艺心理学史》,三环出版社,1989

[34]罗小平、黄虹:《音乐心理学》,三环出版社,1989

[35]刘烜:《文艺创造心理学》,吉林教育出版社,1992

[36]童庆炳:《艺术创作与审美心理》,百花文艺出版社,1992

[37]林公翔:《科学艺术创造心理学》,福建人民出版社,1990

[38]王极盛:《科学创造心理学》,科学出版社,1986

[39]周昌忠编译:《创造心理学》,中国青年出版社,1983

[40]林崇德、沈德立:《创造力心理学》,浙江人民出版社,1996

[41]李欣复:《审美动力学与艺术思维学》,华中工学院出版社,1987

[42]余秋雨:《艺术创造工程》,上海文艺出版社,1987

[43]蒋孔阳:《美与艺术》,江苏美术出版社,1988

[44]降大任:《美与艺术》,希望出版社,1988

[45]杨辛、甘霖:《美学原理新编》,北京大学出版社,1996

[46]张法:《美学导论》,中国人民大学出版社,1999

[47]徐纪敏:《科学美学》,湖南出版社,1991

[48]陈望衡等:《科技美学原理》,上海科学技术出版社,1992

[49]张博颖、徐恒醇:《中国科学技术美学之诞生》,安徽教育出版社,2000

[50]托马斯·门罗:《走向科学的美学》,中国文联出版公司,1984

[51]张相轮、凌继尧:《科学技术之光》,人民出版社,1986

[52]劳承万:《审美中介论》,上海文艺出版社,2001

[53]杨恩寰等编:《美学教程》,中国社会科学出版社,1987

[54]列·斯托洛维奇:《审美价值的本质》,中国社会科学出版社,1984

[55]朱光潜:《西方美学史》(上、下卷),人民文学出版社,1979

[56]赵宪章主编:《西方形式美学》,上海人民出版社,1996

[57]江天骥:《当代西方科学哲学》,中国社会科学出版社,1984

[58]菲利普·弗兰克:《科学与哲学》,上海人民出版社,1985

[59]Ⅱ.A.拉契科夫:《科学学——问题·结构·基本原理》,科学出版社,1984

[60]马克斯·韦特海默:《创造性思维》,教育科学出版社,1987

[61]彭加勒:《科学与方法》,商务印书馆,1933

[62]K.玻珀:《科学发现的逻辑》,科学出版社,1986

[63]海森堡:《严密自然科学基础近年来的变化》,上海译文出版社,1978

[64]王梓坤:《科学发现纵横谈》,上海人民出版社,1978

[65]柏格森:《创造进化论》,商务印书馆,1922

[66]莱布尼兹:《人类理智新论》,商务印书馆,1982

[67]伊·普利高津:《伊·斯唐热。从混沌到有序》,上海译文出版社,1987

[68]霍夫斯塔特:《GEB——一条永恒的金带》,四川人民出版社,1984

[69]哈里特·朱克曼:《科学界的精英》,商务印书馆,1979

[70]托马斯:《伟大科学家生活传记》,江苏科学技术出版社,1980

[71]F.赫尔内克:《爱因斯坦传》,科学普及出版社,1979

[72]赵中立等编:《纪念爱因斯坦译文集》,上海科学技术出版社,1979

[73]艾芙·居里:《居里夫人传》,商务印书馆,1978

[74]徐纪敏:《科学美学思想史》,湖南出版社,1987

[75]米·贝京:《艺术与科学——问题·悖论·探索》,文化艺术出版社,1987

[76]童世骏等:《科学和艺术中的结构》,华东师范大学出版社,1989

[77]金克木:《艺术科学丛谈》,三联书店,1986

[78]张相轮:《科学艺术和谐论》,辽宁教育出版社,1988

[79]赵金珊:《科学·艺术·哲学断想》,三联书店,1985

[80]潘云鹤:《计算机美术》,科学普及出版社,1987

[81]N.J.尼尔逊:《人工智能原理》,科学出版社,1991

［82］P. A. M. 狄拉克：《物理学的方向》，科学出版社，1981

［83］M. 玻恩：《我这一代物理学》，商务印书馆，1964

［84］马丁·约翰逊：《艺术与思维》，工人出版社，1989

［85］列夫·托尔斯泰：《艺术论》，人民文学出版社，1958

［86］马克思、恩格斯：《论艺术》，人民文学出版社，1960

［87］张小元：《艺术论》，四川大学出版社，2000

［88］H. H. 阿纳森：《西方现代艺术史》，天津人民美术出版社，1986

［89］李传龙：《形象思维研究》，中国文联出版公司，1986

［90］陈望衡：《艺术创作之谜》，红旗出版社，1988

［91］米·赫拉普钦科：《艺术创作，现实，人》，上海译文出版社，1999

［92］艾裴：《文学创作的思想与艺术》，北岳文艺出版社，1986

［93］孙绍振：《审美形象的创造》，海峡文艺出版社，2000

［94］胡径之：《文艺美学》，北京大学出版社，1999

［95］谢文利：《诗歌美学》，北京大学出版社，1989

［96］赵永纪：《诗论：审美感悟与理性把握的融合》，桂林：广西师范大学出版社，1999

［97］骆寒超：《新诗创作论》，上海文艺出版社，1990

［98］骆寒超：《现代诗学（卷一）》，浙江大学出版社，1990

［99］杨匡汉：《诗美的积淀与选择》，人民文学出版社，1987

［100］王振东、武际可：《力学诗趣》，南开大学出版社，1998

［101］林建法、管宁选编：《文学艺术家智能结构》，漓江出版社，1987

［102］高楠：《文艺心理探索》，辽宁大学出版社，1987

［103］何火任：《艺术情感》，长江文艺出版社，1988

［104］保罗·萨特：《想象心理学》，光明日报出版社，1988

［105］周义澄：《科学创造与直觉》，人民出版社，1986

［106］汤川秀树：《创造力和直觉》，复旦大学出版社，1987

［107］梁广程：《灵感与创造》，解放军文艺出版社，1998

［108］陶伯华、朱亚燕：《灵感学引论》，辽宁人民出版社，1987

［109］冒从虎、冒乃健编：《潜意识，直觉，信仰》，河北人民出版社，1988

［110］高庆年：《造型艺术心理学》，知识出版社，1988

［111］于培杰：《论艺术形式美》，华东师范大学出版社，1990

［112］德卢西奥-迈耶：《视觉美学》，上海人民美术出版社，1990

［113］琢田敢:《色彩美的创造》,湖南美术出版社,1986

［114］托伯特·哈姆林:《建筑形式美的原则》,中国建筑工业出版社,1982

［115］夏宗径:《简单·对称·和谐》,湖北教育出版社,1989

［116］卓崇培、刘文杰:《时空对称性与守恒定律》,高等教育出版社,1982

［117］《辞章与技巧》,人民日报出版社,1985

［118］陈大柔:《科学审美创造学》,浙江大学出版社,1999

［119］陈大柔:《心路》,上海人民出版社,1987

［120］陈大柔:《心潭影》,云南人民出版社,1994

后　记

　　怎么样,亲爱的读者,这部著作读起来也许并不那么轻松吧?但诚如"开篇"中所言:我相信,只要你付出了理性努力,加上你的审美张力,你就一定能收获到你想收获的。在浮躁的现世,你的收获将是对你高雅心灵的回报。

　　的确,正如浙江大学校长潘云鹤院士在序言中说的那样:《美的张力》是作者长期研究科学美的心血结晶。这本著作正是在我的前部专著《科学审美创造学》的基础上进一步拓展的学术成果,在科学审美创造方面对前著进行了合理和必要的汲取,而在以下一些创新性观点和内容上则有待读者深入思考并予以完善。

　　首先,我在书中进一步论述了科学美的存在以及科学进行审美创造的可能性。为此,我从科学与艺术审美创造的角度,重新审视了美的概念和定义。由于传统的关于美的定义大多是关于艺术美的定义,甚或是在不承认存在科学美的观念下所作出的美的定义。本书则在充分论述科学有美并可以进行科学审美创造的基础上,给出了一个既关乎科学又关乎艺术的美的自定义:美是实在动心的有意义的张力形式。其中,"实在动心"指出了美产生的基础是实在客体和感美主体契合的统一。"意义"包括"意味"和"真义"两个方面,在艺术是指"意味",在科学则是指是"真义"。"动心"也包含两个方面的意思:就艺术而言是指主体的"动情",就科学而言是指主体的"动智"。于是,艺术美即是令人动情的有意味的形式,科学美即是令人动智的有真义的形式。进而,本著论述了主体的审美心理和客体实在的审美属性皆具有张力,这两种张力能达成契合统一而产生令人动心的美感。就科学审美活动而言,当客体有真义的张力与主体审美心理张力同形同构时,审美主体就有了动智的美感,就有可能把握实在美的本质并产生出科学美的概念或符号体系,即作出科学审美创造。

书中探讨了如何打破科学、艺术间的森严壁垒,使科学与艺术在新的更高层次上相互渗透、交叉和融合,并着重探讨了科学与艺术整合、交融的依据和中介。我认为,人脑机能的互补及科学与艺术的统一性是它们可以融为一体的内在依据,而科学与艺术关系的嬗变及人类创造活动的伟大实践则为二者的整合提供了历史依据。借助于科学中的"连续统"概念,我提出了科学与艺术整合的"科艺连续统"概念。同时,借鉴爱因斯坦的狭义相对论和玻尔的量子力学互补原理(它们都认为相反的两者可能在锤冶下形成分不出彼此的合金,且不同事物间存在着互换的中介桥梁),我提出了科学与艺术整合的中介为审美。如同时空在光速 C 下形成了连续统,科学与艺术在审美活动中形成了连续统;在审美活动中,科学与艺术具有了同时性、互通性和互换性。

本书在比较研究了科学与艺术审美创造的心理机制及形式美法则的基础上,还具体地探讨了科学审美创造与艺术审美创作的内在联系,二者的互补、互促及协同创造。书中指出:当科学被作为特殊艺术"卷入"或"隐缠"到艺术"序"中时,艺术也就关系到科学和灵性。科学与艺术的接合可以有不同的方式,是牵强地拉扯在一起还是使二者有机地融为一体,其结果是大不一样的。只有在美的接合点上,通过审美中介使科学与艺术整合和互补互促,才会使人们免去徒劳无功的努力而达致一种理想化为本真的境界。当"审美"成为科学与艺术整合的中介时，二者便卷入进"隐缠序"中，成为"科艺连续统"。此时，美的张力将异常强劲而灵活地穿梭于二者之间，人的创造性本质力量也便在其中得到空前的伸张和勃发，达到生命无涯、审美无涯、创造无涯的境地。

　　本书的研究和论述实在是一项浩大的系统工程，将之归为"心血的结晶"是名副其实的。在研究进程中和成果出来之后，得到了诸多专家教授的鼓励和支持，如清华大学刘兵教授、复旦大学周昌忠教授、武汉大学陈望衡教授、中央音乐学院潘必新教授、中国美术学院刘乙秀教授、广东外语外贸大学於贤德教授、浙江大学黄健教授等；特别是天津大学王振东教授和北京大学的武际可教授，专门将他们的合著《力学诗趣》寄来供我借鉴，还有著名画家鲁晓波先生也非常热情地同意我在书稿中引用他的画作，在此一并表示深切的谢意！

　　《美的张力》是我所主持的国家社科基金项目（00EZX002）的研究成果，在得到专家学者鼓励性好评的基础上，被列入《浙大学术精品文丛》，使之得以顺利在商务印书馆出版；潘云鹤校长则热心地为本书作序，所有这一切，我都由衷地表示感谢！

　　本书的出版若能使读者有所收益，使学界有所启发，使理论有所拓展，即便是引起大方之家不同的看法和争鸣，笔者亦深感欣慰。

陈大柔

2005 年 8 月 18 日

于浙江大学求是村